南京航空航天大学研究生系列精品教材

现代交流调速技术

秦海鸿　聂　新　编著

科学出版社

北　京

内 容 简 介

本书以目前常用的三相感应电动机和同步电动机为主要对象，介绍了变频调速的基本原理和机械特性，交流电机综合矢量和坐标变换的概念，静止式变频器的原理及其PWM控制技术，感应电动机的开环控制、转差频率控制、矢量控制及直接转矩控制，他控变频同步电动机调速系统及自控变频同步电动机调速系统，开关磁阻电动机调速技术，以及PWM控制变频调速系统的一些实际问题。

本书可作为高等学校电气工程学科的硕士研究生及高年级本科生教材，也可供交流调速方面的工程技术人员参考。

图书在版编目(CIP)数据

现代交流调速技术 / 秦海鸿，聂新编著. —北京：科学出版社，2016.1
ISBN 978-7-03-047177-2

Ⅰ. ①现… Ⅱ. ①秦… ②聂… Ⅲ. ①交流电机－调速 Ⅳ. ①TM340.12

中国版本图书馆CIP数据核字(2016)第008714号

责任编辑：余 江 张丽花 / 责任校对：郭瑞芝
责任印制：徐晓晨 / 封面设计：迷底书装

科学出版社 出版
北京东黄城根北街16号
邮政编码：100717
http://www.sciencep.com

北京中石油彩色印刷有限责任公司 印刷

科学出版社发行 各地新华书店经销
*
2016年1月第 一 版 开本：787×1092 1/16
2017年5月第三次印刷 印张：14 1/4
字数：330 000

定价：58.00元

(如有印装质量问题，我社负责调换)

前　言

随着电机技术、电力电子技术、自动控制理论和计算机控制技术的发展，现代交流调速技术迅速发展。现代交流调速系统在机械、电气、纺织、冶金、食品、国防等行业领域得到广泛的应用，几乎遍及国民经济各部门的传动领域。应用实践表明，采用现代交流调速技术显著提高了传动系统的运行质量。

本书以目前最常用的三相感应电动机和同步电动机为主要对象，介绍现代交流调速技术。本书的编写采用理论推导与实际问题讨论相结合的方法，遵循了深入浅出、循序渐进及理论联系实际的原则。对两种主要交流电机变频调速的基本特性，交流电机综合矢量和坐标变换，静止式变频器及其 PWM 控制技术，感应电动机和同步电动机变频调速系统，开关磁阻电动机调速系统，以及变频调速系统的一些实际问题进行了介绍。

全书共 7 章。绪论介绍了交流调速技术的概况和应用，交流调速系统的一般结构和基本类型，以及现代交流调速技术的发展趋势。第 1 章介绍了交流电机变频调速的基本原理和机械特性。第 2 章介绍了交流电机综合矢量和坐标变换的概念，讨论了感应电动机和同步电动机的动态数学模型。第 3 章介绍了静止式变频器的基本原理、构成及变频调速系统，探讨了常用的降低谐波的脉冲宽度调制技术。第 4 章介绍了感应电动机变频调速技术，对开环控制、转差频率控制、矢量控制及直接转矩控制等进行了讲解。第 5 章介绍了他控变频同步电动机调速系统及自控变频同步电动机调速系统。第 6 章介绍了开关磁阻电动机调速系统的基本原理、构成及其应用。第 7 章介绍了 PWM 变频器供电的交流电气传动系统中的一些实际问题。

本书可作为电气工程、控制科学与工程、机械电子工程等学科的研究生教材，也可用于电气工程及其自动化专业和自动化专业的高年级本科生教材，还可作为从事电气传动自动化、电机及其控制、电力电子技术和控制工程方面科研人员的参考书。

本书在南京航空航天大学朱震莲教授以及现代交流调速技术课程组校内自编教学讲义基础上改编修订而成，部分章节重点参考了陈伯时、陈敏逊教授编著的《交流调速系统》，韩国 Seung-ki Sul 著、张永昌教授等译的《电机传动系统控制》，张勇军教授等编著的《现代交流调速系统》。书中还参考和引用了相关同行专家的著作和学术论文，均在书后参考文献中列出，在此表示衷心的感谢！

本书由江苏省品牌专业教材建设专项资金和南京航空航天大学研究生教材专项资金资助，在此对学校研究生院和自动化学院在本书编写过程中的支持表示感谢。本书的文字录入工作及大部分插图的绘制工作得到了硕士研究生马策宇、王丹、刘清、徐克峰、谢昊天、荀倩、钟志远、余忠磊等的大力协助，在此一并向他们表示衷心的感谢。

由于学识水平有限，书中难免出现不足之处，敬请专家和读者给予批评指正。

作　者

2015 年 8 月于南京航空航天大学

目　录

绪　　论

0.1　交流调速技术的发展概况和应用

直流电气传动和交流电气传动在19世纪先后诞生。在20世纪上半叶，由于直流传动具有优越的调速性能，高性能可调速传动大都采用直流电动机，而约占电气传动总功率80%以上的不变传动系统则采用交流电动机，这在很长一段时期内成为一种举世公认的格局。交流调速系统的多种方案虽然早已问世，并已获得实际应用，但其性能却始终无法与直流调速系统相媲美。直到20世纪60～70年代，随着电力电子技术的发展，实现了采用电力电子变流器的交流传动系统，而大规模集成电路和计算机控制技术的出现以及现代控制理论的应用，更使高性能交流调速系统得到快速发展，交直流传动按调速性能分工的格局终于被打破了。这时，与交流电动机相比，直流电动机的缺点日益显露出来，例如，因具有电刷和换向器而必须经常检查维修，换向火花使它的应用环境受到限制，换向能力限制了直流电动机的功率和转速等。于是，用交流调速传动取代直流调速传动的呼声越来越强烈，交流传动控制系统已经成为电气传动控制的主要发展方向。21世纪初，在全世界调速电气传动产品中，交流传动已占2/3以上，现在更已处于绝对优势的地位。

0.1.1　交流调速技术的发展概况

交流电动机，特别是笼型感应电动机，具有结构简单、制造容易、价格便宜、坚固耐用、运行可靠、维修简便等优点。但是，长期以来由于受科技发展的限制，把交流电动机作为调速电动机的困难问题未能得到较好的解决，在早期只有一些调速性能差、低效耗能的调速方法，如绕线式感应电动机转子外串电阻调速方法，笼型感应电动机定子调压调速方法(利用自耦变压器的变压调速，利用饱和电抗器的变压调速和利用晶闸管交流调压器调压调速)，还有变极对数调速方法及后来的电磁(转差离合器)调速方法等。

20世纪60年代以后，由于生产发展的需要和节能的迫切要求，世界各国都重视起交流调速技术的研究与开发。尤其是20世纪80年代以来，由于科学技术的迅速发展为交流调速的发展创造了极为有利的技术条件和物质基础。从此，以变频调速为主要内容的现代交流调速技术迅速沿着下述四个方面发展起来。

1)电力电子器件的蓬勃发展推动了交流调速技术的迅速发展

电力电子器件是现代交流调速系统的支柱，其发展直接影响和决定着交流调速技术的发展。20世纪80年代中期以前，变频调速系统的功率电路主要采用晶闸管器件，其效率、可靠性、成本和体积均无法与同容量的直流调速系统相比。80年代中期以后采用第二代电力电子器件(包括GTR、GTO、MOSFET、IGBT等功率器件)制造的变频器，在性能上与直流调速装置相当。90年代第三代电力电子器件问世，在这个时期，中、小功率的变频器(1～1000kW)主要采用IGBT器件，大功率的变频器采用GTO器件。20世纪90年代末至今，电力电子器件的发展进入了第四代，主要采用的器件如下。

(1)高压IGBT器件。沟槽式结构的IGBT问世，使IGBT器件的耐压水平由常规1200V提高到4500V，实用功率容量为3300V/1200A，表明IGBT器件突破了耐压限制，进入第四代高压IGBT阶段，与此相应的三电平IGBT中压(2300～4160V)大容量变频调速装置进入实用化阶段。

(2)IGCT(Insulated Gate Controlled Transistor)器件。ABB公司把环形门极GTO器件外加MOSFET功能，研制成功全控型IGCT(ETO)器件，使其耐压及容量保持了GTO的水平，但门极控制功率大大减小，仅为0.5～1W。目前实用化的IGCT功率容量为4500V/3000A，相应的变频器容量为(315～10000kW)/(6～10kV)。

(3)IEGT(Injection Enhanced Gate Transistor)器件。IEGT是东芝公司研制的高压、大容量、全控型功率器件，它是把IGBT器件和GTO器件二者的优点结合起来的注入增强栅晶体管。IEGT器件实用功率容量为4500V/1500A，相应的变频器容量达8～10MW。

由于GTR、GTO器件本身存在的不可克服的缺陷，功率器件进入第四代以来，GTR器件已被淘汰不再使用，GTO器件也将被逐步淘汰。用第四代电力电子器件制造的变频器性价比与直流调速装置相当。

第四代电力电子器件模块化更为成熟，如功率集成电路(PIC)、智能功率模块(IPM)等。

2)脉冲宽度调制技术

1964年，德国学者Schonung和Stemmler提出将通信中的调制技术应用到电动机控制中，于是产生了脉冲宽度调制(Pulse Width Modulation，PWM)技术。PWM技术的发展和应用优化了变频装置的性能，适用于各类调速系统。

PWM种类很多，并且还在不断发展之中。基本上可以分为五类，即等宽PWM、正弦波PWM(SPWM)、消除指定次数谐波PWM(SHEPWM)、电压空间矢量PWM(SVPWM)及电流滞环跟踪PWM(CHBPWM)。PWM技术的应用克服了相控方法的所有弊端，使交流电动机定子得到了接近正弦波的电压和电流，提高了电动机的功率因数和输出功率。现代PWM生成电路大多采用具有高速输出口的单片机(如80196)及高速数字信号处理器(DSP)，通过软件编程生成PWM。新型全数字化专用PWM生成芯片HEF4752、SLE4520、MA818等已实际应用。

3)矢量控制理论的诞生和发展奠定了现代交流调速系统高性能化的基础

20世纪70年代德国学者Blaschke提出了交流电动机矢量控制理论，这是实现高性能交流调速系统的一个重要突破。

矢量控制的基本思想是应用参数重构和状态重构的现代控制理论概念实现交流电动机定子电流的励磁分量和转矩分量之间的解耦，将交流电动机的控制过程等效为直流电动机的控制过程，从而使交流调速系统的动态性能得到了显著的提高，使交流调速最终取代直流调速成为可能。目前对调速特性要求较高的生产工艺已较多地采用了矢量控制型的变频调速装置。实践证明，采用矢量控制的交流调速系统的优越性高于直流调速系统。

针对电动机参数时变特点，在矢量控制系统中采用了自适应控制技术。毫无疑问，矢量控制技术在应用实践中将会更加完善，其控制性能将会得到进一步提高。

继矢量控制技术之后，在 1985 年由德国学者 Depenbrock 提出的直接自控制(DSC)的直接转矩控制以及在 1986 年由日本学者 Takahashi 提出的直接转矩控制都取得了实际应用的成功。近三十年的实际应用表明，与矢量控制技术相比，直接转矩控制可获得更大的瞬时转矩和快速的动态响应，因此，交流电动机直接转矩控制也是一种很有发展前途的控制技术。目前，采用 IGBT、IEGT、IGCT 等功率器件构成的直接转矩控制变频器已广泛应用于工业生产及交通运输部门。

4)微型计算机技术的迅速发展和广泛应用

微型计算机控制技术的迅速发展和广泛应用为现代交流调速系统的成功应用提供了重要的技术手段和保证。近三十多年来，微型计算机控制技术，特别是以单片机及数字信号处理器为控制核心的微型计算机控制技术的迅速发展和广泛应用，促使交流调速系统的控制电路由模拟控制迅速走向数字控制。当今全数字化的交流调速系统已普遍应用。

数字化使得控制器的信息处理能力大幅度提高，许多难以实现的复杂控制，如矢量控制中的坐标变换运算、解耦控制、滑模变结构控制、参数辨识的自适应控制等，采用微型计算机控制器后便都迎刃而解了。此外，微型计算机控制技术又给交流调速系统增加了多方面的功能，特别是在故障诊断技术方面得到了完全的实现。

微型计算机控制技术的应用提高了调速的可靠性以及操作、设置的多样性和灵活性，降低了变频调速装置的成本和体积。以微处理器为核心的数字控制已成为现代交流调速系统的主要特征之一。

交流调速技术的发展过程表明，现代工业生产及社会发展的需要推动了交流调速技术的发展；现代控制理论的发展和应用、微型计算机控制技术及大规模集成电路的发展和应用为交流调速技术的发展创造了技术和物质条件。

20 世纪 90 年代以来，电气传动领域面貌焕然一新。各种类型的感应电动机变频调速系统、各种类型的同步电动机变频调速系统几乎覆盖了电气领域的各个方面。电压等级从 110V 到 10000V，容量从数百瓦的伺服系统到数万千瓦的特大功率调速系统，从一般要求的调速传动到高精度、快速响应的高性能调速传动，从单机调速传动到多机协调调速传动，几乎无所不有。

0.1.2　交流调速技术的应用

目前，交流传动系统的应用领域主要有以下三个方面。

1)一般性能的节能调速和按工艺要求调速

在过去大量的所谓“不变速交流传动”中，风机、水泵等通用机械的电动机功率几乎占电气传动总功率的一半，其中不少场合并不是不需要调速，只是因为过去的交流传动本身不能调速，不得不依赖挡板和阀门来调节送风和供水的流量，因而把许多电能都白白浪费了。如果把这些不变速交流传动改造成交流调速系统，把消耗在挡板和阀门上的能量节省下来，则每台风机、水泵平均都可以节约 20%～30%的电能，其效果是很可观的，而且风机、水泵对调速范围和动态性能的要求都不高，只要有一般的调速性能就足够了。

许多在工艺上需要调速的生产机械过去多用直流传动，鉴于交流电动机比直流电动机结构简单、成本低廉、工作可靠、维护方便、转动惯量小、效率高，如果改用交流传动，则显然能够带来不少的效益，于是一般按工艺要求需要调速的场合也纷纷采用交流调速。

2) 高性能的交流调速系统和交流伺服系统

由于交流电动机的电磁转矩难以像直流电动机那样与电枢电流成正比的直接控制，交流调速系统的控制性能在历史上一直赶不上直流调速系统。直到 20 世纪 70 年代初科技工作者发明了矢量控制技术，通过坐标变换，把交流电动机的定子电流分解成转矩分量和励磁分量，分别控制电动机的转矩和磁通，可以获得和直流电动机相仿的高动态性能，才使交流电动机的调速技术取得了突破性的进展。其后，又陆续提出了直接转矩控制、解耦控制等方法，形成了一系列可以和直流调速系统相媲美的高性能交流调速系统和交流伺服系统。

3) 直流调速难以实现的领域

直流电动机的换向能力限制了它的功率转速积不能超过 10^6kW·r/min，否则其设计与制造就非常困难了。交流电动机没有换向问题，不受这种限制。因此，在以下领域交流调速系统能大显身手。

(1) 特大容量的传动设备，如厚板轧机、矿井卷扬机、电力机车和风力发电机等。

(2) 极高转速的传动，如高速磨头和离心机等。

(3) 对功率密度比、体积密度比的要求较高的系统，如电力机车、电动汽车和电动船舰等。

(4) 要求防火、防爆的场所。

0.2 交流调速系统的一般结构和基本类型

0.2.1 交流调速系统的一般结构

现代交流调速系统一般由交流电动机、电力电子功率变换器、控制器、检测器和人机界面等组成(见图 0.1)，其中前四个部分是最基本的组成，人机界面并非必需的，根据系统要求可选择性采用。电力电子功率变换器、控制器、电量检测器通常集成于一体，称为变频器或变频调速装置。

1. 电动机

在交流调速系统中，常用的电动机可分为以下几种类型。

(1) 感应电动机。

(2) 同步电动机。

(3) 开关磁阻电动机。

(4) 其他特种交流电动机。

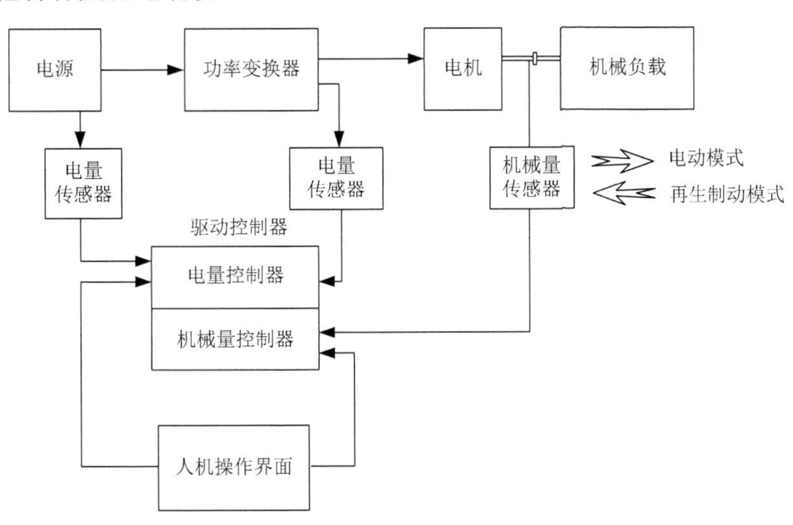

图 0.1 现代交流调速系统的一般组成结构

在不同的应用场合所选用的电动机类型也不同，主要应考虑如下因素。

(1) 负载的转速-转矩特性。

(2) 启动和运行功耗。

(3) 峰值转矩过载能力。

(4) 电动机耐热等级。

(5) 备品备件及维护人员要求。

2. 电力电子功率变换器

选择适宜的电力电子变换器与所选电动机相匹配是非常重要的。电力电子变换器电流等级需满足所选电动机稳态及峰值转矩对应的电流大小，同时电压等级需满足电动机端最高电压峰值。由于本书重点论述交流电动机的传动系统，故所讨论的变流器类型基本属于 DC/AC 逆变器(少数由交流直接变换使用的 AC/AC 变换器，如周波变换器和矩阵变换器)。

DC/AC 逆变器可按广义分为两种类型：电压源型逆变器(VSI) 以及电流源型逆变器(CSI)。两者相比，电压源型逆变器的应用更为普遍，电压源型逆变器的电压控制通常采用 PWM 实现。电流源型逆变器为电动机端提供经开关波形调制过的电流供电，并通过直流母线上所带的大容量电感保持该电流输出。

图 0.2 所示的三相电压源型逆变器在三相交流电机供电中应用最为广泛。交流电压经整流器整流后，供给桥式逆变器。直流母线输入端并联一个大电容器，用来缓冲逆变器工作时产生的充电电流冲击。该电容器容量较大，通常可达 2000～10000μF。现在，除了某些大功率应用场合必须在逆变回路中采用 GTO 之外，其他中小功率场合普遍采用功率 MOSFET、IGBT 等功率开关器件。三相电压源型逆变器可以在 180° 导通角或 120° 导通角两种模式下运行。由于 180° 导通角在各种工作状态下均具有更好的开关利

用率，并能够提供更高的输出电压，所以这种方式的应用更为广泛。

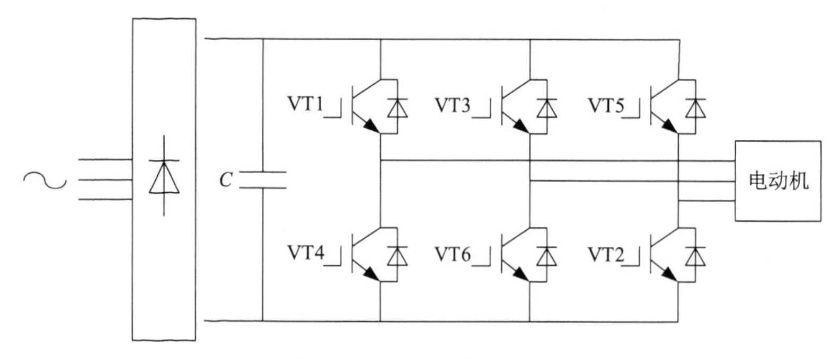

图 0.2　三相桥式逆变器

3. 控制器和检测器

电机控制器将电动机特性与负载实际运行进行匹配，现在已针对不同交流电动机的驱动形式开发出多重控制策略。

电量控制器通过控制电力电子变换器的电流、电压、磁链及转矩输出达到控制目的。相应的传感器(检测器)将测量到或计算出的电压、电流、磁通量反馈给控制器。传感器输入的信号由电源输入端和变换器输出端取得。控制器输出用于调节改善变换器的工作状态(如提高功率因数、降低谐波等)。

机械量控制器输入信号由机械量传感器提供，机械量传感器提供与位置、速度或转矩相关的状态量反馈。机械量控制器输出信号用于控制相关速度、位置或转矩输出。

电量控制器和机械量控制器结合使用，并且通过数字-模拟量输出电路来实现控制目的。当前的普遍趋势是采用微处理器或数字信号处理器作为控制器，特别在高性能交流调速系统中的应用更为广泛。

4. 人机界面

在电气传统系统应用的很多领域，为方便人员与内含计算机的机器进行信息交互，通常会设置人机界面。人机界面可以把信息简单地分为“输入”(input)与“输出”(output)两种，输入通常是指由人员来进行机械或设备的操作，如把手、开关、按键、门、指令(命令)的下达或保养维护等，而输出是指由机械或设备发出来的通知，如故障、警告、操作说明提示等，好的人机界面接口会帮助使用者更简单、更正确、更迅速地操作机械，也能使机械发挥最大的效能并延长使用寿命，在电气传统系统中越来越成为不可缺少的环节。

0.2.2　交流调速系统的基本类型

现代交流调速系统可分为感应电动机调速系统和同步电动机调速系统两大类，每种调速系统又有不同类型的调速方法。

(1)感应电动机交流调速系统，按转差功率处理方式的不同可分为转差功率消耗型调速系统、转差功率回馈型调速系统和转差功率不变型调速系统三类。

(2)同步电动机调速系统根据频率控制方式的不同可分为两类：他控式同步电动机

调速系统，如永磁同步电动机、磁阻同步电动机；自控式同步电动机调速系统，如负载换相自控式同步电动机调速系统(无换向器电动机)、交-交变频供电的同步电动机调速系统。

(3)开关磁阻电动机交流调速系统在本质上是一种特殊形式的同步电动机调速系统，是由开关磁阻电动机、功率变换器、控制器和传感器等几部分安装在一起的一种新型机电一体化调速装置，电动机结构十分独特，转子上无绕组，定子上采用集中绕组，线圈安装容易，端部短而牢固，在结构上比传统的同步电动机和感应电动机都简单，制造和维修十分方便。有比较独特的调速方法，在中小功率交流电动机调速系统中很有发展前途。

0.3 现代交流调速技术的发展趋势

交流调速取代直流调速已是不争的事实，21 世纪必将是交流调速的时代。当前交流调速系统正朝着高电压、大电容、高性能、高效率、绿色化、网络化的方向发展。主要表现在以下方面。

(1)新型电力电子器件的研究开发与应用。

(2)高性能交流调速系统的进一步研究与开发。

(3)新型功率变换拓扑结构的研究与开发。

(4)PWM 模式的改进和优化。

(5)中压变频装置(我国称为高压变频装置)的开发研究。

现代交流调速技术发展的趋势如下。

1. 电力电子器件与材料的更新

全控型器件向高压、大电流方向发展。在提高现有电力电子开关器件性能的同时，人们不断研究新型结构和材料的电力电子器件。

(1)降低 MOSFET 的通态电阻，提高电压等级。在对 Si 基 MOSFET 器件改进中已取得或正在研究的方向为：①Cool MOS——通态电阻只有常规 MOS 管的 1/10 左右，工作电压可以提高到 1200V；②超低通态电阻 MOSFET——可用于新型汽车电源(36～42V)和计算机电源(1V，甚至更低)，工作电流可达 100A；③超高频 MOSFET——工作频率达到几百 MHz，甚至几 GHz，进入微波频段，使超高频设备实现全固态化。

(2)研制集成电力电子模块(Integrated Power Electronic Module，IPEM)。IPEM 内含功率器件、各种集成芯片、传感器、磁性元件等完整的电力电子系统，无引线或用无感母线连接，采用标准模块封装技术，提供功率传输接口和数据通信接口。实现标准化、模块化、集成化、高可靠性、高效率、高功率密度、低成本、低污染和可编程等特色和优势。

(3)采用新型半导体材料——碳化硅(SiC)。碳化硅是一种新型的半导体材料，具有宽禁带间隙、高电子饱和漂移速度、高热导率、耐高压、抗辐射等突出优点，特别适合制作大功率、高频、高温半导体器件。自从 20 世纪 90 年代初期 SiC 单晶材料应用以来，目前 SiC 基础材料的研究已经取得突破性进展，4 英寸、6 英寸零微管缺陷密度的 SiC 衬底已经推向市场。目前已有 SiC 肖特基二极管、SiC MOSFET、SiC JFET 和 SiC BJT 的单管和模块面向市场，其器件性能比现有的 Si MOSFET 和 Si IGBT 有了很大提升，应用于相同等级的电气传动系统中，可获得更高的效率、功率密度和更快的动态响应性能。目前不少 SiC 器件制造商已经推出耐高压碳化硅二极管和可控器件，预计不久的将来耐压上万伏的大功率碳化硅器件将会在市场上出现，从而改变中压大功率电气传动的格局。

2. 控制理论与控制技术方面的研究与开发

十几年的应用实践表明，矢量控制理论及其他现代控制理论的应用尚待随着交流调速的发展而不断完善，从而进一步提高交流调速系统的控制性能。各种控制结构所依据的都是被控对象的数学模型，因此，为了建立交流调速系统合理的控制结构，仍需对交流电动机数学模型的性质、特点及内在规律做深入研究和探讨。

按转子磁链定向的感应电动机矢量控制系统实现了定子励磁电流和转矩电流的完全解耦，然而转子参数估计的不准确及参数变化造成定向坐标的偏移是矢量控制研究中必须解决的重要问题之一。

直接转矩控制技术在应用实践中不断完善和提高，其研究的主攻方向是进一步提高低速时的控制性能，以扩大调速范围。

实现无硬件测速传感器的系统已有许多应用，但是转速推算精度和控制的实时性仍有待于深入研究与开发。

为了进一步改善和提高交流调速系统的控制性能，国内外学者致力于将先进的控制策略引入交流调速系统中，例如，滑模变结构控制、非线性反馈线性化控制、Backstepping 控制、自适应逆控制、内模控制、自抗扰控制和智能控制等，已经成为现代交流调速技术发展中新的研究内容。

3. 变频器主电路拓扑结构研究与开发

提高变频器的输出效率是电气传动技术发展中需要解决的重要问题之一。提高变频器输出效率的主要措施是降低电力电子器件的开关损耗。具体解决方法是研究开发新型拓扑结构的变换器，例如，20 世纪 80 年代中期美国威斯康星大学 Divan 教授提出的谐振直流环逆变器，可使电力电子器件在零电压或零电流下转换，即工作在所谓“软开关”状态下，从而使开关损耗降低到接近于零。

此外，逆变器正朝着高频化、大功率方向发展，这使装置内部电压、电流发生剧变，不仅使器件承受很大的电压、电流应力，而且在输入、输出引线及周围空间里产生高频电磁噪声，引发电气设备误动作，这种公害称为电磁干扰(Electromagnetic Interference，EMI)。抑制 EMI 的有效方法也是采用软开关技术。具有软开关功能的谐振逆变器，国内外都在积极进行研究与开发。串并联谐振式变频器将会有越来越多的应用。

针对交-交变频器的输出频率低(不到供电频率的 1/2)的缺点，20 世纪 80 年代人们开始研究矩阵式变频器(matrix converter)，如图 0.3 所示。矩阵式变频器是一种可选择的交-交变频器结构，可以扩展成 AC-DC、DC-AC 或 AC-AC 转换，且不受相数和频率的限制，并且能量可以双向流动，功率因数可调。尽管这种变频器所需功率器件较多，但它的一系列优点已经引起人们的广泛关注。

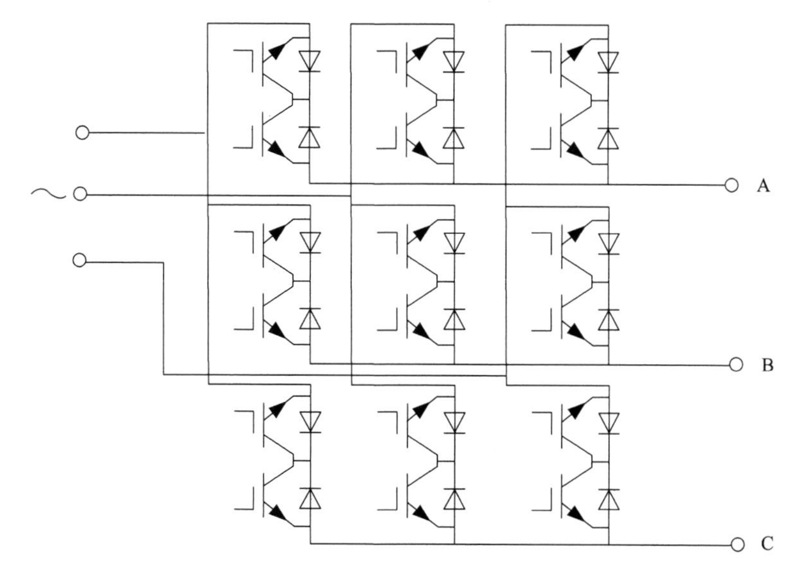

图 0.3　矩阵式变频器主电路原理图

具有 PWM 整流器和 PWM 逆变器的背靠背“双 PWM 变频器”（见图 0.4）已进入实用化阶段，并且迅速向前发展。这种变频器的变流功率因数为 1，能量可以使双向流动，网侧和负载侧的谐波量比较低，减少了对电网的公害和电动机的转矩脉动，被称为“绿色变频器”，代表了交流调速一个新的发展方向。

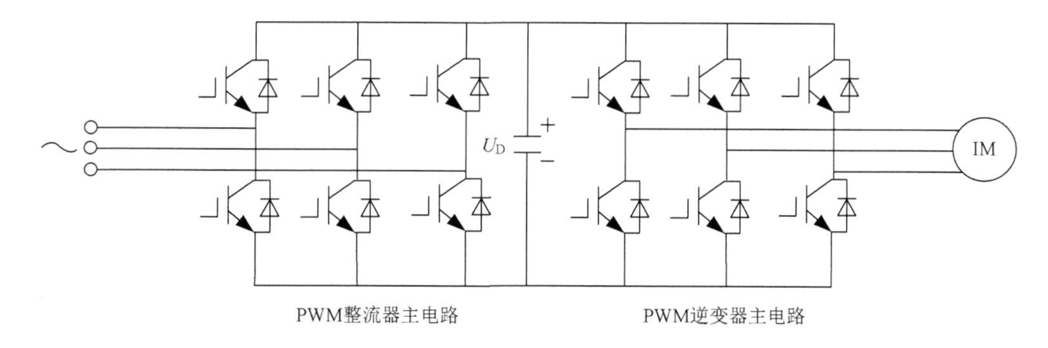

图 0.4　由三相两电平变流器构成的背靠背双 PWM 变频器主电路（12 开关）

4. PWM 模式的改进与优化研究

近年来，随着中压变频器的兴起，对于 SVPWM 模式进行了改进和优化研究，其中为解决三电平中压变频器中点电压偏移问题，研究了虚拟电压矢量合成 PWM 模式（不产生中点电压偏移时的电压长矢量、短矢量、零矢量的组合），已取得了具有实用价值的研究成果；用于级联式多电平中压变频器的脉冲移相 PWM 技术已有应用。

5. 中压变频装置的研究与开发

中压是指电压等级为 1～10kV，中、大功率是指功率等级在 300kW 以上。中压、大容量交流调速系统的研究与开发实践已有 20 多年了，逐步走上实际应用阶段，尤其是随着全控型功率器件耐压的提高，中压变频器的应用迅速加快。应用较多的是采用 IGBT、IEGT、IGCT 三电平中压变频器(见图 0.5)及级联式单元串联多电平中压变频器(见图 0.6)。目前，中压变频器已成为交流调速开发研究的新领域。

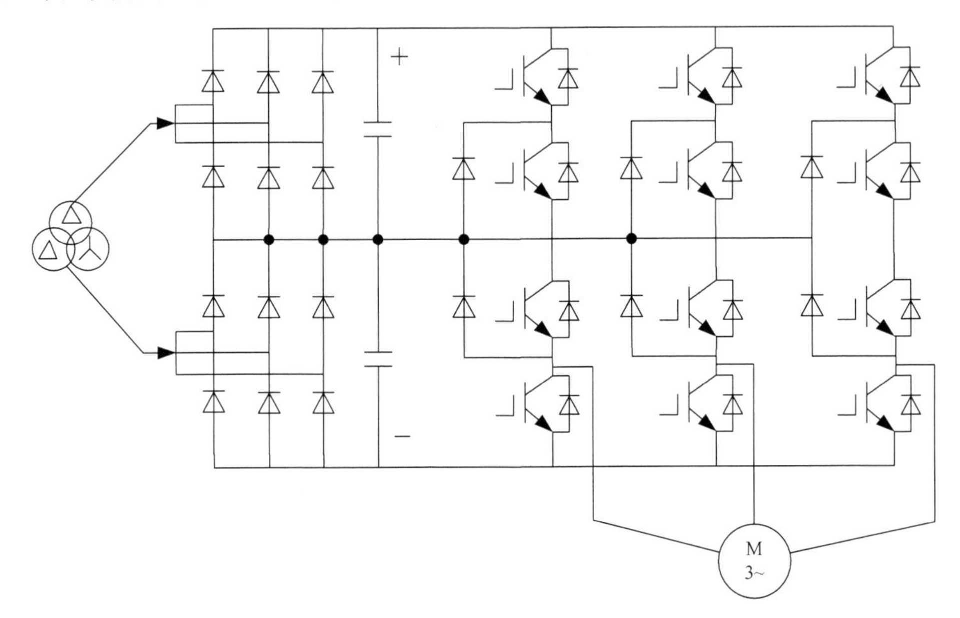

(a) 由 IGBT 构成的三电平 PWM 电压源逆变器主电路拓扑结构

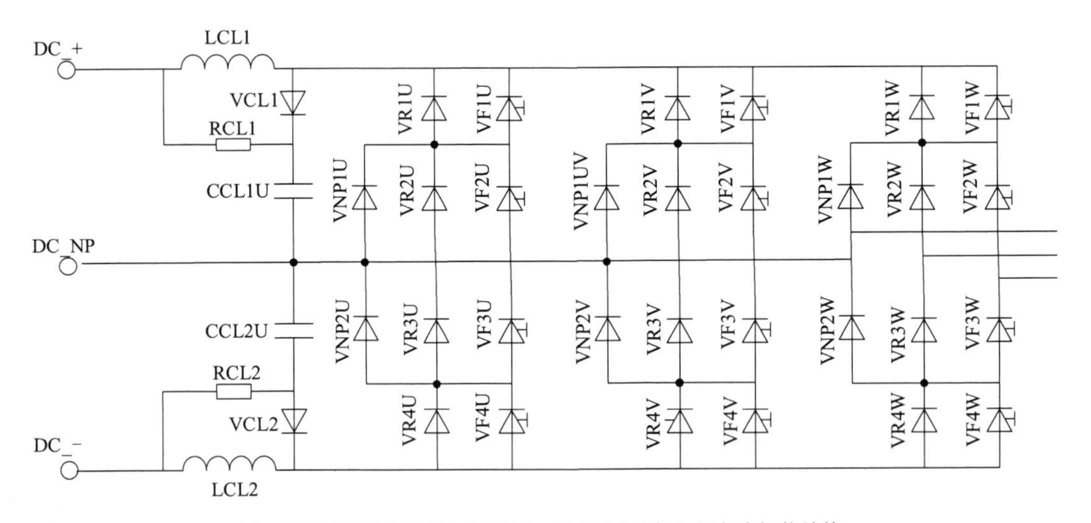

(b) 由 IGCT 构成的三电平 PWM 电压源型逆变器主电路拓扑结构

图 0.5 采用 IGBT、IGCT 三电平中压变频器主电路拓扑结构图

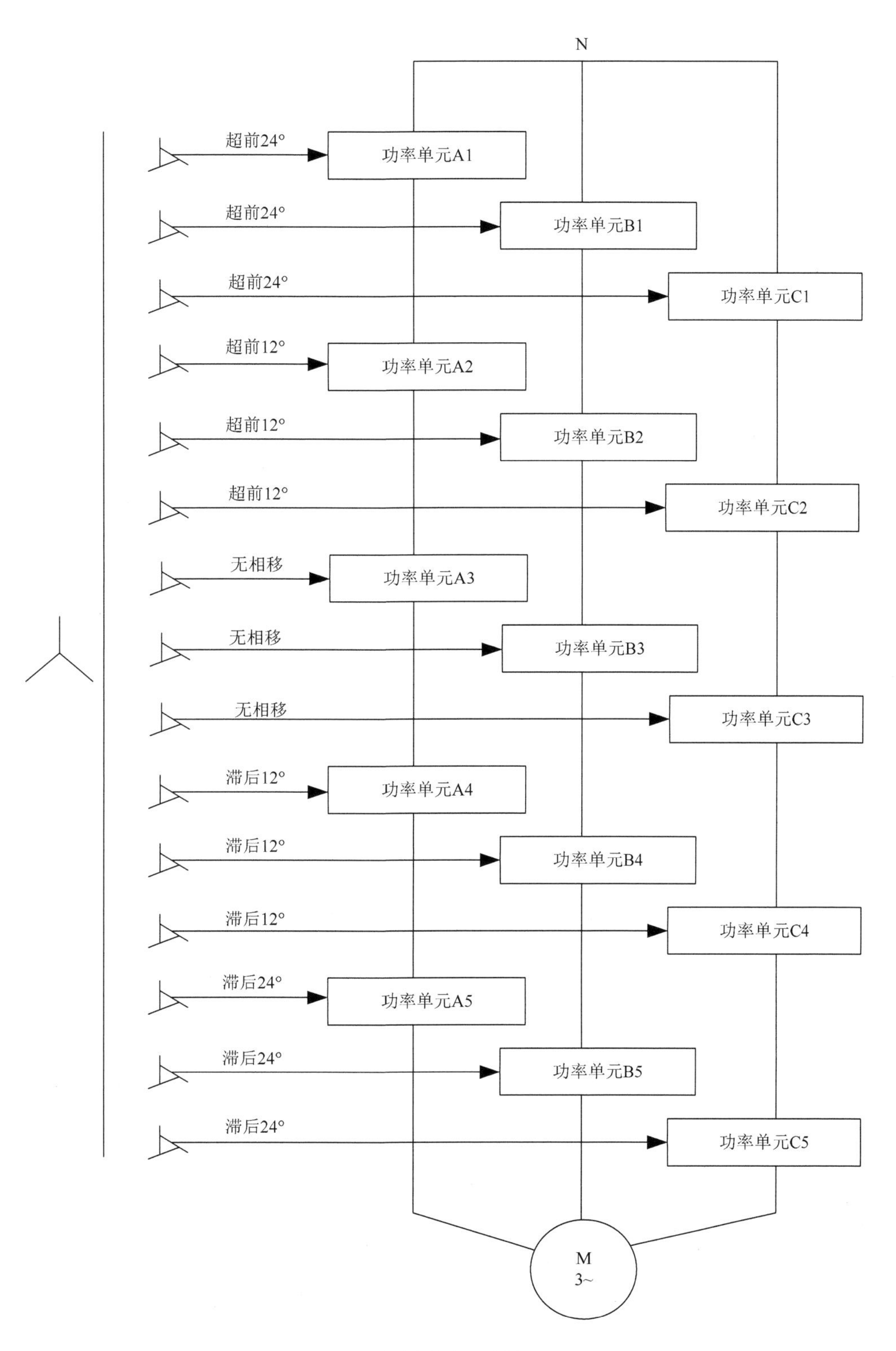
N
超前24°
功率单元A1
超前24°
功率单元B1
超前24°
功率单元C1
超前12°
功率单元A2
超前12°
功率单元B2
超前12°
功率单元C2
无相移
功率单元A3
无相移
功率单元B3
无相移
功率单元C3
滞后12°
功率单元A4
滞后12°
功率单元B4
滞后12°
功率单元C4
滞后24°
功率单元A5
滞后24°
功率单元B5
滞后24°
功率单元C5
M
3~

(a)变频器主电路图

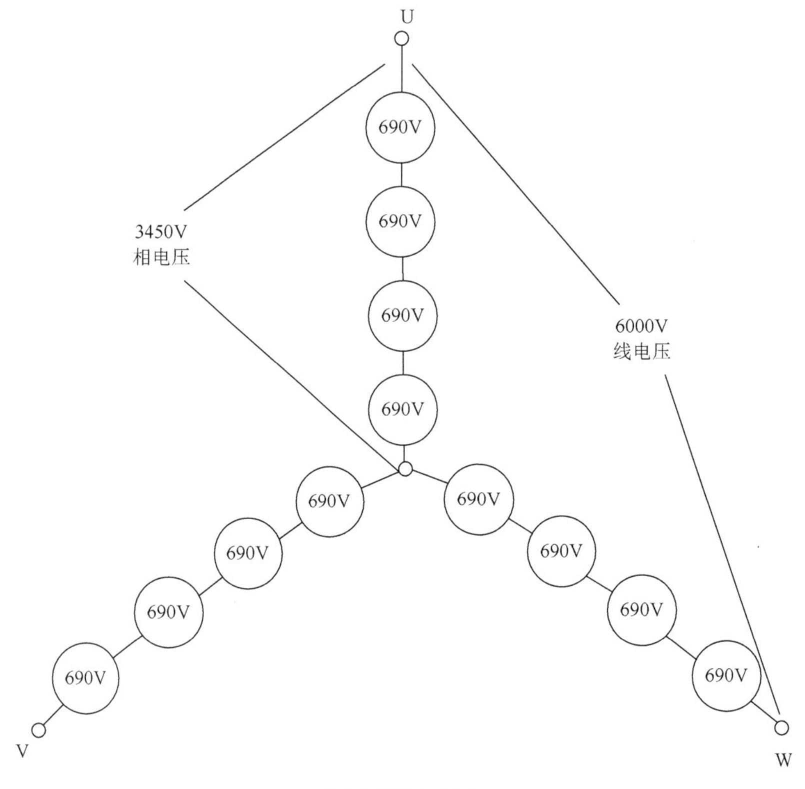

(b) 电压叠加原理

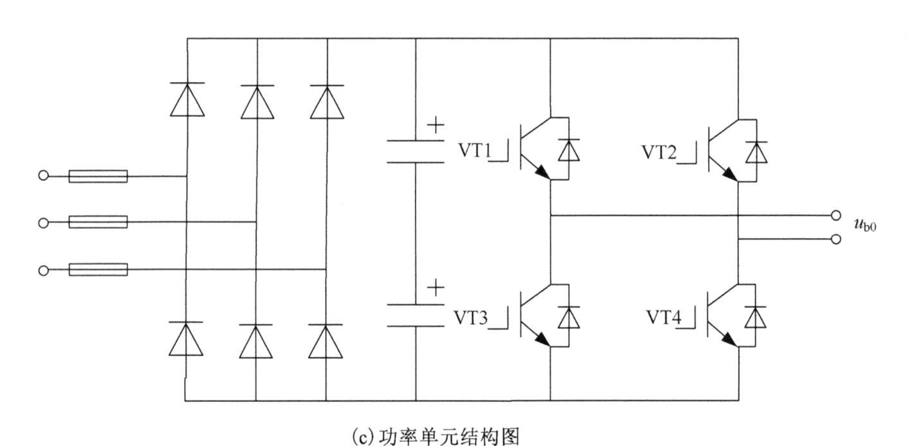

(c) 功率单元结构图

图 0.6 级联式多电平中压变频器主电路拓扑结构图

中压变频器的发展受到了电力电子器件耐压等级的限制。为此，美国 Cree 公司，德国英飞凌公司，日本三菱公司、东芝公司、罗姆公司以及瑞士 ABB 公司等都投入巨资研制新型碳化硅电力电子器件。随着高压 SiC 器件的实用化，新一代的中压变频器将随之诞生。

第 1 章　交流电机变频调速的基本原理和机械特性

变频调速的交流电机主要包括感应电动机和同步电动机。感应电动机又分鼠笼式和绕线式。同步电动机包括电励磁式、永磁式和磁阻式(反应式)同步电动机。交流电机体积小，重量轻，结构简单，效率高，无直流电机的电刷和换向器，工作可靠，适用于恶劣环境下工作，宜向高压、高速、大容量方向发展，已得到广泛的应用。

交流电机变频调速就是用改变供电电源频率和协调控制电机端电压的方法调节电机的转速，以满足负载的要求。交流电机变频调压调速效率高、性能好，是交流调速的主要发展方向。本章首先介绍感应电动机和同步电动机变频调速的基本原理，然后讨论感应电动机变频调速的机械特性和同步电动机变频调速的基本特性。

1.1　交流电机变频调速的基本原理

交流电机旋转磁场的转速 n_1 决定于供电电源的频率 f_1 和电机的极对数 p_n，其表达式为

$$n_1 = \frac{60 f_1}{p_n} \tag{1-1}$$

同步电动机就是按照旋转磁场的转速同步运行的。精确地控制变频电源的频率 f_1，就能精确地控制同步电动机转速。若均匀地改变变频电源的频率 f_1，则可平滑地调节同步电动机的转速。

由电机学已知，感应电动机的转速为

$$n = \frac{60 f_1}{p_n}(1-s) \tag{1-2}$$

由式(1-2)可知，感应电动机的调速方法较多，除改变供电电源频率 f_1 外，还可通过改变电机极对数 p_n，改变转差率 s 来进行调速。

感应电动机调速方法包括以下三大类。

1) 变极调速

在感应电动机中，改变电机的磁极对数 p_n 调速，只适用于鼠笼型电机，它是通过改变定子绕组的连接来改变绕组极数，从而改变感应电动机的同步转速来实现的，这是有级调速，其级数较少，因而级差较大。

2) 变频调速

当转差率一定时，平滑地改变定子绕组的供电频率 f_1，就可均匀地调速，电机的转速 n 基本上正比于 f_1。

3) 变转差率调速

改变转差率 s 的办法较多，常用的方法如下。

(1) 改变定子电压 U_1。

(2) 绕线式转子回路中串入外加电阻 R_f 调速。这种改变转差率的调速方法虽然简单方便，但当电机拖动恒转矩负载或电磁功率 P_e 接近于额定值时，串入外加电阻 R_f 运行，消耗在外加电阻 R_f 上和转子电路的转差功率都很大，使之发热，系统效率降低。

在感应电动机中由定子通过气隙传递到转子上的电磁功率 $P_e=P_2+P_s$，一部分转变成机械功率 P_2 在轴上输出；另一部分为转差功率 P_s 转变为转子回路的损耗，消耗在电阻上，即 $P_s=sP_e=3I_2^2(R_2+R_f)$，式中 R_f 为外加电阻。转差越大，损耗越大，特别是对于恒转矩负载，采用这种调速方法是很不适宜的。但对风机、水泵类负载情况则有所不同，因为这种负载消耗的功率随转速的降低（s 的增加）而急剧下降，转子电阻中的损耗不大。由于这种调速方法简单、成本低，在小容量风机中还采用。

(3) 绕线式转子电路中串入转差频率的附加电势 E_{2s} 构成串级调速电机或双馈电动机调速。在绕线式转子电路中串入转差频率的附加电势 E_{2s} 的“能量回馈”的办法将转差功率加以利用，可以提高效率。串级调速系统是将转子绕组的转差功率通过整流和逆变作用，经变压器回馈到交流电网加以利用，即使在低速时，串级调速系统的效率也较高，串入附加电势的双馈电机还可以借改变附加电势 E_{2s} 的相位，改善功率因数，适用于调速范围不大的场合，且比较经济。

感应电动机的变频调速方法与改变转差率调速方法有本质的区别。前者从高速到低速可以保持有限转差率，因而变频调速具有效率高、调速范围广和精度高等优点。随着电力电子技术的发展，微机技术的应用，其成本逐渐降低，应用越来越广。目前，同步电动机变频调速、（无换向器、无刷直流）电动机调速、开关磁阻电机、感应电动机的变频调速和绕线式感应电动机双馈调速与串级调速已受到人们普遍重视和广泛应用。

1.2 感应电动机变频调速的机械特性

由前面分析已知道，改变三相感应电动机供电频率 f_1 就可以改变旋转磁场的同步转速 n_1，便可达到调速的目的；而同步转速的改变是否影响电机的特性，有何规律，应如何控制，这是首先要讨论的问题。

通常把电机的额定频率称为基频，当变频调速时，可以从基频向下调，也可以从基频向上调，调节范围较大。首先讨论其机械特性。

1.2.1 恒压恒频时的机械特性

1. 感应电动机的物理模型

感应电动机由定子、气隙和转子三部分组成，定子和转子之间的气隙均匀分布，其气隙的大小直接影响电机的性能，在工艺允许的条件下，尽量取小。定子由 A, B, C 三相对称绕组构成，转子部分按绕组形式不同，常分笼型转子和绕线式转子两类：笼型转子绕组由许多导条组成。定子转子绕组都均匀地分布在气隙圆周表面各自的槽内。

根据电机学原理，笼型转子表面每一根导条实际上就构成一相，从电磁关系来看，笼型转子绕组也可用一组 a, b, c 三相对称绕组与它等效。因而感应电机都可看成由定子三相绕组 A, B, C 和转子三相绕组 a, b, c 组成，并在空间对称分布，其物理模型如图 1.1 所示。

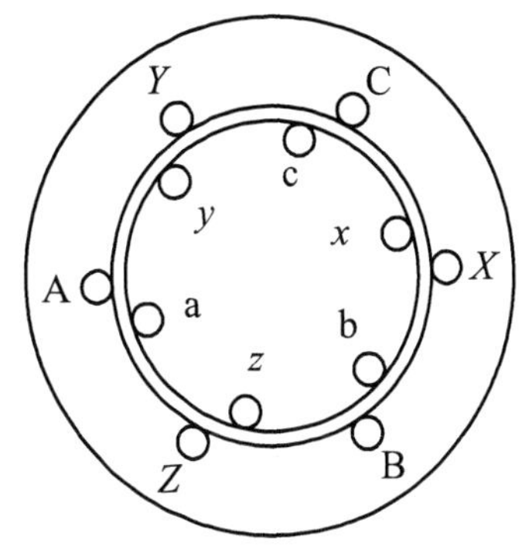

图 1.1　感应电动机的物理模型

2．感应电势和电流

根据电机的工作原理，以转速为 $n_1=60f_1/p_n$ 同步转速旋转的主磁通 Φ(即电机气隙磁通)，在定子相绕组中的感应电势的有效值为

$$E_1=4.44f_1N_1k_{w1}\Phi \tag{1-3}$$

式中，N_1k_{w1} 为定子相绕组等效匝数。

当转子不动时，转子相绕组中的感应电势为

$$E_2=4.44f_1N_2k_{w2}\Phi$$

当转子旋转时，转子相绕组中的感应电势为

$$E_{2S}=4.44f_2N_2k_{w2}\Phi=4.44sf_1N_2k_{w2}\Phi=sE_2$$

式中，f_2 为转子电势频率；s 为转差率，$s=\dfrac{f_2}{f_1}=\dfrac{n_1-n}{n_1}$；$n$ 为转子转速。

转子绕组短接时的转子绕组回路的电流为

$$I_2=\frac{E_{2S}}{\sqrt{R_2^2+(sx_{2\sigma})^2}}=\frac{E_2}{\sqrt{\left(\dfrac{R_2}{s}\right)^2+x_{2\sigma}^2}} \tag{1-4}$$

式中，R_2 为转子相绕组电阻；$x_{2\sigma}$ 为转子相绕组漏抗(n=0)。

3．电磁转矩和机械特性

将转子边折算到定子边后的等效电路图和相量图如图 1.2 所示。同时还可得到其电磁转矩的物理表达式为

$$T_e=\frac{P_e}{\Omega_1}=\frac{3E_2'I_2'\cos\varphi_2}{\dfrac{2\pi n_1}{60}}$$

$$=\frac{3}{2}\sqrt{2}p_nN_1k_{w1}\Phi I_2'\cos\varphi_2=K_T\Phi I_2'\cos\varphi_2 \tag{1-5}$$

式中，K_T 为转矩常数，$K_T=\dfrac{3}{2}\sqrt{2}p_nN_1k_{w1}$；$\cos\varphi_2$ 为转子回路功率因数，$\cos\varphi_2=\dfrac{R_2'}{s\sqrt{\left(\dfrac{R_2'}{s}\right)^2+(x_{2\sigma}')^2}}$。

φ_2 是转子感应电势 E_2' 与电流 I_2' 之间的夹角，即相位角差。感应电势 $E_2'=E_1$ 落后于电机

气隙磁链 ψ 90°电角度，相量 Φ 与 I'_2 之间的相角差为 $90°+\varphi_2=\theta$，$\cos\varphi_2=\sin\theta$，代入式(1-5)，电磁转矩的表达式可写成

$$T_e = \frac{3}{2} p_n \psi I'_{2m} \sin\theta \tag{1-6}$$

式中，ψ 为定子绕组的气隙磁链，$\psi=N_1 k_{w1}\Phi$；I_{2m} 为折算后转子相绕组电流幅值，$I'_{2m}=\sqrt{2}I'_2$。

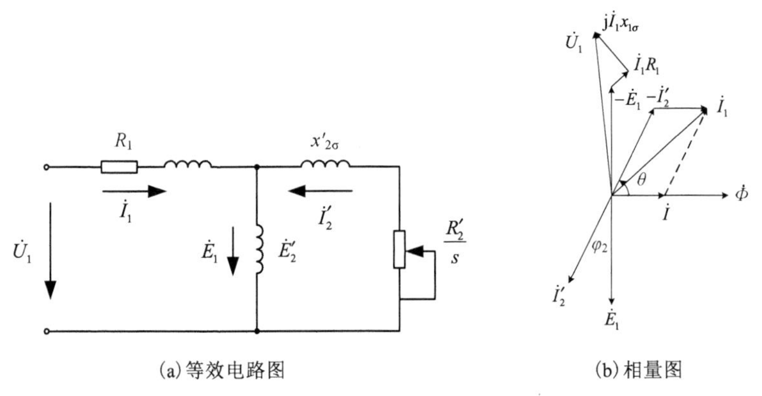

(a) 等效电路图　　(b) 相量图

图 1.2　感应电动机的相量图和等值电路图

在额定电压 U_N 和基频 f_N 条件下，感应电动机的特性 T_e，$\cos\varphi_2$，$I'_2=f(n)$ 的关系曲线如图 1.3 所示。电机气隙磁通基本不变，影响转矩的因素主要是电流和功率因数。启动时功率因数很低，电流虽大，转矩却不大。在正常工作段，转矩与转速接近线性关系，在非稳定区呈双曲线关系。

感应电动机的电磁转矩 T_e 还可用参数来表达，其参数表达式为

$$T_e = \frac{3}{2} p_n U_1^2 \frac{\frac{R'_2}{s}}{\pi f_1 \left[\left(R_1 + \frac{R'_2}{s}\right)^2 + (x_{1\sigma} + x'_{2\sigma})^2\right]} \tag{1-7}$$

在额定电压 U_N 和基频 f_N 时，$n=f(T)$ 曲线如图 1.4 所示。

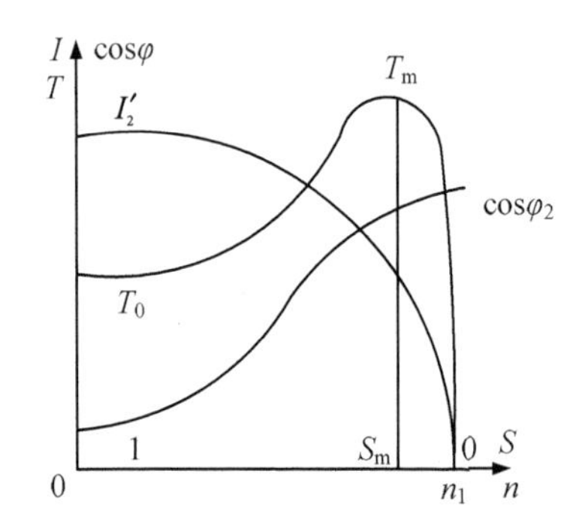

图 1.3　感应电动机的特性曲线

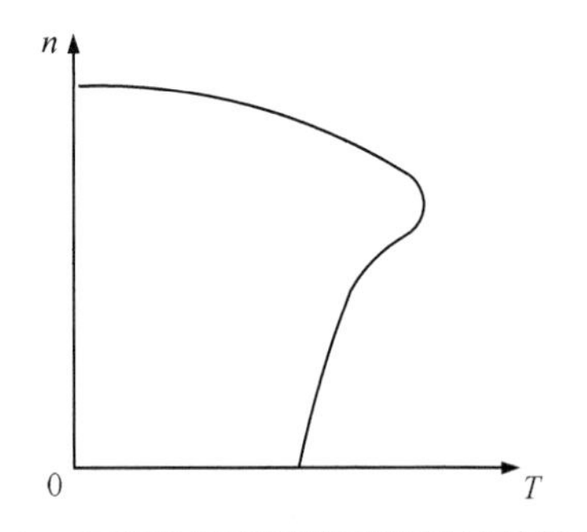

图 1.4　电压和频率恒定时的机械特性曲线

令 $dT_e/ds=0$，得感应电动机的最大电磁转矩 T_m 为

$$T_{m}=\pm\frac{3p_{n}U_{1}^{2}}{4\pi f_{1}[\pm R_{1}+\sqrt{(x_{1\sigma}+x'_{2\sigma})^{2}+R_{1}^{2}}]} \tag{1-8}$$

最大转矩 T_m 对应的转差率用 s_m 表示为

$$s_{m}=\pm\frac{R'_{2}}{\sqrt{R_{1}^{2}+(x_{1\sigma}+x'_{2\sigma})^{2}}} \tag{1-9}$$

式中，＋号适用于电动机状态；－号适用于发电机状态。

当转速 $n=0$，$s=1$ 时，电磁转矩称为起动转矩，用 T_{st} 表示，令式(1-7)中的 $s=1$，可得起动转矩为

$$T_{st}=\frac{3p_{n}U_{1}^{2}R'_{2}}{2\pi f_{1}[(R_{1}+R'_{2})^{2}+(x_{1\sigma}+x'_{2\sigma})^{2}]} \tag{1-10}$$

实际应用时，三相感应电动机的参数不易得到，根据式(1-7)和式(1-8)两式相比可得

$$\frac{T_{e}}{T_{m}}=\frac{2R'_{2}[R_{1}+\sqrt{(x_{1\sigma}+x'_{2\sigma})^{2}+R_{1}^{2}}]}{s\left[\left(R_{1}+\frac{R'_{2}}{s}\right)^{2}+\left(x_{1\sigma}+x'_{2\sigma}\right)^{2}\right]}$$

由式(1-9)可知

$$\frac{R'_{2}}{s_{m}}=\sqrt{R_{1}^{2}+(x_{1\sigma}+x'_{2\sigma})^{2}}$$

于是

$$\frac{T_{e}}{T_{m}}=\frac{2R'_{2}\left(R_{1}+\frac{R'_{2}}{s_{m}}\right)}{\frac{sR_{2}'^{2}}{s_{m}^{2}}+\frac{R_{2}'^{2}}{s}+2R_{1}R'_{2}}=\frac{2+q}{\frac{s}{s_{m}}+\frac{s_{m}}{s}+q}$$

式中，$q=\frac{2R_{1}}{R'_{2}}s_{m}\approx 2s_{m}$，其中 s_m 一般在 0.1～0.2 范围内，$\frac{s}{s_{m}}+\frac{s_{m}}{s}\geqslant 2$，而 $q\ll 2$。上式经简化可得电磁转矩的实用表达式

$$\frac{T_{e}}{T_{m}}=\frac{2}{\frac{s}{s_{m}}+\frac{s_{m}}{s}} \tag{1-11}$$

利用实用表达式就可根据感应电动机产品目录中给出的数据，方便地导出该电机的机械特性曲线，从产品目录中可查到电机的额定功率 P_N、额定转矩 n_N 和过载能力 $\lambda=\frac{T_{m}}{T_{N}}$。由此可算得 $s_{N}=\frac{n_{1}-n_{N}}{n_{1}}$ 和 $s_{m}=s_{N}(\lambda+\sqrt{\lambda^{2}-1})$。

将 s_m 代入实用表达式，即可得到 $T_e=f(s)$ 的关系，对工程计算十分方便。

1.2.2 变频调速的机械特性

三相感应电动机在正常运行范围内，气隙电势 E_1 近似与外施电压 U_1 平衡，$U_1 \approx E_1=4.44f_1N_1k_{w1}\Phi$，电机的主磁通 $\Phi \propto \frac{E_1}{f_1} \approx \frac{U_1}{f_1}$,说明电机运行时，主磁通的大小取决于电势/频率值和近似取决于电压/频率值。而电机在设计时，均把电机的磁路设计在近饱和处工作，使电机材料得到充分的利用。因此，电机在变频调速时，其频率不管从基频向下调，还是从基频向上调，除了使电机的绕组端的电压和电流不允许超过额定值运行外，电机的磁通也不允许增加。因 Φ 增加会使磁路过饱和，励磁电流会急剧增加，运行性能变坏，这是不允许的。所以在电机变频调速过程中，需对电机的供电电压 U_1、电流 I_1 和供电频率 f_1 进行协调控制。按控制的原则不同，常分为恒磁通变频调速、恒功率变频调速和恒电流变频调速。

1．基频以下，恒磁通变频调速

从基频向下，降低电源频率时，必须同时降低电源电压，降低电压 U_1 主要有两种控制方式。

1)恒电压/频率比（$U_1 / f_1 = \mathrm{C}$）控制

在降低频率调速过程中，保持 $\frac{U_1}{f_1}=\mathrm{C}$，也就是保持磁通 Φ 近似为常数，$\Phi \approx \mathrm{C}$，若令 $f_1=\alpha f_N$，则电压 $U_1=\alpha U_N$，此时电机的电磁转矩为

$$T_e = \frac{3p_n U_N^2 \beta R_2'}{2\pi f_N[(sR_1 + R_2')^2 + \beta^2(x_{1\sigma} + x_{2\sigma}')^2]} \tag{1-12}$$

$$T_m = \frac{3p_n \alpha U_N^2}{4\pi f_N[R_1 + \sqrt{R_1^2 + \alpha^2(x_{1\sigma} + x_{2\sigma})^2}]} \tag{1-13}$$

式中，U_N、f_N 为定子电压、频率的额定值；$x_{1\sigma}$、$x_{2\sigma}'$ 为对应于额定频率 f_N 下的定子漏抗和折算后的转子漏抗；$\alpha = \frac{f_1}{f_N} = \frac{n_1}{n_N}$；$\beta = \alpha s = \frac{n_1}{n_N}\frac{n_1 - n}{n_1} = \frac{n_1 - n}{n_N}$，称为绝对转差率。其中，$n_N$ 对应于 f_N 下旋转磁场的转速，与运行频率 f_1 无关。β 的大小直接表达了电机运行时气隙磁场与转子之间的转速之差。由于正常运行时，s 很小，式(1-12)中 sR_1 可忽略不计。在一定的负载转矩下，变频调速运行时，转速之差(n_1-n)将不改变，转矩特性(稳定运行段)在 $\frac{U_1}{f_1}=\mathrm{C}$ 的运行方式下，当 α 不同时，它为一族平行的曲线，如图 1.5 所示。

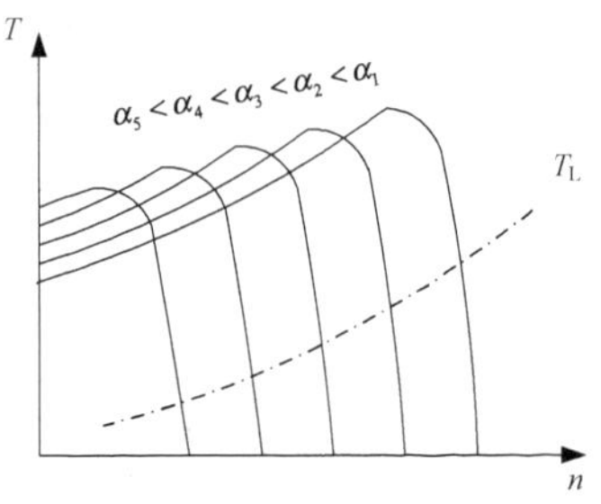

图 1.5 $\frac{U_1}{f_1}=\mathrm{C}$ 变频调速的机械特性

从式(1-13)可以看出，由于定子电阻 R_1 的存在，随运行频率的降低，R_1 与电抗 $\alpha(x_{1\sigma}+x_{2\sigma}')$ 相比，R_1 的作用越来越大，使得最大转矩 T_m

将明显减小。所以 $\dfrac{U_1}{f_1}=\mathrm{C}$ 的运行方式只适合于调速范围不太大，或负载转矩随转速降低而变小的负载，如风机和泵类较适合。

2）恒气隙电势/频率比（$E_1/f_1=\mathrm{C}$）控制

降低频率 f_1 调速，保持 $\dfrac{E_1}{f_1}=\mathrm{C}$，则 Φ=常数，是恒磁通控制方式。在该过程中，也令 $f_1=\alpha f_\mathrm{N}$，则 $E_1=\alpha E_\mathrm{N}$，$\dfrac{E_1}{f_1}=\dfrac{E_\mathrm{N}}{f_\mathrm{N}}=\mathrm{C}$，$2\pi f_1 L'_{2\sigma}=\alpha x'_{2\sigma}$，电磁转矩为

$$T_\mathrm{e}=\frac{P_\mathrm{e}}{\Omega_1}=\frac{3(I'_2)^2\dfrac{R'_2}{s}}{\dfrac{2\pi n_1}{60}}=\frac{3p_\mathrm{n}f_\mathrm{N}\alpha}{2\pi}\left(\frac{E_\mathrm{N}}{f_\mathrm{N}}\right)^2\frac{1}{\dfrac{R'_2}{s}+\dfrac{sx'^2_{2\sigma}\alpha^2}{R'_2}} \tag{1-14}$$

这里要注意：$x'_{2\sigma}$ 是对应于额定频率 f_N 下折算后的转子漏抗，是常数，不随 f_1 而变，即与 f_1 无关。最大转矩处 $\dfrac{\mathrm{d}T_\mathrm{e}}{\mathrm{d}s}=0$，该处的转差率为 s_m，由下式求得

$$\frac{\mathrm{d}T_\mathrm{e}}{\mathrm{d}s}=\frac{3p_\mathrm{n}f_\mathrm{N}\alpha\left(\dfrac{R'_2}{s^2}-\dfrac{\alpha^2x'^2_{2\sigma}}{R'_2}\right)}{2\pi\left(\dfrac{R'_2}{s}+\dfrac{s\alpha^2x'^2_{2\sigma}}{R'_2}\right)^2}\left(\frac{E_\mathrm{N}}{f_\mathrm{N}}\right)^2=0$$

$$\frac{R'_2}{s^2}=\frac{\alpha^2x'^2_{2\sigma}}{R'_2}$$

因此

$$s_\mathrm{m}=\frac{R'_2}{\alpha x'_{2\sigma}} \tag{1-15}$$

将式(1-15)代入式(1-14)可得最大电磁转矩

$$T_\mathrm{m}=\frac{3p_\mathrm{n}}{4\pi}\left(\frac{E_\mathrm{N}}{f_\mathrm{N}}\right)^2\frac{f_\mathrm{N}}{x'_{2\sigma}}\equiv\text{常数} \tag{1-16}$$

最大转矩处的转速降落

$$\Delta n_\mathrm{m}=s_\mathrm{m}n_1=\frac{R'_2}{\alpha x'_{2\sigma}}\frac{60f_1}{p_\mathrm{n}}=\frac{R'_2 60f_\mathrm{N}}{p_\mathrm{n}x'_{2\sigma}}\equiv\text{常数} \tag{1-17}$$

从式(1-16)、式(1-17)可知：保持 $\dfrac{E_1}{f_1}=\mathrm{C}$ 的变频调速，其 T_m= 常数，与运行频率无关，而且在不同频率下的机械特性在稳定运行段是一族相互平行的曲线，如图 1.6 所示。证明如下。

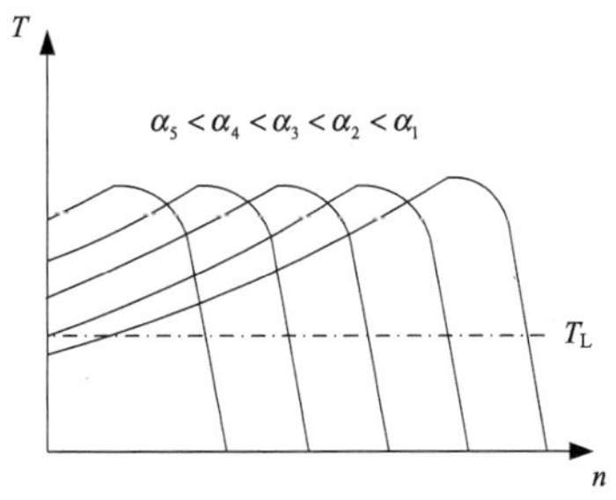

图 1.6　$\dfrac{E_1}{f_1}=\mathrm{C}$ 变频调速的机械特性

若 T_e=常数，即

$$T_e=\frac{3p_n f_N}{2\pi}\left(\frac{E_N}{f_N}\right)^2\frac{\alpha\left(\frac{R_2'}{s}\right)}{\left(\frac{R_2'}{s}\right)^2+\alpha^2 x_{2\sigma}'^2}=常数$$

则

$$\frac{\alpha\left(\frac{R_2'}{s}\right)}{\left(\frac{R_2'}{s}\right)^2+\alpha^2 x_{2\sigma}'^2}=\mathrm{C}$$

那么，有

$$\alpha\left(\frac{R_2'}{s}\right)=\mathrm{C}\left(\frac{R_2'}{s}\right)^2+\alpha^2 x_{2\sigma}'^2\mathrm{C}$$

$$\mathrm{C}R_2'^2-\alpha R_2's+(\mathrm{C}\alpha^2 x_{2\sigma}'^2)s^2=0$$

$$s=\frac{\alpha R_2'+\sqrt{\alpha^2 R_2'^2-4\alpha^2\mathrm{C}^2 x_{2\sigma}'^2 R_2'^2}}{2\alpha^2\mathrm{C}x_{2\sigma}'^2}$$

$$=\frac{R_2'+\sqrt{R_2'^2-4\mathrm{C}^2 x_{2\sigma}'^2 R_2'^2}}{2\mathrm{C}x_{2\sigma}'^2}\cdot\frac{1}{\alpha}=\frac{K}{\alpha} \tag{1-18}$$

式中，$K=\frac{R_2'+\sqrt{R_2'^2-4\mathrm{C}^2 x_{2\sigma}' R_2'^2}}{2\mathrm{C}x_{2\sigma}'^2}$=常数，由于$\beta=\alpha s=\frac{n_1}{n_N}\frac{n_1-n}{n_1}=\frac{n_1-n}{n_N}=\frac{\Delta n}{n_N}=K$，它表明电磁转矩 T_e 一定时，绝对转差率是常数，Δn 均相等，所以在变频调速过程中，各条机械特性曲线是相互平行的。

根据$s=\frac{K}{\alpha}$，$E_1=E_2'=\alpha E_N$，在$\frac{E_1}{f_1}=\mathrm{C}$为常数的变频调速中，当转矩 T_e 不变时，转子电流为

$$I_2'=\frac{E_1}{\sqrt{\left(\frac{R_2'}{s}\right)^2+\left(\alpha x_{2\sigma}'\right)^2}}=\frac{\alpha E_N}{\sqrt{\left(\frac{R_2'\alpha}{K}\right)^2+\alpha^2 x_{2\sigma}'^2}}$$

$$=\frac{KE_N}{\sqrt{R_2'^2+K^2 x_{2\sigma}'^2}}=常数$$

因此当$T_e=T_N$时，$I_2'=I_{2N}'$，$I_1=I_{1N}$，保持$\frac{E_1}{f_1}=\mathrm{C}$为恒磁通变频调速，实际上为恒转矩调速。

保持$\frac{E_1}{f_1}=\mathrm{C}$为恒磁通变频调速，对电机端电压 U_1 提出了要求，即要求供电电源满足$\dot{U}_1=\dot{I}_1(R_1+\mathrm{j}x_{1\sigma})-\dot{E}_1$的关系。随$f_1$的降低，就必须相应地提高 U_1，以便补偿阻抗压降

(低频时 R_1 比 $x_{1\sigma}$ 大得多)，其补偿量的大小，不仅与定子电阻有关，还与电机定子漏抗有关。为使任何频率下的最大转矩与额定频率时的最大转矩相等，根据式(1-8)，考虑到 $f_1=\alpha f_N$，可以得到

$$\left(\frac{U_1}{U_N}\right)^2=\alpha\left[\frac{R_1+\sqrt{R_1^2+\alpha^2(x_{1\sigma}+x'_{2\sigma})^2}}{R_1+\sqrt{R_1^2+(x_{1\sigma}+x'^2_{2\sigma})}}\right]=\alpha\left(\frac{1+\sqrt{1+\alpha^2Q^2}}{1+\sqrt{1+Q^2}}\right)$$

或

$$U_1=\alpha U_N\sqrt{\frac{\frac{1}{\alpha}+\sqrt{\left(\frac{1}{\alpha}\right)^2+Q^2}}{1+\sqrt{1+Q^2}}} \tag{1-19}$$

式中，$Q=\frac{x_{1\sigma}+x'_{2\sigma}}{R_1}$。式(1-19)表示：为维持气隙磁通恒定，定子电压 U_1 应随运行频率 $f_1=\alpha f_N$ 而变化，其变化规律应由该电机的参数 Q 来确定。U_1 与 α 及 Q 的关系如图 1.7 所示。

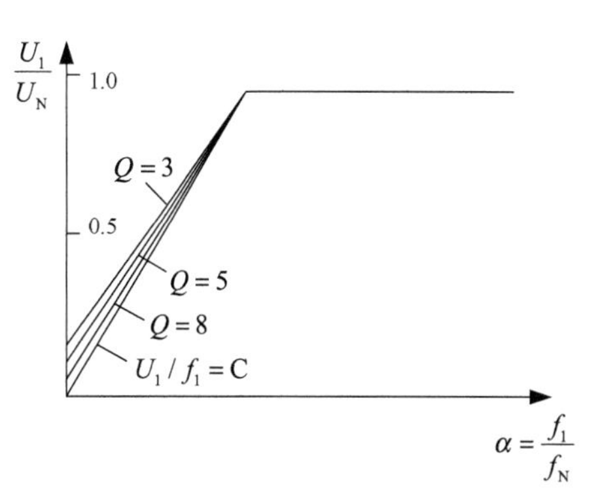

图 1.7　当 T_m=C 时，定子电压与频率的关系

还应指出：对调速范围要求很宽、低频时负载又有变动的情况，单纯从保持最大转矩恒定的角度来考虑定子压降的补偿办法还不够。例如，某一负载时，定子阻抗压降刚好得到补偿，但在轻载时，定子 R_1 压降减小了，随着频率的降低，气隙磁通将增大，使电机的饱和程度增加，引起激磁电流显著增加，有可能造成负载越轻，而定子电流越大的反常现象；相反在低频，负载增加时，定子压降增加，E_1 将显著减小，反而引起激磁电流大幅度下降，使定子电流显著增加。因此在低频时，最理想的办法是根据负载电流的变化来调节定子电压。

2．基频以上，恒功率变频调速

在额定频率以上变频调速时，由于电压电流不允许超过额定值运行，也就是电压不能随频率按比例提高，只能将电压和电流维持在额定值运行，所以电机气隙磁通必须随频率的上升而降低，造成电机的转矩随频率的上升而减小，使转矩与频率成反比关系，接近于恒功率方式运行。

若忽略定子电阻 R_1，则其最大转矩为

$$T_m=\frac{3p_nU_1^2}{4\pi f_1\alpha(x_{1\sigma}+x'_{2\sigma})}=\frac{3p_nU_1^2}{8\pi^2f_1^2(L_{1\sigma}+L'_{2\sigma})}=K\left(\frac{U_1}{f_1}\right)^2$$

为确保电机的正常运行，应满足过载能力 $\lambda=\frac{T_m}{T_e}$ 的要求，电机的实际转矩为

$$T_e=\frac{T_m}{\lambda}=\frac{K}{\lambda}\left(\frac{U_1}{f_1}\right)^2\propto\left(\frac{U_1}{f_1}\right)^2$$

于是

$$\frac{T_e}{T_N}=\left(\frac{U_1}{U_N}\right)^2\left(\frac{f_N}{f_1}\right)^2$$

或

$$\frac{U_1}{U_N}=\frac{f_1}{f_N}\sqrt{\frac{T_e}{T_N}} \tag{1-20}$$

当负载的性质为恒功率负载时，并将$\frac{T_e}{T_N}=\frac{f_N}{f_1}$代入式(1-20)，即可得到电压随频率变化的关系，应维持

$$\frac{U_1}{U_N}=\sqrt{\frac{f_1}{f_N}} \tag{1-21}$$

此时电机的气隙磁通为

$$\frac{\Phi_1}{\Phi_N}=\frac{\frac{U_1}{f_1}}{\frac{U_N}{f_N}}=\sqrt{\frac{f_N}{f_1}}=\frac{1}{\sqrt{\alpha}} \tag{1-22}$$

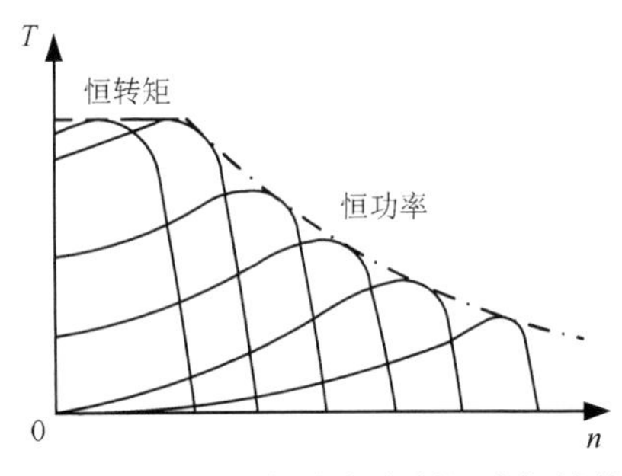

图 1.8　感应电机恒功率变频调速机械特性

在恒功率变频调速时，电压应随频率平方根关系的比例来控制，而电机的磁通是随频率的增加而减小的。电机磁路的设计应按运行中的最低频率即基频来确定。恒功率运行的机械特性如图 1.8 所示。

对风机和水泵类负载来说，风机和泵的转矩与其转速的平方成正比，其负载性质为$\frac{T_e}{T_N}=\left(\frac{f_1}{f_N}\right)^2$，应要求电机按$\frac{U_1}{U_N}=\left(\frac{f_1}{f_N}\right)^2$规律调节。电机气隙磁通按$\frac{\Phi_1}{\Phi_N}=\frac{f_N}{f_1}\frac{U_1}{U_N}=\frac{f_1}{f_N}=\alpha$规律变化，所以拖动风机、水泵类性质负载的电机应按运行中最高频率工作状态设计电机磁路。

3．恒电流变频调速

保持感应电动机定子电流I_1不变的变频调速控制称为恒流控制。此时转矩特性取决于激磁电流I_0和转子电流I_2'的相对分配，与定子参数R_1和$L_{1\sigma}$无关；电流的分配由电路支路阻抗确定，其阻抗的大小又取决于频率和转差率。当电流源供电时，感应电机的等

效电路如图 1.9 所示。

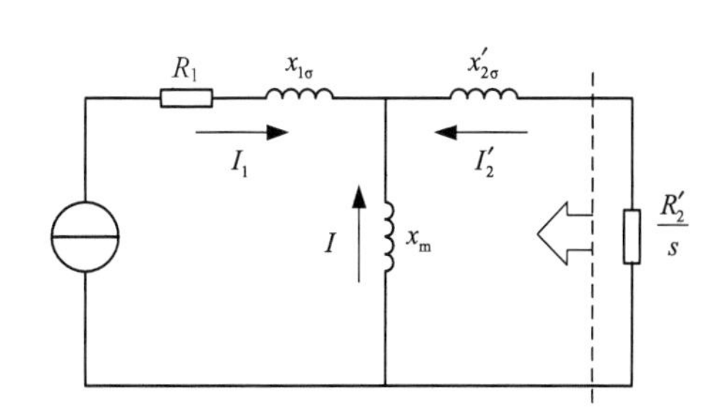

图 1.9　恒流源供电感应电动机等效电路图

恒定电流源的内阻与电机内部阻抗相比，可看作无限大，即开路。根据戴维南定理，从转子电阻 $\frac{R'_2}{s}$ 两端看入，其开路电势为

$$E_{K0} = I_1 x_m$$

等效内阻抗为

$$Z_K = x_m + x'_{2\sigma}$$

转子回路的电流为

$$I'_2 = \frac{I_1 x_m}{\sqrt{\left(\frac{R'_2}{s}\right)^2 + \left(x_m + x'_{2\sigma}\right)^2}} \tag{1-23}$$

恒流源供电时感应电动机的电磁转矩为

$$T_e = \frac{3p_n (I'_2)^2 \frac{R'_2}{s}}{2\pi f_1} = \frac{3p_n I_1^2 x_m^2 \frac{R'_2}{s}}{2\pi f_1 \left[\left(\frac{R'_2}{s}\right)^2 + (x_m + x'_{2\sigma})^2\right]} \tag{1-24}$$

求得最大转矩为

$$T_m = \frac{3p_n I_1^2 x_m^2}{4\pi f_1 (x_m + x'_{2\sigma})} \tag{1-25}$$

$$s_m = \frac{R'_2}{x_m + x'_{2\sigma}} \tag{1-26}$$

式中

$$x_m = 2\pi L_m f_1$$

$$x'_{2\sigma} = 2\pi L'_{2\sigma} f_1$$

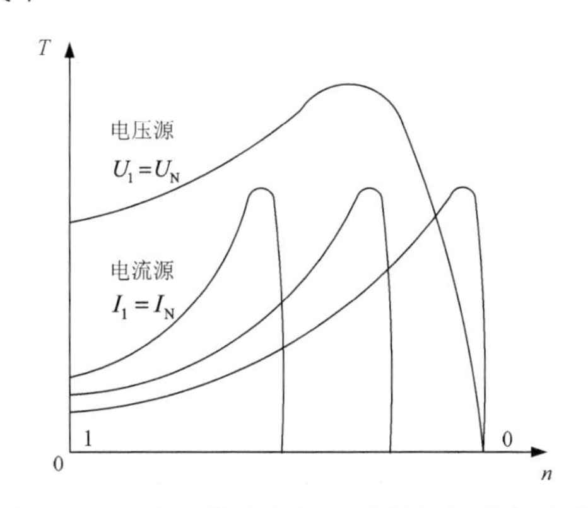

图 1.10　恒流源供电变频调速的机械特性曲线

当恒流源供电时，机械特性曲线如图 1.10 所示，T_m 出现在 s 更小的位置。恒流时的 T_m 要比恒磁通时的 T_m 小得多，只要把式(1-25)、式(1-26)与式(1-8)、式(1-9)，式(1-24)与式(1-7)相比较，就不难看出，式中阻抗差别很大，致使恒流时的 T_m, s_m 和 T_{st} 均比恒磁通时的 T_m, s_m 和 T_{st} 明显减小。由于 $x_m >> x_{1\sigma}$，其临界转差率小，转矩-转速特性呈尖陡形状。

1.3 同步电动机变频调速的基本特性

同步电动机的结构形式较多，根据调速系统容量和负载工作性能要求的不同，所采用的同步电动机的结构形式也不同，对于中、大容量的调速系统，常采用电励磁式同步电动机；对于小型调速装置，特别是多机同步传动系统则采用结构简单的磁阻式或永磁式同步电动机；对数控机床加工中心，机器人和工业自动化伺服控制实现速度和位置高精度控制的系统，已越来越广泛地采用了永磁式同步电动机。

1.3.1 同步电动机的物理模型

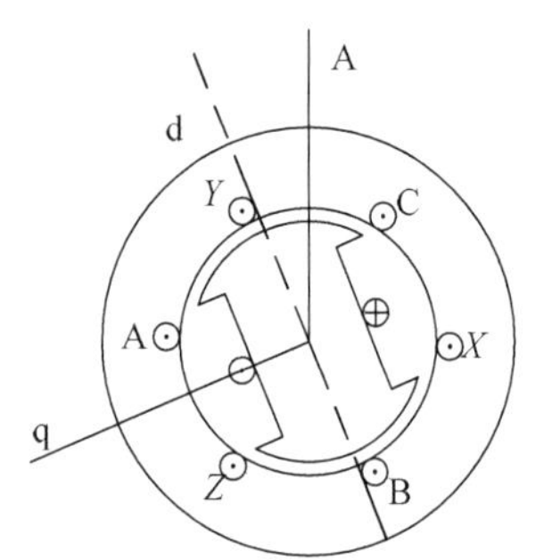

图 1.11 同步电动机物理模型

同步电动机也是由定子和转子构成，其定子与感应电动机的定子完全相同，最常用的同步电动机的定子采用三相对称分布绕组；其转子具有一套通直流电流产生固定极性的励磁绕组，该励磁绕组可对称地分布在转子表面槽中(称隐极式转子)，或集中安置在极间空间称凸极式转子。三相凸极同步电动机物理模型如图 1.11 所示，常称为电励磁式同步电动机。

永磁同步电动机的定子与电励磁式完全一样，而转子根据磁钢的充磁方向和在转子上安装的方式不同，永磁转子分径向、切向和轴向，内装式和外装式，其剖面结构如图 1.12 所示。

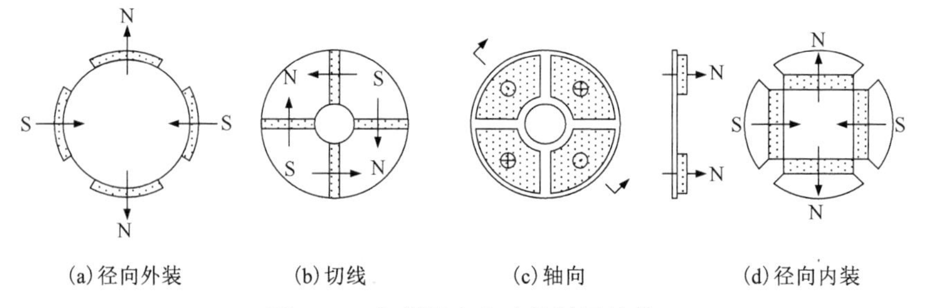

图 1.12 永磁同步电动机转子结构

1.3.2 同步电动机变频调速的工作特性

只要控制供电电源频率，就可以方便地控制同步电动机的转速，它不会产生像感应电动机那样的转差率，可以进行高精度的转速控制。

同步电动机变频调速有自控式(自控同步式)和他控式两种。自控同步电动机是采用转子磁极位置检测器测定转子磁极与定子间的相对位置和转子转速的。从检测器发出的位置信号反馈到系统控制着变换器中功率开关管的导通顺序和频率，使变换器向电机提供所需频率的电源，在任何时刻都与转子速度严格同步。控制供电电压的大小，即可控制电机转速。

他控式同步电动机是采用从外部控制变频器的供电频率来控制电机的同步速。它是一种频率开环控制系统，在运行中对于急剧的加、减速必须加以限制。同步电动机变频调速的控制原则与感应电动机相似，基频以下，电压与频率比值为常数恒磁通控制，基频以上为恒功率控制。

同步电动机变频调速运行时重要的工作特性是功角特性和转矩-转速特性。

1．功角特性

由电机学可知，凸极同步电动机的相量图如图 1.13 所示。

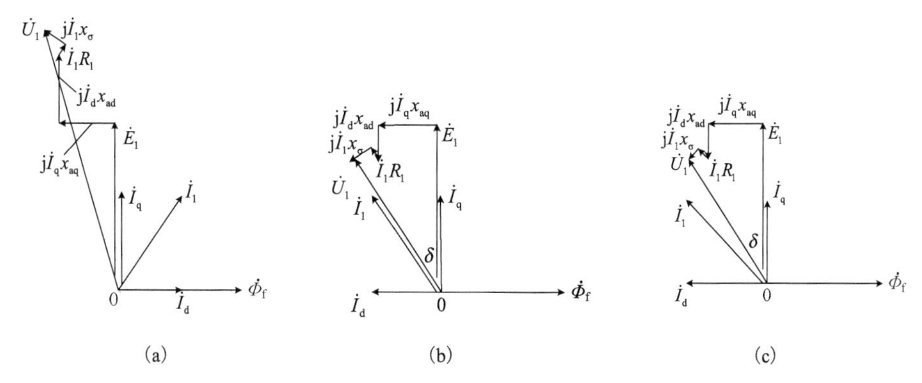

图 1.13　凸极同步电动机的相量图

当电动机的励磁磁通恒定，转速和负载转矩 T_L 固定不变，所施加供电电压不同时，定子电流的大小和相位各不相同，在图 1.13(a)中 I_1 落后于 U_1，在图 1.13(b)中，I_1 和 U_1 同相位，$\cos\varphi=1$；在图 1.13(c)中，I_1 超前于 U_1。由图可知：电机所加电压的大小对电机电流相位影响较大。若控制电机相电流 I_1 与反电势 E_1 同相位，电机交轴电枢反应电抗 x_{aq} 不同，则电机的相量图差别较大，如图 1.14 所示，x_{aq} 越小，功率因数越高，所需电压越低，便可减小电源容量。由图 1.13(a)可知，电机的输入功率为

$$P_\mathrm{i} = 3U_1I_1\cos\varphi$$

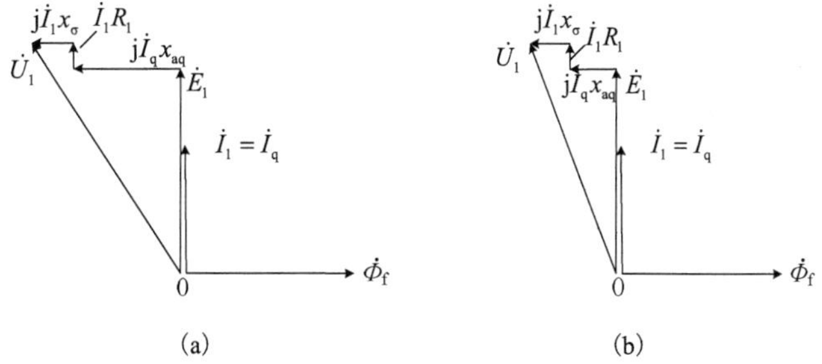

图 1.14　凸极同步电动机 I_d=0 的相量图

为简单起见，忽略定子电阻 R_1，即 R_1=0。电机的电磁功率可近似写成

$$P_\mathrm{e} \approx 3U_1I_1\cos\varphi = 3U_1(I_\mathrm{q}\cos\delta - I_\mathrm{d}\sin\delta) \tag{1-27}$$

由相量图可知，$U_1\cos\delta = E_1 + I_\mathrm{d}x_\mathrm{d}$，$U_1\sin\delta = I_\mathrm{q}x_\mathrm{q}$，式中 $x_\mathrm{d} = x_{1\sigma} + x_\mathrm{ad}$ 为直轴同步电抗；

$x_q = x_{1\sigma} + x_{aq}$为交轴同步电抗。由此可得

$$\left.\begin{aligned} I_q &= \frac{U_1 \sin\delta}{x_q} \\ I_d &= \frac{U_1 \cos\delta - E_1}{x_d} \end{aligned}\right\} \tag{1-28}$$

将式(1-28)代入式(1-27)，便得

$$P_e = \frac{3E_1U_1}{x_d}\sin\delta + \frac{3U_1^2(x_d - x_q)}{2x_dx_q}\sin 2\delta \tag{1-29}$$

电磁转矩为

$$T_e = \frac{3E_1U_1}{\Omega_1 x_d}\sin\delta + \frac{3U_1^2(x_d - x_q)}{2\Omega_1 x_d x_q}\sin 2\delta \tag{1-30}$$

$$\Omega_1 = \frac{2\pi n_1}{60} = \frac{2\pi f_1}{p_n}$$

电势与电压之间的夹角 δ 称为功角，当 E_1、U_1 大小不变时，δ 的大小反映输出功率和转矩的变化，其 $T_e = f(\delta)$ 称为转矩-功角特性，如图 1.15 所示。

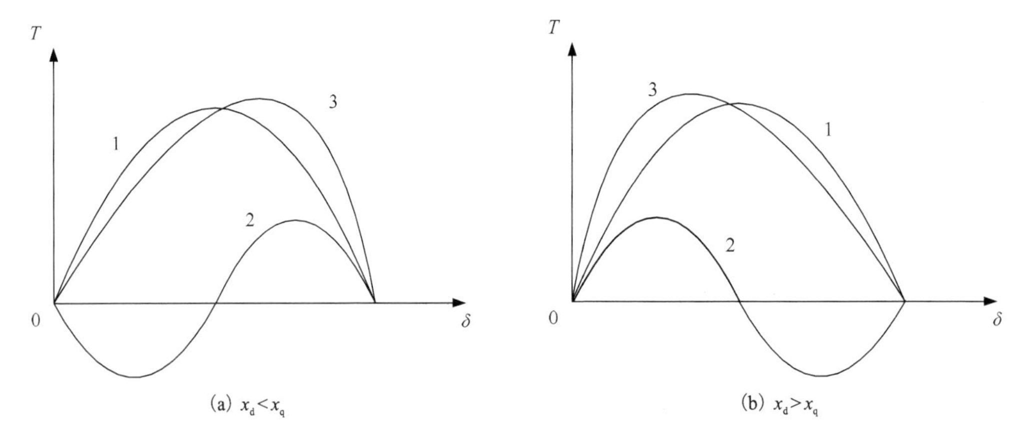

图 1.15　凸极同步电动机的功角特性

图 1.15 中曲线 1 表示式(1-30)的第一项，称基本电磁转矩，曲线 2 表示式(1-30)的第二项，为凸极(磁阻)电磁转矩。这是由于 d 轴和 q 轴不对称，交直轴同步电抗不等引起的。曲线 1、2 合成得曲线 3 总电磁转矩。

$$T_e = \frac{3p_n}{2\pi f_1}\frac{E_1U_1}{x_d}\sin\delta + \frac{3p_n}{2\pi f_1}U_1^2\frac{x_d - x_q}{2x_dx_q}\sin 2\delta \tag{1-31}$$

由图 1.15 曲线可知：当 $x_q > x_d$ 时，转矩极值点 $\delta > 90°$ 电角；当 $x_q < x_d$ 时，转矩极值点 $\delta < 90°$ 电角。

2．转矩-转速特性

考虑到 $x_{\mathrm{d}}=2\pi f_1(L_{1\sigma}+L_{\mathrm{ad}})$ 和 $x_{\mathrm{q}}=2\pi f_1(L_{1\sigma}+L_{\mathrm{aq}})$，从式(1-31)可知，若保持 $\dfrac{U_1}{f_1}$ 值恒定(并在固定的励磁和功角下，电源电压与频率成比例地变化)，则所产生的转矩保持不变。

若保持定子端输入功率因数 $\cos\varphi=1$，同时改变供电电压和频率，以基频 f_{N} 为准，从基频向下，维持 $\dfrac{U_1}{f_1}$ 值恒定，则为恒转矩调速，当频率降低变小时，与感应电机相同，也要进行定子阻抗的自适应补偿，即增加附加电压补偿定子压降。从基频向上调，在定子电流 I_1 不允许超过额定电流 I_{N} 的情况下，励磁电流随着 $\dfrac{U_1}{f_1}$ 值的减小而减小，所以转矩就减小了。随着 f_1 的提高，转矩以双曲线规律减小，保持输出功率恒定，如图 1.16 所示。对电励磁式同步电动机来说，若要维持电机输入端所需功率因数，则可通过调节励磁电流 I_{f} 来实现。

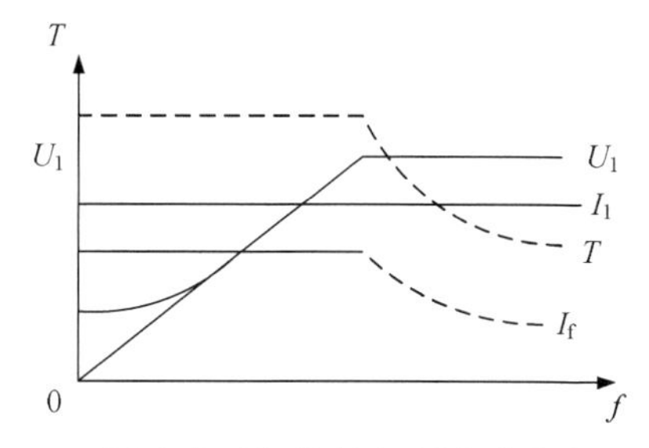

图 1.16　同步电动机的转矩频率曲线($\cos\varphi=1$)

思 考 题

1-1　感应电动机常用的调速方法有哪些？为什么要采用变频调速？

1-2　感应电动机变频调速的方法与改变感应电动机转差频率调速方法有何区别？

1-3　采用变频调速时，为什么施加到电机的电压与频率要按比例变化？

1-4　感应电动机由工频(50Hz)直接供电时，电网电压下降常会引起电流过流，为什么变频调速时，供电频率降低时，电压也要随之降低？这样会不会引起电机过流现象？

1-5　如果选用标准感应电动机，且在 50Hz 以上变频调速时，要求输出力矩恒定，则应怎样选用感应电动机？采用何种措施？

1-6　当电压和频率按比例控制时，电动机的转矩应如何控制？

习　　题

1-1　感应电动机在恒压源供电和恒流源供电时，其机械特性有何不同？为什么？

1-2　同步电动机变频调速时，其施加的电压与频率如何协调控制？试画出 $\cos\varphi=1$，$I=I_{\mathrm{q}}$ 时同步电动机的相量图。

1-3　一台感应电动机的参数如下：额定功率 $P_{\mathrm{N}}=2\mathrm{kW}$，额定相电压 $U_{1\mathrm{N}}=127\mathrm{V}$，额定转速 $n_{\mathrm{N}}=1450\mathrm{r/min}$，额定电流 $I_{\mathrm{N}}=7.5\mathrm{A}$，定子电阻 $R_1=1.51\Omega$，转子电阻 $R_2'=0.822\Omega$，定子漏感

$L_{1\sigma}=0.0038\text{H}$，转子漏感 $L'_{2\sigma}=0.00475\text{H}$，激磁电阻 $R_m=1.49\Omega$，激磁电感 $M=0.0968\text{H}$，试求：

(1) 计算感应电动机在 $\frac{U_1}{f_1}=\text{C}$ 控制方式下，f_1=5Hz 时定子绕组相电压 U_1 的数值；

(2) 计算 5Hz、50Hz 时感应电动机的最大电磁转矩 T_m。

1-4 按习题 1-3 的感应电动机的参数，分别计算感应电动机在 $\frac{E_1}{f_1}=\text{C}$ (即 $T_m=\text{C}$) 控制方式运行，f_1=5Hz 和 f_1=50Hz 时定子绕组相电压 U_1 的数值。

1-5 试证明：感应电动机在额定转速以上调速时，采用固定定子电压 U_1，同时控制转子电流频率 f_2，使 $\frac{f_2}{f_1}=\text{const}$，便可实现恒功率调速。

第2章　交流电机的数学模型

交流电机是交流调速系统机电能量转换的动力部件，设计交流调速系统和分析系统的动、静态特性，必须建立合适的动态数学模型。这种数学模型应尽量简单，不必包括设计和制造电机的所有参数，但应能充分精确地表达电机的动、静态特性，并具有足够的灵活性，以便能适用于各种调速系统。为此，本章首先讨论交流电机的综合矢量和坐标变换的概念，然后讨论感应电动机和同步电动机的动态数学模型。

2.1　交流电机的综合矢量

众所周知，任何随时间作正弦变化的量，都可以用逆时针方向旋转的矢量在 Y 轴上的投影来表示，该矢量称为时间矢量或相量，Y 轴称为时间轴。

交流电机三相绕组的量，如三相对称电流 i_A, i_B, i_C 就可以用三个彼此相隔 120°电角的等长的旋转矢量 $\dot{I}_A$, $\dot{I}_B$, $\dot{I}_C$ 在同一时间轴上的投影来表示，常称单时轴多矢量表示法，如图 2.1(a)所示。三个电流矢量的相位差，表示三相电流的时间相位差。这种矢量是时间相量。当然三相对称电流 i_A, i_B, i_C 也可以用一个旋转矢量 $\hat{I}$，在相隔 120°电角的三根时间轴上的投影来表示，特称单矢量三时轴表示法。如图 2.1(b)所示，这三根时轴就用三相对称绕组的三根轴线表示。在这空间轴上的投影就是该相绕组中的瞬时电流，这个可以同时表示空间三相绕组中物理矢量的旋转矢量定义为综合矢量。由于它随时间在空间旋转，所以它具有时间和空间的一致和统一关系。

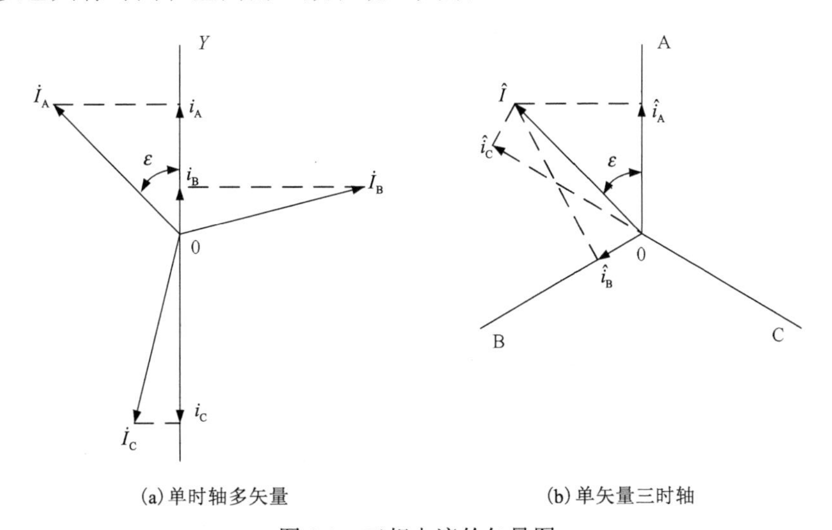

(a)单时轴多矢量　　(b)单矢量三时轴

图 2.1　三相电流的矢量图

若综合矢量的转向取逆时针方向旋转，则三相轴线的排列次序与图 2.1(a)中三个电流相量的次序相反。

当电流综合矢量 $\hat{I}$ 与某相轴重合时，该相电流达最大值，故综合矢量的长度应等于相电流的幅值 I，而不是相电流的有效值。转速等于电流随时间变化的角频率 ω_1。

在三相绕组中，若三相电流没有零序分量(三相绕组 Y 接法，中心不外接)，即 $i_A+i_B+i_C=0$，三相电流瞬时值为

$$\left.\begin{aligned} i_A &= I\cos\omega_1 t = I\cos\varepsilon \\ i_B &= I\cos(\omega_1 t-120°) = I\cos(\varepsilon-120°) \\ i_C &= I\cos(\omega_1 t+120°) = I\cos(\varepsilon+120°) \end{aligned}\right\} \tag{2-1}$$

那么，三相电流的综合矢量的幅值和相位，可以从式(2-1)求得，将等式左右平方加，

$$i_A^2+i_B^2+i_C^2 = I^2[\cos^2\omega_1 t+\cos^2(\omega_1 t-120°)+\cos^2(\omega_1 t+120°)] = \frac{3}{2}I^2$$

即得

$$\left.\begin{aligned} I &= \sqrt{\frac{2}{3}(i_A^2+i_B^2+i_C^2)} \\ \varepsilon &= \arccos\left(\frac{i_A}{I}\right) \end{aligned}\right\} \tag{2-2}$$

式中，ε 为综合矢量 $\hat{I}$ 与 A 轴的夹角。

如果三相电流中含有零序分量电流，则应当先从每相电流中扣除零序电流分量，然后利用式(2-2)求综合矢量，即

$$\begin{aligned} I &= \sqrt{\frac{2}{3}[(i_A-i_0)^2+(i_B-i_0)^2+(i_C-i_0)^2]} \\ &= \sqrt{\frac{2}{3}(i_A'^2+i_B'^2+i_C'^2)} \\ \varepsilon &= \arccos\left(\frac{i_A'}{I}\right) \end{aligned} \tag{2-3}$$

式中，$i_0=\frac{1}{3}(i_A+i_B+i_C)$，为三相系统中的零序电流；$i_A'$，$i_B'$，$i_C'$ 为扣除零序电流后的各相电流的瞬时值。

以上的定义和关系是容易理解的。在三相交流电机中，三相电流 i_A, i_B, i_C 流过相绕组时，在各相绕组的轴线位置上形成了相绕组的空间磁势。若略去空间谐波磁势，则各相绕组产生的基波磁势可分别用每相磁势空间矢量 $\hat{F}_A$, $\hat{F}_B$, $\hat{F}_C$ 表示，其长度为有效匝数乘以该相电流的瞬时值，其方向处在各相绕组的轴线上。若三相绕组对称，取 A 轴为实轴 Re，领先于实轴 90°的为虚轴 Im，并用算子 $a=e^{j120°}$表示矢量在空间旋转 120°，则以复数表示的各相磁势：$\hat{F}_A=F_A$，$\hat{F}_B=F_Be^{j120°}$，$\hat{F}_C=F_Ce^{j240°}$，如图 2.2(a)所示。

根据矢量合成法则，将 $\hat{F}_A$、$\hat{F}_B$、$\hat{F}_C$ 几何相加，可得三相合成磁势 $\hat{F}_\Sigma$，取其 $\frac{2}{3}$ 倍定义为磁势的综合矢量，即

$$\hat{F}=\frac{2}{3}(\hat{F}_A+\hat{F}_B+\hat{F}_C)=\frac{2}{3}(F_A+aF_B+a^2F_C) \tag{2-4}$$

显然，在不含有零序电流的三相电机中，它在三相绕组轴线(A, B, C 轴)上的投影，就是每相的瞬时磁势 $\hat{F}_A, \hat{F}_B, \hat{F}_C$。与磁势相对应的瞬时电流 i_A, i_B, i_C，在电机中也是空间矢量，用空间矢量表示的相电流 $\hat{i}_A$，$\hat{i}_B$，$\hat{i}_C$ 和综合矢量 $\hat{I}$ 与磁势类似，如图 2.2(b)所示。

$$\hat{I}=\frac{2}{3}(\hat{i}_A+\hat{i}_B+\hat{i}_C)=\frac{2}{3}(i_A+ai_B+a^2i_C)=Ie^{j\omega_1 t}=Ie^{j\varepsilon} \tag{2-5}$$

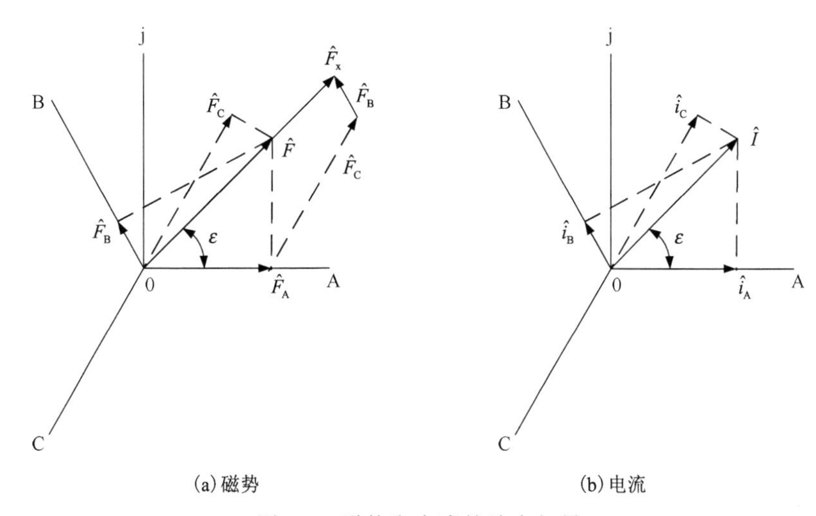

图 2.2　磁势和电流的综合矢量

电流综合矢量 $\hat{I}$ 在三相绕组轴线上的投影，也就是相的瞬时电流。如果三相电流是含有正序分量和负序分量的不对称电流，设三相正序电流为

$$i_{A+}=I_+\cos(\omega_1 t+\varepsilon_0)$$
$$i_{B+}=I_+\cos(\omega_1 t+\varepsilon_0-120°)$$
$$i_{C+}=I_+\cos(\omega_1 t+\varepsilon_0+120°)$$

则正序电流的综合矢量为

$$\hat{I}_+=\frac{2}{3}(i_{A+}+ai_{B+}+a^2i_{C+})=I_+e^{j(\omega_1 t+\varepsilon_0)}=\hat{I}_+ \tag{2-6}$$

如果三相电流的负序分量电流为

$$i_{A-}=I_-\cos(\omega_1 t+\varepsilon)$$
$$i_{B-}=I_-\cos(\omega_1 t+\varepsilon+120°)$$
$$i_{C-}=I_-\cos(\omega_1 t+\varepsilon-120°)$$

则

$$\frac{2}{3}(i_{A-}+ai_{B-}+a^2i_{C-})=I_-e^{-j(\omega_1 t+\varepsilon)}=[I_-e^{j(\omega_1 t+\varepsilon)}]^*=\hat{I}_-^*$$

式中，符号“*”代表共轭符号，故负序电流的综合矢量为

$$\hat{I}_{-}^{*}=\frac{2}{3}(i_{A-}+ai_{B-}+a^{2}i_{C-}) \tag{2-7}$$

注意：

(1) $\hat{I}_{-}^{*}$ 的转向与 $\hat{I}_{+}$ 相反，是顺时针方向旋转。如果三相不对称电流不含零序分量，$i_A=i_{A+}+i_{A-}$，$i_B=i_{B+}+i_{B-}$，$i_C=i_{C+}+i_{C-}$，则三相电流的综合矢量为

$$\hat{I}=\hat{I}_{+}+\hat{I}_{-}^{*}=\frac{2}{3}(i_A+ai_B+a^{2}i_C) \tag{2-8}$$

这时综合矢量 $\hat{I}$ 是由长度不等、转向相反的两个旋转矢量合成的，类似于椭圆形旋转磁场。$\hat{I}$ 的末端是椭圆，其瞬时转速也不恒定。

(2) 如果三相电流是含有零序电流的不对称电流，即

$$i_A=i'_{A+}+i'_0,\quad i_B=i'_{B+}+i'_0,\quad i_C=i'_{C+}+i'_0$$

由于零序分量电流的矢量合成为 0，即 $\frac{2}{3}(i_0+ai_0+a^{2}i_0)=0$，所以零序电流不影响综合矢量，则综合矢量仍为

$$\hat{I}=\frac{2}{3}(i_A+ai_B+a^{2}i_C)=\frac{2}{3}(i'_A+ai'_B+a^{2}i'_C) \tag{2-9}$$

因此，综合矢量在各相轴上的投影 i'_A，i'_B，i'_C 再各自加上 i_0 才为该相电流的瞬时值。不过，这里的零序电流与对称分量法中所讲的零序电流有所不同。这里是电流的瞬时值，对称分量法中是电流相量。如果三相电流不对称，只要是一个平衡的三相系统，则有 $i_A+i_B+i_C=0$，即三相中性点不外接，此时，电流综合矢量 $\hat{I}$ 在三相轴线上的投影，即为三相电流的瞬时值。

这里还要指出以下几点。

(1) 综合矢量 $\hat{I}$ 在任意方向 $\hat{S}=e^{j\varepsilon_0}$ 上的投影，只需将综合矢量乘 $\hat{S}$ 的共轭值后取其实部。这是由于 $\hat{I}$ 在 $\hat{S}=e^{j\varepsilon_0}$ 上的投影为 $I\cos(\varepsilon-\varepsilon_0)=\mathrm{Re}[Ie^{j\varepsilon}\cdot e^{-j\varepsilon_0}]=\mathrm{Re}[\hat{I}\cdot\hat{S}^{*}]$，又因 $I\cos(\varepsilon-\varepsilon_0)=\frac{1}{2}I[e^{j(\varepsilon-\varepsilon_0)}+e^{-j(\varepsilon-\varepsilon_0)}]=\frac{1}{2}[\hat{I}\cdot\hat{S}^{*}+\hat{I}^{*}\cdot\hat{S}]$，故得

$$\mathrm{Re}[\hat{I}\cdot\hat{S}^{*}]=\frac{1}{2}[\hat{I}\hat{S}^{*}+\hat{I}^{*}\hat{S}] \tag{2-10}$$

所以三相电流的瞬时值与综合矢量的关系又可写成

$$\left.\begin{aligned}
i'_A&=\mathrm{Re}(\hat{I}1)=\mathrm{Re}\,\hat{I}=\frac{1}{2}(\hat{I}+\hat{I}^{*})\\
i'_B&=\mathrm{Re}[\hat{I}a^{*}]=\mathrm{Re}(\hat{I}a^{2})=\frac{1}{2}(\hat{I}a^{2}+\hat{I}^{*}a)\\
i'_C&=\mathrm{Re}[\hat{I}a^{2*}]=\mathrm{Re}(\hat{I}a)=\frac{1}{2}(\hat{I}a+\hat{I}^{*}a^{2})
\end{aligned}\right\} \tag{2-11}$$

在电机中综合矢量可在任意相绕组轴线上投影，其值即为该轴相绕组中的瞬时值。

(2) 三相电流的综合矢量分析，可推广到三相电压、三相磁链等，也都可以用综合矢量$\hat{U}$、$\hat{\Psi}$等来表示。三相还可以推广到m相，只要将式(2-2)、式(2-8)和式(2-9)中的3改为m，a改为$e^{j360°/m}$，括弧内的项数等于相数，关系仍然成立。

(3) 在引用时间矢量概念时，各相物理量是随时间作正弦变化的，而引入空间矢量概念时，并不要求各物理量随时间作正弦变化。对由逆变器供电的电机绕组的非正弦电压或电流，就可用空间矢量来分析。当由逆变供电的各相绕组的量(U、I或ψ)随时间按非正弦规律变化时，其综合矢量的轨迹就不是一个圆了，可呈多边形或多角星形，在调速系统中，如果对其轨迹进行控制，则常称轨迹控制。

(4) 在交流电机的分析中，通常可把空间矢量和时间相量(或称时间矢量)这两种代表概念完全不同的矢量图画在同一图上，只要把各自的参数轴取得一致。由于电流I(时间矢量)与磁势$\hat{F}$(空间矢量)，磁链$\dot{\Psi}$(时间矢量)与磁密$\hat{B}$(空间矢量)是联系在一起的，所以它们相互之间相对应的相位关系也是一致的、统一的，就可把它们画在同一矢量图中，称为时空图。这给交流电机的分析带来很多方便。本书用综合矢量(空间矢量)分析电机时，各综合矢量间的相位关系也反映(或表达)了个各相量间的相位关系，它们是完全一致的、统一的。所以电机学中的相量图与用综合矢量来表达是一致的。不过综合矢量的长度表示的是物理量的幅值，而在电机学中，相量图的相量代表的是物理量的有效值。读者要注意区别。

2.2 交流电机中常用的坐标变换

交流电机是一个多变量、非线性的强耦合系统，定、转子间的耦合随转子位置而变，电机数学模型中含有时变系数，给分析和运算带来困难。利用坐标变换可将变系数变换成常系数，消除时变参数，使以实际变量描述的电机非线性方程变换成由替代变量描述的线性方程，从而使运算分析简化。因此坐标变换在交流电机分析中是一个十分重要的概念，是分析交流电机的基础。

旋转电机常用坐标系统有以下两大类。

(1) 坐标轴线放在定子上的静止坐标系统，如A, B, C；α, β, 0；+, −, 0坐标系统。

(2) 坐标轴线放在转子上随转子一起旋转的坐标系统，如d, q, 0；f, b, 0和M, T, O坐标系统。

下面应用综合矢量(以电流为例)来确定本书中坐标系统之间的变换关系。

2.2.1 α, β, 0坐标系统

坐标轴线放在定子上，使α轴与A轴线重合，β轴超前α轴90°，通过综合矢量容易确定A, B, C坐标系统与α, β, 0坐标系统之间的关系，如图2.3所示。

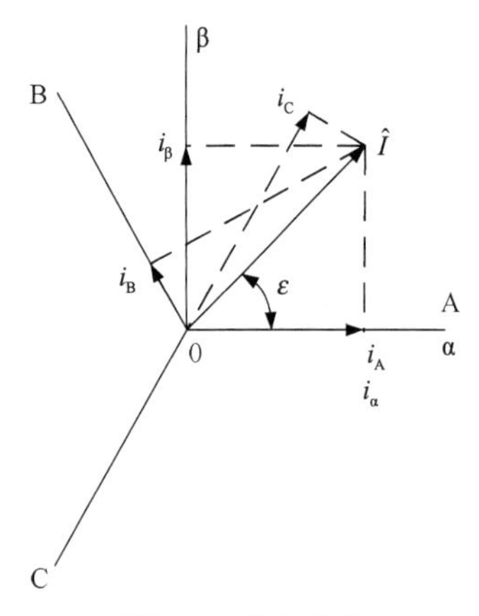

图 2.3　坐标变换

$$\hat{I}=\frac{2}{3}[i_A+ai_B+a^2i_C]=Ie^{j\varepsilon}=i_\alpha+ji_\beta \tag{2-12}$$

$$\begin{bmatrix} i_\alpha \\ i_\beta \\ i_0 \end{bmatrix}=\frac{2}{3}\begin{bmatrix} 1 & -\frac{1}{2} & -\frac{1}{2} \\ 0 & \frac{\sqrt{3}}{2} & -\frac{\sqrt{3}}{2} \\ \frac{1}{2} & \frac{1}{2} & \frac{1}{2} \end{bmatrix}\begin{bmatrix} i_A \\ i_B \\ i_C \end{bmatrix}$$

简写为

$$I_{\alpha\beta0}=C_{3-\alpha\beta0}I_{ABC}=C_{3/2}I_{ABC} \tag{2-13}$$

由式(2-13)求逆可得

$$\begin{bmatrix} i_A \\ i_B \\ i_C \end{bmatrix}=\begin{bmatrix} 1 & 0 & 1 \\ -\frac{1}{2} & \frac{\sqrt{3}}{2} & 1 \\ -\frac{1}{2} & -\frac{\sqrt{3}}{2} & 1 \end{bmatrix}\begin{bmatrix} i_\alpha \\ i_\beta \\ i_0 \end{bmatrix}$$

简写为

$$I_{ABC}=C_{3-\alpha\beta0}^{-1}I_{\alpha\beta0}=C_{2/3}I_{\alpha\beta0} \tag{2-14}$$

2.2.2　+, -, 0 坐标系统

以综合矢量本身的一半 $i_+=\frac{1}{2}\hat{I}$ 作为一个变量定义为正序分量；以其共轭量 $i_-=i_+^*=\frac{1}{2}\hat{I}^*$ 作为另一个变量定义为负序分量，如图 2.4 所示。正负序分量恒为共轭。

根据式(2-7)和式(2-8)可直接写出实轴与 A 轴线相重合，虚轴超前实轴 90°的+, -, 0 坐标系统的系统公式

$$\begin{bmatrix} i_+ \\ i_- \\ i_0 \end{bmatrix}=\frac{1}{3}\begin{bmatrix} 1 & a & a^2 \\ 1 & a^2 & a \\ 1 & 1 & 1 \end{bmatrix}\begin{bmatrix} i_A \\ i_B \\ i_C \end{bmatrix} \tag{2-15}$$

由式(2-15)求逆可得

$$\begin{bmatrix} i_A \\ i_B \\ i_C \end{bmatrix}=\begin{bmatrix} 1 & 1 & 1 \\ a^2 & a & 1 \\ a & a^2 & 1 \end{bmatrix}\begin{bmatrix} i_+ \\ i_- \\ i_0 \end{bmatrix} \tag{2-16}$$

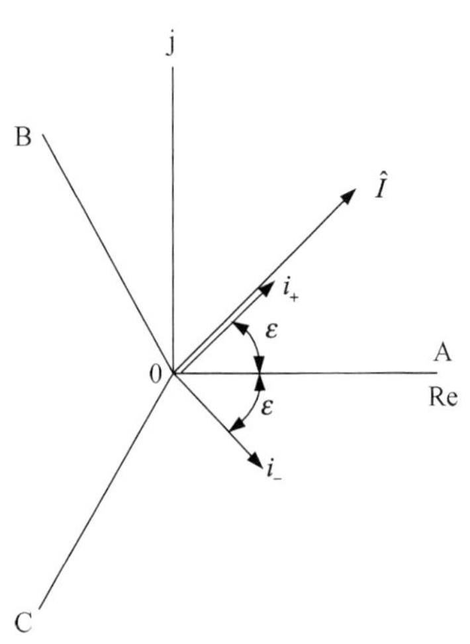

图 2.4　i_+，i_- 与 $\hat{I}$ 之间的关系

“零序”分量独立于“正序”及“负序”，可以单独计算；逆序与正序是共轭的，所以只要计算正序量就可以了。+, −与 α, β 两坐标间的关系，考虑到 i_+, i_-是复数，i_α, i_β是实数，$\hat{I}=i_\alpha+\mathrm{j}i_\beta$，可得

$$\begin{bmatrix} i_+ \\ i_- \end{bmatrix}=\frac{1}{2}\begin{bmatrix} 1 & \mathrm{j} \\ 1 & -\mathrm{j} \end{bmatrix}\begin{bmatrix} i_\alpha \\ i_\beta \end{bmatrix} \tag{2-17}$$

由式(2-17)求逆可得

$$\begin{bmatrix} i_\alpha \\ i_\beta \end{bmatrix}=\begin{bmatrix} 1 & 1 \\ -\mathrm{j} & \mathrm{j} \end{bmatrix}\begin{bmatrix} i_+ \\ i_- \end{bmatrix} \tag{2-18}$$

2.2.3 d, q, 0 坐标系统

坐标轴线放在转子上，q 轴超前 d 轴 90°，如图 2.5 所示。综合矢量 $\hat{I}$ 在 d, q 正交轴线上的投影 i_d和 i_q,即为该矢量在两轴线上的分量，并根据一矢量在一轴线上的投影等于其各个分量在同一轴线上的投影之和，由此可知 $\hat{I}$ 在 A, B, C 三轴线上的投影 i_A, i_B, i_C与 i_d, i_q的关系式(无零序分量时)为

$$\left.\begin{aligned} i_\mathrm{A}&=i_\mathrm{d}\cos\theta-i_\mathrm{q}\sin\theta \\ i_\mathrm{B}&=i_\mathrm{d}\cos(\theta-120°)-i_\mathrm{q}\sin(\theta-120°) \\ i_\mathrm{C}&=i_\mathrm{d}\cos(\theta+120°)-i_\mathrm{q}\sin(\theta+120°) \end{aligned}\right\} \tag{2-19}$$

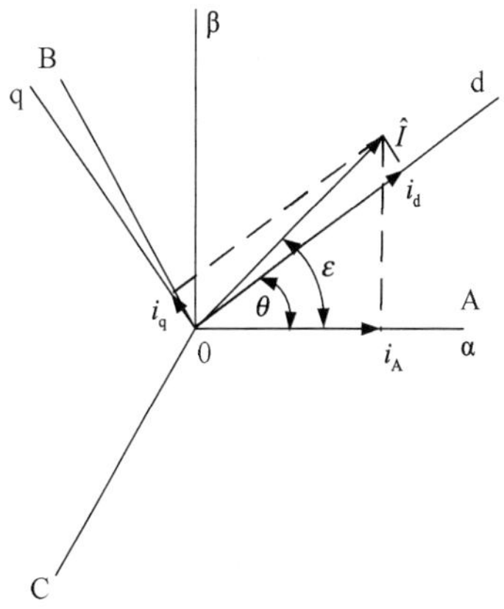

图 2.5 d, q, 0 与 A, B, C 坐标轴间变换关系

考虑到含零序电流，并用矩阵形式表示，则

$$\begin{bmatrix} i_\mathrm{A} \\ i_\mathrm{B} \\ i_\mathrm{C} \end{bmatrix}=\begin{bmatrix} \cos\theta & -\sin\theta & 1 \\ \cos(\theta-120°) & -\sin(\theta-120°) & 1 \\ \cos(\theta+120°) & -\sin(\theta+120°) & 1 \end{bmatrix}\begin{bmatrix} i_\mathrm{d} \\ i_\mathrm{q} \\ i_0 \end{bmatrix} \tag{2-20}$$

简写为

$$I_\mathrm{ABC}=C_{3/\mathrm{dq0}}^{-1}I_\mathrm{dq0}=C_{\mathrm{dq0}/3}I_\mathrm{dq0}\pi$$

由式(2-20)可直接求得其逆变换的关系式

$$\begin{bmatrix} i_\mathrm{d} \\ i_\mathrm{q} \\ i_0 \end{bmatrix}=\frac{2}{3}\begin{bmatrix} \cos\theta & \cos(\theta-120°) & \cos(\theta+120°) \\ -\sin\theta & -\sin(\theta-120°) & -\sin(\theta+120°) \\ \frac{1}{2} & \frac{1}{2} & \frac{1}{2} \end{bmatrix}\begin{bmatrix} i_\mathrm{A} \\ i_\mathrm{B} \\ i_\mathrm{C} \end{bmatrix} \tag{2-21}$$

简写为

$$I_{dq0} = C_{3/dq0} I_{ABC}$$

这是容易理解的，符合合成矢量在某一轴上的投影值等于其各分量在同一轴上的投影值之和，即综合矢量 $\hat{I}$ 在 d, q 轴上的分量 i_d 和 i_q 应分别等于综合矢量 $\hat{I}$ 在 A, B, C 轴上的分量值在 d, q 轴上的投影之和。该分量由式(2-9)确定，分别为 $\frac{2}{3}i_A$，$\frac{2}{3}i_B$，$\frac{2}{3}i_C$。同时也满足零序电流 $i_0 = \frac{1}{3}(i_A + i_B + i_C)$ 的关系。

d, q 与 α, β 两坐标系统间的关系，可从图 2.5 中由 i_α, i_β 分别在 d, q 轴上的投影之和求得 i_d 和 i_q，即

$$\begin{bmatrix} i_d \\ i_q \end{bmatrix} = \begin{bmatrix} \cos\theta & \sin\theta \\ -\sin\theta & \cos\theta \end{bmatrix} \begin{bmatrix} i_\alpha \\ i_\beta \end{bmatrix} \tag{2-22}$$

求其逆变换可得

$$\begin{bmatrix} i_\alpha \\ i_\beta \end{bmatrix} = \begin{bmatrix} \cos\theta & -\sin\theta \\ \sin\theta & \cos\theta \end{bmatrix} \begin{bmatrix} i_d \\ i_q \end{bmatrix} \tag{2-23}$$

d, q 与+, −两坐标系统间的关系，可将式(2-23)代入式(2-17)得

$$\begin{aligned} \begin{bmatrix} i_+ \\ i_- \end{bmatrix} &= \frac{1}{2} \begin{bmatrix} 1 & \mathrm{j} \\ 1 & -\mathrm{j} \end{bmatrix} \begin{bmatrix} \cos\theta & -\sin\theta \\ \sin\theta & \cos\theta \end{bmatrix} \begin{bmatrix} i_d \\ i_q \end{bmatrix} \\ &= \frac{1}{2} \begin{bmatrix} \cos\theta + \mathrm{j}\sin\theta & \mathrm{j}(\cos\theta + \mathrm{j}\sin\theta) \\ \cos\theta - \sin\theta & -\mathrm{j}(\cos\theta - \mathrm{j}\sin\theta) \end{bmatrix} \begin{bmatrix} i_d \\ i_q \end{bmatrix} \\ &= \frac{1}{2} \begin{bmatrix} \mathrm{e}^{\mathrm{j}\theta} & \mathrm{j}\mathrm{e}^{\mathrm{j}\theta} \\ \mathrm{e}^{-\mathrm{j}\theta} & -\mathrm{j}\mathrm{e}^{-\mathrm{j}\theta} \end{bmatrix} \begin{bmatrix} i_d \\ i_q \end{bmatrix} \end{aligned} \tag{2-24}$$

式(2-24)求逆可得

$$\begin{bmatrix} i_d \\ i_q \end{bmatrix} = \begin{bmatrix} \mathrm{e}^{-\mathrm{j}\theta} & \mathrm{e}^{\mathrm{j}\theta} \\ -\mathrm{j}\mathrm{e}^{-\mathrm{j}\theta} & \mathrm{j}\mathrm{e}^{\mathrm{j}\theta} \end{bmatrix} \begin{bmatrix} i_+ \\ i_- \end{bmatrix} \tag{2-25}$$

这是因为 d, q 轴线以角速度 ω 旋转，角位移 $\theta=\omega t+\theta_0$，故综合矢量和它在 d, q 轴线上的分量关系是 $\hat{I} = (i_d + \mathrm{j}i_q)\mathrm{e}^{\mathrm{j}\theta}$，其共轭值 $\hat{I}^* = (i_d - \mathrm{j}i_q)\mathrm{e}^{-\mathrm{j}\theta}$，根据定义，它们正序分量 $i_+ = \frac{1}{2}\hat{I} = \frac{1}{2}(i_d + \mathrm{j}i_q)\mathrm{e}^{\mathrm{j}\theta}$，负序分量 $i_- = \frac{1}{2}\hat{I}^* = \frac{1}{2}(i_d - \mathrm{j}i_q)\mathrm{e}^{-\mathrm{j}\theta}$，便得到式(2-24)，再求式(2-24)的逆变换，便得式(2-25)。

2.2.4 *x*, *y* 坐标系统

从以上讨论的各坐标轴之间相互转换的关系可知，同一个综合矢量，既可以用不同的坐标系统来表达，又可以互相变换。下面简单介绍不同轴系表达的空间矢量，统一变换到公共坐标系的变换式。如 $\hat{i}^s$，$\hat{\psi}^s$，$\hat{u}^s$ 表示站在定子坐标系上观察的空间矢量；如 $\hat{i}^R$，$\hat{\psi}^R$，$\hat{u}^R$ 表示站在转子坐标系上观察的空间矢量。为了统一运算，可把它统一地变换到同一个公共的坐标轴系。设公共坐标轴系为任意的 *x*-*y* 直角坐标系，如图 2.6 所示。

x 轴与定子 A 轴之间的夹角为 θ_{xA}，x 轴与转子 a 轴之间的夹角为 θ_{xa}，空间矢量 $\hat{I}$ 在不同轴系上的表示分别为

$$\hat{I}=\hat{I}^{x}\mathrm{e}^{\mathrm{j}(\theta_{xA}+\theta_{A})} \tag{2-26}$$

$$\hat{I}=\hat{I}^{R}\mathrm{e}^{\mathrm{j}(\theta+\theta_{A})} \tag{2-27}$$

$$\hat{I}=\hat{I}^{s}\mathrm{e}^{\mathrm{j}\theta_{A}} \tag{2-28}$$

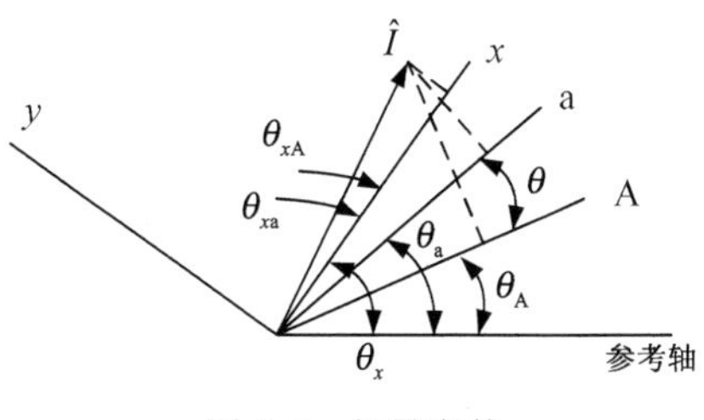

图 2.6　矢量变换

式中，上标 x, R, s 分别表示站在公共坐标轴线、转子坐标轴线、定子坐标轴线上所观察的空间矢量，其中 $\hat{I}^{x}=i_{x}+\mathrm{j}i_{y}$。

综合上式，可得

$$\hat{I}^{x}=\hat{I}^{s}\mathrm{e}^{-\mathrm{j}\theta_{xA}} \tag{2-29}$$

$$\hat{I}^{x}=\hat{I}^{R}\mathrm{e}^{-\mathrm{j}\theta_{xa}}=\hat{I}^{R}\mathrm{e}^{-\mathrm{j}(\theta_{xA}-\theta)} \tag{2-30}$$

式中，θ_{xA} 为 x 轴引前定子 A 轴的电角度；θ 为转子 a 轴引前定子 A 轴的电角度；$\theta_{xa}=\theta_{xA}-\theta$ 为 x 轴引前转子 a 轴的电角度；$\mathrm{e}^{-\mathrm{j}\theta_{xA}}$ 为空间矢量 $\hat{I}$ 由定子坐标轴系变换到公共坐标轴系的变换系数；$\mathrm{e}^{-\mathrm{j}\theta_{xa}}=\mathrm{e}^{-\mathrm{j}(\theta_{xA}-\theta)}$ 为空间矢量 $\hat{I}$ 由转子坐标轴系变换到公共坐标轴系的变换系数。式(2-26)～式(2-30)称为空间矢量变换式。

通过以上分析可以得出以下几点。

(1) α, β, 0 坐标系统的坐标轴取在定子上，从 A, B, C 到 α, β, 0 的变换是实数到实数的变换，以两相等效绕组代替三相绕组，称为 3/2 变换，反之称为 2/3 变换。

(2) + , −, 0 坐标系统的坐标轴也是在定子上，从 A, B, C 到+, −, 0 的变换是实数到复数的变换，其形式与相量对称分量法相似。但性质完全不同，相量对称分量法变换的是相量，可用来求解电机或电路的稳态问题；而这里变换的是瞬时值，该对称分量法可用来求解暂态问题。还应注意：在前者，当三相对称时，不存在负序分量和零序分量，而在后者，即使三相对称，变换后的负序分量总是与对应的正序分量同时存在，且互为共轭复数。用综合矢量说明+, −, 0 坐标系统，概念比较清楚，在许多场合，两种分析方法可以简单地互相代替，但对有些问题，用+, −, 0 坐标系统却比较方便。

(3) d, q, 0 坐标系统的坐标轴取在转子上，从 A, B, C 到 d, q, 0 的变换是实数到实数的变换。当同步电机对称运行时，定子边各电磁量的综合矢量以定长恒速旋转，由于 d, q, 0 与转子同步旋转，则综合矢量在 d, q 轴上的投影值是恒定的。本来在凸极同步电动机中，定、转子绕组间的互感和定子各绕组的自感与互感都是转角 θ 的函数，变换成 d, q, 0 系统后，等效 d, q 绕组的自感和互感均变为常数量，求解方便。据此，定、转子两方有一方对称，另一方不对称时，把坐标轴放在不对称一方的坐标轴系统较为合适。

2.3　功率不变的坐标变换

坐标变换的实质都是用新变量代替原变量，目的是使计算简化，待求解出新变量后，再返回求原变量。例如，电流原变量的矩阵为 I，新变量的矩阵为 I'，则

$$I = C_i I' \tag{2-31}$$

式中，C_i表示电流变换矩阵，为了使原变量和新变量之间存在单值对应关系，变换矩阵的行列式应该不为零，此时，式(2-31)可写成

$$I' = C_i^{-1} I \tag{2-32}$$

式中，C_i^{-1}为矩阵C_i的逆矩阵。数学上能满足这些关系的变换很多，变换矩阵中的各元可以是实数也可以是复数；可以随时间变化，也可以不随时间变化。

在 A, B, C 到 d, q, 0 的坐标变换中，i_A, i_B, i_C为原变量，i_d, i_q, i_0为新变量，其变换矩阵，式(2-20)和式(2-21)可写成

$$C_i = \begin{bmatrix} \cos\theta & -\sin\theta & 1 \\ \cos(\theta - 120°) & -\sin(\theta - 120°) & 1 \\ \cos(\theta + 120°) & -\sin(\theta + 120°) & 1 \end{bmatrix} \tag{2-33}$$

$$C_i^{-1} = \frac{2}{3}\begin{bmatrix} \cos\theta & \cos(\theta - 120°) & \cos(\theta + 120°) \\ -\sin\theta & -\sin(\theta - 120°) & -\sin(\theta + 120°) \\ \dfrac{1}{2} & \dfrac{1}{2} & \dfrac{1}{2} \end{bmatrix} \tag{2-34}$$

这种变换都是以相同的综合矢量为基础。假定三相电流对称，当综合矢量$\hat{I}$与某一相轴重合时，该相电流达最大值，即等于$\hat{I}$的长度。由《电机学》已知，某相电流达最大值I时，三相电流所产生的合成基波磁势幅值为$F_1 = \dfrac{3Nk_w I}{\pi P_n}$(安/极)，与该相轴线重合。因此，在空间$\hat{I}$的位置便是合成基波磁势幅值的位置，合成磁势的大小与综合矢量$\hat{I}$成正比，所以，前面这种以保持综合矢量不变为原则的各坐标间的变换就是磁势不变的变换。其变换前后，合成基波磁势是不变的。由式(2-33)和式(2-34)可知，这种变换的变换阵和逆变换阵的系数是不同的。现在再从功率不变原则推导变换阵的系数。

在三相电路中，相电压和相电流的系数一般可用矩阵形式表示，即

$$U = ZI \tag{2-35}$$

对U，I进行变换，设$U = C_u U'$，$I = C_i I'$，则得$U' = C_u^{-1} U = C_u^{-1} Z C_i I' = Z' I'$，即

$$U' = Z' I' \tag{2-36}$$

式中

$$Z' = C_u^{-1} Z C_i \tag{2-37}$$

为分析方便，常要求电压和电流具有同一变换矩阵，即$C_i=C_u=C$，则

$$U = CU'$$

$$I = CI' \tag{2-38}$$

$$U' = C^{-1} U = C^{-1} Z C I' = Z' I' \tag{2-39}$$

式中，$Z' = C^{-1} Z C$，此时系统的功率为

$$P = I^{*\mathrm{T}}U = (CI)^{*\mathrm{T}}CU' = I^{*t}C^{*t}CU' \tag{2-40}$$

式(2-40)表明采用新变量后，只有当 $C^{*\mathrm{T}} \cdot C=1$(单位矩阵)时，$I^{*\mathrm{T}}U = I^{*\mathrm{T}}U'$，两坐标系统的功率在变换前后才能保持不变，即

$$C^{-1} = C^{*\mathrm{T}} \tag{2-41}$$

变换矩阵 C 的逆矩阵 C^{-1} 等于变换阵 C 的共轭转置 $C^{*\mathrm{T}}$，如果变换矩阵 C 是实数矩阵，即 $C^{\mathrm{T}}=C^{*}$，在 A, B, C 到 d, q, 0 的变换中，若将变换阵 C 改为

$$C = \sqrt{\frac{2}{3}}\begin{bmatrix} \cos\theta & -\sin\theta & \sqrt{\frac{1}{2}} \\ \cos(\theta-120°) & -\sin(\theta-120°) & \sqrt{\frac{1}{2}} \\ \cos(\theta+120°) & -\sin(\theta+120°) & \sqrt{\frac{1}{2}} \end{bmatrix} \tag{2-42}$$

$$C^{-1} = \sqrt{\frac{2}{3}}\begin{bmatrix} \cos\theta & \cos(\theta-120°) & \cos(\theta+120°) \\ -\sin\theta & -\sin(\theta-120°) & -\sin(\theta+120°) \\ \sqrt{\frac{1}{2}} & \sqrt{\frac{1}{2}} & \sqrt{\frac{1}{2}} \end{bmatrix} \tag{2-43}$$

则能满足两坐标系统变换前后，其功率保持不变。

从 A, B, C 到其他坐标系统的变换，满足功率不变约束的变换阵与对应的磁势不变的变换阵相比较，仅系数和常数稍有不同，如在 A, B, C 到 α, β, 0 的变换中，有

$$\begin{bmatrix} i_\alpha \\ i_\beta \\ i_0 \end{bmatrix} = \sqrt{\frac{2}{3}}\begin{bmatrix} 1 & -\frac{1}{2} & -\frac{1}{2} \\ 0 & \frac{\sqrt{3}}{2} & -\frac{\sqrt{3}}{2} \\ \frac{1}{\sqrt{2}} & \frac{1}{\sqrt{2}} & \frac{1}{\sqrt{2}} \end{bmatrix}\begin{bmatrix} i_\mathrm{A} \\ i_\mathrm{B} \\ i_\mathrm{C} \end{bmatrix} \tag{2-44}$$

$$\begin{bmatrix} i_\mathrm{A} \\ i_\mathrm{B} \\ i_\mathrm{C} \end{bmatrix} = \sqrt{\frac{2}{3}}\begin{bmatrix} 1 & 0 & \frac{1}{\sqrt{2}} \\ -\frac{1}{2} & \frac{\sqrt{3}}{2} & \frac{1}{\sqrt{2}} \\ -\frac{1}{2} & -\frac{\sqrt{3}}{2} & \frac{1}{\sqrt{2}} \end{bmatrix}\begin{bmatrix} i_\alpha \\ i_\beta \\ i_0 \end{bmatrix} \tag{2-45}$$

在 A, B, C 到+, −, 0 的变换中，有

$$\begin{bmatrix} i_A \\ i_B \\ i_C \end{bmatrix} = \frac{1}{\sqrt{3}} \begin{bmatrix} 1 & 1 & 1 \\ a^2 & a & 1 \\ a & a^2 & 1 \end{bmatrix} \begin{bmatrix} i_+ \\ i_- \\ i_0 \end{bmatrix} \tag{2-46}$$

$$\begin{bmatrix} i_+ \\ i_- \\ i_0 \end{bmatrix} = \frac{1}{\sqrt{3}} \begin{bmatrix} 1 & a & a^2 \\ 1 & a^2 & a \\ 1 & 1 & 1 \end{bmatrix} \begin{bmatrix} i_A \\ i_B \\ i_C \end{bmatrix} \tag{2-47}$$

由此可知，保持功率不变的变换，矩阵和逆矩阵的系数相同；而保持磁势不变的变换，矩阵和逆矩阵的系数不同，对计算结果都没有影响，请读者留意这一点。

2.4　感应电动机的数学模型

2.4.1　感应电动机的基本电磁关系

感应电动机由定子、转子和气隙三部分组成，感应电动机气隙均匀，定子由 A, B, C 三相对称绕组构成，转子部分按绕组形式不同，常分笼型转子和绕线式转子两类：其绕线式转子与定子相似，也由对称三相绕组构成；笼型转子从电磁关系来看也可以等效成三相绕组来分析。因而感应电动机都可看成由定子三相绕组和转子三相绕组构成，并在空间对称分布，其原理如图 2.7 所示。

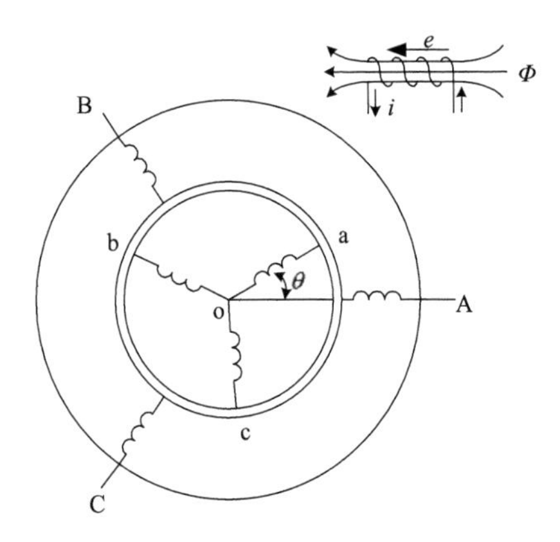

图 2.7　三相感应电动机示意图

现作如下假设。

(1) 各相电流所产生的磁势在空间是正弦分布的。

(2) 忽略不计磁饱和的影响和铁损耗。

(3) 除定、转子间的互感和转子位置有关外，定、转子绕组内部的电感均为常数，与转子的位置无关。

(4) a 相轴比 A 相轴超前 θ 角度。

(5) 电压、电流磁链的正方向符合右手螺旋法则，则定、转子三相绕组间有下述基本电磁关系。

1. *磁链方程式*

$$\left.\begin{aligned} \psi_A &= L_{AA}i_A + M_{AB}i_B + M_{AC}i_C + M_{Aa}i_a + M_{Ab}i_b + M_{Ac}i_c \\ \psi_B &= M_{BA}i_A + L_{BB}i_B + M_{BC}i_C + M_{Ba}i_a + M_{Bb}i_b + M_{Bc}i_c \\ \psi_C &= M_{CA}i_A + M_{CB}i_B + L_{CC}i_C + M_{Ca}i_a + M_{Cb}i_b + M_{Cc}i_c \\ \psi_a &= M_{aA}i_A + M_{aB}i_B + M_{aC}i_C + L_{aa}i_a + M_{ab}i_b + M_{ac}i_c \\ \psi_b &= M_{bA}i_A + M_{bB}i_B + M_{bC}i_C + M_{ba}i_a + L_{bb}i_b + M_{bc}i_c \\ \psi_c &= M_{cA}i_A + M_{cB}i_B + M_{cC}i_C + M_{ca}i_a + M_{cb}i_b + L_{cc}i_c \end{aligned}\right\} \tag{2-48}$$

定、转子绕组的自感分别为

$$\left.\begin{aligned}L_{AA}=L_{BB}=L_{CC}=L_{1m}+L_{s\sigma}\\L_{aa}=L_{bb}=L_{cc}=L_{2m}+L_{R\sigma}\end{aligned}\right\}\tag{2-49}$$

定子相绕组之间的互感(考虑到相绕组之间的漏互感 $M_{s\sigma}$ 和相绕组轴线相差是 120°电角，应带负号)

$$\begin{aligned}M_{AB}&=M_{BC}=M_{CA}=M_{CB}=M_{BA}=M_{AC}\\&=-M_{s\sigma}+L_{1m}\cos120^\circ=-\frac{1}{2}L_{1m}-M_{s\sigma}\end{aligned}\tag{2-50}$$

转子相绕组之间的互感(考虑到相绕组之间的漏互感 $M_{R\sigma}$ 和相绕组轴线相差是 120°电角，应带负号)

$$\begin{aligned}M_{ab}&=M_{bc}=M_{ca}=M_{cb}=M_{ba}=M_{ac}\\&=-M_{R\sigma}+L_{2m}\cos120^\circ=-\frac{1}{2}L_{2m}-M_{R\sigma}\end{aligned}\tag{2-51}$$

定子与转子之间的互感为

$$\left.\begin{aligned}M_{Aa}=M_{Bb}=M_{Cc}=M_{aA}=M_{bB}=M_{cC}=M_{12}\cos\theta\\M_{Ab}=M_{Bc}=M_{Ca}=M_{aC}=M_{bA}=M_{cB}=M_{12}\cos(\theta+120^\circ)\\M_{Ac}=M_{Ba}=M_{Cb}=M_{bC}=M_{cA}=M_{aB}=M_{12}\cos(\theta-120^\circ)\end{aligned}\right\}\tag{2-52}$$

式中，M_{12} 为当 θ=0 时，A 相绕组与转子 a 相绕组之间的互感。

又由于定子绕组中不通过零序电流 $i_A+i_B+i_C=0$，可得

$$\left.\begin{aligned}i_B+i_C=-i_A\\i_A+i_C=-i_B\\i_A+i_B=-i_C\end{aligned}\right\}\tag{2-53}$$

考虑到式(2-49)～式(2-51)和式(2-53)的关系，对式(2-48)进行整理，可使表达式中定子部分得到简化，即

$$\begin{aligned}L_{AA}i_A+M_{AB}i_B+M_{AC}i_C&=(L_{1m}+M_{s\sigma}+L_{s\sigma})i_A+\left(-\frac{1}{2}L_{1m}\right)(-i_A)\\&=\left(L_{1\sigma}+\frac{3}{2}L_{1m}\right)i_A=L_1i_A\end{aligned}\tag{2-54}$$

同理可得

$$M_{BA}i_A+L_{BB}i_B+M_{BC}i_C=L_1i_B$$
$$M_{CA}i_A+M_{CB}i_B+L_{CC}i_C=L_1i_C$$

式中，$L_1=L_{1\sigma}+\frac{3}{2}L_{1m}$，为定子相绕组等效电感；$L_{1\sigma}=M_{s\sigma}+L_{s\sigma}$，为定子等效漏感。

如果在定子绕组中存在零序电流，则与零序电流对应的磁链近似为

$$
\begin{aligned}
\psi_{0A} &= L_{AA}i_{01} + M_{AB}i_{01} + M_{AC}i_{01} \\
&= (L_{1m} + L_{s\sigma})i_{01} - \frac{1}{2}L_{1m}i_{01} - \frac{1}{2}L_{1m}i_{01} - 2i_{01}M_{s\sigma} \\
&= L_0 i_{01} = \psi_{01}
\end{aligned}
\tag{2-55}
$$

式中，$L_0 = L_{s\sigma} - 2M_{s\sigma}$。

式(2-55)表明零序电流只产生漏磁链，三相电流的磁链综合矢量$\frac{2}{3}(\psi_{0A}+a\psi_{0B}+a^2\psi_{0C})=0$。

再根据式(2-49)和式(2-51)的关系，对式(2-48)进行整理，就可使式中转子部分的表达式简化为

$$
\left.
\begin{aligned}
L_{aa}i_a + M_{ab}i_b + M_{ac}i_c = L_2 i_a \\
M_{ba}i_a + L_{bb}i_b + M_{bc}i_c = L_2 i_b \\
M_{ca}i_a + M_{cb}i_b + L_{cc}i_c = L_2 i_c
\end{aligned}
\right\}
\tag{2-56}
$$

式中，$L_2 = L_{2\sigma} + \frac{3}{2}L_{2m}$，为转子相绕组等效电感；$L_{2\sigma} = M_{R\sigma} + L_{R\sigma}$，为转子等效漏感。

为了分析计算方便和构成等效电路图，把转子绕组折算到定子侧，折算后转子绕组的相数、每相匝数和绕组系数均与定子相同，因而对应的电感便相等。例如，$L'_{2m} = \left(\frac{N_1}{N_2}\right)^2 L_{2m} = L_{1m}$，式中，$N_1$、$N_2$为定、转子相绕组等效匝数。下面为方便，折算后的量省去符号“′”，虽不加符号“′”，但应留意转子侧的量都已折算到定子侧了，故有$L_{1m}= M_{12}= L_m= L_{2m}$，把式(2-48)中的部分项进行整理，得

$$
\begin{aligned}
M_{Aa}i_a + M_{Ab}i_b + M_{Ac}i_c &= L_m[i_a\cos\theta + i_b\cos(\theta+120°) + i_c\cos(\theta-120°)] \\
M_{Ba}i_a + M_{Bb}i_b + M_{Bc}i_c &= L_m[i_a\cos(\theta-120°) + i_b\cos\theta + i_c\cos(\theta+120°)] \\
M_{Ca}i_a + M_{Cb}i_b + M_{Cc}i_c &= L_m[i_a\cos(\theta+120°) + i_b\cos(\theta-120°) + i_c\cos\theta] \\
M_{aA}i_A + M_{aB}i_B + M_{aC}i_C &= L_m[i_A\cos\theta + i_B\cos(\theta-120°) + i_C\cos(\theta+120°)] \\
M_{bA}i_A + M_{bB}i_B + M_{bC}i_C &= L_m[i_A\cos(\theta+120°) + i_B\cos\theta + i_C\cos(\theta-120°)] \\
M_{cA}i_A + M_{cB}i_B + M_{cC}i_C &= L_m[i_A\cos(\theta-120°) + i_B\cos(\theta+120°) + i_C\cos\theta]
\end{aligned}
$$

仍假定定、转子绕组电路中都不含零序分量，则定、转子各相绕组磁链可写成

$$
\left.
\begin{aligned}
&\begin{cases}
\psi_A = L_1 i_A + L_m[i_a\cos\theta + i_b\cos(\theta+120°) + i_c\cos(\theta-120°)] \\
\psi_B = L_1 i_B + L_m[i_a\cos(\theta-120°) + i_b\cos\theta + i_c\cos(\theta+120°)] \\
\psi_C = L_1 i_C + L_m[i_a\cos(\theta+120°) + i_b\cos(\theta-120°) + i_c\cos\theta]
\end{cases} \\
&\begin{cases}
\psi_a = L_m[i_A\cos\theta + i_B\cos(\theta-120°) + i_C\cos(\theta+120°)] + L_2 i_a \\
\psi_b = L_m[i_A\cos(\theta+120°) + i_B\cos\theta + i_C\cos(\theta-120°)] + L_2 i_b \\
\psi_c = L_m[i_A\cos(\theta-120°) + i_B\cos(\theta+120°) + i_C\cos\theta] + L_2 i_c
\end{cases}
\end{aligned}
\right\}
\tag{2-57}
$$

将式(2-57)两部分中各自的第一分式乘$\frac{2}{3}$，第二分式乘$\frac{2}{3}a$，第三分式乘$\frac{2}{3}a^2$，然后

将各自的三式相加，并考虑到

$$\begin{cases} \frac{2}{3}[\cos\theta + a\cos(\theta-120°) + a^2\cos(\theta+120°)] = e^{j\theta} \\ \frac{2}{3}[\cos(\theta+120°) + a\cos\theta + a^2\cos(\theta-120°)] = e^{j\theta}e^{j120°} \\ \frac{2}{3}[\cos(\theta-120°) + a\cos(\theta+120°) + a^2\cos\theta] = e^{j\theta}e^{-j120°} \end{cases}$$

$$\begin{cases} \frac{2}{3}[\cos\theta + a\cos(\theta+120°) + a^2\cos(\theta-120°)] = e^{-j\theta} \\ \frac{2}{3}[\cos(\theta-120°) + a\cos\theta + a^2\cos(\theta+120°)] = e^{-j\theta}e^{j120°} \\ \frac{2}{3}[\cos(\theta+120°) + a\cos(\theta-120°) + a^2\cos\theta] = e^{-j\theta}e^{-j120°} \end{cases}$$

求得定子磁链的综合矢量为

$$\begin{aligned} \hat{\psi}_1 &= \frac{2}{3}(\psi_A + a\psi_B + a^2\psi_C) \\ &= \frac{2}{3}L_1(i_A + ai_B + a^2 i_C) + L_m(i_a + ai_b + a^2 i_c)e^{j\theta} \\ &= L_1\hat{I}_1 + M\hat{I}_2 e^{j\theta} \end{aligned} \tag{2-58}$$

同理，转子磁链的综合矢量为

$$\begin{aligned} \hat{\psi}_2 &= \frac{2}{3}(\psi_a + a\psi_b + a^2\psi_c) \\ &= \frac{2}{3}L_2(i_a + ai_b + a^2 i_c) + L_m(i_A + ai_B + a^2 i_C)e^{-j\theta} \\ &= L_2\hat{I}_2 + M\hat{I}_1 e^{-j\theta} \end{aligned} \tag{2-59}$$

式中，$M = \frac{3}{2}L_m$，为定、转子间等效互感。

注意：式(2-58)和式(2-59)中，$\hat{\psi}_1$，$\hat{I}_1$的坐标轴是取在定子 s 上，即参考轴为 A；而 $\hat{\psi}_2$，$\hat{I}_2$的坐标轴是取在转子 R 上，即参考轴为 a；如果把式(2-59)中$\hat{I}_1$的坐标轴从定子转移到转子，利用式(2-30)的变换关系并以$\hat{I}_1^R$表示对新坐标轴的综合矢量，则$\hat{I}_1^R = \hat{I}_1 e^{-j\theta}$，据此，式(2-59)在转子坐标轴上可写成

$$\hat{\psi}_2 = L_2\hat{I}_2 + M\hat{I}_1^R \tag{2-60}$$

同理，也可将式(2-58)中$\hat{I}_2$的坐标轴移到定子上，以$\hat{I}_2^s = \hat{I}_2 e^{j\theta}$表示对新坐标轴的综合矢量，则式(2-58)各量在定子坐标轴中为

$$\hat{\psi}_1 = L_1\hat{I}_1 + M\hat{I}_2^s \tag{2-61}$$

最后还应指出，前面分析时，假定定、转子相绕组中无零序电流。但由于零序电流分量不影响综合矢量，故在含有零序电流分量的情况下，式(2-58)和式(2-59)仍然成立。

2. 电压方程式

1)定子三相绕组的电压方程

定子三相绕组电压方程的微分形式为

$$\left.\begin{aligned} u_A &= R_1 i_A + p\psi_A \\ u_B &= R_1 i_B + p\psi_B \\ u_C &= R_1 i_C + p\psi_C \end{aligned}\right\} \tag{2-62}$$

式中，$p=\dfrac{\mathrm{d}}{\mathrm{d}t}$，本书今后统一使用算子 p 进行变换。当所研究的问题是稳态问题时，激励函数是交流正弦函数，令 $p=\mathrm{j}\omega$，ω 为激励函数的角频率；当所研究的问题是动态过程时，则 p 应理解为复数 s，即各量是象函数。在零初始条件下，系统闭环的输出与输入象函数之比为系统的传递函数。拉普拉斯变换法是把时域内的变量(为原函数)变为复数(通常记为 s)域内的新变量(称为象函数)，将第一分式乘 $\dfrac{2}{3}$，第二分式乘 $\dfrac{2}{3}a$，第三分式乘 $\dfrac{2}{3}a^2$，然后将三式相加，即得定子电压综合矢量表达式

$$\hat{U}_1 = R_1\hat{I}_1 + p\hat{\psi}_1$$

将式(2-58)代入上式得

$$\hat{U}_1 = R_1\hat{I}_1 + L_1 p\hat{I}_1 + M\mathrm{e}^{\mathrm{j}\theta} p\hat{I}_2 + \mathrm{j}\omega_R M\hat{I}_2\mathrm{e}^{\mathrm{j}\theta} \tag{2-63}$$

式中，$\omega_R=\dfrac{\mathrm{d}\theta}{\mathrm{d}t}$，为转子旋转的电角速度。若含零序分量，则应加 $u_{01}=R_{01}i_{01}+p\psi_{01}$。

2)转子相绕组的电压方程

转子电路是短路的，电流平衡，其电压方程组为

$$\left.\begin{aligned} R_2 i_a + p\psi_a &= 0 \\ R_2 i_b + p\psi_b &= 0 \\ R_2 i_c + p\psi_c &= 0 \end{aligned}\right\} \tag{2-64}$$

考虑到式(2-59)，同样可导出转子电压的综合矢量表达形式

$$R_2\hat{I}_2 + L_2 p\hat{I}_2 + M\mathrm{e}^{-\mathrm{j}\theta} p\hat{I}_1 - \mathrm{j}\omega_R M\hat{I}_1\mathrm{e}^{-\mathrm{j}\theta} = 0 \tag{2-65}$$

3. 电机输入功率

定子绕组的瞬时功率为

$$P_1 = u_A i_A + u_B i_B + u_C i_C$$

若含有零序分量

$$P_1 = (u_A' + u_{01})(i_A' + i_{01}) + (u_B' + u_{01})(i_B' + i_{01}) + (u_C' + u_{01})(i_C' + i_{01})$$

将上式展开，并由于正序和负序分量的和 $u_A'+u_B'+u_C'=0$，$i_A'+i_B'+i_C'=0$，故上式应写成

$$P_1 = u_A' i_A' + u_B' i_B' + u_C' i_C' + 3u_{01}i_{01} \tag{2-66}$$

当电压电流都不含零序时，电机三相对称，电机瞬时功率也可用综合矢量表示。众所周知，功率是矢量电压和电流的共轭之积取其实部。

因

$$\begin{aligned}\mathrm{Re}[\hat{U}_1\hat{I}_1^*]&=\mathrm{Re}\left[\frac{2}{3}(u'_\mathrm{A}+au'_\mathrm{B}+a^2u'_\mathrm{C})\cdot\frac{2}{3}(i'_\mathrm{A}+ai'_\mathrm{B}+a^2i'_\mathrm{C})\right]\\&=\left(\frac{2}{3}\right)^2\left[\frac{3}{2}(u'_\mathrm{A}i'_\mathrm{A}+u'_\mathrm{B}i'_\mathrm{B}+u'_\mathrm{C}i'_\mathrm{C})-\frac{1}{2}(u'_\mathrm{A}+u'_\mathrm{B}+u'_\mathrm{C})(i'_\mathrm{A}+i'_\mathrm{B}+i'_\mathrm{C})\right]\\&=\frac{2}{3}(u'_\mathrm{A}i'_\mathrm{A}+u'_\mathrm{B}i'_\mathrm{B}+u'_\mathrm{C}i'_\mathrm{C})\end{aligned}\tag{2-67}$$

故

$$P_1=\frac{3}{2}\mathrm{Re}[\hat{U}_1\hat{I}_1^*]\tag{2-68}$$

在电压电流含有零序分量的情况下，定子瞬时功率的综合矢量表达式为

$$P_1=\frac{3}{2}\mathrm{Re}[\hat{U}_1\hat{I}_1^*]+3u_{01}i_{01}\tag{2-69}$$

4. 电机的电磁转矩

众所周知，感应电动机与隐极同步电动机的气隙是均匀的，假定其磁路线性，定、转子绕组磁势分别在气隙中产生的径向磁场沿气隙圆周方向正弦分布，在空间相对静止，极对数为 p_n，如图 2.8 所示。

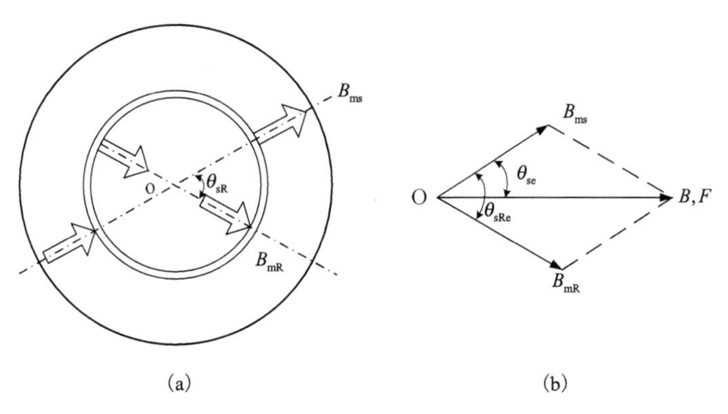

图 2.8　电机气隙磁场

定、转子磁势产生的气隙磁场分别为

$$\left.\begin{aligned}B_\mathrm{s}&=B_\mathrm{ms}\cos p_\mathrm{n}\theta_\mathrm{s}\\B_\mathrm{R}&=B_\mathrm{mR}\cos p_\mathrm{n}(\theta_\mathrm{s}+\theta_\mathrm{sR})\end{aligned}\right\}\tag{2-70}$$

式中，B_ms、B_mR 是定、转子气隙磁场的幅值；θ_s 是以定子磁势轴线为原点到气隙任意点径线间的机械角，其电角度为 $p_\mathrm{n}\theta_\mathrm{s}=\theta_\mathrm{se}$；$\theta_\mathrm{sR}$ 是定、转子磁势轴线间的机械角，其电角度为 $p_\mathrm{n}\theta_\mathrm{sR}=\theta_\mathrm{sRe}$。

电机气隙中的合成磁场为

$$B=B_\mathrm{ms}\cos p_\mathrm{n}\theta_\mathrm{s}+B_\mathrm{mR}\cos p_\mathrm{n}(\theta_\mathrm{s}+\theta_\mathrm{sR})\tag{2-71}$$

假定电机气隙处平均直径为 D，轴向长度为 l，气隙长为 δ，气隙磁导率为 μ_0，单位体积为 v，则整个气隙体积内的磁能由图 2.8(a) 可得

$$\begin{aligned} W_m' &= \int_v \frac{B^2}{2\mu_0}\mathrm{d}v = \frac{Dl\delta}{4\mu_0}\int_0^{2\pi} B^2 \mathrm{d}\theta_s \\ &= \frac{Dl\delta}{4\mu_0}\int_0^{2\pi}\left\{\frac{1}{2}B_{ms}^2(1+\cos 2p_n\theta_s)+\frac{1}{2}B_{mR}^2[1+\cos 2p_n(\theta_s+\theta_{sR})]\right. \\ &\quad \left. +B_{ms}B_{mR}[\cos 2p_n(\theta_s+\theta_{sR})+\cos p_n\theta_{sR}]\right\}\mathrm{d}\theta_s \\ &= \frac{\pi Dl\delta}{4\mu_0}(B_{ms}^2+B_{mR}^2+2B_{ms}B_{mR}\cos p_n\theta_{sR}) \end{aligned} \tag{2-72}$$

电机的电磁转矩为 $T_e = \dfrac{\partial W_m'}{\partial \theta_{sR}}$，$W_m'$ 为磁共轭，因电机气隙磁化曲线是直线 $W_m' = W_m$，故

$$T_e = \frac{\partial W_m}{\partial \theta_{sR}} = -p_n \frac{\pi Dl\delta}{2\mu_0}B_{ms}B_{mR}\sin p_n\theta_{sR} \tag{2-73}$$

式(2-73)表明电磁转矩与定、转子磁场的幅值和它们间的空间相位角的正弦成正比，式中负号表示电磁转矩力图缩小其相位角 θ_{sR}。忽略磁路饱和，磁势、磁场正弦分布，由电机学得知：$B_{ms} = \mu_0 \dfrac{F_{ms}}{\delta}$，$B_{mR} = \mu_0 \dfrac{F_{mR}}{\delta}$；正弦分布磁场的每极磁通 $\Phi = \dfrac{2}{\pi}B_m\tau l = \dfrac{B_m lD}{p_n}$，定子磁势产生的每极磁通 $\Phi_s = \dfrac{\mu_0 Dl}{\delta p_n}F_{ms}$，转子磁势产生的每极磁通 $\Phi_R = \dfrac{\mu_0 Dl}{\delta p_n}F_{mR}$；并由图 2.8(b) 可知：$B\sin\theta_{se} = B_{mR}\sin p_n\theta_{sRe}$，气隙合成磁通 $\Phi = B\dfrac{Dl}{p_n}$；再根据式(2-73)便可导出电机的电磁转矩可由磁通和磁势来表达，即

$$\left.\begin{aligned} T_e &= -p_n\frac{\mu_0\pi Dl}{2\delta}F_{ms}F_{mR}\sin\theta_{sRe} \\ T_e &= -\frac{\pi}{2}p_n{}^2\Phi F_{ms}\sin\theta_{se} \\ T_e &= -\frac{\pi}{2}p_n{}^2\Phi F_{mR}\sin\theta_{Re} \\ T_e &= -\frac{\pi}{2}p_n{}^2\Phi_R F_{ms}\sin\theta_{sRe} \\ T_e &= -\frac{\pi}{2}p_n{}^2\Phi_s F_{mR}\sin\theta_{sRe} \end{aligned}\right\} \tag{2-74}$$

电机的电磁转矩也可用综合矢量来表达。由电机学理论可知，三相定子电流产生的合成基波磁势的幅值用定子相电流的幅值 I_1 来计算。

$$F_\Sigma = F_{ms} = \frac{3}{2}\frac{4}{\pi}\frac{N_1k_{w1}}{2p_n}I_1$$

因定子相电流的幅值等于定子电流综合矢量 I_1 的长度，F_Σ 的空间位置就是 I_1 的位置。如图 2.9 所示。

显然

$$\hat{F}_{\text{ms}} = \frac{3}{2}\frac{4}{\pi}\frac{N_1 k_{\text{w1}}}{2p_{\text{n}}}\hat{I}_1 \tag{2-75}$$

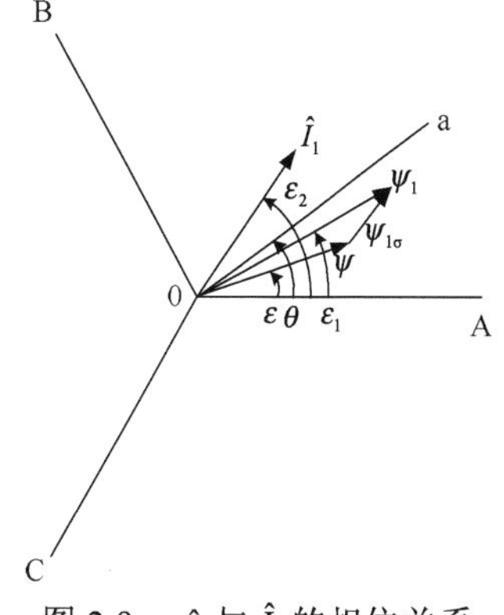

图 2.9 $\hat{\psi}$ 与 $\hat{I}_1$ 的相位关系

将式(2-75)代入式(2-74)的第二式，可得

$$\begin{aligned}|T_{\text{e}}| &= \frac{\pi}{2}p_{\text{n}}^2\varPhi\left(\frac{3}{2}\frac{4}{\pi}\frac{N_1 k_{\text{w1}}}{2p_{\text{n}}}I_1\right)\sin\theta_{\text{se}}\\ &= \frac{3}{2}p_{\text{n}}(N_1 k_{\text{w1}}\varPhi)I_1\sin\theta_{\text{se}}\\ &= \frac{3}{2}p_{\text{n}}\psi I_1\sin\theta_{\text{se}}\end{aligned}$$

或

$$|T_{\text{e}}| = \frac{3}{2}p_{\text{n}}\psi I_1\sin(\varepsilon_2-\varepsilon)$$

改写成复数形式

$$|T_{\text{e}}| = \frac{3}{2}p_{\text{n}}\,\text{Im}[\psi I_1\text{e}^{\text{j}(\varepsilon_2-\varepsilon)}] = \frac{3}{2}p_{\text{n}}\,\text{Im}[\psi\text{e}^{-\text{j}\varepsilon}I_1\text{e}^{\text{j}\varepsilon_2}]$$

$$|T_{\text{e}}| = \frac{3}{2}p_{\text{n}}\,\text{Im}[\hat{\psi}^*\hat{I}_1]$$

式中，$\psi=k_{\text{w1}}N_1\varPhi$，为定子气隙磁链；$\theta_{\text{se}}$为气隙合成磁场轴线与定子磁势磁轴间的夹角。同样，$T_{\text{e}}$还可用定子磁链综合矢量$\hat{\psi}_1$和定子电流综合矢量$\hat{I}_1$来表达。这是因为$\hat{\psi}_1=\hat{\psi}+\hat{\psi}_{1\sigma}$，$\hat{\psi}_{1\sigma}$是定子漏磁链，$\hat{\psi}_{1\sigma}$与$\hat{I}_1$同相位，见图 2.9，所以$\psi I_1\sin(\varepsilon_2-\varepsilon)=\psi_1 I_1\sin(\varepsilon_2-\varepsilon_1)$，便得

$$|T_{\text{e}}| = \frac{3}{2}p_{\text{n}}\,\text{Im}[\hat{\psi}^*\hat{I}_1] \tag{2-76}$$

又由于综合矢量的大小不受零序电流的影响，故当含有零序电流时，式(2-76)仍适用。还可以用其他形式表示。由于$\text{Im}[\hat{\psi}^*\hat{I}_1]=\text{Im}[L_1\hat{I}_1+M\hat{I}_2\text{e}^{\text{j}\theta}]^*\hat{I}_1=\text{Im}[(\hat{I}_2\text{e}^{\text{j}\theta})^*M\hat{I}_1]=\text{Im}[\hat{I}_2^*M\text{e}^{-\text{j}\theta}\hat{I}_1]=\text{Im}[\hat{I}_2^*M\hat{I}_1^{\text{R}}]$以及$\text{Im}[\hat{\psi}_2\hat{I}_2^*]=\text{Im}[L_2\hat{I}_2+M\hat{I}_1^{\text{R}}]\hat{I}_2^*=\text{Im}[\hat{I}_1^{\text{R}}M\hat{I}_2^*]$，可得

$$T_{\text{e}} = \frac{3}{2}p_{\text{n}}\,\text{Im}[\hat{\psi}_2\hat{I}_2^*] = \frac{3}{2}p_{\text{n}}M\,\text{Im}[\hat{I}_1(\hat{I}_2\text{e}^{\text{j}\theta})^*] \tag{2-77}$$

由此可知，电机的电磁转矩是由定子或转子的两个电磁量的综合矢量的矢量积确定的。

2.4.2 感应电动机的数学模型

考虑到式(2-63)、式(2-65)和式(2-77)，以及具有转动惯量J，感应电动机的数学模型可写成

$$\left.\begin{aligned}&\hat{u}_1=R_1\hat{I}_1+L_1p\hat{I}_1+Mp\hat{I}_2\mathrm{e}^{\mathrm{j}\theta}+\mathrm{j}\omega_\mathrm{R}M\hat{I}_2\mathrm{e}^{\mathrm{j}\theta}\\&0=R_2\hat{I}_2+L_2p\hat{I}_2+M\mathrm{e}^{-\mathrm{j}\theta}p\hat{I}_1-\mathrm{j}\omega_\mathrm{R}M\hat{I}_1\mathrm{e}^{-\mathrm{j}\theta}\\&\frac{J\mathrm{d}\omega_\mathrm{R}}{p_\mathrm{n}\mathrm{d}t}=T_\mathrm{e}-T_\mathrm{L}=\frac{3}{2}p_\mathrm{n}M\,\mathrm{Im}[\hat{I}_1(\hat{I}_2\mathrm{e}^{\mathrm{j}\theta})^*]-T_\mathrm{L}\\&\omega_\mathrm{R}=\frac{\mathrm{d}\theta}{\mathrm{d}t}\end{aligned}\right\}\tag{2-78}$$

式中，T_L为净负载转矩；ω_R为电机旋转电角速度。

由于式(2-78)中，前两个方程式都可以分解成实部和虚部两个方程，这个数学模型实际上包括六个一阶微分方程。它们适用于任何波形的电压、电流和任意变化的电机转速及负载转矩，既可用于分析电机的瞬变过程，又可用于设计、分析由逆变器供电的电机的控制系统。

1. 变换到以电角速度 ω_1 旋转的复平面上的数学模型

将定子绕组电压方程 $\hat{U}_1=R_1\hat{I}_1+\dfrac{\mathrm{d}\hat{\psi}_1}{\mathrm{d}t}$ 变换到转速为 ω_1 的复平面上，则变换后的电压为 $\hat{U}_1^{\omega_1}=\hat{U}_1\mathrm{e}^{-\mathrm{j}\omega_1t}$，这是由于原静复平面坐标系相对新复平面坐标系以转速为 ω_1 反转，因此 $\hat{U}_1=\hat{U}_1^{\omega_1}\mathrm{e}^{+\mathrm{j}\omega_1t}$，同理，写出 $\hat{I}_1=\hat{I}_1^{\omega_1}\mathrm{e}^{+\mathrm{j}\omega_1t}$，$\hat{\psi}_1=\hat{\psi}_1^{\omega_1}\mathrm{e}^{+\mathrm{j}\omega_1t}$，其定子电压方程式变成

$$\begin{aligned}\hat{U}_1^{\omega_1}\mathrm{e}^{+\mathrm{j}\omega_1t}&=R_1\hat{I}_1^{\omega_1}\mathrm{e}^{+\mathrm{j}\omega_1t}+\frac{\mathrm{d}}{\mathrm{d}t}[\hat{\psi}_1^{\omega_1}\mathrm{e}^{+\mathrm{j}\omega_1t}]\\&=R_1\hat{I}_1^{\omega_1}\mathrm{e}^{+\mathrm{j}\omega_1t}+\mathrm{e}^{+\mathrm{j}\omega_1t}\frac{\mathrm{d}\hat{\psi}_1^{\omega_1}}{\mathrm{d}t}+\mathrm{j}\omega_1\hat{\psi}_1^{\omega_1}\mathrm{e}^{+\mathrm{j}\omega_1t}\end{aligned}$$

故变换到转速为 ω_1 的复平面上的定子电压方程为

$$\hat{U}_1^{\omega_1}=R_1\hat{I}_1^{\omega_1}+\frac{\mathrm{d}\hat{\psi}_1^{\omega_1}}{\mathrm{d}t}+\mathrm{j}\omega_1\hat{\psi}_1^{\omega_1}\tag{2-79}$$

由此可知，复平面从静止(在定子上)变换到以转速 ω_1 旋转时定子电压方程中出现了运动电势 $\mathrm{j}\omega_1\hat{\psi}_1^{\omega_1}$。

原复平面取在转子上时，转子绕组电压方程在前面已经知道，即

$$R_2\hat{I}_2+\frac{\mathrm{d}\hat{\psi}_2}{\mathrm{d}t}=0\tag{2-80}$$

设转子转速为 ω_R，则变换到以转速 ω_1 旋转的复平面上的转子电流和磁链可写成

$$\hat{I}_2^{\omega_1}=\hat{I}_2\mathrm{e}^{-\mathrm{j}(\omega_1-\omega_\mathrm{R})t}$$

和

$$\hat{\psi}_2^{\omega_1}=\hat{\psi}_2\mathrm{e}^{-\mathrm{j}(\omega_1-\omega_\mathrm{R})t}$$

便得 $\hat{I}_2=\hat{I}_2^{\omega_1}\mathrm{e}^{\mathrm{j}(\omega_1-\omega_\mathrm{R})t}$ 和 $\hat{\psi}_2=\hat{\psi}_2^{\omega_1}\mathrm{e}^{\mathrm{j}(\omega_1-\omega_\mathrm{R})t}$，代入电压方程式(2-80)，得

$$0=R_2\hat{I}_2^{\omega_1}\mathrm{e}^{\mathrm{j}(\omega_1-\omega_\mathrm{R})t}+\mathrm{e}^{\mathrm{j}(\omega_1-\omega_\mathrm{R})t}p\hat{\psi}_2^{\omega_1}+\mathrm{j}(\omega_1-\omega_\mathrm{R})\hat{\psi}_2^{\omega_1}\mathrm{e}^{\mathrm{j}(\omega_1-\omega_\mathrm{R})t}$$

消去 $\mathrm{e}^{\mathrm{j}(\omega_1-\omega_\mathrm{R})t}$ 得

$$0=R_2\hat{I}_2^{\omega_1}+p\hat{\psi}_2^{\omega_1}+\mathrm{j}(\omega_1-\omega_\mathrm{R})\hat{\psi}_2^{\omega_1} \tag{2-81}$$

由此可知，当新复平面与原复平面有相对运动时，便会出现运动电势，其值与相对速度成正比。在这同一新复平面上，由式(2-61)、式(2-60)表达的定、转子磁链可写成 $\hat{\psi}_1^{\omega_1}=L_1\hat{I}_1^{\omega_1}+M\hat{I}_2^{\omega_1}$，$\hat{\psi}_2^{\omega_1}=L_2\hat{I}_2^{\omega_1}+M\hat{I}_1^{\omega_1}$，并代入式(2-79)和式(2-81)，可得

$$\left.\begin{aligned}\hat{U}_1^{\omega_1}&=R_1\hat{I}_1^{\omega_1}+p(L_1\hat{I}_1^{\omega_1}+M\hat{I}_2^{\omega_1})+\mathrm{j}\omega_1(L_1\hat{I}_1^{\omega_1}+M\hat{I}_2^{\omega_1})\\&=R_1\hat{I}_1^{\omega_1}+(p+\mathrm{j}\omega_1)L_1\hat{I}_1^{\omega_1}+(p+\mathrm{j}\omega_1)M\hat{I}_2^{\omega_1}\\0&=[p+\mathrm{j}(\omega_1-\omega_\mathrm{R})]M\hat{I}_1^{\omega_1}+R_2\hat{I}_2^{\omega_1}+[p+\mathrm{j}(\omega_1-\omega_\mathrm{R})]L_2\hat{I}_2^{\omega_1}\end{aligned}\right\} \tag{2-82}$$

若把复平面放在定子上，则与定子绕组相对转速 $\omega_1=0$，即在静止的复平面上，以综合矢量表达的电压方程可将 $\omega_1=0$ 代入式(2-82)，得

$$\left.\begin{aligned}\hat{U}_1^{\omega_1}&=(R_1+pL_1)\hat{I}_1^{\omega_1}+pM\hat{I}_2^{\omega_1}\\0&=(p-\mathrm{j}\omega_\mathrm{R})M\hat{I}_1^{\omega_1}+[R_2+(p-\mathrm{j}\omega_\mathrm{R})L_2]\hat{I}_2^{\omega_1}\end{aligned}\right\} \tag{2-83}$$

若供电电压为三相对称的正弦电压，则可得感应电动机在稳态对称运行时由综合矢量表示的等效电路，将 $p=\mathrm{j}\omega_1$ 代入式(2-83)，可得

$$\left.\begin{aligned}\hat{U}_1^{\omega_1}&=(R_1+\mathrm{j}\omega_1L_1)\hat{I}_1^{\omega_1}+\mathrm{j}\omega_1M\hat{I}_2^{\omega_1}\\&=(R_1+\mathrm{j}\omega_1L_{1\sigma})\hat{I}_1^{\omega_1}+\mathrm{j}\omega_1M(\hat{I}_1^{\omega_1}+\hat{I}_2^{\omega_1})\\0&=(\mathrm{j}\omega_1-\mathrm{j}\omega_\mathrm{R})M\hat{I}_1^{\omega_1}+[R_2+\mathrm{j}(\omega_1-\omega_\mathrm{R})L_2]\hat{I}_2^{\omega_1}\\&=\mathrm{j}(\omega_1-\omega_\mathrm{R})M(\hat{I}_1^{\omega_1}+\hat{I}_2^{\omega_1})+[R_2+\mathrm{j}(\omega_1-\omega_\mathrm{R})L_{2\sigma}]\hat{I}_2^{\omega_1}\end{aligned}\right\} \tag{2-84}$$

式(2-84)中的第二式除以转差率 $s\left(=\dfrac{\omega_1-\omega_\mathrm{R}}{\omega_1}\right)$，便得

$$\mathrm{j}\omega_1M(\hat{I}_1^{\omega_1}+\hat{I}_2^{\omega_1})=-\left(\frac{R_2}{s}+\mathrm{j}\omega_1L_{2\sigma}\right)\hat{I}_2^{\omega_1} \tag{2-85}$$

根据式(2-84)和式(2-85)可画出感应电动机的等效电路，如图2.10所示。

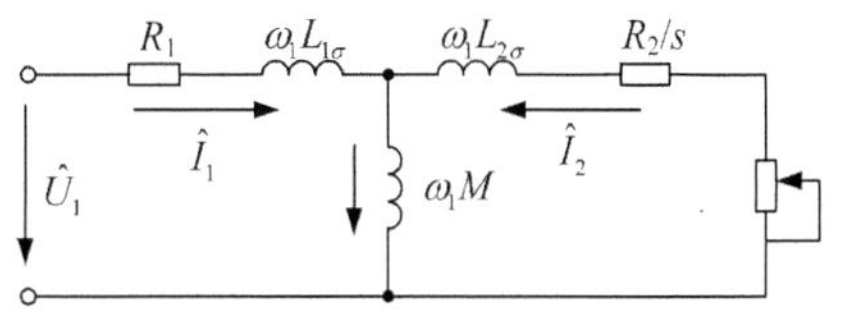

图2.10　稳态运行时感应电动机的等效电路

前面已经讨论过，综合矢量在A轴上的投影，就是瞬时值 $i_\mathrm{A}=I\cos(\omega_1t+\varepsilon_2)$，即 $i_\mathrm{A}=\mathrm{Re}\,\hat{I}_1=\mathrm{Re}\,I_1\mathrm{e}^{\mathrm{j}\omega_1t}$；由电工原理可知：A相电流的瞬时值与相量 $\dot{I}_\mathrm{A}$（这时用幅值表示）的关系为 $i_\mathrm{A}=\mathrm{Re}\,\dot{I}_\mathrm{A}\mathrm{e}^{\mathrm{j}\omega_1t}$，因此，$\dot{I}_\mathrm{A}=\dot{I}_1=I\mathrm{e}^{\mathrm{j}\varepsilon_2}$，其等效电路图也是一致的。这也说明电机中综合矢量的空间相位关系与相对应的时间相量图的时间相位关系是一致的。简而言之，电机的矢量图与相量图是一致的。

2. d, q, 0 坐标轴系统感应电机的数学模型

把定子和转子电压、电流、磁链都变换到d, q, 0坐标系统，定子各量用脚注1表示，转子各量用脚注2表示，并假定：d, q, 0坐标轴系统随定子磁场以同步转速 ω_1 旋转，q

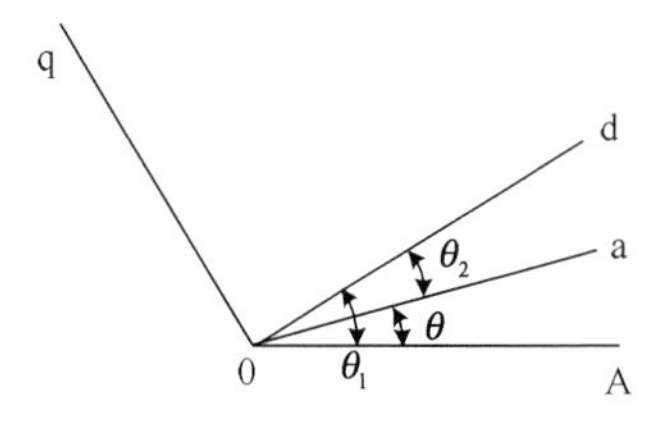

图 2.11　d, q, 0 坐标轴系统

轴超前 d 轴 90°，d 轴与定子 A 轴的夹角为 $\theta_1=\omega_1 t$; d 轴与转子 a 轴的夹角为 θ_2，如图 2.11 所示，则可得到 d, q, 0 系统的电压、磁链和转矩方程。

1) 电压方程

根据式(2-20)得

$$\left.\begin{aligned} i_{\mathrm{A}} &= i_{\mathrm{d1}}\cos\theta_1 - i_{\mathrm{q1}}\sin\theta_1 + i_{01} \\ u_{\mathrm{A}} &= u_{\mathrm{d1}}\cos\theta_1 - u_{\mathrm{q1}}\sin\theta_1 + u_{01} \\ \psi_{\mathrm{A}} &= \psi_{\mathrm{d1}}\cos\theta_1 - \psi_{\mathrm{q1}}\sin\theta_1 + \psi_{01} \end{aligned}\right\} \tag{2-86}$$

把式(2-86)代入 A 相绕组的电压方程 $u_{\mathrm{A}} = R_1 i_{\mathrm{A}} + p\psi_{\mathrm{A}}$，得

$$\begin{aligned} u_{\mathrm{d1}}\cos\theta_1 - u_{\mathrm{q1}}\sin\theta_1 + u_{01} &= R_1(i_{\mathrm{d1}}\cos\theta_1 - i_{\mathrm{q1}}\sin\theta_1 + i_{01}) + \cos\theta_1 p\psi_{\mathrm{d1}} \\ &\quad -\psi_{\mathrm{d1}}\sin\theta_1 p\theta_1 - \sin\theta_1 p\psi_{\mathrm{q1}} - \psi_{\mathrm{q1}}\cos\theta_1 p\theta_1 + p\psi_{01} \\ &= (R_1 i_{\mathrm{d1}} + p\psi_{\mathrm{d1}} - \psi_{\mathrm{q1}} p\theta_1)\cos\theta_1 \\ &\quad -(R_1 i_{\mathrm{q1}} + p\psi_{\mathrm{q1}} + \psi_{\mathrm{d1}} p\theta_1)\sin\theta_1 + p\psi_{01} + R_1 i_{01} \end{aligned}$$

等式左右，其对应项必须相等，故得电压方程

$$\left.\begin{aligned} u_{\mathrm{d1}} &= R_1 i_{\mathrm{d1}} + p\psi_{\mathrm{d1}} - \psi_{\mathrm{q1}} p\theta_1 \\ u_{\mathrm{q1}} &= R_1 i_{\mathrm{q1}} + p\psi_{\mathrm{q1}} + \psi_{\mathrm{d1}} p\theta_1 \\ u_{01} &= R_1 i_{01} + p\psi_{01} \end{aligned}\right\} \tag{2-87}$$

同理，转子侧的变换为

$$\left.\begin{aligned} i_{\mathrm{a}} &= i_{\mathrm{d2}}\cos\theta_2 - i_{\mathrm{q2}}\sin\theta_2 + i_{02} \\ u_{\mathrm{a}} &= u_{\mathrm{d2}}\cos\theta_2 - u_{\mathrm{q2}}\sin\theta_2 + u_{02} \\ \psi_{\mathrm{a}} &= \psi_{\mathrm{d2}}\cos\theta_2 - \psi_{\mathrm{q2}}\sin\theta_2 + \psi_{02} \end{aligned}\right\}$$

也把以上三式代入转子 a 相绕组电压方程

$$u_{\mathrm{a}} = R_2 i_{\mathrm{a}} + p\psi_{\mathrm{a}}$$

可得

$$\left.\begin{aligned} u_{\mathrm{d2}} &= R_2 i_{\mathrm{d2}} + p\psi_{\mathrm{d2}} - \psi_{\mathrm{q2}} p\theta_2 \\ u_{\mathrm{q2}} &= R_2 i_{\mathrm{q2}} + p\psi_{\mathrm{q2}} + \psi_{\mathrm{d2}} p\theta_2 \\ u_{02} &= R_2 i_{02} + p\psi_{02} \end{aligned}\right\} \tag{2-88}$$

2) 磁链方程

现对式(2-48)进行变换，首先将感应电机转子绕组折算到定子侧，然后把定、转子三相绕组的磁链方程变换成 d, q, 0 坐标轴系统的磁链方程。变换时，只要利用 d, q, 0 与 A, B, C 坐标间的变换关系，将三相磁链 $\psi_{\mathrm{A}}, \psi_{\mathrm{B}}, \psi_{\mathrm{C}}$ 和 $\psi_{\mathrm{a}}, \psi_{\mathrm{b}}, \psi_{\mathrm{c}}$，变换成 $\psi_{\mathrm{d1}}, \psi_{\mathrm{q1}}, \psi_{01}$ 和 $\psi_{\mathrm{d2}}, \psi_{\mathrm{q2}}, \psi_{02}$，将三相电流 $i_{\mathrm{A}}, i_{\mathrm{B}}, i_{\mathrm{C}}$ 和 $i_{\mathrm{a}}, i_{\mathrm{b}}, i_{\mathrm{c}}$，变换成 $i_{\mathrm{d1}}, i_{\mathrm{q1}}, i_{01}$ 和 $i_{\mathrm{d2}}, i_{\mathrm{q2}}, i_{02}$，并经整理简化便可得到

$$
\begin{bmatrix} \psi_{d1} \\ \psi_{q1} \\ \psi_{01} \\ \psi_{d2} \\ \psi_{q2} \\ \psi_{02} \end{bmatrix} = \begin{bmatrix} L_1 & 0 & 0 & M & 0 & 0 \\ 0 & L_1 & 0 & 0 & M & 0 \\ 0 & 0 & L_{01} & 0 & 0 & 0 \\ M & 0 & 0 & L_2 & 0 & 0 \\ 0 & M & 0 & 0 & L_2 & 0 \\ 0 & 0 & 0 & 0 & 0 & L_{02} \end{bmatrix} \begin{bmatrix} i_{d1} \\ i_{q1} \\ i_{01} \\ i_{d2} \\ i_{q2} \\ i_{02} \end{bmatrix} \tag{2-89}
$$

式中，$L_1 = L_{1\sigma} + \frac{3}{2}L_m$，为定子等效电感；$L_2 = L_{2\sigma} + \frac{3}{2}L_m$，为转子等效电感；$M = \frac{3}{2}L_m$，为定、转子等效电感。

将式(2-89)代入式(2-87)和式(2-88)，便可得到由电压和电流表示的感应电动机的动态数学模型为

$$
\begin{bmatrix} u_{d1} \\ u_{q1} \\ u_{d2} \\ u_{q2} \end{bmatrix} = \begin{bmatrix} R_1 + pL_1 & -\omega_1 L_1 & pM & -\omega_1 M \\ \omega_1 L_1 & R_1 + pL_1 & \omega_1 M & pM \\ pM & -(\omega_1 - \omega_R)M & R_2 + pL_2 & -(\omega_1 - \omega_R)L_2 \\ (\omega_1 - \omega_R)M & pM & (\omega_1 - \omega_R)L_2 & R_2 + pL_2 \end{bmatrix} \begin{bmatrix} i_{d1} \\ i_{q1} \\ i_{d2} \\ i_{q2} \end{bmatrix} \tag{2-90}
$$

式中，$\omega_1 = p\theta_1$，为 d, q 坐标轴的旋转速度，常取定子旋转磁场的速度；$\omega_R = p\theta$，为转子旋转的电角速度；$\omega_1 - \omega_R = \omega_2$，为转差角速度。

当电源频率恒定，电源电压的综合矢量相对定子以 ω_1 同步转速旋转，取 d, q, 0 坐标轴系在空间也是以 ω_1 速度旋转时，电机各量的综合矢量相对于 d, q, 0 同步坐标轴静止，其 U, I, ψ 在同步坐标轴 d, q 坐标轴系上就不再是正弦交流量，而变成直流量了，电动机微分方程组变成了常微分方程组，分析计算十分方便。

对于单馈式和鼠笼电机：电压 u_{d2}, u_{q2} 为零；如果认为转子速度 ω_R=const，知道输入 u_{d1}, u_{q1}, ω_1，则可从式(2-90)解出 $i_{d1}, i_{q1}, i_{d2}, i_{q2}$。

式(2-90)对于非正弦波电压、电流也适用。一般由变换器供电的电源含有较丰富的高次谐波。对电流型逆变器控制的电机，参量 i_{d1}, i_{q1} 和 ω_1 是独立的，可由式(2-90)直接解出变量 $u_{d1}, u_{q1}, i_{d2}, i_{q2}$。

如果只需求式(2-90)的稳态解，则令所有与 p 相关的量都为零，即可求得。

3) 电磁转矩

三相电机的电磁转矩均可由变换到 d, q, 0 坐标轴系统的量计算电机的输入功率：

$$
\begin{aligned}
P_1 &= u_A i_A + u_B i_B + u_C i_C \\
&= [u_{ABC}]^t I_{ABC} \\
&= [C_{dq0/3} u_{dq0}]^t C_{dq0/3} I_{dq0} \\
&= [u_{dq0}]^t [C_{dq0/3}]^t C_{dq0/3} I_{dq0}
\end{aligned}
$$

式中，C 为变换矩阵，这时采取磁势不变的坐标变换矩阵式(2-20)，可得

$$[C_{\mathrm{dq0/3}}]^{t}C_{\mathrm{dq0/3}}=\begin{bmatrix}\frac{3}{2} & 0 & 0\\ 0 & \frac{3}{2} & 0\\ 0 & 0 & \frac{3}{2}\end{bmatrix}$$

所以

$$P_1=\frac{3}{2}(u_{\mathrm{d1}}i_{\mathrm{d1}}+u_{\mathrm{q1}}i_{\mathrm{q1}})+3u_{01}i_{01} \tag{2-91}$$

将式(2-87)代入式(2-91)整理后便得

$$P_1=\frac{3}{2}(i_{\mathrm{d1}}p\psi_{\mathrm{d1}}+i_{\mathrm{q1}}p\psi_{\mathrm{q1}}+2i_{01}p\psi_{01})+\frac{3}{2}(\psi_{\mathrm{d1}}i_{\mathrm{q1}}-\psi_{\mathrm{q1}}i_{\mathrm{d1}})\omega_1$$
$$+\frac{3}{2}(i_{\mathrm{d1}}^2+i_{\mathrm{q1}}^2+2i_{01}^2)R_1 \tag{2-92}$$

式(2-92)的意义：等式右边，第一项为电流与磁链变化率的乘积，代表磁场能量的增加率；第三项为电阻损耗；根据功率平衡关系可知：第二项即为电磁功率；则输入功率=气隙磁场储能变化率+通过气隙传递的电磁功率+定子电阻损耗。

电磁功率为

$$P_{\mathrm{e}}=\frac{3}{2}(\psi_{\mathrm{d1}}i_{\mathrm{q1}}-\psi_{\mathrm{q1}}i_{\mathrm{d1}})\omega_1$$

电磁转矩$T_{\mathrm{e}}=\dfrac{P_{\mathrm{e}}}{\Omega_1}$，故得

$$T_{\mathrm{e}}=\frac{3}{2}p_{\mathrm{n}}(\psi_{\mathrm{d1}}i_{\mathrm{q1}}-\psi_{\mathrm{q1}}i_{\mathrm{d1}}) \tag{2-93}$$

式中，$\Omega_1=\dfrac{\omega_1}{p_{\mathrm{n}}}$，为机械同步角速度。

将$\psi_{\mathrm{d1}}=L_1i_{\mathrm{d1}}+Mi_{\mathrm{d2}}$和$\psi_{\mathrm{q1}}=L_1i_{\mathrm{q1}}+Mi_{\mathrm{q2}}$代入式(2-93)，还可得到

$$T_{\mathrm{e}}=\frac{3}{2}p_{\mathrm{n}}M(i_{\mathrm{d2}}i_{\mathrm{q1}}-i_{\mathrm{q2}}i_{\mathrm{d1}}) \tag{2-94}$$

根据式(2-89)得

$$Mi_{\mathrm{q1}}=\psi_{\mathrm{q2}}-L_2i_{\mathrm{q2}}\text{和}Mi_{\mathrm{d1}}=\psi_{\mathrm{d2}}-L_2i_{\mathrm{d2}}$$

代入式(2-94)，又可得

$$T_{\mathrm{e}}=\frac{3}{2}p_{\mathrm{n}}(\psi_{\mathrm{q2}}i_{\mathrm{d2}}-\psi_{\mathrm{d2}}i_{\mathrm{q2}}) \tag{2-95}$$

$$T_{\mathrm{e}}=\frac{3}{2}p_{\mathrm{n}}\frac{M}{L_1}(\psi_{\mathrm{q1}}i_{\mathrm{d2}}-\psi_{\mathrm{d1}}i_{\mathrm{q2}}) \tag{2-96}$$

$$T_{\mathrm{e}}=\frac{3}{2}p_{\mathrm{n}}\frac{M}{L_2}(\psi_{\mathrm{d2}}i_{\mathrm{q1}}-\psi_{\mathrm{q2}}i_{\mathrm{d1}}) \tag{2-97}$$

$$T_e = \frac{3}{2} p_n \frac{M}{\sigma L_1 L_2} (\psi_{q1}\psi_{d2} - \psi_{d1}\psi_{q2}) \tag{2-98}$$

式中，$\sigma = 1 - \frac{M^2}{L_1 L_2}$。

当非稳态过程时，空间矢量$\hat{\psi}_1$，$\hat{\psi}_2$，$\hat{i}_1$，$\hat{i}_2$的模和空间位置都是变化的，在 d, q 坐标轴系只需四个标量的乘积。从式(2-95)～式(2-98)可知，电磁转矩T_e是由定、转子的电流、磁链相互作用形成的，由于定子和转子的磁链是由定子和转子电流共同产生的，定子和转子所受到的电磁力大小相等，方向相反，故可以用定子电流、转子磁链、定子磁链、转子电流四种运行参数中的任意两种运行参数来计算。

4) 电机运动方程

根据电机旋转运动可得

$$T_e - T_L = J \frac{d^2\theta_m}{dt^2} \tag{2-99}$$

或

$$T_e - T_L = \frac{J d\omega_R}{p_n dt}$$

式中，J是转子和负载的转动惯量；T_L是负载所引起的阻力矩；θ_m是与θ对应的机械角。

5) d, q, 0 坐标轴系统数学模型物理解释

从 A, B, C 坐标轴系统变换到 d, q, 0 坐标轴系统，物理意义上这种变换是把三相(固定轴线)的电流i_A, i_B, i_C分别投影至与磁场一起旋转的 d 轴和 q 轴上，得到新的直轴电流i_d、交轴电流i_q和零轴电流i_0，其中i_0是一孤立的电流，与转子偏转角θ无关；反之，把旋转轴线上的电流i_d和i_q投影到相绕组轴线上，再加上孤立的零轴电流，便得到i_A, i_B, i_C，所以这种变换代表一个固定轴线与旋转轴线之间的交换。

从 A, B, C 坐标轴系统变换到 d, q, 0 坐标轴系统，物理意义上就相当于把实际的定、转子三相绕组分别变换成换向器绕组。在换向器上装有两组正交的旋转电刷，其中一组与 d 轴重合旋转，另一组与 q 轴重合旋转，这样可以看成用 d, q 方向上的两个等效定子绕组d_1, q_1代替实际的定子 A, B, C 三个绕组。用 d, q 方向上的两个等效定子绕组d_2, q_2代替转子 a, b, c 三个绕组。d_1, q_1绕组的电阻为R_1，电压、电流和磁链分别为u_{d1}, i_{d1},ψ_{d1}, u_{q1}, i_{q1}和ψ_{q1}；d_2, q_2绕组的电阻为R_2；电压、电流和磁链分别为u_{d2}, i_{d2}, ψ_{d2}, u_{q2}, i_{q2}和ψ_{q2}。若取 d, q 坐标轴系统以速度ω_1逆时针方向旋转，则绕组静止。如图 2.12 所示。绕组中各量方向用右手定则确定标出。d_1, q_1等效绕组与坐标系统的相对运动速度为ω_1；d_2, q_2等效绕组与坐标系统的相对运动速度为$\omega_2=\omega_1-\omega_R$，即转差速度。$\psi_{q1}$在$d_1$绕组中产生旋转电势$\omega_1\psi_{q1}$；$\psi_{d1}$在$d_1$绕组中产生脉振电势$-p_1\psi_{d1}$；$d_1$绕组的电阻压降为$R_1 i_{d1}$，其外加电源电压为$u_{d1}$；则电势平衡式为$u_{d1}-p\psi_{d1}+\omega_1\psi_{q1}= R_1 i_{d1}$，便得

$$u_{d1} = R_1 i_{d1} + p\psi_{d1} - \omega_1\psi_{q1}$$

同理，ψ_{d1}在q_1绕组中产生旋转电势$\omega_1\psi_{d1}$；ψ_{q1}在q_1绕组中产生脉振电势$-p_1\psi_{q1}$；电阻压降为$R_1 i_{q1}$，其外加电源电压为u_{q1}；则电势平衡式为$u_{q1}-p\psi_{q1}+\omega_1\psi_{d1}= R_1 i_{q1}$，其中$\omega_1\psi_{d1}$的方向与 q 轴相反，故得

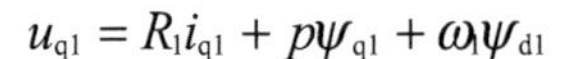

$$u_{q1} = R_1 i_{q1} + p\psi_{q1} + \omega_1\psi_{d1}$$

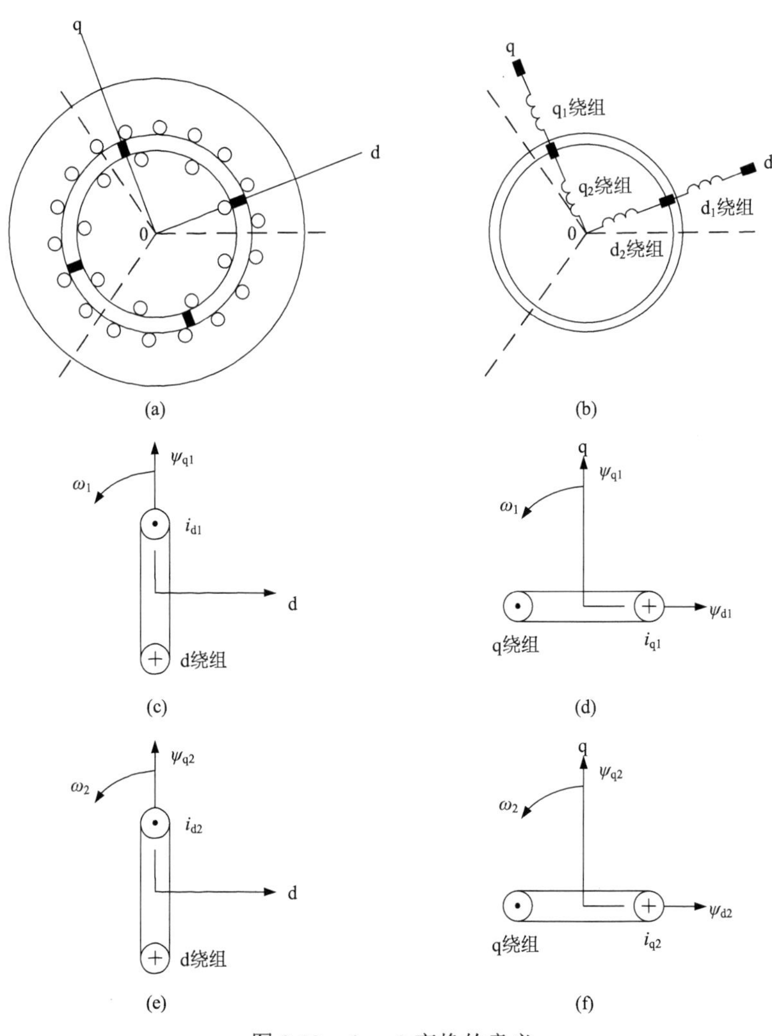

图 2.12　d, q, 0 变换的意义

同理，可列出 d_2、q_2 绕组的电势平衡式为

$$\begin{cases} u_{d2} = p\psi_{d2} - (\omega_1 - \omega_R)\psi_{q2} + R_2 i_{d2} \\ u_{q2} = p\psi_{q2} + (\omega_1 - \omega_R)\psi_{d2} + R_2 i_{q2} \end{cases}$$

其表达式完全与式(2-87)、式(2-88)相一致，其物理概念清楚。根据以上电压方程和式(2-89)的关系，感应电机 d, q 系统模型的等值电路如图 2.13(a)、(b)所示。又由于 $\hat{U}_1 = u_{d1} + \mathrm{j}u_{q1}$，$\hat{I}_1 = i_{d1} + \mathrm{j}i_{q1}$，$\hat{\psi}_1 = \psi_{d1} + \mathrm{j}\psi_{q1}$，$\hat{U}_2 = u_{d2} + \mathrm{j}u_{q2}$，$\hat{I}_2 = i_{d2} + \mathrm{j}i_{q2}$，$\hat{\psi}_2 = \psi_{d2} + \mathrm{j}\psi_{q2}$，$\hat{\psi}_1 = L_1\hat{I}_1 + M\hat{I}_2$，$\hat{\psi}_2 = L_2\hat{I}_2 + M\hat{I}_1$，得到合并的等效电路如图 2.13(c)所示。

转矩公式由式(2-93)和式(2-95)表示，也可根据图 2.12(c)、(d)或(e)、(f)直接导出。例如，转子 d_2 所产生的电磁转矩由图 2.12(e)可知为 $i_{d2}\psi_{q2}$，q_2 所产生的电磁转矩由图 2.12(f)可知为 $i_{q2}\psi_{d2}$，两者的转向相反，合成为 $T_e = \dfrac{3}{2}p_n(i_{d2}\psi_{q2} - i_{q2}\psi_{d2})$。

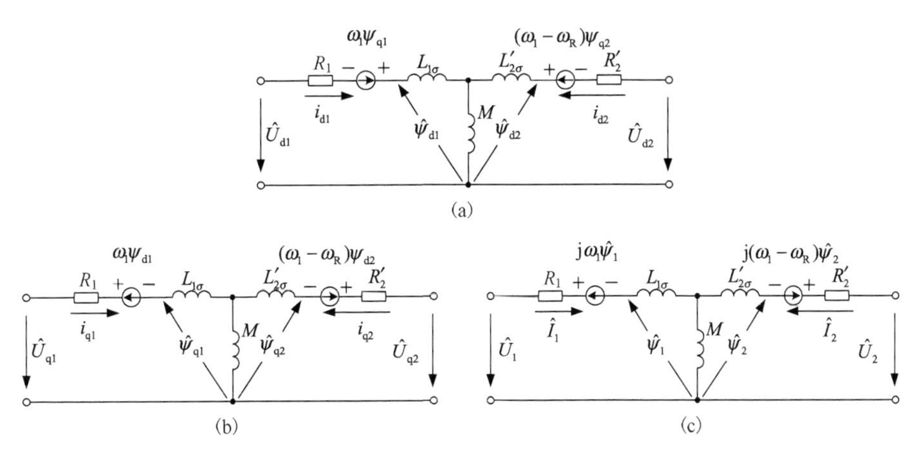

图 2.13　感应电机 d，q 系统模型的等效电路图

定子 d_1 所受到的电磁转矩由图 2.12(c) 可知为 $i_{d1}\psi_{q1}$，q_1 所受到的电磁转矩由图 2.12(d) 可知为 $i_{q1}\psi_{d1}$，两者的转向相反，合成为 $(i_{q1}\psi_{d1}-i_{d1}\psi_{q1})$。

定子与转子应大小相等，方向相反，故有

$$T_e=\frac{3}{2}p_n(i_{q1}\psi_{d1}-i_{d1}\psi_{q1})$$

总之，由于应用了综合矢量来确定 A, B, C 与 d, q, 0 坐标轴系之间的变换，在对称三相系统中，综合矢量的长度等于相绕组中相应量的幅值。稳态时 $i_{d1}, i_{q1}, u_{d1}, u_{q1}, \psi_{d1}, \psi_{q1}, i_{d2}, i_{q2}, \psi_{d2}, \psi_{q2}$ 在数值上不随时间变化，故综合矢量 $\hat{I}_1$，$\hat{U}_1$，$\hat{I}_2$，$\hat{\psi}_1$，$\hat{\psi}_2$ 都是大小不变，随 d, q 同步旋转，使交流量变换成直流量，也就是说把交流电机的问题转化为直流电机的问题了，从而可按直流电机控制方式对交流电机加以控制，稳态时，$p\psi_1=p\psi_2=0$，这样运算更方便。

最后还应指出，前面有了感应电动机在 d, q 旋转坐标系上的数学模型，就可直接写出感应电动机在静止坐标系 α, β 上的数学模型，因后者是前者的特例。只要在旋转坐标系模型中，令 $\theta_1=0$，$p\theta_1=\omega_1=0$ 代入式(2-90)和式(2-93)，并将 α 代替 d，β 代替 q 便得到感应电动机在两相静止坐标轴系 α, β 上的数学模型，其电磁转矩的表达式为 $T_e=\dfrac{3}{2}p_n(\psi_{\alpha1}i_{\beta1}-\psi_{\beta1}i_{\alpha1})$。

3. M，T 转子磁场定向坐标系统感应电机的数学模型

同步旋转 d, q 系统只规定了 d, q 轴随定子磁场同步旋转，而对 d 轴与旋转磁场的相对位置没有作任何规定。通常把同步旋转坐标轴系的实轴的取向与某一个电磁量的综合矢量相重合称为该矢量定向坐标轴系，就把该矢量称为定向矢量。感应电动机中，矢量 $\hat{\psi}_1$，$\hat{\psi}_2$，$\hat{I}_1$，$\hat{I}_2$，$\hat{U}_1$，$\hat{U}_2$ 都可作为定向矢量。但定向矢量不同，电机的数学表达式的简易程度就不同。因此，不同的电机应选用不同的定向矢量，如笼型感应电机变频调速系统选用 $\hat{\psi}_2$ 做定向矢量；双馈感应电动机调速系统选用 $\hat{\psi}_1$ 做定向矢量；串极调速系统选用 $\hat{I}_1$ 做定向矢量为宜。这里为分析计算简便，特规定：d 轴的取向与转子总磁链 $\hat{\psi}_2$ 方向一致，$\hat{\psi}_2$ 等于电机气隙磁链与转子漏磁链 $\hat{\psi}_{2\sigma}$ 之和，即 $\hat{\psi}_2=\hat{\psi}+\hat{\psi}_{2\sigma}$，并采用 M, T 坐标轴代替

d, q 轴，随磁场同步旋转。由于把 M 轴取向定在$\hat{\psi}_2$的方向上，引前 M 轴 90°取 T 轴，习惯称同步旋转的 M, T 坐标轴为转子磁场定向坐标。在该坐标轴系中，$\hat{\psi}_2$在 T 轴的方向上无分量，即$\psi_{M2}=\psi_2$，如图 2.14 所示。

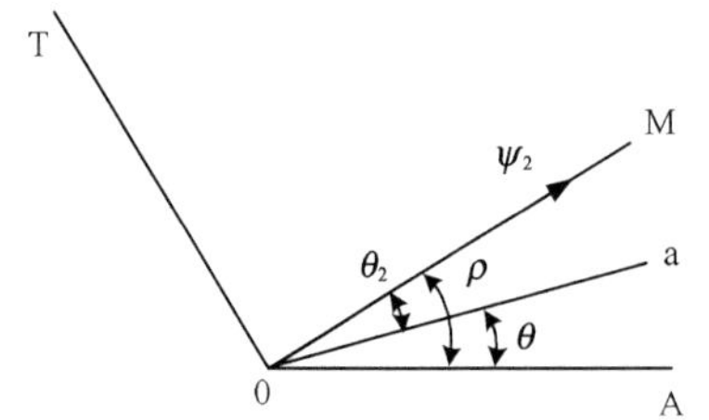

图 2.14　转子磁场定向坐标轴系

其磁链、电压方程式如下。

1) 磁链方程

$$
\begin{cases}
\psi_2=\psi_{M2}\\
\psi_{T2}=0\\
p\psi_{T2}=0\\
\psi_{T2}p\theta_2=0
\end{cases}
$$

2) 电压方程

可直接利用 d, q 坐标轴系，在式(2-87)～式(2-89)中将下标 d_1, q_1, d_2, q_2 分别换为 M_1, T_1, M_2, T_2，并令 $\Psi_{T2}=0$，即得

$$
\begin{cases}
u_{M1}=R_1 i_{M1}+p\psi_{M1}-\omega_1\psi_{T1}\\
u_{T1}=R_1 i_{T1}+p\psi_{T1}+\omega_1\psi_{M1}\\
u_{M2}=R_2 i_{M2}+p\psi_{M2}\\
u_{T2}=R_2 i_{T2}+(\omega_1-\omega_R)\psi_{M2}
\end{cases}
$$

$$
\begin{cases}
\psi_{M1}=L_1 i_{M1}+M i_{M2}\\
\psi_{T1}=L_1 i_{T1}+M i_{T2}\\
\psi_{M2}=L_2 i_{M2}+M i_{M1}=\psi_2\\
0=L_2 i_{T2}+M i_{T1}
\end{cases}
$$

因而在 M, T 坐标轴系上的数学模型为

$$
\begin{bmatrix}u_{M1}\\u_{T1}\\u_{M2}\\u_{T2}\end{bmatrix}=\begin{bmatrix}R_1+pL_1 & -\omega_1 L_1 & pM & -\omega_1 M\\ \omega_1 L_1 & R_1+pL_1 & \omega_1 M & pM\\ pM & 0 & R_2+pL_2 & 0\\ (\omega_1-\omega_R)M & 0 & (\omega_1-\omega_R)L_2 & R_2\end{bmatrix}\begin{bmatrix}i_{M1}\\i_{T1}\\i_{M2}\\i_{T2}\end{bmatrix} \tag{2-100}
$$

$$
\begin{aligned}
T_e&=\frac{3}{2}p_n M[i_{T1}i_{M2}-i_{M1}i_{T2}]\\
&=\frac{3}{2}p_n M\left[i_{T1}i_{M2}-\frac{\psi_2-L_2 i_{M2}}{M}\left(-\frac{M}{L_2}\right)i_{T1}\right]\\
&=\frac{3}{2}p_n\frac{M}{L_2}i_{T1}\psi_2
\end{aligned} \tag{2-101}
$$

由此可知，采用转子磁场定向 M, T 坐标轴系的主要优点是使交流电机的电磁转矩公式得到简化，与直流电机的电磁转矩公式相似，控制 i_{T1} 即可控制电机的转矩，从而控制感应电动机的转速。

2.5 同步电动机的数学模型

2.5.1 同步电动机的基本电磁关系

同步电动机的定子部分与感应电动机相同，由 A, B, C 三相对称绕组构成，其转子部分按其励磁方式不同，常分为电励磁式和永磁式转子，另外磁阻同步电动机也得到了广泛的应用，从其电磁关系来看，前者较为典型。这里以电励磁式同步电动机为例进行分析讨论。电励磁式同步电动机，转子上有励磁绕组 f 和阻尼绕组，由于同步电动机转子磁路不对称，一般都采用 d, q, 0 坐标系统，以克服 A, B, C 坐标系统中电压方程是带有周期性变系数微分方程给求解带来困难的缺点。为了简化分析，假定如下条件。

(1) 忽略磁饱和、磁滞和涡流的影响。

(2) 定、转子绕组所产生的气隙磁场按正弦分布，高次谐波忽略不计。

(3) 定子三相绕组对称，转子对直轴和交轴对称，将实际电机多根导条构成的阻尼绕组简化为直、交轴两个独立的等效阻尼绕组，并短接。

定子上有 A, B, C 三相绕组，转子直轴上有励磁绕组 f 和直轴阻尼绕组 D，交轴上有交轴阻尼绕组 Q，其原理如图 2.15 所示，它们之间有以下基本电磁关系。

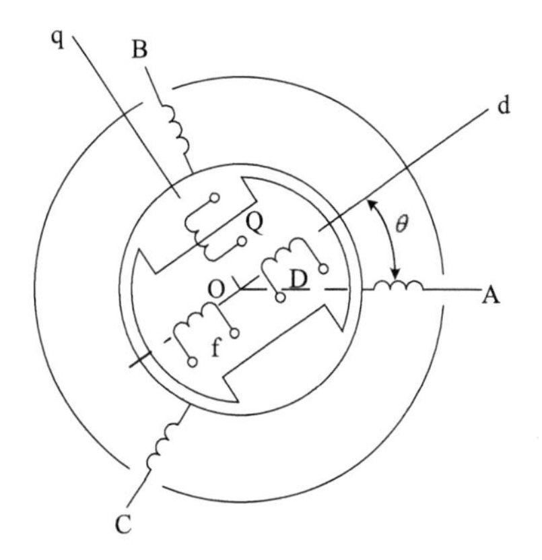

图 2.15 同步电动机示意图

1. *磁链方程式*

取由定子绕组端点流入电机中心点方向作为定子各相电流的参考正方向，绕组磁链 ψ 和电流 i 的正方向符合右手螺旋法则，励磁绕组 f 产生的主极磁通的方向取为 d 轴的正方向，q 轴超前 d 轴正方向 90°电角度，按此写出定、转子绕组的磁链方程式。

$$\begin{bmatrix} \psi_A \\ \psi_B \\ \psi_C \\ \psi_f \\ \psi_D \\ \psi_Q \end{bmatrix} = \begin{bmatrix} L_{AA} & M_{AB} & M_{AC} & M_{Af} & M_{AD} & M_{AQ} \\ M_{BA} & L_{BB} & M_{BC} & M_{Bf} & M_{BD} & M_{BQ} \\ M_{CA} & M_{CB} & L_{CC} & M_{Cf} & M_{CD} & M_{CQ} \\ M_{fA} & M_{fB} & M_{fC} & L_f & M_{fD} & 0 \\ M_{DA} & M_{DB} & M_{DC} & M_{Df} & L_D & 0 \\ M_{QA} & M_{QB} & M_{QC} & 0 & 0 & L_Q \end{bmatrix} \begin{bmatrix} i_A \\ i_B \\ i_C \\ i_f \\ i_D \\ i_Q \end{bmatrix} \tag{2-102}$$

由于同步电动机气隙不均匀，转子 d 轴与 q 轴磁路不对称；q 轴气隙远大于 d 轴气隙，定子绕组的自感和互感将随转子位置角 θ 作周期性变化，现设定定子 A 相绕组轴线 A 为参考轴，转子 d 轴与 A 轴的夹角为 θ，各绕组参数如下。

1) 定子绕组自感

定子绕组自感包括两部分：恒定的绕组漏感 $L_{1\sigma}$ 和对应于主磁通的电感 L_{sm}，定子绕组自感随转子位置角变化，如图 2.16 所示。它是主极轴线与该相绕组轴线之间夹角的周期函数，其变化周期为 180°电角度，即

$$\left.\begin{aligned}L_{AA}&=L_{s\sigma}+L_{Am}=L_{s\sigma}+L_{sm}+L_{2s}\cos 2\theta\\L_{BB}&=L_{s\sigma}+L_{Bm}=L_{s\sigma}+L_{sm}+L_{2s}\cos 2(\theta-120^{\circ})\\L_{CC}&=L_{s\sigma}+L_{Cm}=L_{s\sigma}+L_{sm}+L_{2s}\cos 2(\theta+120^{\circ})\end{aligned}\right\}\tag{2-103}$$

式中，$L_{sm}=\dfrac{1}{2}(L_{dm}+L_{qm})$；$L_{2s}=\dfrac{1}{2}(L_{dm}-L_{qm})$；$L_{dm}$ 为主磁通直轴电感；L_{qm} 为主磁通交轴电感。

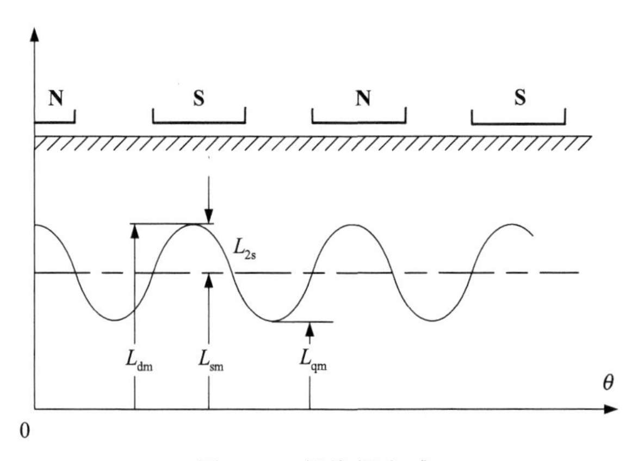

图 2.16　相绕组自感

2）定子相间互感

$$\left.\begin{aligned}M_{AB}&=M_{BA}=-M_{s\sigma}-\frac{L_{sm}}{2}+L_{2s}\cos(2\theta-120^{\circ})\\M_{AC}&=M_{CA}=-M_{s\sigma}-\frac{L_{sm}}{2}+L_{2s}\cos(2\theta+120^{\circ})\\M_{BC}&=M_{CB}=-M_{s\sigma}-\frac{L_{sm}}{2}+L_{2s}\cos 2\theta\end{aligned}\right\}\tag{2-104}$$

式中，$M_{s\sigma}$ 为定子相间漏互感，并考虑到相绕组轴线间夹角为 120°电角度，$M_{s\sigma}$ 带负号。

3）定子与转子励磁绕组间的互感

$$\left.\begin{aligned}M_{Af}&=M_{sf}\cos\theta\\M_{Bf}&=M_{sf}\cos(\theta-120^{\circ})\\M_{Cf}&=M_{sf}\cos(\theta+120^{\circ})\end{aligned}\right\}\tag{2-105}$$

式中，M_{sf} 为励磁绕组轴线与定子绕组轴线重合时的互感，定子与直轴阻尼绕组间的互感为

$$\left.\begin{aligned}M_{AD}&=M_{sD}\cos\theta\\M_{BD}&=M_{sD}\cos(\theta-120^{\circ})\\M_{CD}&=M_{sD}\cos(\theta+120^{\circ})\end{aligned}\right\}\tag{2-106}$$

式中，M_{sD}为 D 轴阻尼绕组轴线与定子绕组轴线重合时的互感，定子与交轴阻尼绕组间的互感为

$$\left.\begin{aligned}M_{AQ} &= -M_{sQ}\sin\theta \\ M_{BQ} &= -M_{sQ}\sin(\theta - 120°) \\ M_{CQ} &= -M_{sQ}\sin(\theta + 120°)\end{aligned}\right\} \tag{2-107}$$

式中，M_{sQ}为 Q 轴阻尼绕组轴线与定子绕组轴线重合时的互感。

4) 转子绕组自感

$$\left.\begin{aligned}L_f &= L_{f\sigma} + M_{fm} \\ L_D &= L_{D\sigma} + M_{Dm} \\ L_Q &= L_{Q\sigma} + M_{Qm}\end{aligned}\right\} \tag{2-108}$$

5) 转子绕组间互感

励磁绕组 f 与 D 轴阻尼绕组之间的互感为M_{Df}，它与转子位置无关，是常数，而且M_{fm}=M_{Dm}=M_{fD}=M_{Df}，i_f产生的经过气隙的主极磁通同时与定子、励磁绕组和直轴阻尼绕组交链，还有很小部分只与 D 绕组交链，常称互漏磁通，仅与 f 励磁绕组交链的称 f 的自漏磁通。它们与 Q 绕组都不交链，所以M_{fQ}=M_{DQ}=0。

2. 电压方程式

$$\left.\begin{aligned}u_A &= R_1 i_A + p\psi_A \\ u_B &= R_1 i_B + p\psi_B \\ u_C &= R_1 i_C + p\psi_C \\ u_f &= r_f i_f + p\psi_f \\ 0 &= r_D i_D + p\psi_D \\ 0 &= r_Q i_Q + p\psi_Q\end{aligned}\right\} \tag{2-109}$$

3. 电机的输入功率

$$P_i = u_A i_A + u_B i_B + u_C i_C \tag{2-110}$$

2.5.2 d, q, 0 坐标轴系统同步电动机的数学模型

转子在磁、电结构上的不对称，造成电机方程式是一组与转子瞬时位置有关的非线性微分方程式，只能采用与转子同步转速旋转的 d, q, 0 坐标轴系统的变换来消除微分方程中的这种非线性关系，故这里采用转子转速的 d, q, 0 坐标轴系统。

1. 磁链方程式

根据 A, B, C 与 d, q, 0 坐标轴系统间变换的关系，可以得到

$$\left.\begin{aligned}\psi_{\mathrm{d}} &= \frac{2}{3}[\psi_{\mathrm{A}}\cos\theta + \psi_{\mathrm{B}}\cos(\theta - 120^\circ) + \psi_{\mathrm{C}}\cos(\theta + 120^\circ)] \\ \psi_{\mathrm{d}} &= -\frac{2}{3}[\psi_{\mathrm{A}}\sin\theta + \psi_{\mathrm{B}}\sin(\theta - 120^\circ) + \psi_{\mathrm{C}}\sin(\theta + 120^\circ)] \\ \psi_0 &= \frac{1}{3}[\psi_{\mathrm{A}} + \psi_{\mathrm{B}} + \psi_{\mathrm{C}}]\end{aligned}\right\} \tag{2-111}$$

再采用 $I_{\mathrm{ABC}}=C_{\mathrm{dq0/3}}I_{\mathrm{dq0}}$ 的关系式和式(2-103)～式(2-108)电感的表达式，同时代入式(2-102)便可得到磁链 $\psi_{\mathrm{A}}, \psi_{\mathrm{B}}, \psi_{\mathrm{C}}$，电流 $i_{\mathrm{d}}, i_{\mathrm{q}}, i_0, i_{\mathrm{f}}, i_{\mathrm{D}}, i_{\mathrm{Q}}$ 和各电感量表达的关系式，然后将 $\psi_{\mathrm{A}}, \psi_{\mathrm{B}}, \psi_{\mathrm{C}}$ 代入式(2-111)，经整理简化后便得磁链方程式

$$\begin{bmatrix}\psi_{\mathrm{d}} \\ \psi_{\mathrm{q}} \\ \psi_0 \\ \psi_{\mathrm{f}} \\ \psi_{\mathrm{D}} \\ \psi_{\mathrm{Q}}\end{bmatrix} = \begin{bmatrix} L_{\mathrm{d}} & 0 & 0 & M_{\mathrm{sf}} & M_{\mathrm{sD}} & 0 \\ 0 & L_{\mathrm{q}} & 0 & 0 & 0 & M_{\mathrm{sQ}} \\ 0 & 0 & L_0 & 0 & 0 & 0 \\ \frac{3}{2}M_{\mathrm{sf}} & 0 & 0 & L_{\mathrm{f}} & M_{\mathrm{fD}} & 0 \\ \frac{3}{2}M_{\mathrm{sD}} & 0 & 0 & M_{\mathrm{fD}} & L_{\mathrm{D}} & 0 \\ 0 & \frac{3}{2}M_{\mathrm{sQ}} & 0 & 0 & 0 & L_{\mathrm{Q}}\end{bmatrix}\begin{bmatrix} i_{\mathrm{d}} \\ i_{\mathrm{q}} \\ i_0 \\ i_{\mathrm{f}} \\ i_{\mathrm{D}} \\ i_{\mathrm{Q}}\end{bmatrix} \tag{2-112}$$

式中，$L_{\mathrm{d}} = L_{1\sigma} + \frac{3}{2}(L_{\mathrm{sm}} + L_{2\mathrm{s}}) = L_{1\sigma} + L_{\mathrm{ad}}$；$L_{\mathrm{q}} = L_{1\sigma} + \frac{3}{2}(L_{\mathrm{sm}} - L_{2\mathrm{s}}) = L_{1\sigma} + L_{\mathrm{aq}}$；$L_{1\sigma}= L_{\mathrm{s}\sigma}- M_{\mathrm{s}\sigma}$，为定子等效漏电感；$L_0= L_{\mathrm{s}\sigma}- 2M_{\mathrm{s}\sigma}$。

经过变换，将定子三相绕组用 d 轴和 q 轴两个等效绕组代替(零序的量与转子量无关)，d 绕组始终与 d 轴一致，d 轴方向上磁导系数是常数，因此等效绕组 d 的自感系数 L_{d} 为常数，它与励磁绕组及 D 轴阻尼绕组之间的互感系数 M_{sf}、M_{sD} 也是常数，同理，q 轴的自感系数也为常数。

2. 电压方程式

用 d, q, 0 分量表示的电压方程为

$$\left.\begin{aligned}&\begin{cases} u_{\mathrm{d}} = R_1 i_{\mathrm{d}} + p\psi_{\mathrm{d}} - \psi_{\mathrm{q}} p\theta \\ u_{\mathrm{q}} = R_1 i_{\mathrm{q}} + p\psi_{\mathrm{q}} + \psi_{\mathrm{d}} p\theta \\ u_0 = R_1 i_0 + p\psi_0 \end{cases} \\ &\begin{cases} u_{\mathrm{f}} = R_{\mathrm{f}} i_{\mathrm{f}} + p\psi_{\mathrm{f}} \\ 0 = R_{\mathrm{D}} i_{\mathrm{D}} + p\psi_{\mathrm{D}} \\ 0 = R_{\mathrm{Q}} i_{\mathrm{Q}} + p\psi_{\mathrm{Q}} \end{cases}\end{aligned}\right\} \tag{2-113}$$

3. 电机的输入功率

用 d, q, 0 分量表示的电机输入功率 P_{i} 可写成

$$
\begin{aligned}
P_{\mathrm{i}} &= \frac{3}{2}(u_{\mathrm{d}}i_{\mathrm{d}} + u_{\mathrm{q}}i_{\mathrm{q}} + 2u_0 i_0) \\
&= \frac{3}{2}(i_{\mathrm{d}}p\psi_{\mathrm{d}} + i_{\mathrm{q}}p\psi_{\mathrm{q}} + 2i_0 p\psi_0) + \frac{3}{2}\omega_{\mathrm{R}}(i_{\mathrm{q}}\psi_{\mathrm{d}} - i_{\mathrm{d}}\psi_{\mathrm{q}}) + \frac{3}{2}R_1(i_{\mathrm{d}}^2 + i_{\mathrm{q}}^2 + 2i_0^2)
\end{aligned}
$$

显然，式中第一项为电流与磁链变化率的乘积，它代表磁场能量的增加率，第三项为电阻损耗，根据功率的平衡关系，可知第二项即为电磁功率，即

$$
P_{\mathrm{e}} = \frac{3}{2}\omega_{\mathrm{R}}(i_{\mathrm{q}}\psi_{\mathrm{d}} - i_{\mathrm{d}}\psi_{\mathrm{q}})
$$

式中，$\omega_{\mathrm{R}}=p\theta$，为同步电角速度(同步机 $\omega_{\mathrm{R}}=\omega_1$)。

4. 同步电动机的数学模型

同步电动机的 d, q 坐标轴系动态模型可按照感应电动机中同样的步骤导出，即将式(2-112)代入式(2-113)，消去作为变量的磁链项，便得到用下列电磁方程式描述的电机动态特性。

$$
\begin{bmatrix} u_{\mathrm{d}} \\ u_{\mathrm{q}} \\ u_0 \\ u_{\mathrm{f}} \\ 0 \\ 0 \end{bmatrix} = \begin{bmatrix} R_1 + pL_{\mathrm{d}} & -\omega L_{\mathrm{q}} & 0 & pM_{\mathrm{sf}} & pM_{\mathrm{sD}} & -\omega M_{\mathrm{sQ}} \\ \omega L_{\mathrm{d}} & R_1 + pL_{\mathrm{q}} & 0 & \omega M_{\mathrm{sf}} & \omega M_{\mathrm{sD}} & pM_{\mathrm{sQ}} \\ 0 & 0 & R_1 + pL_0 & 0 & 0 & 0 \\ p\frac{3}{2}M_{\mathrm{sf}} & 0 & 0 & R_{\mathrm{f}} + pL_{\mathrm{f}} & pM_{\mathrm{Df}} & 0 \\ p\frac{3}{2}M_{\mathrm{sD}} & 0 & 0 & pM_{\mathrm{fD}} & R_{\mathrm{D}} + pL_{\mathrm{D}} & 0 \\ 0 & p\frac{3}{2}M_{\mathrm{sQ}} & 0 & 0 & 0 & R_{\mathrm{Q}} + pL_{\mathrm{Q}} \end{bmatrix} \begin{bmatrix} i_{\mathrm{d}} \\ i_{\mathrm{q}} \\ i_0 \\ i_{\mathrm{f}} \\ i_{\mathrm{D}} \\ i_{\mathrm{Q}} \end{bmatrix} \tag{2-114}
$$

5. 电磁转矩

其电磁转矩为

$$
T_{\mathrm{e}} = \frac{P_{\mathrm{e}}}{\Omega_1} = \frac{3}{2}p_{\mathrm{n}}(\psi_{\mathrm{d}}i_{\mathrm{q}} - \psi_{\mathrm{q}}i_{\mathrm{d}}) \tag{2-115}
$$

式中，$\Omega_1 = \frac{\omega_{\mathrm{R}}}{p_{\mathrm{n}}}$，为同步电机转子的机械角速度；$p_{\mathrm{n}}$ 为电机极对数。

$$
\frac{J}{p_{\mathrm{n}}}\frac{\mathrm{d}\omega_{\mathrm{R}}}{\mathrm{d}t} = T_{\mathrm{e}} - T_{\mathrm{L}} \tag{2-116}
$$

还需指出的是，式(2-112)中定子 d, q 轴等效两相绕组对转子的互感系数为转子对定子的互感系数的 3/2 倍，这是因为这里的坐标变换是以保持综合矢量不变为原则进行的，两相电流和三相电流相同。定子对转子的作用是三相电流影响的总和，转子对定子的作用是两相电流影响的总和，这种互感系数的不可逆现象会给分析计算增加麻烦。为了运算方便，定、转子各量常数用标幺值表示，所谓标幺值即实际值与选择适当的基准值之比值。采用标幺值后，定、转子间的互感成为可逆。

2.5.3 同步电动机用标幺值表示的 d, q, 0 系统的数学模型

利用标幺值来分析计算，其数量级的概念比较清楚，部分公式可以简化，方便计算，为此要确定各物理量的基准值。其基准值常分两类：一类是惯用的，亦是统一的，将定子各量和转矩、角速度以及时间均以额定值作为基准；另一类为转子各量的基准值，可有不同的选择。

1. 定子量的基准值

定子各量和转矩、时间的基准值列于表 2.1。

表 2.1 定子量标准值

物理量	基值	物理量	基值
相电压	$u_b = \sqrt{2}U_N$	磁链	$\psi_b = \dfrac{u_b}{\omega_b}$
相电流	$i_b = \sqrt{2}I_N$	三相容量	$S_b = \dfrac{3}{2}u_b i_b$
阻抗	$Z_b = \dfrac{u_b}{i_b}$	角速度	$\Omega_b = \dfrac{\omega_b}{p_n}$
角频率	$\omega_b = 2\pi f_1$	转矩	$T_b = \dfrac{S_b}{\Omega_b}$
电感	$L_b = \dfrac{Z_b}{\omega_b}$	时间	$t_b = \dfrac{1}{\omega_b}$

2. 转子量的基准值

转子量的基准值有不同的选择值，还没有统一的惯例，但基本要求是一致的，尽量使标幺值系统中方程形式一致，使分析计算简便。为此应使定子与转子之间的互感成为可逆，同一轴线上与气隙磁通相对应的互感都相等。为了实现这些要求，转子量的基值如何确定？首先设定定、转子电压基值之比为 k_v，电流基值之比为 k_i，即

$$\frac{u_b}{u_{fb}} = k_{vf}, \quad \frac{u_b}{u_{Db}} = k_{vD}, \quad \frac{u_b}{u_{Qb}} = k_{vQ}$$

$$\frac{I_b}{I_{fb}} = k_{if}, \quad \frac{I_b}{I_{Db}} = k_{iD}, \quad \frac{I_b}{I_{Qb}} = k_{iQ}$$

则转子励磁绕组各量基准值为

$$u_{fb} = \frac{u_b}{k_{vf}}, \quad i_{fb} = \frac{i_b}{k_{if}}, \quad Z_{fb} = \frac{k_{if}}{k_{vf}}Z_b, \quad S_{fb} = u_{fb}i_{fb} = \frac{u_b i_b}{k_{vf}k_{if}}, \quad \omega_{fb} = \omega_b$$

$$L_{fb} = \frac{Z_{fb}}{\omega_{fb}} = \frac{u_{fb}}{i_{fb}\omega_{fb}} = \frac{u_b k_{if}}{k_{vf} i_b \omega_{fb}} = L_b \frac{k_{if}}{k_{vf}}$$

$$\psi_{fb} = \frac{u_{fb}}{\omega_{fb}} = \frac{u_b}{k_{vf}\omega_b} = \frac{\psi_b}{k_{vf}}$$

同理，还可得到 D 轴绕组和 Q 轴绕组的基准值。

3. 磁链方程式

将磁链方程式(2-112)中相应的量除以相应的基准值便得到由标幺值表示的磁链方程式

$$\begin{bmatrix}\psi_d^*\\\psi_q^*\\\psi_0^*\\\psi_f^*\\\psi_D^*\\\psi_Q^*\end{bmatrix}=\begin{bmatrix}L_d^* & 0 & 0 & M_{sf}^* & M_{sD}^* & 0\\0 & L_q^* & 0 & 0 & 0 & M_{sQ}^*\\0 & 0 & L_0^* & 0 & 0 & 0\\M_{fs}^* & 0 & 0 & L_f^* & M_{fD}^* & 0\\M_{Ds}^* & 0 & 0 & M_{Df}^* & L_D^* & 0\\0 & M_{Qs}^* & 0 & 0 & 0 & L_Q^*\end{bmatrix}\begin{bmatrix}i_d^*\\i_q^*\\i_0^*\\i_f^*\\i_D^*\\i_Q^*\end{bmatrix} \tag{2-117}$$

式中

$$\left.\begin{aligned}&L_d^*=\frac{L_d}{L_b},\quad M_{sf}^*=\frac{M_{sf}}{L_bk_{if}},\quad M_{sD}^*=\frac{M_{sD}}{L_bk_{iD}}\\&L_q^*=\frac{L_q}{L_b},\quad M_{sQ}^*=\frac{M_{sQ}}{L_bk_{iQ}},\quad L_0^*=\frac{L_0}{L_b}\\&M_{fs}^*=\frac{3}{2}k_{vf}\frac{M_{fs}}{L_b},\quad L_f^*=\frac{L_fk_{vf}}{L_bk_{if}},\quad M_{fD}^*=\frac{M_{fD}k_{vf}}{L_bk_{iD}}\\&M_{Ds}^*=\frac{3}{2}k_{vD}\frac{M_{Ds}}{L_b},\quad M_{Df}^*=\frac{M_{Df}k_{vD}}{L_bk_{if}},\quad L_D^*=\frac{L_Dk_{vD}}{L_bk_{iD}}\\&M_{Qs}^*=\frac{3}{2}k_{vQ}\frac{M_{Qs}}{L_b},\quad L_Q^*=\frac{L_Qk_{vQ}}{L_bk_{iQ}}\end{aligned}\right\} \tag{2-118}$$

为了使式(2-118)中系数矩阵对称，互感系数成为可逆，就应使

$$M_{sf}^*=M_{fs}^*\quad M_{sD}^*=M_{Ds}^*\quad M_{sQ}^*=M_{Qs}^*$$

为此，必须满足以下等式

$$\left.\begin{aligned}&k_{vf}k_{if}=k_{vD}k_{iD}=k_{vQ}k_{iQ}=\frac{2}{3}\\&\frac{3}{2}u_bi_b=u_{fb}i_{fb}=u_{Db}i_{Db}=u_{Qb}i_{Qb}\end{aligned}\right\} \tag{2-119}$$

由此可知，若要使用标幺值表示的定、转子间的互感能可逆，则必须使 D, Q, f 各电路的伏安基值等于定子三相的伏安基值。

这里虽然知道了伏安基值，但转子电流基值和转子电压基值尚未选定。通常为使同一轴线上与气隙磁通相对应的互感相等，选用“x_{ad}基值系统”。所谓 x_{ad} 基值系统，就是让励磁绕组流过基值电流 i_{fb} 时，所产生的气隙磁链与定子直轴绕组流过基值电流 i_b 时所产生的气隙磁链相等，即

$$M_{sf}i_{fb}=L_{ad}i_b \tag{2-120}$$

便得

$$k_{if}=\frac{i_b}{i_{fb}}=\frac{M_{sf}}{L_{ad}} \tag{2-121}$$

将式(2-121)代入式(2-118)得

$$M_{\text{sf}}^* = \frac{M_{\text{sf}}}{L_{\text{b}}} \cdot \frac{i_{\text{fb}}}{i_{\text{b}}} = \frac{M_{\text{sf}}}{L_{\text{b}}} \cdot \frac{L_{\text{ad}}}{M_{\text{sf}}} = L_{\text{ad}}^*$$

用类似的方法选定 D 轴、Q 轴阻尼绕组的电流基值，即

$$k_{\text{iD}} = \frac{i_{\text{Db}}}{i_{\text{b}}} = \frac{M_{\text{sD}}}{L_{\text{ad}}}, \quad k_{\text{iQ}} = \frac{i_{\text{Qb}}}{i_{\text{b}}} = \frac{M_{\text{sQ}}}{L_{\text{ad}}}$$

同理得到

$$M_{\text{sD}}^* = L_{\text{ad}}^*$$
$$M_{\text{sQ}}^* = L_{\text{aq}}^*$$

由此可知，采用“x_{ad}基值系统”不仅使互感系数可逆，还可使原来不等的一些互感系数相等，即

$$M_{\text{sf}}^* = M_{\text{fs}}^* = M_{\text{sD}}^* = M_{\text{Ds}}^* = L_{\text{ad}}^*$$
$$M_{\text{sQ}}^* = M_{\text{Qs}}^* = L_{\text{aq}}^*$$
$$M_{\text{fD}}^* = M_{\text{Df}}^* = \frac{2}{3}\frac{M_{\text{fD}}}{L_{\text{b}}}\frac{i_{\text{fb}}i_{\text{Db}}}{i_{\text{b}}^2}$$

考虑到“x_{ad} 基值系统”同样可导得 $M_{\text{fD}}^* = M_{\text{Df}}^* = L_{\text{ad}}^*$，又由于电感的标幺值就是额定频率时电抗标幺值 $X^* = \dfrac{\omega_{\text{b}} L(\text{或}M)}{Z_{\text{b}}} = \dfrac{L(\text{或}M)}{L_{\text{b}}} = L^*(\text{或}M^*)$，则式(2-112)磁链标幺值方程可写成

$$\begin{bmatrix} \psi_{\text{d}}^* \\ \psi_{\text{q}}^* \\ \psi_0^* \\ \psi_{\text{f}}^* \\ \psi_{\text{D}}^* \\ \psi_{\text{Q}}^* \end{bmatrix} = \begin{bmatrix} X_{\text{d}}^* & 0 & 0 & X_{\text{ad}}^* & X_{\text{ad}}^* & 0 \\ 0 & X_{\text{q}}^* & 0 & 0 & 0 & X_{\text{aq}}^* \\ 0 & 0 & X_0^* & 0 & 0 & 0 \\ X_{\text{ad}}^* & 0 & 0 & X_{\text{f}}^* & X_{\text{ad}}^* & 0 \\ X_{\text{ad}}^* & 0 & 0 & X_{\text{ad}}^* & X_{\text{D}}^* & 0 \\ 0 & X_{\text{aq}}^* & 0 & 0 & 0 & X_{\text{Q}}^* \end{bmatrix} \begin{bmatrix} i_{\text{d}}^* \\ i_{\text{q}}^* \\ i_0^* \\ i_{\text{f}}^* \\ i_{\text{D}}^* \\ i_{\text{Q}}^* \end{bmatrix} \tag{2-122}$$

4. 电压方程式和等效电路图

由于零序电压、电流和磁链与 d, q 轴各变量没有耦合关系，对它们可以单独处理，所以只需列出 d, q 轴有关变量方程式。同时为了书写方便，以下将各量标幺值符号“*”略去不写。由标幺值表示的 d, q 坐标轴系统同步电动机的电压和磁链方程如下：

$$\left.\begin{aligned} u_{\text{d}} &= Ri_{\text{d}} + p\psi_{\text{d}} - \psi_{\text{q}} p\theta \\ u_{\text{q}} &= Ri_{\text{q}} + p\psi_{\text{q}} + \psi_{\text{d}} p\theta \\ u_{\text{f}} &= R_{\text{f}} i_{\text{f}} + p\psi_{\text{f}} \\ 0 &= R_{\text{D}} i_{\text{D}} + p\psi_{\text{D}} \\ 0 &= R_{\text{Q}} i_{\text{Q}} + p\psi_{\text{Q}} \end{aligned}\right\} \tag{2-123}$$

式中

$$\psi_d = x_d i_d + x_{ad} i_f + x_{ad} i_D$$
$$\psi_q = x_q i_q + x_{aq} i_Q$$
$$\psi_f = x_f i_f + x_{ad} i_d + x_{ad} i_D$$
$$\psi_D = x_D i_D + x_{ad} i_d + x_{ad} i_f$$
$$\psi_Q = x_Q i_Q + x_{aq} i_q$$

根据以上关系可画出等效电路图，如图 2.17 所示。

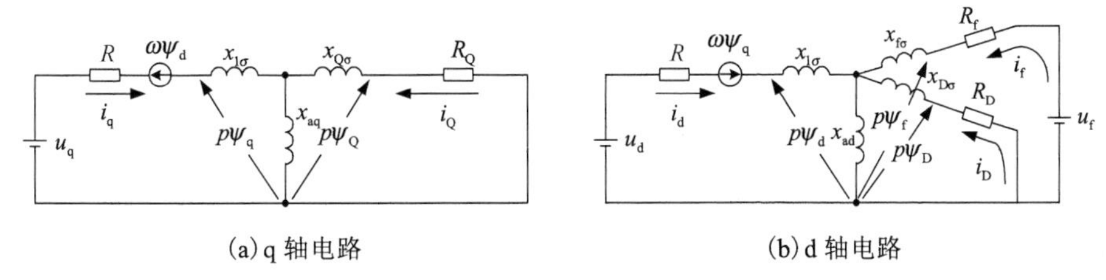

(a) q 轴电路　　(b) d 轴电路

图 2.17　同步电动机的 d, q 轴等效电路

(1) 电压方程的矩阵形式为

$$\begin{bmatrix} u_d \\ u_q \\ u_f \\ 0 \\ 0 \end{bmatrix} = \begin{bmatrix} (R + pX_d) & -\omega X_q & pX_{ad} & pX_{ad} & -\omega X_{aq} \\ \omega X_d & (R + pX_q) & \omega X_{ad} & \omega X_{ad} & pX_{aq} \\ pX_{ad} & 0 & (R_f + pX_f) & pX_{ad} & 0 \\ pX_{ad} & 0 & pX_{ad} & (R_D + pX_D) & 0 \\ 0 & pX_{aq} & 0 & 0 & (R_Q + pX_Q) \end{bmatrix} \begin{bmatrix} i_d \\ i_q \\ i_f \\ i_D \\ i_Q \end{bmatrix} \tag{2-124}$$

(2) 转矩的标幺值公式和转矩平衡方程式为

$$\left.\begin{aligned} T^* &= \psi_d^* i_q^* - \psi_q^* i_d^* \\ T^* - T_L^* &= J\frac{\mathrm{d}\Omega^*}{\mathrm{d}t} = J\frac{\mathrm{d}\omega_R^*}{p_n \mathrm{d}t} \end{aligned}\right\} \tag{2-125}$$

式中，Ω 为机械角速度；$\omega_R=p_n\Omega$，为电角速度。

2.5.4　永磁同步电动机的数学模型

永磁同步电动机的定子与普通电励磁式同步电动机完全相同，而且转子结构很简单。变频调速系统中使用的永磁同步电动机转子不设置阻尼绕组，只有永磁磁钢，磁极磁场是恒定不变的，磁极磁通为 Φ_f，可用等效励磁电流来代替，令 $\psi_f=M_{af}i_f$，根据电励磁式同步电动机数学模型可较方便地写出永磁同步电动机的数学模型。

(1) 磁链方程式和电压方程分别为

$$\begin{bmatrix} \psi_d \\ \psi_q \\ \psi_f \end{bmatrix} = \begin{bmatrix} L_d & 0 & M_{af} \\ 0 & L_q & 0 \\ 0 & 0 & M_{af} \end{bmatrix} \begin{bmatrix} i_d \\ i_q \\ i_f \end{bmatrix} \tag{2-126}$$

$$\begin{bmatrix} u_d \\ u_q \end{bmatrix} = \begin{bmatrix} (R_1 + pL_d) & -\omega L_q \\ \omega L_d & (R_1 + pL_q) \end{bmatrix} \begin{bmatrix} i_d \\ i_q \end{bmatrix} + \begin{bmatrix} 0 \\ \omega M_{af} i_f \end{bmatrix} \tag{2-127}$$

(2) 电磁转矩为

$$
\begin{aligned}
T_{\mathrm{e}} &= \frac{3}{2}p_{\mathrm{n}}(\psi_{\mathrm{d}}i_{\mathrm{q}} - \psi_{\mathrm{q}}i_{\mathrm{d}}) \\
&= \frac{3}{2}p_{\mathrm{n}}[(L_{\mathrm{d}}i_{\mathrm{d}} + M_{\mathrm{af}}i_{\mathrm{f}})i_{\mathrm{q}} - (L_{\mathrm{q}}i_{\mathrm{q}})i_{\mathrm{d}}] \\
&= \frac{3}{2}p_{\mathrm{n}}[(L_{\mathrm{d}} - L_{\mathrm{q}})i_{\mathrm{d}}i_{\mathrm{q}} + M_{\mathrm{af}}i_{\mathrm{f}}i_{\mathrm{q}}] \\
&= \frac{3}{2}p_{\mathrm{n}}[(L_{\mathrm{d}} - L_{\mathrm{q}})i_{\mathrm{d}}i_{\mathrm{q}} + \psi_{\mathrm{f}}i_{\mathrm{q}}]
\end{aligned}
\tag{2-128}
$$

思　考　题

2-1　试述感应电动机定子磁链 ψ_1 与定子电流和转子电流的关系。电机的哪些参数对定子磁链有较大的影响？

2-2　同步电动机的直轴磁链 ψ_{d1} 和交轴磁链 ψ_{q1} 都和哪些因素有关系？直流励磁绕组的磁链 ψ_{f} 包含了哪些内容？

2-3　感应电动机的电磁转矩有哪些表达形式？用什么方法可以使它具有解耦控制的优良品质？说明可能解耦控制的方法。

2-4　在转子磁链定向控制中，压频比是按什么规律变化的？

习　　题

2-1　已知感应电动机定子绕组的电流分别为

$$
i_{\mathrm{A}} = 100\cos\left(314t + \frac{\pi}{6}\right)
$$

$$
i_{\mathrm{B}} = 100\cos\left(314t - \frac{\pi}{2}\right)
$$

$$
i_{\mathrm{C}} = 100\cos\left(314t + \frac{5\pi}{6}\right)
$$

试用式 (2-9) 仿图 2.2 画出当 $314t = \frac{\pi}{18}$ 时综合矢量的长度和位置，并用投影法校核所得的结果。

2-2　无零序分量的三相不对称电流，可用下式表示

$$
i'_{\mathrm{A}} = I_{\mathrm{A}}\cos(\omega_1 t + \varepsilon_{\mathrm{A}})
$$

$$
i'_{\mathrm{B}} = I_{\mathrm{B}}\cos(\omega_1 t + \varepsilon_{\mathrm{B}})
$$

$$
i'_{\mathrm{C}} = I_{\mathrm{C}}\cos(\omega_1 t + \varepsilon_{\mathrm{C}})
$$

试利用 $i'_{\mathrm{A}} = \frac{1}{2}(\dot{I}_{\mathrm{A}}\mathrm{e}^{\mathrm{j}\omega_1 t} + \dot{I}^*_{\mathrm{A}}\mathrm{e}^{-\mathrm{j}\omega_1 t})$ 的关系证明

$$
\hat{I} = \dot{I}_{+}\mathrm{e}^{\mathrm{j}\omega_1 t} + \dot{I}^*_{-}\mathrm{e}^{-\mathrm{j}\omega_1 t} = \hat{I}_{+} + \hat{I}^*_{-}
$$

式中 $\dot{I}_{\mathrm{A}}=I_{\mathrm{A}}\mathrm{e}^{\mathrm{j}\varepsilon_{\mathrm{A}}}$， $\dot{I}_{+}=\frac{1}{3}(\dot{I}_{\mathrm{A}}+a\dot{I}_{\mathrm{B}}+a^{2}\dot{I}_{\mathrm{C}})=\dot{I}_{\mathrm{A}+}$， $\dot{I}_{-}=\frac{1}{3}(\dot{I}_{\mathrm{A}}+a\dot{I}_{\mathrm{B}}+a^{2}\dot{I}_{\mathrm{C}})=\dot{I}_{\mathrm{A}-}$，并说明综合矢量和对称分量的关系。

2-3　试由式(2-76)导出 d, q, 0 坐标轴系表示的电磁转矩 T_{e} 的表达式。

2-4　试导出用 α, β, 0 坐标轴系表示的感应电动机的数学模型。

2-5　如果取 q 轴正方向为滞后 d 轴 90°电角，其他正方向规定不变，试导出感应电动机 d, q, 0 坐标轴系表示的数学模型。

2-6　一台三相 50Hz、12.1kV、20MV·A 4 极同步发电机，具有以下电感和电阻，试逐一求其“x_{ad} 基值系统”的标幺值。

$$L_0=0.00214\mathrm{H},\quad L_{\mathrm{ad}}=0.02145\mathrm{H},\quad L_{\mathrm{aq}}=0.0191\mathrm{H}$$
$$M_{\mathrm{sf}}=0.045\mathrm{H},\quad L_{\mathrm{f}}=0.1538\mathrm{H},\quad L_{\mathrm{D}}=0.0226\mathrm{H},\quad L_{\mathrm{Q}}=0.00446\mathrm{H}$$
$$M_{\mathrm{sD}}=0.017\mathrm{H},\quad M_{\mathrm{fD}}=0.054\mathrm{H},\quad M_{\mathrm{rQ}}=0.007\mathrm{H},\quad R=0.0147\Omega$$
$$R_{\mathrm{f}}=0.0208\Omega,\quad R_{\mathrm{D}}=0.0315\Omega,\quad R_{\mathrm{Q}}=0.0611\Omega$$

第 3 章　静止式变频器和 PWM 控制技术

3.1　静止式变频器的主要类型

如前所述，对于感应电动机的变压变频调速，必须具备能够同时控制电压幅值和频率的交流电源，而电网提供的是恒压恒频的工频电源，因此应该配置变压变频器，它也称为变压变频(Variable Voltage Variable Frequency，VVVF)装置(下面简称“变频器”)。早期的 VVVF 装置是旋转变频机组，即由直流发电机组供电给直流电动机拖动交流同步发电机构成的机组，调节直流电动机的转速就能控制交流发电机输出的电压和频率。自从电力电子器件获得广泛应用以后，旋转变频机组已经让位给静止式变频器，并形成了一系列通用型或有专用技术性能的静止式 VVVF 装置。

3.1.1　交-直-交和交-交变频器

从整体结构上看，静止式电力电子变频器可分为交-直-交和交-交两大类。

1)交-直-交变频器

交-直-交变频器先将工频交流电源通过整流器变换成直流电，再通过逆变器变换成可控频率和电压的交流电，如图 3.1 所示。由于这类变频器在恒频交流电源和变频交流输出之间有一个“中间直流环节”，所以又称为间接式变频器。

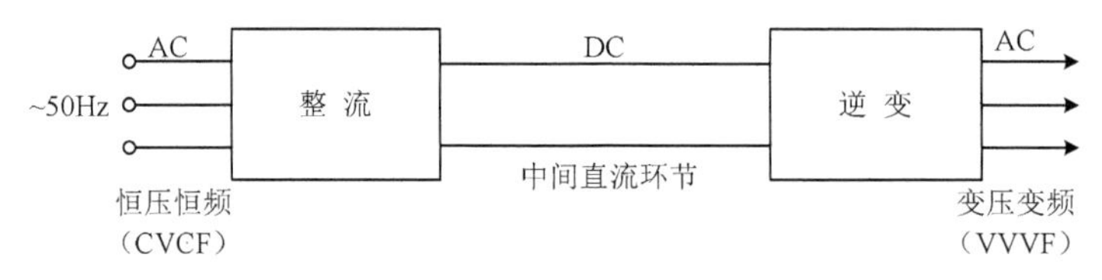

图 3.1　交-直-交(间接式)变频器

如图 3.2 所示，整流环节可采用二极管整流、晶闸管整流、PFC 电路、PWM 整流电路，有些大功率场合也采用多脉波整流电路。

PWM 变频器常用的全控型电力电子开关器件有：MOSFET(小功率)、IGBT(绝缘栅双极型晶体管，中、小功率)、GTO 晶闸管(中功率)和替代 GTO 晶闸管的电压控制器件，如 IGCT(集成门极换相晶闸管)、IEGT(注入增强栅晶体管)以及高压 IGBT 等。受到开关器件电压和电流定额的限制，对于特大功率电动机的变频调速目前还必须用半控型晶闸管，即用可控整流器调压和六拍逆变器调频的交-直-交变频器。

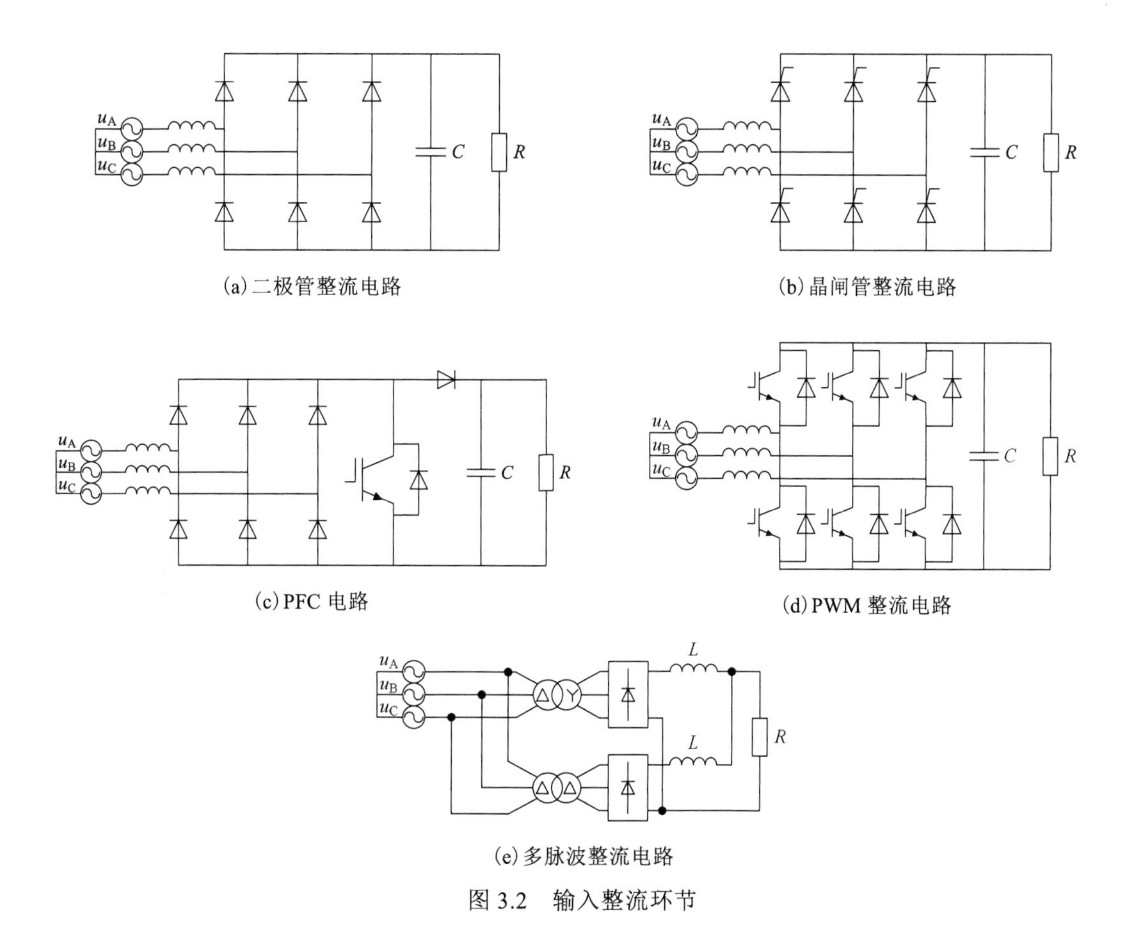

(a)二极管整流电路

(b)晶闸管整流电路

(c)PFC 电路

(d)PWM 整流电路

(e)多脉波整流电路

图 3.2 输入整流环节

2)交-交变频器

交-交变频器的结构如图 3.3 所示。它只有一个变换环节，把恒压恒频(CVCF)的交流电源直接变换成 VVVF 输出，因此又称为直接式变频器。有时为了突出其变频作用，也称为周波变流器(cycloconverter)。

常用的交-交变频器每相都是一个由正、反向两组晶闸管可控整流装置反并联的可逆电路，也就是说，每一相都相当于一套直流可逆调速系统的反并联可逆电路(见图 3.4(a))。正、反向两组按一定周期相互切换，在负载上就获得交变的输出电压 u_0。u_0 的幅值取决于各组可控整流装置的触发延迟角 α，u_0 的频率取决于正、反向两组整流装置的切换频率。如果触发延迟角 α 一直不变，则输出平均电压是方波，如图 3.4(b)所示。要获得正弦波输出，就必须在每一组整流装置导通期间不断改变其触发延迟角，例如，在正向组导通的半个周期中，使触发延迟角 α 由 $\pi/2$(对应于平均电压 $u_0=0$)逐渐减小到零(对应于 u_0 最大)，然后再逐渐增加到 $\pi/2$(u_0 再变为 0)，如图 3.5 所示。当 α 角按正弦规律变化时，半周中的平均输出电压即为图中虚线所示的正弦波。对反向组负半周的控制也是如此。

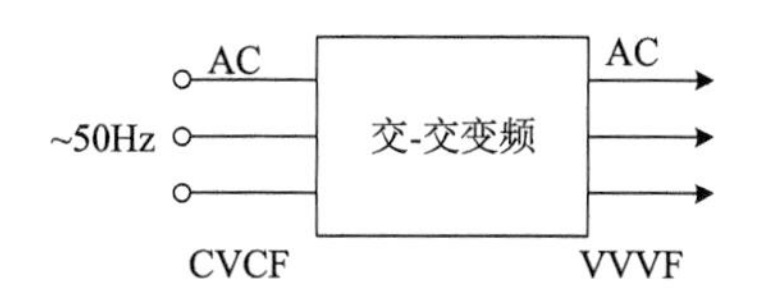

图 3.3 交-交(直接式)变频器

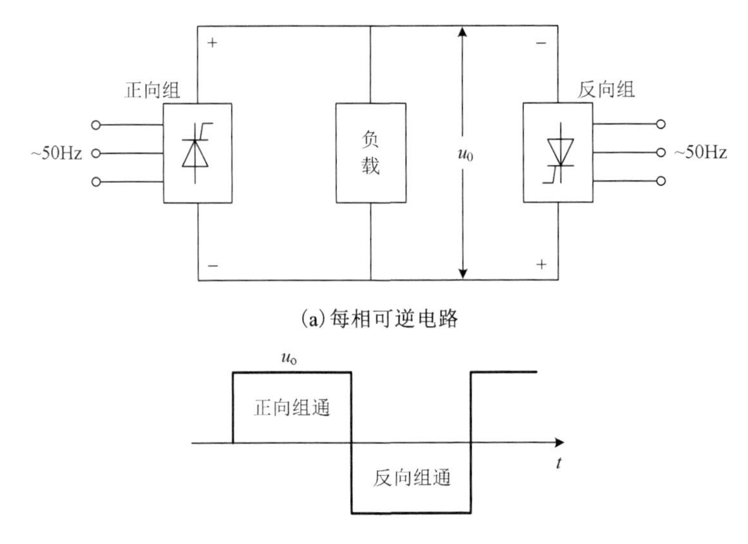

(a)每相可逆电路

(b)方波平均输出电压波形

图 3.4　交-交变频器每一相的可逆电路及方波输出电压波形

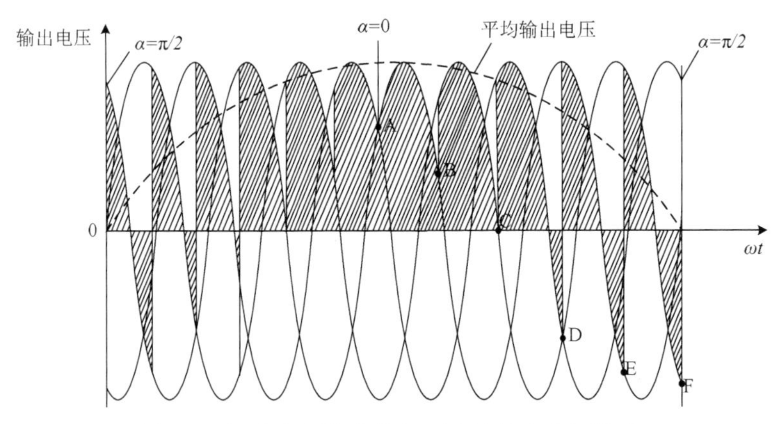

图 3.5　交-交变频器的单相正弦波输出电压波形

如果每组可控整流装置都采用桥式电路，含 6 个晶闸管(当每一桥臂都是单管时)，则三相可逆电路共需 36 个晶闸管，即使采用零式电路也需 18 个晶闸管。因此，这样的交-交变频器虽然在结构上只有一个变换环节，看似简单，但所用的电力电子器件数量却很多，总体设备相当庞大。不过这些设备都是直流调速系统中常用的可逆整流装置，在技术上和制造工艺上都很成熟，目前国内主要电气传动企业已有可靠的产品。

这类交-交变频器的其他缺点是：输入功率因数较低，谐波电流含量大，频谱复杂，因此需配置滤波和无功补偿设备。其最高输出频率不超过电网频率的 1/3～1/2，一般主要用于轧机主传动、球磨机、水泥回转窑等大功率、低转速的调速系统。由这类变频器给低速电动机供电直接传动时，可以省去庞大的齿轮减速箱。

近年来又出现了一种采用全控型开关器件的矩阵式交-交变频器，图 3.6 是三相-三相矩阵式变频器的一个实例。

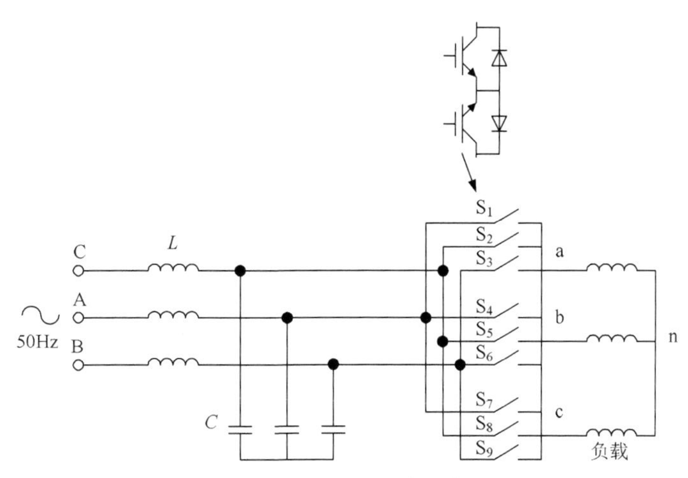

图 3.6　三相-三相矩阵式变频器

图中的这些开关(S_1–S_9)经 PWM 控制产生输出基波电压，并可以通过改变基波电压的幅值和频率来控制一台交流电动机。

图 3.7(a)给出了输入线电压波形，图 3.7(b)为虚拟二极管整流桥的输出波形。a 相、b 相可以分别接不同的输入相，或直接短接来构造 U_{ab} 的波形。例如，如果开关 S_3 和 S_5 闭合，则输出线电压 U_{ab} 即为输入线电压 U_{BC}；如果开关 S_3 和 S_6 闭合，则 U_{ab} 将被短接。U_{bc} 和 U_{ca} 同理，在任一瞬间，每组(一共三个开关)上有一个开关闭合，所以共有 3^3=27 种可能的开关状态。注意，相邻的线路开关不能同时闭合，以免线路短路。

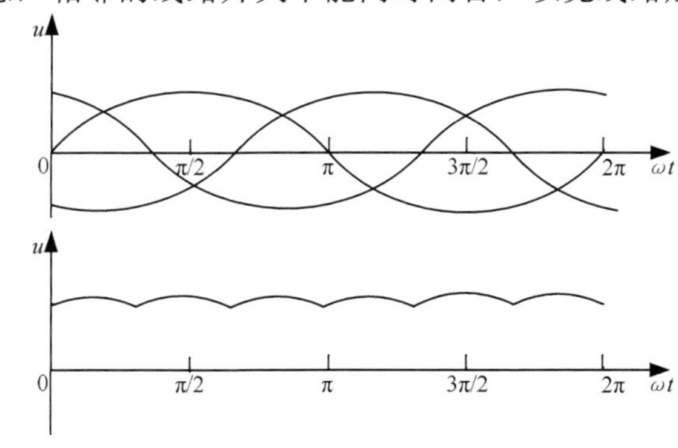

(a)输入线电压波形

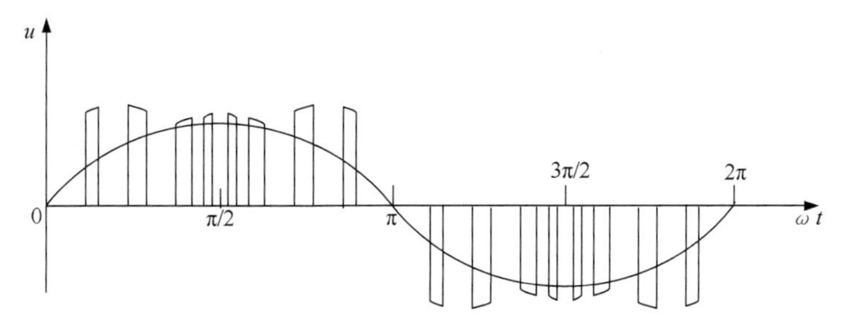

(b)虚拟二极管整流桥的输出波形

图 3.7　输入线电压波形和虚拟二极管整流桥的输出波形

27 种可能的开关状态：S_1S_4，S_1S_5，S_1S_6，S_1S_7，S_1S_8，S_1S_9，S_2S_4，S_2S_5，S_2S_6，S_2S_7，S_2S_8，S_2S_9，S_3S_4，S_3S_5，S_3S_6，S_3S_7，S_3S_8，S_3S_9，S_4S_7，S_4S_8，S_4S_9，S_5S_7，S_5S_8，S_5S_9，S_6S_7，S_6S_8，S_6S_9。

线路中 LC 滤波器是必需的，一是为了交流开关的换相，使感性负载电流可以在各相之间切换；二是为了滤除线路电流的谐波。

矩阵式变频器输出电压和输入电流的低次谐波都较小，输入功率因数可调，输出频率不受限制，能量可双向流动，以获得四象限运行，但当输出电压必须接近正弦波时，最大输出输入电压比一般只有 0.866(现在已有电压比更高的研究成果)。目前有些公司已有矩阵式变频器产品。

3.1.2　电压源型和电流源型逆变器

在交-直-交变频器中，按照中间直流环节直流电源性质的不同，逆变器可以分成电压源型和电流源型两类，两种类型的实际区别在于直流环节采用什么样的滤波器。图 3.8 给出了电压源型和电流源型逆变器的示意图。

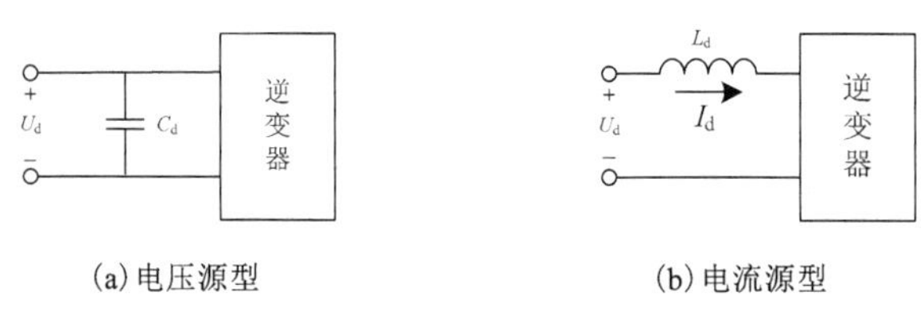

(a) 电压源型　　　　(b) 电流源型

图 3.8　电压源型和电流源型逆变器的示意图

在图 3.8(a)中，直流环节采用大电容滤波，因而输入逆变器的直流电压波形比较平直，在理想情况下，可看作是一个内阻为零的恒压源，输出交流电压是矩形波或阶梯波，称为电压源型逆变器(Voltage Source Inverter，VSI)，或简称为电压型逆变器。

在图 3.8(b)中，直流环节采用大电感滤波，使输入逆变器的直流电流波形比较平直，相当于一个恒流源，输出交流电流是矩形波或阶梯波，称为电流源型逆变器(Current Source Inverter，CSI)，或简称为电流型逆变器。

两类逆变器的主电路虽然只是滤波环节不同，在性能上却带来了明显的差异，主要表现如下。

1) 无功能量的缓冲

在调速系统中，逆变器的负载是感应电动机，属感性负载。在中间直流环节与负载电动机之间，除了有功功率的传送外，还存在无功功率的交换。滤波器除起滤波作用外，还起着对无功功率的缓冲作用，使它不致影响到交流电网。因此也可以说，两类逆变器的区别还表现在采用什么储能元件(电容器或电感器)来缓冲无功功率。

2) 能量的回馈

用电流源型逆变器给感应电动机供电的电流源型变频调速系统有一个显著的特征，就是容易实现能量的回馈，从而便于四象限运行，适用于需要回馈制动和经常正、反转的生产机械。下面以由晶闸管可控整流器 UCR 和电流源型串联二极管式晶闸管逆变器

CSI 构成的交-直-交变频调速系统(见图 3.9)为例，说明系统的电动运行和回馈制动两种状态。当电动运行时，UCR 的触发延迟角 $\alpha<90°$ ，工作在整流状态，直流回路电压 U_d 的极性为上正下负，电流 I_d 由正端流入逆变器 CSI，CSI 工作在逆变状态，输出电压的角频率 $\omega_1>\omega$，电动机以角速度 ω 运行，电功率 P 的传送方向如图 3.9(a)所示。如果降低变频器的输出角频率 ω_1，或从机械上抬高电动机角速度 ω，使 $\omega_1<\omega$，同时使 UCR 的触发延迟角 $\alpha>90°$ ，则感应电机转入发电状态，逆变器转入整流状态，而可控整流器转入有源逆变状态。此时直流电压 U_d 立即反向，而电流 I_d 方向不变，电能由电动机回馈给交流电网(见图 3.9(b))。

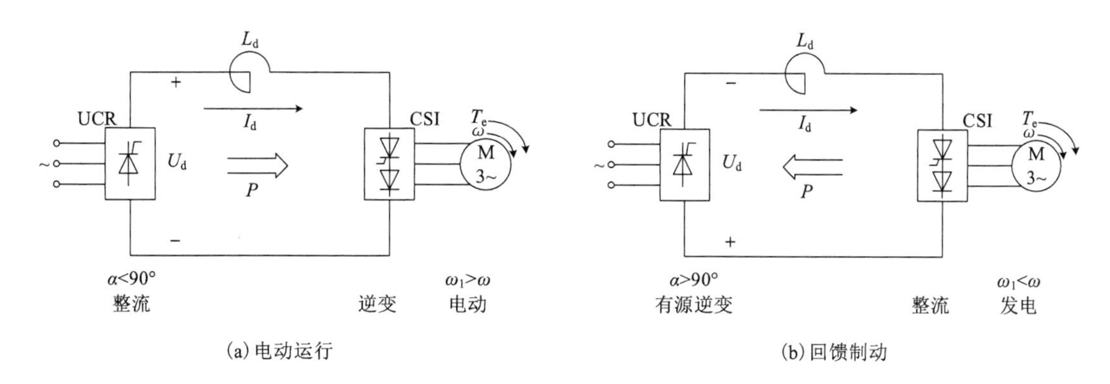

图 3.9　电流源型交-直-交变频调速系统的两种运行状态

UCR−可控整流器；CSI−电流源型逆变器

与此相反，采用电压源型逆变器的交-直-交变频调速系统要实现回馈制动和四象限运行却很困难，因为其中间直流环节有大电容钳制着电压的极性，不可能迅速反向，而电流受到器件单向导电性的制约也不能反向，所以在原装置上无法实现回馈制动。必须制动时，只有在直流环节中并联电阻实现能耗制动，或者与 UCR 反并联一组反向的可控整流器，用于通过反向的制动电流而保持电压极性不变，实现回馈制动。但这样做，设备要复杂得多。

3) 动态响应

由于交-直-交电流源型变频调速系统的直流电压极性可以迅速改变，所以动态响应比较快，而电压源型的系统则要差一些。

4) 应用场合

电压源型逆变器属恒压源，电压控制响应慢，不易波动，适用于作为多台电动机同步运行时的供电电源，或单台电动机调速但不要求快速起制动和快速减速的场合。采用电流源型逆变器的系统则相反，不适用于多电动机传动，但可以满足快速起制动和可逆运行的要求。

3.1.3　180°导通型和 120°导通型逆变器

交-直-交变频器中的逆变器一般接成三相桥式电路，以便输出三相交流变频电压，图 3.10 给出了由 6 个电力电子开关器件 VT_1～VT_6 组成的三相逆变器主电路，图中用开

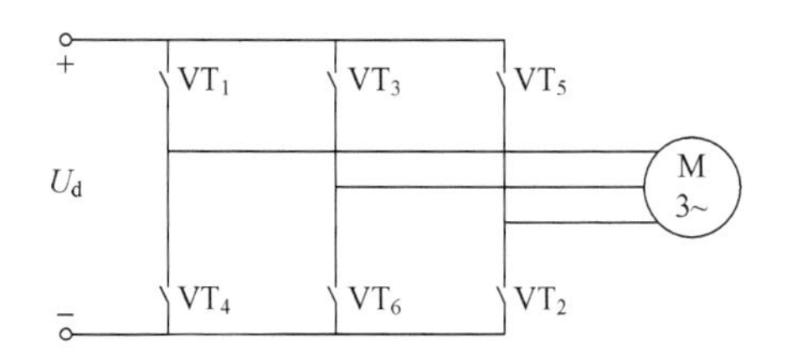

图 3.10 三相桥式逆变器主电路

关符号代表任何一种电力电子开关器件。控制各开关器件按一定规律轮流导通和关断，可使输出端得到三相交流电压。在三相桥式逆变器中，有 180° 导通型和 120° 导通型两种换相方式。

同一桥臂的上、下两个开关器件各导通 180° 的逆变器称为 180° 导通型逆变器，除换相期间外，每一时刻总有三个开关器件同时导通。但需注意，必须防止同一桥臂的上、下两个开关器件同时导通，否则将造成直流电源短路(通常称为“直通”)。为此，在换相时，必须采取“先断后通”的原则，即先给应该关断的开关器件发出关断信号，待其关断后留有一定的时间裕量(称为“死区时间”)，再给应该导通的开关器件发出开通信号。死区时间的长短视开关器件的开关速度而定，对于开关速度较快的开关器件，所留的死区时间可以短一些。为了安全起见，设置死区时间是非常必要的，但它会造成输出电压波形的畸变，这一实际问题详见 7.2 节。

120° 导通型逆变器的工作特点是除了任何时刻逆变器每相上、下桥臂仅允许一个开关器件导通外，换相是在同一排不同桥臂的左、右两管之间进行的。例如，VT_1 关断后使 VT_3 导通，VT_3 关断后使 VT_5 导通，VT_4 关断后使 VT_6 导通等。这时，在一个周期内每个开关器件一次连续导通 120°，逆变器在同一时刻只有两个器件导通，如果负载电动机是星形连接，则只有两相导电，另一相悬空。

下面以常用的 180° 导通型逆变器为例，讨论逆变器的工作状况和输出电压波形。这时，在图 3.10 所示的主电路中，六个可控器件应按照以下规律轮流导通：①在逆变器输出电压的一个周期中，每个器件都应导通一次，在每隔 60° 电角度所对应的时刻，必有一个器件被触发导通，导通的顺序为 $VT_1, VT_2, \cdots, VT_6$；②为了使输出的三相电压平衡，在任一时刻每个桥臂都有一个器件处于导通状态；③每个桥臂的上、下两个器件互补工作，每个器件导通 180°。按照上述规律，各器件在输出电压一个周期中的导通情况见表 3.1。

表 3.1 180°导通型逆变器开关器件的导通规律

时间段	相应时间段内被导通的器件					
$0\sim\pi/3$	VT_1				VT_5	VT_6
$\pi/3\sim2\pi/3$	VT_1	VT_2				VT_6
$2\pi/3\sim\pi$	VT_1	VT_2	VT_3			
$\pi\sim4\pi/3$		VT_2	VT_3	VT_4		
$4\pi/3\sim5\pi/3$			VT_3	VT_4	VT_5	
$5\pi/3\sim2\pi$				VT_4	VT_5	VT_6

需要指出的是，由于逆变器的输入为直流电压，器件 $VT_1\sim VT_6$ 无法采用相位控制，而应根据逆变器输出频率的要求按时间规律进行控制，触发脉冲的频率是逆变器输出频率的六的整数倍。在讨论逆变器的工作原理时，为了方便起见，以三相星形连接的对称

电阻作为负载(见图 3.11)，据此分析逆变器的输出电压波形。由于在输出电压的一个周期内每隔 π/3 时间便有一个器件关断，而另一个器件导通，各个 π/3 时间段内，导通的器件都不相同，所以必须按各时间段分别讨论。

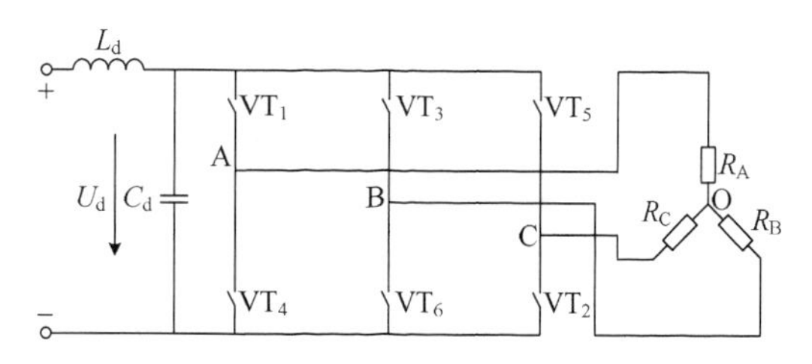

图 3.11 逆变器与三相电阻负载连接的电路

根据表 3.1，在 0～π/3 的时间段内，器件 VT_5、VT_6、VT_1 导通。由直流电压 U_d 经逆变器开关器件到负载的电路可画成图 3.12 所示。这是一个 A、C 两相负载并联后再与 B 相负载串联的电路，电流由直流电压“+”端经器件 VT_1 与 VT_5 分别流向负载 R_A 与 R_C，再经中性点 O、负载 R_B、器件 VT_6 流到电源的“−”端。由于 $R_A=R_B=R_C$，根据欧姆定律可知，在 R_A 与 R_C 上的压降相等，在 R_B 上的压降则比它们大一倍。若规定从逆变器输出端 A、B、C 三点流向负载的电流为正，反之为负，则在 0～π/3 时间段内每相负载上的相电压为

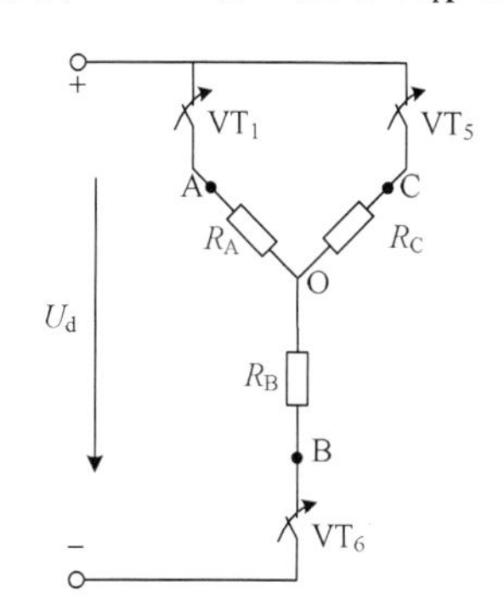

图3.12 在0～π/3时间段内逆变器与负载连接的电路

$$U_{AO}=+\frac{1}{3}U_d$$

$$U_{BO}=-\frac{2}{3}U_d$$

$$U_{CO}=+\frac{1}{3}U_d$$

式中，U_d 为逆变器输入端直流电压。

同理，可求出表 3.1 中其他各时间段内逆变器输出的各相电压值，见表 3.2。

表 3.2 逆变器一个周期中各时间段的输出相电压(星形连接电阻负载)

时间段 / 电压	0～π/3	π/3～2π/3	2π/3～π	π～4π/3	4π/3～5π/3	5π/3～2π
u_{AO}	$+\frac{1}{3}U_d$	$+\frac{2}{3}U_d$	$+\frac{1}{3}U_d$	$-\frac{1}{3}U_d$	$-\frac{2}{3}U_d$	$-\frac{1}{3}U_d$
u_{BO}	$-\frac{2}{3}U_d$	$-\frac{1}{3}U_d$	$+\frac{1}{3}U_d$	$+\frac{2}{3}U_d$	$+\frac{1}{3}U_d$	$-\frac{1}{3}U_d$
u_{CO}	$+\frac{1}{3}U_d$	$-\frac{1}{3}U_d$	$-\frac{2}{3}U_d$	$-\frac{1}{3}U_d$	$+\frac{1}{3}U_d$	$+\frac{2}{3}U_d$

逆变器输出的线电压为

$$\left.\begin{aligned}u_{AB}&=u_{AO}-u_{BO}\\u_{BC}&=u_{BO}-u_{CO}\\u_{CA}&=u_{CO}-u_{AO}\end{aligned}\right\}\qquad(3\text{-}1)$$

将表 3.2 列出的各相电压值代入式(3-1)进行计算，可求得逆变器一个周期中各时间段内输出的线电压，见表 3.3。

表 3.3 逆变器一个周期中各时间段的输出线电压(星形连接电阻负载)

电压 \ 时间段	0～π/3	π/3～2π/3	2π/3～π	π～4π/3	4π/3～5π/3	5π/3～2π
u_{AB}	U_d	U_d	0	$-U_d$	$-U_d$	0
u_{BC}	$-U_d$	0	U_d	U_d	0	$-U_d$
u_{CA}	0	$-U_d$	$-U_d$	0	U_d	U_d

从表 3.2 与表 3.3 还可以分析其输出相电压与线电压间的关系。

相电压有效值为

$$U_{AO}=\sqrt{\frac{1}{T}\int_0^T u_{AO}^2\mathrm{d}t}=\sqrt{4\times\frac{1}{2\pi}\int_0^{\frac{\pi}{3}}\left(\frac{1}{3}U_d\right)^2\mathrm{d}t+2\times\frac{1}{2\pi}\int_0^{\frac{\pi}{3}}\left(\frac{2}{3}U_d\right)^2\mathrm{d}t}=0.417U_d$$

线电压有效值为

$$U_{AB}=\sqrt{\frac{1}{T}\int_0^T u_{AB}^2\mathrm{d}t}=\sqrt{2\times\frac{1}{2\pi}\int_0^{\frac{2}{3}\pi}U_d^2\mathrm{d}t}=0.816U_d$$

因此

$$\frac{U_{AB}}{U_{AO}}=\frac{0.816U_d}{0.471U_d}=\sqrt{3}$$

$$U_{AB}=\sqrt{3}U_{AO} \tag{3-2}$$

由以上分析可知：①180° 导通型逆变器的输出相电压在一个周期内呈阶梯状变化(见图 3.13(a))，共有六个阶梯，正、负半波对称，故称为六阶梯波逆变器；②每隔 π/3 时间就有一次器件通断的变化，谓之“一拍”，一个周期有六拍工作，故也称六拍逆变器；③逆变器的输出是交变电压，按 A、B、C 相序依次差 2π/3，且输出线电压有效值与相电压有效值之比为$\sqrt{3}$，与常用的三相交流电压性质相同；④逆变器输出线电压是正负半波对称的矩形波，不是工程上所需要的正弦波交变电压，含有大量谐波，因此必须进行改造。

120° 导通型逆变器输出电压波形的分析方法与此类似，读者可以自行分析。

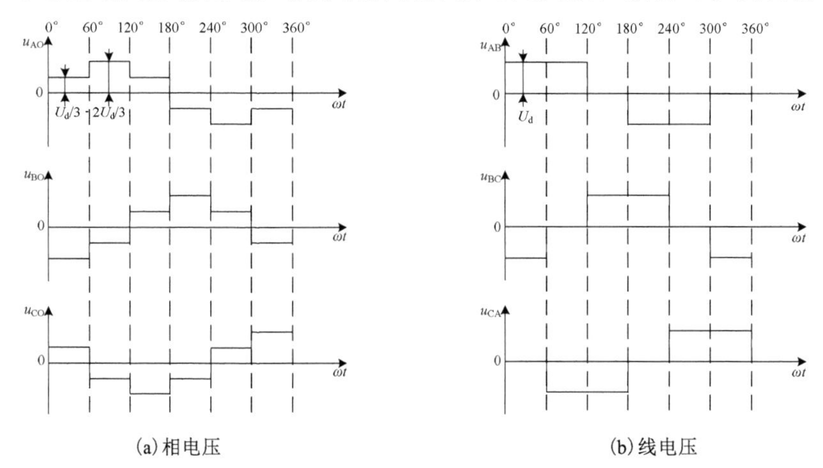

(a) 相电压　　(b) 线电压

图 3.13 180° 导通型交-直-交变频器的输出电压波形

3.2　六拍交-直-交变频器输出电压的谐波分析

3.2.1　谐波分析

常规的六拍变频器输出电压中含有谐波，这里对其输出波形中的谐波分量给出定量分析。

在交-直-交变频器中，输出电压波形都是正、负半波对称的非正弦波(矩形波或阶梯波)。如果逆变器是 180° 导通型的，则每个开关器件在一个周期中的导通时间是 π 电角度；如果是 120° 导通型的，则导通时间是 2π/3 电角度。对于一般性的分析，可取导通角 θ 为 2π/3～π 的某一值，相应的输出相电压半波波形 $U_{AO}=f(\omega t)$，如图 3.14(a)所示，其中，α 为与半周期内开关器件关断时间所对应的电角度。为了分析方便起见，将图中的纵坐标轴右移 $\alpha/2$ 电角度，以使半个周期的输出波形在新的坐标轴上呈 1/4 周期对称，如图 3.14(b)所示，此时 $\alpha/2=\pi/2-\theta/2$。对此波形的函数表达式作傅里叶分解，可求出其谐波分量。

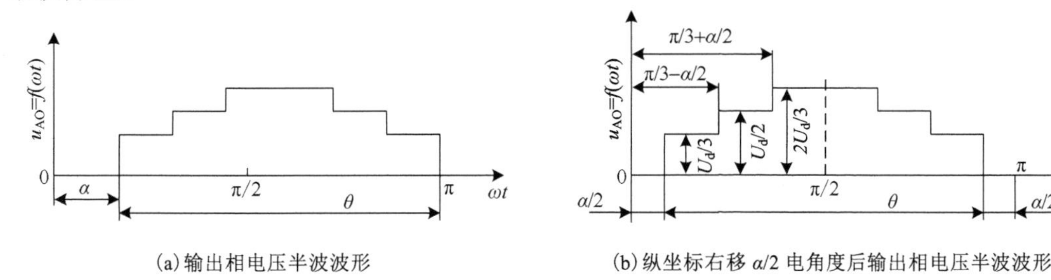

(a) 输出相电压半波波形　　(b) 纵坐标右移 $\alpha/2$ 电角度后输出相电压半波波形

图 3.14　交-直-交变频器的一般输出波形

对于一般波形，傅里叶级数表达式为

$$f(\omega t)=\sum_{k=1}^{\infty}\left[a_k\sin k\omega_1 t+b_k\cos k\omega_1 t\right] \tag{3-3}$$

式中，ω_1 为变频器输出的基波角频率；k 为变频器输出的基波(k=1)及谐波(k=2, 3, 4, 5, …)次数。

考虑到图 3.14(b)所示的波形呈 1/4 周期对称，可令式(3-3)中的系数 $b_k=0$，则

$$f(\omega t)=\sum_{k=1}^{\infty}a_k\sin k\omega_1 t$$

式中

$$a_k=\frac{4}{\pi}\int_0^{\frac{\pi}{2}}f(\omega t)\sin k\omega_1 t\mathrm{d}(\omega_1 t) \tag{3-4}$$

按图 3.14(b)，将式(3-4)积分展开，得

$$a_k = \frac{4U_{\rm d}}{3k\pi}\cos\frac{k\alpha}{2}\left(1+\cos\frac{k\pi}{3}\right) \quad (0\leqslant\alpha\leqslant\pi/3) \tag{3-5}$$

由于所讨论的波形在一周期中正、负半波对称，肯定不存在偶次谐波，故可令 $k=2m-1$ ($m=1, 2, 3, \cdots$)，并把式(3-5)所示的 α_k 代入式(3-3)的 $f(\omega t)$ 表达式中，得

$$u_{\rm AO}(\omega t) = \sum_{m=1}^{\infty}\frac{4U_{\rm d}}{3(2m-1)\pi}\cos\frac{(2m-1)\alpha}{2}\left[1+\cos\frac{(2m-1)}{3}\pi\right]\sin(2m-1)\omega_1 t \tag{3-6}$$

分析式(3-6)可知，当 $2m-1=3, 9, 15, \cdots$ (3 的奇数倍次数)时，式中方括号内的值等于零。这说明在变频器的输出波形中，除偶次谐波外，3 的倍数次谐波也均为零，即除基波外，只存在 5、7、11、13 等 $6m\pm1$ 次的谐波。

分析了变频器输出波形中所存在谐波次数后，可以利用式(3-6)求出上述各次谐波的含量。以常见的 180° 电角度导通型($\alpha=0$)为例，它属于电压源型变频器，其输出相电压波形为六阶梯波，将 $\alpha=0$ 代入式(3-5)可得相应的傅里叶系数 α_k 为

$$a_k = \frac{4U_{\rm d}}{3k\pi}\left(1+\cos\frac{k\pi}{3}\right)$$

则

$$u_{\rm AO}(\omega t) = \frac{2U_{\rm d}}{\pi}\left(\sin\omega_1 t + \frac{1}{5}\sin 5\omega_1 t + \frac{1}{7}\sin 7\omega_1 t + \frac{1}{11}\sin 11\omega_1 t + \cdots\right) \tag{3-7}$$

对于 120° 电角度导通型的电流源型逆变器，$\alpha=\pi/3$，其输出相电流波形为矩形波。傅里叶级数表达式用 $i(\omega t)$ 表示，将 $\alpha=\pi/3$ 代入式(3-5)，可求得傅里叶系数为

$$a_k = \frac{4I_{\rm d}}{3k\pi}\cos\frac{k\pi}{6}\left(1+\cos\frac{k\pi}{6}\right)$$

则输出相电流表达式为

$$i_{\rm a}(\omega t) = \frac{\sqrt{3}I_{\rm d}}{\pi}\left(\sin\omega_1 t - \frac{1}{5}\sin 5\omega_1 t - \frac{1}{7}\sin 7\omega_1 t + \frac{1}{11}\sin 11\omega_1 t + \cdots\right) \tag{3-8}$$

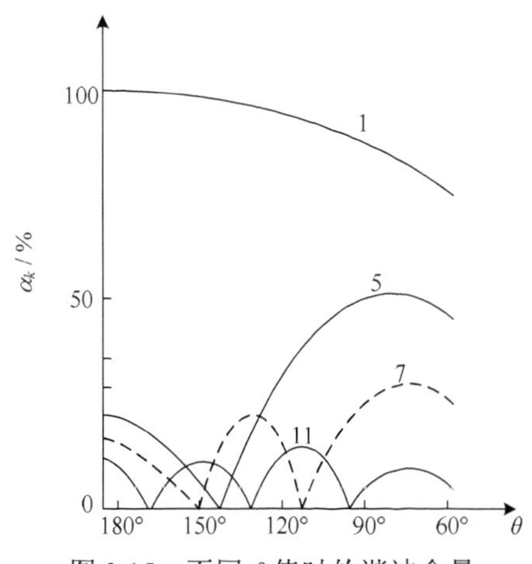

图 3.15　不同 θ 值时的谐波含量

由式(3-7)与式(3-8)可知，对于 180° 与 120° 导通型变频器，随着输出谐波次数 k 的增大，相应的谐波幅值以 $1/k$ 的比例减少。其 5 次谐波幅值为基波的 20%，7 次谐波幅值为基波的 14.3%，而 11 次谐波的幅值仅为基波的 9%。以此类推，可知更高次谐波的幅值将更小，人们通常所关心的主要是 5、7 次等低次谐波。图 3.15 给出了常规交-直-交变频器在不同导电角 θ 值时各次谐波的含量，由图可见，当 θ 在 150° 左右时，5、7 次的谐波含量都非常小，但要实现 $\theta=150°$ 导通型工作是困难的，除非在逆变器

中设置辅助换相电路，因此难以实用化。

3.2.2 变频器输出谐波对感应电动机工作的影响

当交流电动机的供电电源除基波外还有一系列的谐波时，将对交流电气传动系统产生不利的影响，例如，使电动机的损耗增大，效率和功率因数降低，并会产生电磁噪声等。最大的影响是谐波导致转矩的脉动，最终造成转速的脉动。

1) 谐波振荡转矩

设变频器输出谐波的频率为基波频率的 k 倍，则电动机在 k 次谐波作用下所对应的转差率 s_k 为

$$s_k = \frac{kn_1 \pm n_r}{kn_1} = 1 \pm \frac{1}{k}(1-s) \tag{3-9}$$

式中，n_1 为基波旋转磁场转速；n_r 为转子转速；s 为基波频率供电时的转差率；+、−符号为对应于负序与正序的谐波。

从交流电动机变频调速时的机械特性可知，感应电动机在某一基波频率下带负载工作时，电动机的运行转速接近于该基波频率下的同步转速，式(3-9)中的 s 值很小，而 k 较大，因此 $s_k \approx 1$。这意味着电动机在谐波作用下相当于在堵转状态下工作。这一结论对分析感应电动机在变频器供电时所受谐波的影响是很重要的。

在由变频器供电的电动机气隙中，存在基波磁动势和一系列谐波磁动势，它们在旋转着的电动机转子中都会感应电动势并产生电流。以 5 次和 7 次气隙谐波磁动势为例，5 次谐波产生与基波旋转磁场反向的负序磁场，而 7 次谐波则产生正序旋转磁场，它们的转速相对于电动机定子分别为反向的 $5\omega_1$ 与正向的 $7\omega_1$（ω_1 为基波旋转磁场角速度）。由于转子本身的转速接近于 ω_1，所以谐波磁动势在转子中感应的电动势频率都近似为 $6f_1$（f_1 为基波磁动势频率）。以此类推，转子感应电动势的各次谐波频率近似为 $6mf_1$（m=1, 2, 3, …）。所以交流电动机除由基波气隙磁动势与相应频率的转子感生电流作用产生的基波电磁转矩外，还存在一系列气隙磁动势（含基波与谐波的）与转子谐波电流产生的谐波电磁转矩。后者呈正、负半波振荡变化，但在一周内的平均值为零，故称为谐波振荡转矩。谐波振荡转矩有两类：一类是由每一次气隙谐波磁动势和任一次转子谐波电流的合成作用产生的，由于气隙谐波磁动势较弱，由它形成的振荡谐波转矩很小，一般可不予考虑；另一类谐波振荡转矩是由气隙基波磁动势与频率为 $6mf_1$ 的转子谐波电流相互作用所形成的转矩。前已述及，谐波磁动势对电动机转子的相对转速很大（$s_k \approx 1$），所以由它们在转子中感生的谐波电流也较大，基波气隙磁动势与不同次的转子谐波电流相互作用就产生了对交流电动机工作有影响的谐波振荡转矩。下面讨论它的大小以及对电气传动的影响。

经过数学分析可得，基波磁动势与转子各次谐波电流合成产生的以时间为函数的电磁功率表达式为

$$P_{(1-k)}(t) = \pm 3EI_k \cos(6m\omega_1 t + \varphi_k) \tag{3-10}$$

式中，1-k 为基波磁动势对 k 次谐波电流的作用；E 为定子电动势的有效值；I_k 为 k 次定子谐波电流的有效值，由于励磁分量很小，可以认为它等于转子等效谐波电流；φ_k 为对

应于次谐波的功率因数角，$k=6m\pm1$ (m=1, 2, 3, …)；+、−符号为对应于负序与正序谐波电流。

将式(3-10)中的电磁功率除以同步角速度即得谐波电磁振荡转矩，如

$$T_{\mathrm{e}(1-k)}=\pm\frac{3p_{\mathrm{n}}}{\omega_1}EI_k\cos(6m\omega_1t+\varphi_k) \tag{3-11}$$

从式(3-11)可以看到，基波磁动势与 $k=6m\pm1$ 次转子谐波电流产生的谐波电磁转矩均以 $6m$ 倍的基波频率进行余弦振荡变化，故称为谐波振荡电磁转矩。

2)谐波振荡转矩对电动机稳态工作的影响

在电气传动系统中，运动系统的动力学方程式为

$$T_{\mathrm{e}}-T_{\mathrm{L}}=J\frac{\mathrm{d}\omega}{\mathrm{d}t}$$

由图 3.16 所示的感应电动机在六拍阶梯波变换器供电时的稳态仿真波形可知，当电机中产生谐波振荡转矩时，电磁转矩 T_{e} 就含有脉动分量。由于负载转矩是由基波磁动势所产生的电磁转矩克服的，所以当负载转矩恒定时，电动机在稳态工作时必然出现由谐波振荡转矩引起的转速脉动 $\Delta\omega$，可由动力学方程式求得

$$\begin{aligned}\sum\Delta\omega_k&=\frac{1}{J}\int\sum T_{\mathrm{e}(1-k)}\mathrm{d}t=\frac{1}{J}\int\sum_{m=1}^{\infty}T_{\mathrm{e}k}\cos(6m\omega_1t+\varphi_k)\mathrm{d}t\\&=\frac{1}{6\omega_1J}\sum_{m=1}^{\infty}\frac{T_{\mathrm{e}k}}{m}\sin(6m\omega_1t+\varphi_k)\end{aligned} \tag{3-12}$$

式中，$T_{\mathrm{e}k}$ 为由 k 次谐波磁动势产生的谐波振荡转矩幅值，可由式(3-11)求得。

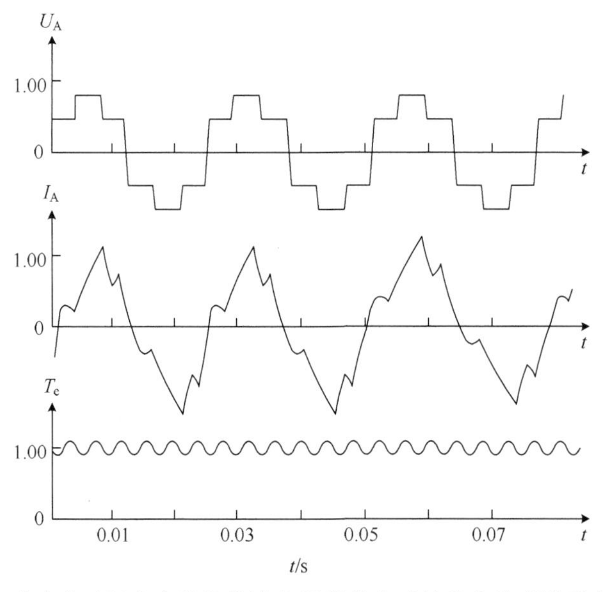

图 3.16　感应电动机在六拍阶梯波变频器供电时的稳态仿真波形(f_1=40Hz)

由式(3-12)可见，在谐波振荡转矩的作用下，电动机在稳态工作时存在转速脉动，脉动角频率为基波角频率 ω_1 的 $6m$ 倍，脉动的幅值则与 ω_1、m 值成反比。若只计 5 次与

7 次谐波，m=1，它们引起的转速脉动角频率都为 $6\omega_1$，但转速脉动幅值不同。此时的转速脉动角频率可写为

$$\Delta\omega = \Delta\omega_5 + \Delta\omega_7 = \frac{1}{6\omega_1 J}\left[T_{e5}\sin(6\omega_1 t + \varphi_5) + T_{e7}\sin(6\omega_1 t + \varphi_7)\right] \tag{3-13}$$

分析式(3-13)可知，当电动机供电的基波频率越低时(即电动机运行转速越低时)，转速的脉动幅值越大；低次谐波所引起的转速脉动幅值比高次谐波的影响大。因此，常规变频器供电的感应电动机变频调速系统的低频性能是不够满意的，在 f_1=5Hz 以下运行时影响尤甚。这就使变频调速的允许调速范围受到限制，难以适应要求精密调速以及调速范围广的稳速工作等场合。这时，必须抑制或消除变频器输出中的谐波含量，特别是低次谐波含量。下面要讨论的 SPWM 变频器在这方面将显示出优越的性能。

从式(3-13)还可以看出，为了减小电动机的转速脉动，不仅要注意消除电源中的低次谐波，而且随着供电频率的降低，所应消除的最低谐波的次数也应随之提高，才能维持转速脉动的幅值为一定值。例如，当电动机在 f_1=50Hz 工作时，假设逆变器输出中的 5、7 次谐波已被消除，可以容许 11 次以上的谐波存在。如果电动机工作在 f_1=5Hz，而最低次谐波仍为 11 次，则电动机转速脉动会比 f_1=5Hz 时提高 10 倍(设式中 T_{ek} 不变)。欲维持 f_1=5Hz 工作时的 $\Delta\omega$ 与 f_1=50Hz 工作时相同，必须提高 m 值，使 $m_{\min}$ 由 1 提高到 10，也就是说，允许的最低谐波电流次数应该提高到 k=119。显然，如果不使用特殊的谐波消除技术，则这个要求是难以实现的。

3.3 SPWM 控制技术

早期的交-直-交变频器输出的交流电压波形都是六拍阶梯波或矩形波，这是因为当时逆变器只能采用晶闸管，其关断的不可控性和较低的开关频率导致逆变器的输出波形含有较大的低次谐波，使电动机输出转矩存在脉动分量，影响其稳态工作性能，在低速运行时更为明显。为了改善交流电动机变频调速系统的性能，在出现了全控型电力电子开关器件之后，科技工作者在 20 世纪 80 年代开发了基于正弦波脉冲宽度调制(Sinusoidal Pulse Width Modulation，SPWM)控制技术的逆变器，由于它的优良技术性能，当今国内外生产的变频器都已采用这种技术，只有在全控器件尚未能及的特大容量逆变器中才未使用。

3.3.1 基本思想

前已提及，当变频器按六拍开关工作时，其输出电压必然是阶梯波或矩形波，与正弦波差异较大。变频调速系统中的感应电动机需要的是三相正弦波电压，这就需要改造逆变器的输出电压波形。我们知道，一个连续函数是可以用无限多个离散函数逼近或替代的，因而设想能否以多个不同幅值的矩形脉冲波来逼近或替代正弦波。图 3.17 中，在一个正弦半波上分割出多个等宽不等幅的波形(图中以脉冲数目 n=12 为例)，如果每一个矩形脉冲波的面积都与相应时间段内正弦波的面积相等，则这一系列矩形脉冲波的合成面积就等于正弦波的面积，即有等效的作用。为了提高等效的精度，矩形脉冲波的数目越多越好，这就要求逆变器输出的电压应在数十到数百微秒的时间内按给定规律变化，

从而造成控制实现时的难度。

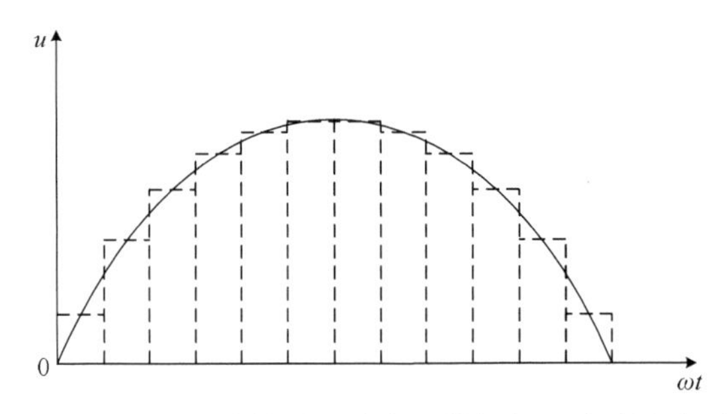

图 3.17　与正弦波等效的等宽不等幅矩形脉冲波序列

在 SPWM 变频装置中，前级整流器是不可控的，它输给逆变器的直流电压是恒定的。从这一点出发，如果把上述一系列等宽不等幅的矩形波用一系列等幅不等宽的矩形脉冲波来替代(见图 3.18)，也应该能实现与正弦波等效的功能。此时逆变器的电力电子器件不是按六拍开关工作，而是处于按一定规律频繁开关的工作状态。由于开关频率较高，晶闸管不能胜任，必须采用具有高开关频率性能的全控型电力电子器件。早期曾用过电流控制的功率晶体管，现在都采用电压控制的绝缘栅双极型晶体管(IGBT)或功率 MOSFET 等电力电子器件组成 SPWM 变频器。

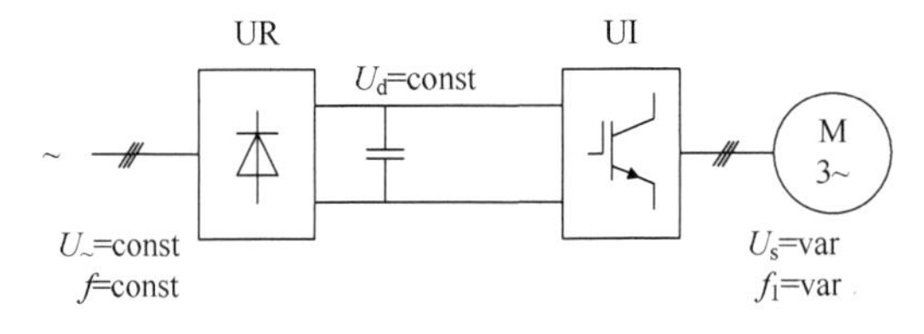

(a)主电路框图

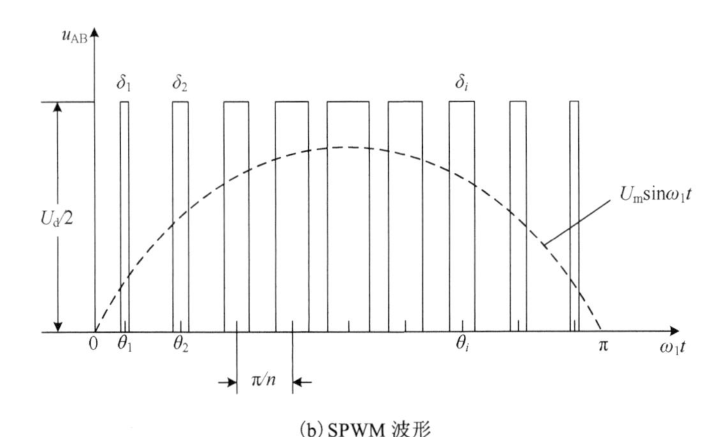

(b)SPWM 波形

图 3.18　SPWM 变频器主电路框图和 SPWM 波形

3.3.2　SPWM 原理

如前所述，SPWM 波形就是与正弦波等效的一系列等幅不等宽的矩形脉冲波，如

图 3.18 所示。等效的原则是矩形脉冲波的面积与该时间段内正弦波形的面积相等。如果把一个正弦半波分成 n 等分(在图 3.18 中，$n=9$)，然后把每一等分的正弦曲线与横轴所包围的面积都用一个与此面积相等的矩形脉冲来代替，则各矩形脉冲的幅值相等，各脉冲的中点与正弦波每一等分的中点相重合。这样，由 n 个等幅不等宽的矩形脉冲波序列就与正弦波的半周等效，称为 SPWM 波形。同样地，正弦波的负半周也可用相同的方法与一系列负脉冲波等效。这种正弦波正、负半周分别用正、负脉冲等效的 SPWM 波形称为单极性 SPWM。

详细的 SPWM 变频器原理主电路如图 3.19 所示。图中，VT_1～VT_6 是逆变器的六个全控型功率开关器件，它们各有一个续流二极管(VD_1～VD_6)和它们反并联连接。整个逆变器由三相不可控整流器供电，所提供的直流恒值电压为 U_d，电源两端并联滤波电容器，以减小直流电压脉动。为分析方便起见，认为感应电动机定子绕组是星形连接，假定其中性点 O 与整流器输出端滤波电容器的中性点 O′分别接地，因而当逆变器任一相导通时，电动机绕组上所获得的相电压可简单地认为等于 $U_d/2$ 或$-U_d/2$。

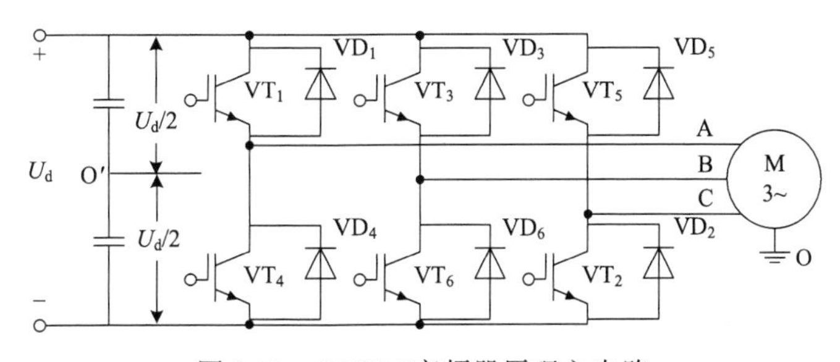

图 3.19 SPWM 变频器原理主电路

图 3.18 所示的单极性 SPWM 波形是由逆变器某一相上桥臂中的一个电力电子开关器件反复导通和关断形成的。其等效正弦波为 $U_m\sin\omega_1 t$，而 SPWM 脉冲波序列的幅值为 $U_d/2$，各脉冲不等宽，但中心间距相同，都等于 π/n，n 为正弦波半个周期内的脉冲数。令第 i 个矩形脉冲的宽度为 δ_i，其中心点相位为 θ_i，则根据面积相等的等效原则，可写成

$$\delta_i \frac{U_d}{2} = U_m \int_{\theta_i-\frac{\pi}{2n}}^{\theta_i+\frac{\pi}{2n}} \sin\omega_1 t \mathrm{d}(\omega_1 t) = U_m \left[\cos\left(\theta_i - \frac{\pi}{2n}\right) - \cos\left(\theta_i + \frac{\pi}{2n}\right)\right]$$

$$= 2U_m \sin\frac{\pi}{2n}\sin\theta_i$$

为取得好的等效效果，n 值都取得较大。这样，$\sin\pi/(2n) \approx \pi/(2n)$，于是有

$$\delta_i \approx \frac{2\pi U_m}{nU_d}\sin\theta_i \tag{3-14}$$

这就是说，第 i 个脉冲的宽度与相应的等分段中点处正弦波值 $U_m\sin\theta_i$ 近似成正比。因此，与半个周期正弦波等效的 SPWM 波是两侧窄、中间宽、脉宽按正弦规律逐渐变化的脉冲波序列。

根据上述原理，SPWM 脉冲波的宽度可以严格地用计算方法求得。在原始的 SPWM 方法中，以期望的输出电压正弦波作为调制波(modulation wave)，受它调制的信号称为

载波(carrier wave)，常用频率比期望波高得多的等腰三角波作为载波。当调制波与载波相交时(见图 3.20(a))，其交点决定了逆变器开关器件的通断时刻。例如，当 A 相的调制波电压 u_{ra} 高于载波电压 u_t 时，使开关器件 VT_1 导通，输出正的脉冲电压(见图 3.20(b))；当 u_{ra} 低于 u_t 时，使 VT_1 关断，无脉冲电压输出。在 u_{ra} 的负半周中，可用类似的方法控制下桥臂的 VT_4，输出负的脉冲电压序列。若改变调制波的频率，则输出电压基波的频率也随之改变；降低调制波的幅值时，如 $u'_{ra}=f(t)$，各段脉冲的宽度都将变窄，输出电压的基波幅值也相应减小。

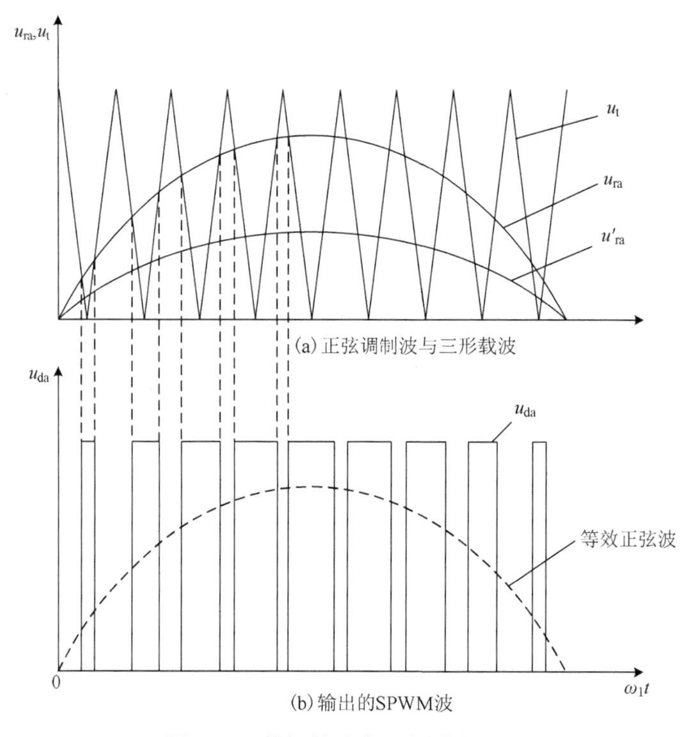

图 3.20 单极性脉宽调制波的形成

SPWM 控制方式有单极性和双极性两类。上述的 SPWM 波形半周内的脉冲电压只在“正”(或“负”)和“零”之间变化，主电路每相只有一个开关器件反复通断，称为单极性。如果让同一桥臂的上、下两个开关器件互补地导通与关断，则输出脉冲在“正”和“负”之间变化，就得到双极性 SPWM 波形。图 3.21 给出了三相双极性 SPWM 波形，其调制方法和单极性相似，只是输出脉冲电压的极性不同。当 A 相调制波 $u_{ra}>u_t$ 时，VT_1 导通，VT_4 关断，使输出脉冲电压为 $u_{AO'}=+U_d/2$(见图 3.21(b))；当 $u_{ra}<u_t$ 时，VT_1 关断，而 VT_4 导通，则 $u_{AO'}=-U_d/2$。所以 A 相电压 $u_{AO'}=f(t)$ 是以 $+U_d/2$ 和 $-U_d/2$ 为幅值作正、负跳变的脉冲波形。同理，图 3.21(c)所示的 $u_{BO'}=f(t)$ 是由 VT_3 和 VT_6 交替导通得到的，图 3.21(d)的 $u_{CO'}=f(t)$ 是由 VT_5 和 VT_2 交替导通得到的。由 $u_{AO'}$ 和 $u_{BO'}$ 相减，可得逆变器输出的线电压 $u_{AB}=f(t)$(见图 3.21(e))，也就是负载上的线电压，其脉冲幅值为 $+U_d$ 和 $-U_d$。可见，双极性 SPWM 波线电压是由 $\pm U_d$ 和 0 三种

电平构成的。

图 3.21 中的 $u_{AO'}$、$u_{BO'}$与 $u_{CO'}$是逆变器输出端 A、B、C 分别与直流电源假想中性点 O′之间的电压。实际上 O′点与负载中性点 O 并不是等电位的(以前按等电位分析只是一种假定)，所以 $u_{AO'}$等并不代表负载上的相电压。

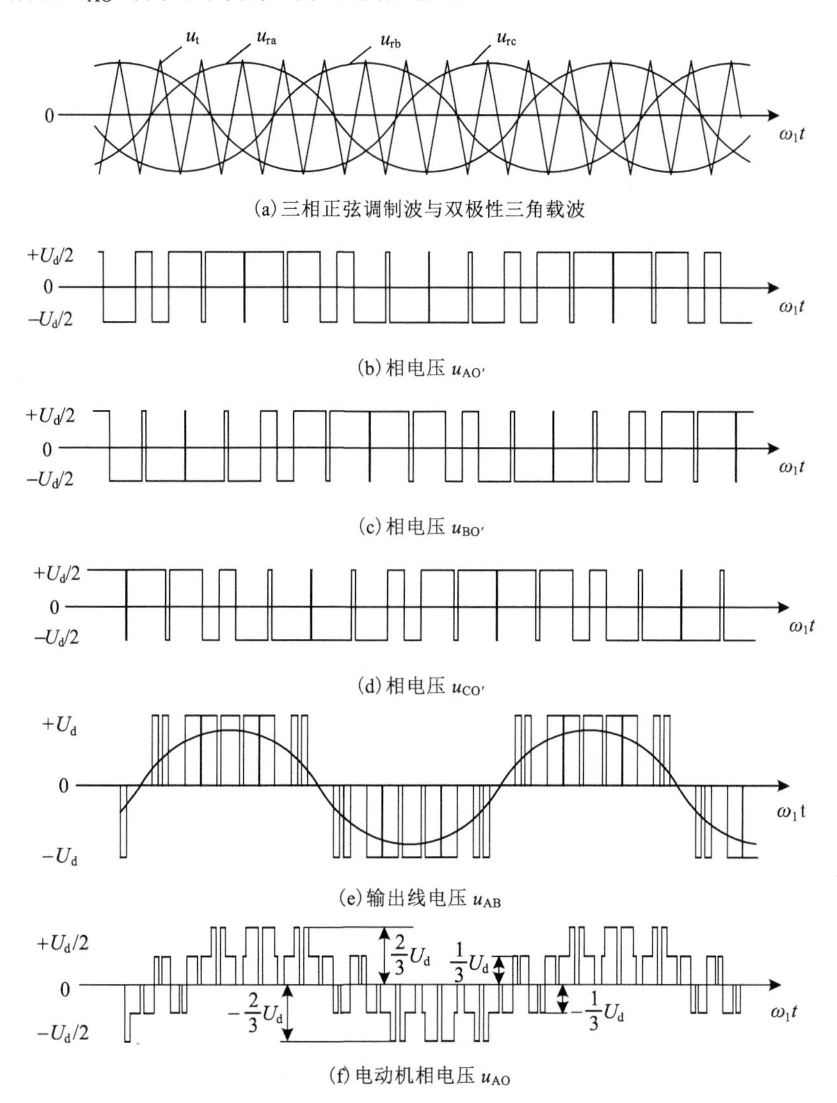

图 3.21　三相桥式 PWM 逆变器的双极性 SPWM 波形

令负载中性点 O 与直流电源假想中性点 O′之间的电压为 $u_{OO'}$，则负载各相的相电压分别为

$$\left.\begin{aligned} u_{AO} &= u_{AO'} - u_{OO'} \\ u_{BO} &= u_{BO'} - u_{OO'} \\ u_{CO} &= u_{CO'} - u_{OO'} \end{aligned}\right\} \tag{3-15}$$

将式(3-15)中各式相加并整理后得

$$u_{OO'}=\frac{1}{3}(u_{AO'}+u_{BO'}+u_{CO'})-\frac{1}{3}(u_{AO}+u_{BO}+u_{CO})$$

一般负载三相对称，则 $u_{AO}+u_{BO}+u_{CO}=0$，故有

$$u_{OO'}=\frac{1}{3}(u_{AO'}+u_{BO'}+u_{CO'}) \tag{3-16}$$

将式(3-16)代入式(3-15)可求得 A 相负载电压为

$$u_{AO}=u_{AO'}-\frac{1}{3}(u_{AO'}+u_{BO'}+u_{CO'}) \tag{3-17}$$

在图 3.21(f)中给出了相应的波形。可以看到，其脉冲幅值为$\pm 2U_d/3$，$\pm U_d/3$ 和 0 五种电平组成。同样，可求得 B 相和 C 相负载电压 u_{BO} 和 u_{CO} 的波形。

3.3.3 SPWM 波的基波电压

在感应电动机变频调速系统中，电动机接受变频器输出的电压而运转。对电动机来说，有用的是电压的基波，希望 SPWM 波形中基波的成分越大越好。为了求得基波电压，需将 SPWM 脉冲序列波 $u(t)$展开成傅里叶级数。由于各相 SPWM 波正、负半波和左、右半波都是对称的，它是一个奇次正弦周期函数，其一般表达式为

$$u(t)=\sum_{k=1}^{\infty}U_{km}\sin k\omega_1 t \qquad (k=1, 3, 5,\cdots)$$

式中

$$U_{km}=\frac{2}{\pi}\int_0^{\pi}u(t)\sin k\omega_1 t\mathrm{d}(\omega_1 t)$$

要把包含 n 个矩形脉冲的 $u(t)$代入上式，必须先求得每个脉冲的起始相位和终了相位。就图 3.20 所表示的单极性 SPWM 波形来说，由于时间坐标原点对应于三角载波的顶点，所以第 i 个脉冲中心点的相位应为

$$\theta_i=\frac{\pi}{n}i-\frac{1}{2}\cdot\frac{\pi}{n}=\frac{2i-1}{2n}\pi \tag{3-18}$$

于是，第 i 个脉冲的起始相位为

$$\theta_i-\frac{1}{2}\delta_i=\frac{2i-1}{2n}\pi-\frac{1}{2}\delta_i$$

其终了相位为

$$\theta_i+\frac{1}{2}\delta_i=\frac{2i-1}{2n}\pi+\frac{1}{2}\delta_i$$

把它们代入 U_{km} 的表达式中，可得

$$\begin{aligned}U_{km}&=\frac{2}{\pi}\sum_{i=1}^{n}\int_{\theta_i-\frac{1}{2}\delta_i}^{\theta_i+\frac{1}{2}\delta_i}\frac{U_d}{2}\sin k\omega_1 t\mathrm{d}(\omega_1 t)=\frac{2}{\pi}\sum_{i=1}^{n}\frac{U_d}{2k}\left[\cos k\left(\theta_i-\frac{1}{2}\delta_i\right)-\cos k\left(\theta_i+\frac{1}{2}\delta_i\right)\right]\\&=\frac{2U_d}{k\pi}\sum_{i=1}^{n}\left[\sin k\theta_i\sin\frac{k\delta_i}{2}\right]=\frac{2U_d}{k\pi}\sum_{i=1}^{n}\left[\sin\frac{(2i-1)k\pi}{2n}\sin\frac{k\delta_i}{2}\right]\end{aligned} \tag{3-19}$$

故

$$u(t)=\sum_{k=1}^{\infty}\frac{2U_{\mathrm{d}}}{k\pi}\sum_{i=1}^{n}\left[\sin\frac{(2i-1)k\pi}{2n}\sin\frac{k\delta_i}{2}\right]\sin k\omega_1 t \tag{3-20}$$

以 k=1 代入式(3-19)，可得输出电压的基波幅值。当半个周期内的脉冲数 n 不太少时，各脉冲的宽度 δ_i 都不大，可以近似地认为 $\sin\delta_i/2=\delta_i/2$，因此

$$U_{1\mathrm{m}}=\frac{2U_{\mathrm{d}}}{\pi}\sum_{i=1}^{n}\left[\sin\frac{(2i-1)\pi}{2n}\right]\frac{\delta_i}{2} \tag{3-21}$$

可见，输出基波电压幅值 $U_{1\mathrm{m}}$ 与各段脉宽 δ_i 有着直接的关系。它说明调节参考信号的幅值，从而改变各个脉冲的宽度时，就可以实现对逆变器输出电压基波幅值的平滑调节。

把式(3-14)、式(3-18)代入式(3-21)，得

$$\begin{aligned}U_{1\mathrm{m}}&=\frac{2U_{\mathrm{d}}}{\pi}\sum_{i=1}^{n}\left[\sin\frac{(2i-1)\pi}{2n}\right]\frac{\pi U_{\mathrm{m}}}{nU_{\mathrm{d}}}\sin\frac{(2i-1)\pi}{2n}=\frac{2U_{\mathrm{m}}}{n}\sum_{i=1}^{n}\sin^2\left[\frac{(2i-1)\pi}{2n}\right]\\&=\frac{2U_{\mathrm{m}}}{n}\sum_{i=1}^{n}\frac{1}{2}\left[1-\cos\frac{(2i-1)\pi}{n}\right]=U_{\mathrm{m}}\left[1-\frac{1}{n}\sum_{i=1}^{n}\cos\frac{(2i-1)\pi}{n}\right]\end{aligned} \tag{3-22}$$

可以证明，除 n=1 以外，有限项三角级数

$$\sum_{i=1}^{n}\cos\frac{(2i-1)\pi}{n}=0$$

而 n=1 是没有意义的，因此由式(3-22)可得

$$U_{1\mathrm{m}}=U_{\mathrm{m}}$$

也就是说，SPWM 逆变器输出脉冲波序列的基波电压幅值正是调制时所要求的正弦波电压幅值。当然，这个结论是在作出前述的近似条件下得到的，即 n 不太少，$\sin\pi/(2n)\approx\pi/(2n)$，且 $\sin\delta_i/2\approx\delta_i/2$。当这些条件成立时，SPWM 变频器能很好地满足感应电动机变频调速的要求。

要注意到，SPWM 逆变器输出相电压的基波和常规交-直-交变频器的六拍阶梯波基波相比要小一些。其输出相电压的基波幅值最大为 $U_{\mathrm{d}}/2$，输出线电压的基波幅值为 $\sqrt{3}\,U_{\mathrm{d}}/2$，若把逆变器所能输出的交流线电压最大基波幅值与直流电压 U_{d} 之比称为直流电压利用率，则 SPWM 逆变器的直流电压利用率仅为 0.866，这样就影响了电动机额定电压的充分利用。为了弥补这个不足，在 SPWM 逆变器的直流回路中常并联相当大的滤波电容，以抬高逆变器的直流电源电压 U_{d}。

3.3.4 PWM 的制约条件

根据 PWM 的特点，逆变器主电路的电力电子开关器件在其输出电压半周内要开关 n 次。从上面的数学分析可知，把 PWM 所期望的正弦波分段越多，即 n 越大，则脉冲波序列的脉宽 δ_i 越小，上述分析结论的准确性越高，SPWM 波的基波更接近于期望的正弦波。但是，电力电子开关器件本身的开关能力是有限的，因此在应用 PWM 技术时，必然要受到一定条件的制约，这主要表现在以下两个方面。

1) 电力电子开关器件的开关频率

各种电力电子开关器件的开关频率受到其固有的开关时间和开关损耗的限制。普通晶闸管用于无源逆变器时，需采用强迫换相电路，其开关频率一般不超过300～500Hz，在SPWM变频器中已难以应用。取而代之的是全控型器件，如双极型电力晶体管(BJT，开关频率可达1～5kHz)、门极可关断(GTO)晶闸管(开关频率可达1～2kHz)、电力场效应晶体管(MOSFET，开关频率可达 50kHz)、绝缘栅双极型晶体管(IGBT，开关频率可达20kHz)等。目前市场上的中小型SPWM变频器以应用IGBT为主。

定义载波频率f_t与参考调制波频率f_r之比为载波比(carrier ratio)N，即

$$N=\frac{f_t}{f_r} \tag{3-23}$$

相对于前述SPWM波形半个周期内的脉冲数n来说，应有$N=2n$。为了使逆变器的输出尽量接近正弦波，应尽可能增大载波比，但若从电力电子开关器件本身的允许开关频率来看，载波比又不能太大。N值应受到下列条件的制约：

$$N\leqslant\frac{\text{电力电子开关器的允许开关频率}}{\text{最高的正弦波调制信号频率}} \tag{3-24}$$

式(3-24)中的分母实际上就是SPWM变频器的最高输出频率。

2) 最小间歇时间与调制度

为保证主电路开关器件的安全工作，必须使调制的脉冲波有最小脉宽与最小间歇时间的限制，以保证最小脉冲宽度大于开关器件的导通时间t_{on}，而最小脉冲间歇时间大于器件的关断时间t_{off}。在PWM时，若n为偶数，则在调制信号幅值U_{rm}与三角载波相交的两点恰好是一个脉冲的间歇时间。为了保证最小间歇时间大于t_{off}，必须使U_{rm}低于三角载波的电压峰值U_{tm}。为此，定义U_{rm}与U_{tm}之比为调制度M，即

$$M=\frac{U_{rm}}{U_{tm}} \tag{3-25}$$

在理想情况下，M 值可在 0～1 变化，以调节逆变器输出电压的大小。实际上，M总是小于1的，在N较大时，一般取最高的M=0.8～0.9。

3.3.5 同步调制与异步调制

在实现SPWM时，视载波比N的变化与否，有同步调制与异步调制之分。

1) 同步调制

在同步调制方式中，N=常数，变频时三角载波的频率与正弦调制波的频率同步改变，因而输出电压半波内的矩形脉冲数是固定不变的。如果取N等于3的倍数，则同步调制不仅能保证输出波形的正、负半波始终保持对称，并能严格保证三相输出波形间具有互差120°的对称关系。但是，当输出频率很低时，由于相邻两脉冲间的间距增大，谐波会显著增加，使负载电动机产生较大的转矩脉动和较强的噪声，这是同步调制方式的主要缺点。

2) 异步调制

为了消除上述同步调制的缺点，可以采用异步调制方式。顾名思义，异步调制时，

在变频器的整个变频范围内，载波比 N 不等于常数。一般在改变调制波频率 f_r 时，保持三角载波频率 f_t 不变，因而提高了低频时的载波比。这样，输出电压半波内的矩形脉冲数可随输出频率的降低而增加，相应地可减少负载电动机的转矩脉动与噪声，改善了系统的低频工作性能。

有一利必有一弊，异步调制方式在改善低频工作性能的同时，又失去了同步调制的优点。当载波比 N 随着输出频率的降低而连续变化时，它不可能总是 3 的倍数，势必使输出电压波形及其相位都发生变化，难以保持三相输出的对称性，这就会引起电机工作不平稳。

3) 分段同步调制

为了扬长避短，可将同步调制和异步调制结合起来，称为分段同步调制方式，实用的 SPWM 变频器多采用这种方式。

在一定频率范围内采用同步调制，可保持输出波形对称的优点，但频率降低较多时，如果仍保持载波比 N 不变的同步调制，输出电压谐波将会增大。为了避免这个缺点，可使载波比分段有级地加大，以采纳异步调制的长处，这就是分段同步调制方式。具体来说，把整个变频范围划分成若干频段，在每个频段内都维持载波比 N 恒定，而对不同的频段采用不同的 N 值，频率低时，N 值取大些，一般大致按等比级数安排。表 3.4 给出了某 SPWM 变频调速系统频段和载波比的分配实例，以供参考。

表 3.4　分段同步调制的频段和载波比

输出频率 f_1/Hz	载波比 N	开关频率 f_t/Hz	输出频率 f_1/Hz	载波比 N	开关频率 f_t/Hz
41～62	90	3690～5580	11～17	330	3630～5610
27～41	135	3645～5535	7～11	510	3570～5610
17～27	210	3570～5670	4.6～7	795	3657～5565

图 3.22 是与表 3.4 相对应的 f_1 与 f_t 的关系曲线。由图可见，在输出频率 f_1 的不同频段内，用不同的 N 值进行同步调制，可使各频段开关频率的变化范围基本一致，以适应电力电子开关器件对开关频率的限制。

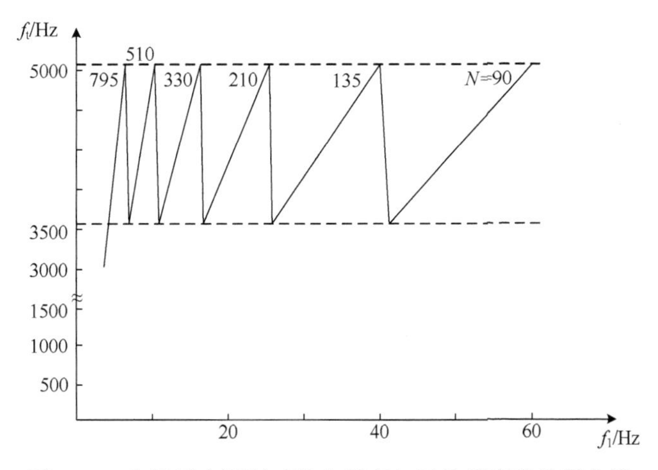

图 3.22　分段同步调制时输出频率与开关频率的关系曲线

上述图表的设计计算方法如下：已知变频器要求的输出频率范围为 5～60Hz，用

IGBT 作为开关器件，取最大开关频率为 5.5kHz 左右，最小开关频率在最大开关频率的 1/2～2/3，视分段数要求而定。

现取输出频率上限为 62Hz，则第一段载波比为

$$N_1 = \frac{f_{\text{tmax}}}{f_{\text{1max}}} = \frac{5500\text{Hz}}{62\text{Hz}} = 88.7$$

取 N 为 3 的整数倍数，则 N_1=90，修正后得

$$f_{\text{tmax}} = N_1 f_{\text{1max}} = 90 \times 62\text{Hz} = 5580\text{Hz}$$

若取 $f_{\text{tmin}} \approx 2f_{\text{tmax}}/3 = 2\times5580/3\text{Hz} = 3720\text{Hz}$，可计算得

$$f_{\text{1min}} = \frac{f_{\text{tmin}}}{N_1} = \frac{3720\text{Hz}}{90} = 41.33\text{Hz}$$

取整数，则有 f_{1min}=41Hz，f_{tmin}=3690Hz。

这就是第一段载波比的最低输出频率，即是第二段载波比的最高输出频率。以下各段以此类推，可得表 3.4 中各行的数据。

分段同步调制虽然比较麻烦，但在计算机技术迅速发展的今天，这种调制方式是很容易实现的。

3.3.6 SPWM 波的实现

当采用高开关频率的全控型电力电子器件组成逆变电路时，可认为器件的开通与关断均无延时，因此就可将要求变频器输出三相 SPWM 波的问题转化为如何获得与其形状相同的三相 SPWM 控制信号问题，并用这些信号作为变频器中各电力电子器件的基极(栅极)驱动信号。

1)模拟控制

原始的 SPWM 是由模拟控制实现的。图 3.23 是 SPWM 变频器的模拟控制电路框图。

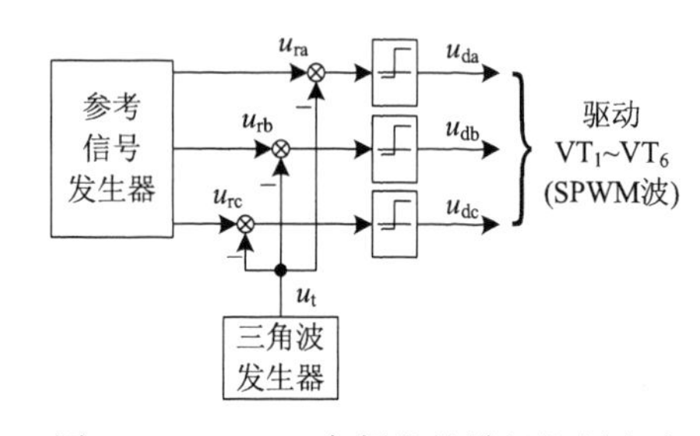

图 3.23 SPWM 变频器的模拟控制电路

三相对称的参考正弦电压调制信号 u_{ra}, u_{rb}, u_{rc} 由参考信号发生器提供，其频率和幅值都可调。三角载波信号 u_t 由三角波发生器提供，各相共用。它分别与每相调制信号进行比较，给出“正”的饱和输出或“零”输出，产生 SPWM 脉冲波序列 u_{da}, u_{db}, u_{dc}，作为变频器电力电子开关器件的驱动信号。SPWM 的模拟控制现在已不见应用，但它的原理仍是其他控制方法的基础。

现在常用的 SPWM 控制方法是数字控制。可以采用微机存储预先计算好的 SPWM 波形数据表格，控制时根据指令调出；或者通过软件实时生成 SPWM 波形；也可以直接利用大规模集成电路专用芯片中所产生的 SPWM 信号。下面介绍几种常用的方法。

2)自然采样法

在数字控制中，移植模拟控制的方法，计算正弦调制波与三角载波的交点，从而求出相应的脉宽和脉冲间歇时刻，生成 SPWM 波，称为自然采样(natural sampling)法。图 3.24

中给出任意一段正弦调制波与三角载波相交的情况。交点 A 是发出脉冲的时刻，交点 B 是结束脉冲的时刻。设 T_c 为三角载波的周期，t_1 为脉冲发生(A 点)以前的间歇时间，t_2 为 AB 之间的脉宽时间，t_3 为 B 点以后的间歇时间。显然，$T_c=t_1+t_2+t_3$。

若以单位 1 代表三角载波的幅值 U_{tm}，则正弦调制波的幅值 U_{rm} 就可以用调制度 M 表示，正弦调制波可写为

$$u_r = M\sin\omega_1 t$$

式中，ω_1 为调制角频率，也就是变频器的输出角频率。

由于 A、B 两点对三角载波的中心线并不对称，需把脉宽时间 t_2 分成 t_2' 和 t_2'' 两部分(见图 3.24)。按相似直角三角形的几何关系，可知

$$\frac{2}{T_c/2}=\frac{1+M\sin\omega_1 t_A}{t_2'}$$

$$\frac{2}{T_c/2}=\frac{1+M\sin\omega_1 t_B}{t_2''}$$

经整理得

$$t_2=t_2'+t_2''=\frac{T_c}{2}\left[1+\frac{M}{2}\left(\sin\omega_1 t_A+\sin\omega_1 t_B\right)\right] \quad (3\text{-}26)$$

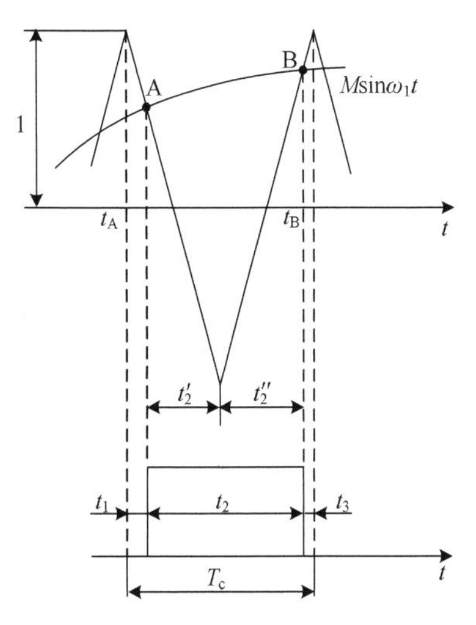

图 3.24　生成 SPWM 波的自然采样法

这是一个超越方程，其中 t_A、t_B 与载波比 N、调制度 M 都有关系，求解困难，而且 $t_1\neq t_3$，分别计算更增加了困难。因此，自然采样法虽是能确切反映 SPWM 工作原理的原始方法，计算结果精确，但不适合于微机实时控制。

3) 规则采样法

自然采样法的主要问题是，SPWM 波每一个脉冲的起始时刻 t_A 和终了时刻 t_B 对三角波的中心线不对称，因而求解困难。工程上实用的方法要求算法简单，只要误差不大，允许作一些近似处理。这样，就提出了各种规则采样(regular sampling)法。

规则采样法的出发点是设法在三角载波的某一特定时刻处找到正弦调制波的采样电压值。这样，当三角载波频率已知时，计算机就可以很方便地求出每一个 SPWM 波的采样时刻。图 3.25 表示一种规则采样法，以三角载波的负峰值(E 点)作为采样时刻，对应的采样电压为 u_{re}。在三角载波上，由 u_{re} 水平线截得 A、B 两点，由线段 AB 确定脉宽时间 t_2。由于三角载波两个正峰值之间的时刻即为载波周期 T_c，所以可根据对称原理，求出 A 点、B 点与载波各正峰值之间的间歇时间 t_1 和 t_3，且 $t_1=t_3$，而相应的 SPWM 波相对于 T_c 的中间时刻(载波负峰值对应的时刻)对称，这样就大大简化了计算。需要指出的是，规则采样法所求得的 SPWM 波在起始时刻、终了时刻以及脉宽大小方面都不如自然采样法准确。从图 3.25 可以看到，脉冲起始时刻 A 点比自然采样法提前了；脉冲终了时刻 B 点也比自然采样法提前了，虽然两者提前的时间不尽相同，但终究互相有了一些补偿，对脉冲宽度的影响不大，所造成的误差是工程上可以允许的，而算法毕竟简单多了。

由图3.25可以看出，规则采样法的实质是用图中粗实线所示的阶梯波来代替正弦波，从而简化了算法。只要载波比足够大，不同的阶梯波都很逼近正弦波，所造成的误差可以忽略不计。

在规则采样法中，三角载波每个周期的采样时刻都是确定的，都在负峰值处，因此不必作图就可以计算出相应时刻的正弦波值。例如，在图中，采样值依次为 $M\sin\omega_1 t_e$，$M\sin(\omega_1 t_e+T_c)$，$M\sin(\omega_1 t_e+2T_c)$，…，因而可以很容易地计算出脉宽时间和间歇时间。由图3.25可得规则采样法的计算公式如下。

脉宽时间为

$$t_2=\frac{T_c}{2}(1+M\sin\omega_1 t_e) \tag{3-27}$$

间歇时间为

$$t_1=t_3=\frac{1}{2}(T_c-t_2) \tag{3-28}$$

实用的变频器大多是三相的，因此还应形成三相的 SPWM 波。三相正弦调制波在时间上互差 2π/3，而三角载波是共用的，这样就可在同一个三角载波周期内获得图3.26所示的三相 SPWM 波。

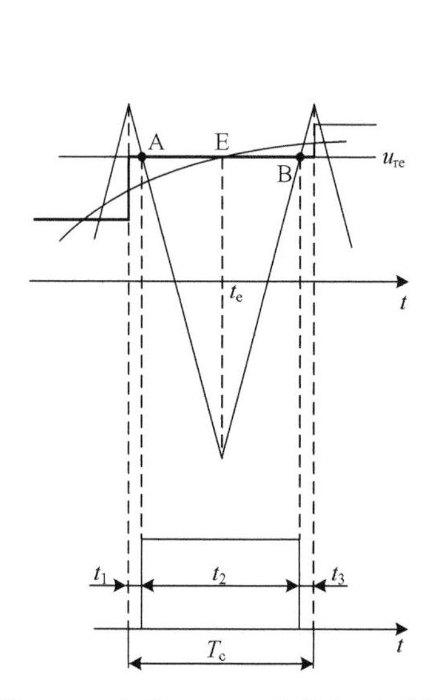

图3.25　生成 SPWM 波的规则采样法

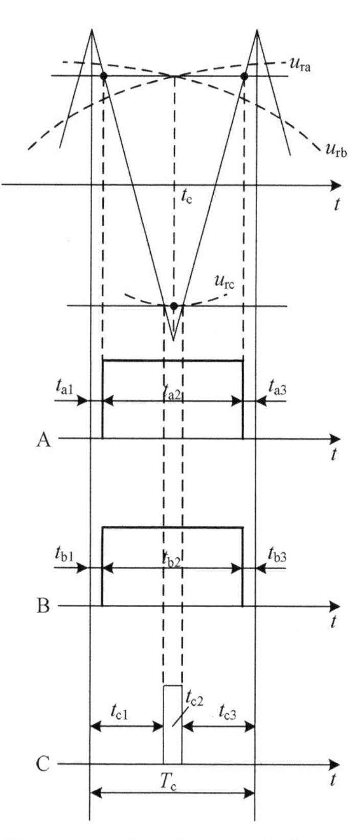

图3.26　三相 SPWM 波的生成

在图 3.26 中，每相的脉宽时间 t_{a2}、t_{b2} 和 t_{c2} 都可用式(3-27)计算，求三相脉宽时间的总和时，等式右边第一项相同，加起来是其 3 倍，第二项之和则为零，则

$$t_{a2}+t_{b2}+t_{c2}=\frac{3}{2}T_c \tag{3-29}$$

三相间歇时间的总和为

$$t_{a1}+t_{b1}+t_{c1}+t_{a3}+t_{b3}+t_{c3}=3T_c-(t_{a2}+t_{b2}+t_{c2})=\frac{3}{2}T_c$$

脉冲两侧的间歇时间相等，所以

$$t_{a1}+t_{b1}+t_{c1}=t_{a3}+t_{b3}+t_{c3}=\frac{3}{4}T_c \tag{3-30}$$

式中，下标 a、b、c 分别表示 A、B、C 三相。

在数字控制中，用计算机按照上述的采样原理和计算公式实时产生 SPWM 波。一般可以离线先在通用计算机上算出在不同 ω_1 与 M 时的脉宽 t_2 或$(T_c/2)M\sin\omega_1 t_e$后，写入 EPROM，然后由调速系统的微机通过查表和加减法运算求出各相脉宽时间和间歇时间，这就是查表法，也可以在内存中存储正弦函数和 $T_c/2$ 值，控制时，先取出正弦值与调速系统所需的调制度 M 作乘法运算，再根据给定的载波频率求出对应的 $T_c/2$ 值，与 $M\sin\omega_1 t_e$ 作乘法运算，然后运用加、减、移位即可算出脉宽时间 t_2 和间歇时间 t_1、t_3，此即实时计算法。按查表法或实时计算法所得的脉冲数据都送入定时器，利用定时中断向接口电路送出相应的高、低电平，以实时产生 SPWM 波的一系列脉冲。对于开环控制系统，在某一给定转速下，其调制度 M 与角频率 ω_1 都有确定值，所以宜采用查表法。对于闭环控制的调速系统，在系统运行中，调制度 M 值需随时调整(因为有反馈控制的调节作用)，所以采用实时计算法更为适宜。

上面所讨论的 SPWM 波生成方法可以用单片机实现。现在大多采用 16 位单片机，为充分发挥微机的功能，常使 SPWM 波的生成与其他控制算法在同一 CPU 中完成。

4) SPWM 专用集成电路芯片与微处理器

应用单片微机产生 SPWM 波形时，其效果受到指令功能、运算速度、存储容量和兼顾其他控制算法功能的限制，有时难以有很好的实时性。特别是在控制高频电力电子器件以及闭环调速系统中，完全依靠软件生成 SPWM 波的方法实际上很难适应要求。

随着微电子技术的发展，早期曾陆续开发了一些专门用于产生 SPWM 控制信号的集成电路芯片，应用专用芯片当然比用单片微机通过软件生成 SPWM 信号要方便得多。近年来更出现了多种用于电动机调速控制的专用单片微处理器，如 Intel 公司的 8XC196MC 系列、TI 公司的 TMS320 系列、日立公司的 SH7000 系列等微处理器。这些微处理器一般都具有以下功能：①有 PWM 波生成硬件以及较宽的频率调制范围；②为了对变频调速系统的运行参数(如电压、电流、转速等)进行实时监测和调整与故障保护，微处理器具有很强的中断功能与较多的中断通道；③具有将外部的模拟量控制信号及通过各种传感器送来的反馈、检测信号进行 A-D 转换的接口，且一般为 8 位转换器；④具有较高的运算速度，能完成复杂运算的指令，内存容量较大；⑤有用于外围通信的同步、异步串

行接口的硬件或软件单元。由于有这些功能的支持，所以上述微处理器能方便地用于开发基于 PWM 控制技术的电动机调速系统，微处理器除能产生可调频率的 PWM 控制信号外，还能完成必要的保护、控制等功能。现代 SPWM 变频器的控制电路大都是以微处理器为核心的数字控制电路。

3.3.7 SPWM 变频器的输出谐波分析

SPWM 变频器虽然以输出波形接近正弦波为目的，但其输出电压中仍然存在着谐波分量。产生谐波的主要原因是：①在工程应用中，对 SPWM 波的生成往往采用规则采样法或专用集成电路器件，不能保证脉宽调制波的面积与相对应段正弦波面积完全相等；②为了防止逆变器同一桥臂上、下两器件同时导通而导致直流侧直通短路，常在桥臂上、下器件互相切换时设置导通时滞环节，即“开关死区”，死区的存在会不可避免地造成逆变器输出的 SPWM 波有所畸变(对于这个问题将在 7.2 节中详细讨论)。

前述对单极性 SPWM 变频器输出波形的分析表明，其输出电压如式(3-20)所示。很明显，它不是简单的正弦函数，存在着与脉冲宽度 δ_i 和载波比 $N=2n$ 有关的谐波分量。

对于双极性 SPWM 变频器，其输出电压波形如图 3.27 所示。这是一组正负相间等幅不等宽的脉冲波，它不仅半个周期对称，而且对纵轴按 1/4 周期对称。设在半个周期中有 m 个脉冲波，可写出其输出电压的傅里叶级数表达式为

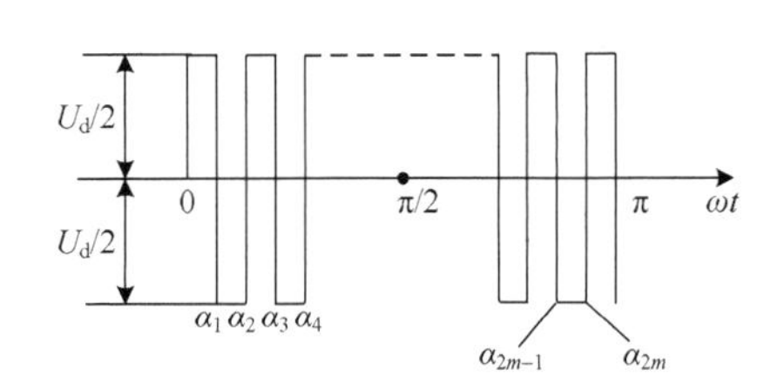

图 3.27 双极性 SPWM 变频器输出电压波形

$$u(t)=\sum_{k=1}^{\infty}U_{km}\sin k\omega_1 t$$

式中，$U_{km}=\dfrac{2}{\pi}\int_0^{\pi}u(t)\sin k\omega_1 t\mathrm{d}(\omega_1 t)$。

为便于数学分析，可将图 3.27 中的 $u(\omega t)$ 看成是一个幅值为 $U_d/2$ 的矩形波加上一个幅值为 $2(U_d/2)$ 的负脉冲序列，半周内该脉冲列的起点和终点分别是 $\alpha_1, \alpha_2, \alpha_3, \cdots, \alpha_{2m-1}, \alpha_{2m}$。因此有

$$\begin{aligned}U_{km}&=\frac{2}{\pi}\left[\int_0^{\pi}\frac{U_d}{2}\sin k\omega_1 t\mathrm{d}(\omega_1 t)-\int_{\alpha_1}^{\alpha_2}2\left(\frac{U_d}{2}\right)\sin k\omega_1 t\mathrm{d}(\omega_1 t)\right.\\&\left.-\int_{\alpha_3}^{\alpha_4}2\left(\frac{U_d}{2}\right)\sin k\omega_1 t\mathrm{d}(\omega_1 t)-\cdots-\int_{\alpha_{2m-1}}^{\alpha_{2m}}2\left(\frac{U_d}{2}\right)\sin k\omega_1 t\mathrm{d}(\omega_1 t)\right]\\&=\frac{2U_d}{k\pi}\left[1-\sum_{i=1}^{m}\left(\cos k\alpha_{2i-1}-\cos k\alpha_{2i}\right)\right]\end{aligned}\tag{3-31}$$

展开此式，得

$$\begin{aligned}U_{km}=\frac{2U_d}{k\pi}&\left[1-\left(\cos k\alpha_1-\cos k\alpha_2\right)-\left(\cos k\alpha_3-\cos k\alpha_4\right)\right.\\&\left.-\cdots-\left(\cos k\alpha_{2m-1}-\cos k\alpha_{2m}\right)\right]\end{aligned}\tag{3-32}$$

考虑到变频器输出波形在 1/4 周期处对纵轴有对称性，因而 $u(\omega t)=u(\pi-\omega t)$，则

$$\alpha_i=\pi-\alpha_{2m-(i-1)}\quad(i=1,2,\cdots,m)$$

因而

$$\cos k\alpha_i = \cos k\left(\pi - \alpha_{2m-(i-1)}\right) \tag{3-33}$$

展开式(3-33)等号右边的三角函数，则

$$\cos k\alpha_i = \cos k\pi \cos k\alpha_{2m-(i-1)} + \sin k\pi \sin k\alpha_{2m-(i-1)}$$

由于 k 为奇数，$\cos k\pi=-1$，$\sin k\pi=0$，则

$$\cos k\alpha_i = -\cos k\alpha_{2m-(i-1)}$$

而式(3-32)可改写成

$$U_{km} = \frac{2U_{\mathrm{d}}}{k\pi}\left[1 + 2\sum_{i=1}^{m}\left(-1\right)^{i}\cos k\alpha_i\right] \tag{3-34}$$

在给定 α_i 的条件下，可以利用式(3-34)进行输出波形的谐波分析。α_i 表示脉冲起始或终止时刻，从脉冲的形成原理可知，α_i 与载波比 N 及调制度 M 等有密切关系，而式(3-34)却没有直接反映出这样的函数关系。为推导出有上述变量的数学表达式，有些文献提出用正弦函数加上贝塞尔函数，或用多重傅里叶变换式来描述，但这些表达式都相当复杂，难以作为通用分析的基础。

从理论上说，SPWM 变频器与常规交-直-交变频器在谐波分析上有其相似之处，它们都不存在偶次谐波与 3 的倍数次谐波。相关文献分析表明，SPWM 变频器在其载波频率及其倍数的频带附近，即在开关频率倍数附近的次数谐波较多，而载波比数值以下次数的谐波则基本上可以得到充分的抑制。因此，SPWM 变频器输出电压中的谐波次数 k 可以用式(3-35)简单表示，其中，N 为载波比；p、m 都是正整数。

$$k = pN \pm m \tag{3-35}$$

逆变器输出电压中不存在偶数次谐波，而 3 的倍数次电流不能流入三相电动机中，p 与 m 的选取应使 k 不为偶数，也不为 3 的倍数。因此，p、m 不能同时为偶数，而 N 往往是 3 的倍数，所以 m 也不能取为 3；同时它们也只能是较小的整数，因为过高次数的谐波对电动机的影响是很小的。按此在图 3.28 中给出了与载波比 N、$2N$、$3N$ 频段有关的谐波大小与 M 的关系曲线，图中的纵坐标表示谐波电压幅值与基波电压幅值之比，横坐标是调制度 M。曲线表明，在 M 从 0 到 0.9 的范围内，$2N\pm1$ 次谐波始终是主要的谐波，而 $N\pm2$ 次谐波很小。例如，当 $N=9$ 时，主谐波为 17 次与 19 次，而 7 次与 11 次谐波的影响很小。从图中还可以看到，当 $M>0.9$ 时，$N\pm2$ 次谐波却成为主要的了。

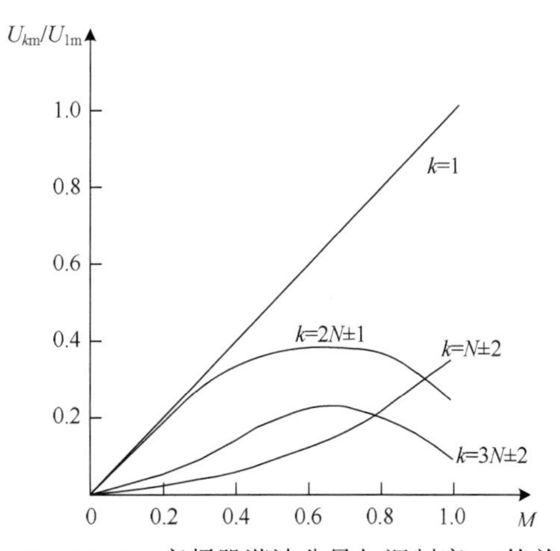

图 3.28　SPWM 变频器谐波分量与调制度 M 的关系

图 3.29 给出了对于 N=9、M=1.0的 SPWM 逆变器输出波形的频谱分析。图中各次谐波相对值 $U_k^*=U_{km}/U_{1m}$ 为 $U_7^*=0.3179$，$U_{11}^*=0.3201$，$U_{17}^*=0.1816$，$U_{19}^*=0.1759$，$U_{25}^*=0.0609$，$U_{29}^*=0.1123$，可见高次谐波的影响是很小的。

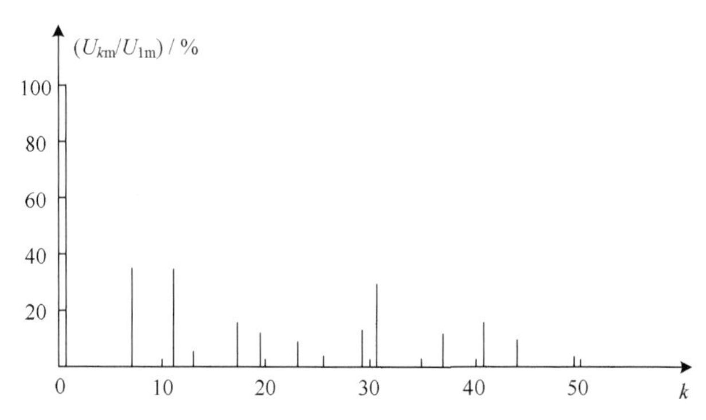

图 3.29　SPWM 变频器输出电压的频谱分析(N=9，M=1.0)

SPWM 变频器输出电压谐波受到多个参变量的制约，难以得到精确而又简明的通用数学表达式。式(3-35)与图 3.29 可以作为一般分析的参考。在实际应用中，由于还受到开关死区等因素的影响，谐波影响可能还要大一些。

3.4　SHEPWM 控制技术

采用 SPWM 的目的是使变频器输出的电压波形尽量接近正弦波，减少谐波，以满足交流电动机的需要。这是一种基本的，但并不是唯一的 PWM 控制技术。另一种 PWM 控制技术是：采取措施以消除不允许存在的或影响较大的某几次谐波，如 5、7、11、13 等低次谐波，构成近似正弦波的 PWM 波形，称为消除指定次数谐波的 PWM(Selected Harmonics Elimination PWM，SHEPWM)控制技术。

前已证明，对图 3.27 的 PWM 波形作傅里叶分析可知，其 k 次谐波相电压幅值的表达式如式(3-34)所示，现在写在下面：

$$U_{km}=\frac{2U_d}{k\pi}\left[1+2\sum_{i=1}^{m}(-1)^i\cos k\alpha_i\right]$$

式中，U_d 为变频器直流侧电压；α_i 为以相位角表示的 PWM 波形第 i 个起始或终了时刻。

从理论上讲，要消除 k 次谐波分量，只需令式(3-34)中的 U_{km}=0，并满足基波幅值 U_{1m} 为所要求的电压值，从而解出相应的 α_i 值即可。然而，图 3.27 所示的电压波形为一组正负相间的 PWM 波，它不仅半个周期对称，而且有 1/4 周期对纵轴对称的性质。在 1/4 周期内，有 m 个 α 值，即 m 个待定参数，这些参数代表了可以用于消除指定谐波的自由度。其中，除了必须满足的基波幅值外，尚有(m−1)个可选的参数，它们分别代表了可消除谐波的数量。例如，取 m=5，可消除 4 个不同次数的谐波。常希望消除影响最大的 5、7、11、13 次谐波，就让这些谐波电压的幅值为零，并令基波幅值为需要值，代入式(3-34)可得一组三角函数的联立方程式：

$$U_{1m}=\frac{2U_d}{\pi}[1-2\cos\alpha_1+2\cos\alpha_2-2\cos\alpha_3+2\cos\alpha_4-2\cos\alpha_5]=\text{需要值}$$

$$U_{5m}=\frac{2U_d}{5\pi}[1-2\cos5\alpha_1+2\cos5\alpha_2-2\cos5\alpha_3+2\cos5\alpha_4-2\cos5\alpha_5]=0$$

$$U_{7m}=\frac{2U_d}{7\pi}[1-2\cos7\alpha_1+2\cos7\alpha_2-2\cos7\alpha_3+2\cos7\alpha_4-2\cos7\alpha_5]=0$$

$$U_{11m}=\frac{2U_d}{11\pi}[1-2\cos11\alpha_1+2\cos11\alpha_2-2\cos11\alpha_3+2\cos11\alpha_4-2\cos11\alpha_5]=0$$

$$U_{13m}=\frac{2U_d}{13\pi}[1-2\cos13\alpha_1+2\cos13\alpha_2-2\cos13\alpha_3+2\cos13\alpha_4-2\cos13\alpha_5]=0$$

上述五个方程式中，共有 $\alpha_1, \alpha_2,\cdots, \alpha_5$ 这五个需要求解的开关时刻相位角，一般采用数值法迭代求解，然后再利用 1/4 周期对称性，计算出 $\alpha_{10}=\alpha_{2m}=\pi-\alpha_1$，以及 $\alpha_9, \alpha_8, \alpha_7, \alpha_6$ 各值。这样的数值计算法在理论上虽能消除所指定次数的谐波，但更高次数的谐波却可能反而增大，不过它们对电动机电流和转矩的影响已经不大，所以这种控制技术的效果还是不错的。由于上述数值求解方法的复杂性，而且对应于不同基波频率应有不同的基波电压幅值，求解出的脉冲开关时刻也不一样。所以这种方法不适宜用于实时控制，需用计算机离线求出开关角的数值，放入微机内存，以备控制时调用。

3.5 CHBPWM 控制技术

应用 PWM 控制技术的变频器一般都是电压源型的，它可以按需要方便地控制其输出电压。为此，前面所述的 PWM 控制技术都是以输出电压近似正弦波为目标的。但是，对于交流电动机，实际需要保证的应该是正弦波电流，因为只有在交流电动机绕组中通入三相平衡的正弦波电流才能使合成的电磁转矩为恒定值，不含脉动分量。因此，若能对电流实行闭环控制，以保证其正弦波形，则显然将比电压控制能够获得更好的效果。

常用的一种电流闭环控制方法是电流滞环跟踪 PWM（Current Hysteresis Band PWM，CHBPWM）控制。电流滞环跟踪 PWM 控制的 PWM 变频器的 A 相控制原理电路如图 3.30 所示，其中，电流控制器是带滞环的比较器 HBC，环宽为 $2h$。将给定电流 i_a^* 与输出电流 i_a 进行比较，当电流偏差 Δi_a 超过 $\pm h$ 时，经滞环控制器 HBC 控制逆变器 A 相上（或下）桥臂的电力电子器件工作。B、C 两相的原理图和控制方法均与此相同。

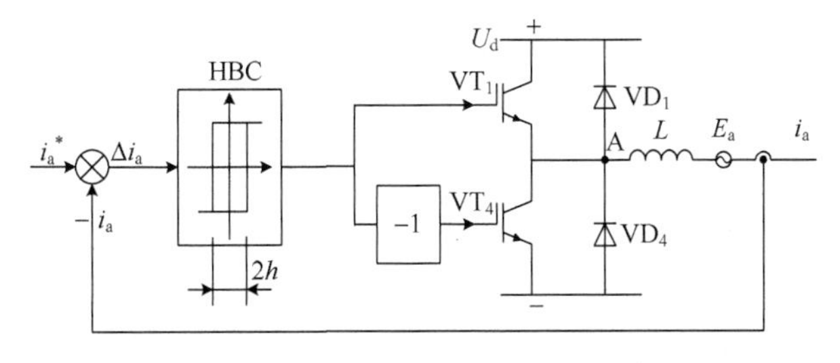

图 3.30　电流滞环跟踪控制的 A 相原理电路

采用电流滞环跟踪控制时，变频器的电流波形与相应的 PWM 相电压波形如图 3.31

所示。设在图中的 t_0 时刻，$i_a<i_a^*$，且 $\Delta i_a=i_a^*-i_a\geqslant h$，滞环控制器 HBC 输出正电平，驱动上桥臂电力电子开关器件 VT_1 导通，变频器输出正电压，使 i_a 增大。当 i_a 增大到与 i_a^* 相等时，虽然 $\Delta i_a=0$，但 HBC 仍保持正电平输出，VT_1 保持导通，使 i_a 继续增大。直到 $t=t_1$ 时刻，达到 $i_a=i_a^*+h$，$\Delta i_a=-h$，使滞环翻转，HBC 输出负电平，关断 VT_1，并经延时后驱动 VT_4。但此时 VT_4 未必能够导通，由于电动机绕组的电感作用，电流 i_a 不会即刻反向，而是通过二极管 VD_4 续流，使 VT_4 受到反向钳位而不能导通。此后，i_a 逐渐减小，直到 $t=t_2$ 时，$i_a=i_a^*-h$，达到滞环偏差的下限值，使 HBC 再翻转，又重复使 VT_1 导通。这样，VT_1 与 VD_4 交替工作，使输出电流 i_a 与给定值 i_a^* 之间的偏差保持在$\pm h$ 范围内，在正弦波 i_a^* 上下作锯齿状变化。从图 3.31 中可以看到，输出电流 i_a 是十分接近正弦波的。

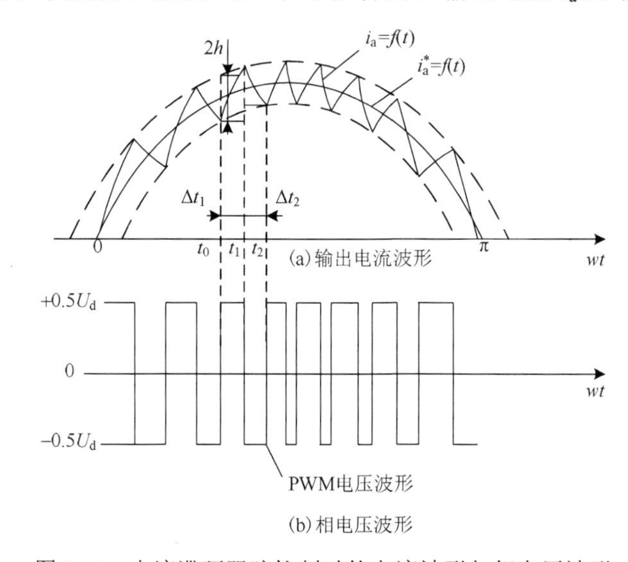

图 3.31　电流滞环跟踪控制时的电流波形与相电压波形

图 3.31 给出了在给定正弦波电流 i_a^* 半个周期内的输出电流波形 $i_a=f(t)$ 和相应的相电压波形。可以看出，$i_a=f(t)$ 围绕正弦波作脉动变化，无论在 i_a 的上升段还是下降段，它都是指数曲线中的一小部分，其变化率与电路参数和电动机的感应电动势有关。在 i_a 上升阶段，逆变器输出相电压是$+0.5U_d$，在 i_a 下降阶段，是$-0.5U_d$。这时的输出相电压波形虽然也呈 PWM 状，但与两侧窄中间宽的 SPWM 波相反，是两侧增宽而中间变窄的。这说明为了使电流波形跟踪正弦波，PWM 电压波形与追求电压接近正弦波时是不一样的。

电流跟踪控制的精度与滞环的环宽有关，同时还受到电力电子开关器件允许开关频率的制约。当环宽 $2h$ 选得较大时，可降低开关频率，但电流波形畸变较多，谐波含量高；如果环宽太小，电流波形虽然较好，但使开关频率增大了。这是一对矛盾的因素，实际选择时，应在充分利用器件开关频率的前提下，正确地选择尽可能小的环宽。

为了分析环宽与器件开关频率之间的关系，先作如下的假定：①忽略开关死区时间，认为同一桥臂上、下两个开关器件的“开”和“关”是瞬时完成、互补工作的；②考虑到器件允许开关频率较高，电动机定子绕组漏感的作用远大于定子电阻的作用，可以忽略定子电阻的影响。

设任何一相的给定正弦波电流为

$$i^* = I_m \sin \omega t \tag{3-36}$$

在上述假定条件下，由图 3.30 和图 3.31(a)可写出以下两式：

$$\frac{di^+}{dt} = \frac{0.5U_d - E_a}{L} \tag{3-37}$$

$$\frac{di^-}{dt} = \frac{-0.5U_d - E_a}{L} \tag{3-38}$$

式中，i^+、i^-为电流 i 的上升段和下降段；L 为电动机绕组漏感；E_a为电动机的感应电动势。

对于图 3.31(a)中的电流上升段，持续时间为 $\Delta t_1 = t_1 - t_0$，由电流波形的近似三角形可以写出

$$\frac{di^+}{dt} = \frac{\Delta t_1 \frac{di^*}{dt} + 2h}{\Delta t_1} \tag{3-39}$$

将式(3-37)代入式(3-39)，得出电流上升段时间为

$$\Delta t_1 = \frac{2hL}{0.5U_d - \left(E_a + L\frac{di^*}{dt}\right)} \tag{3-40}$$

同理，对电流下降段可求得

$$\frac{di^-}{dt} = \frac{\Delta t_2 \frac{di^*}{dt} - 2h}{\Delta t_2} \tag{3-41}$$

和

$$\Delta t_2 = \frac{2hL}{0.5U_d + \left(E_a + L\frac{di^*}{dt}\right)} \tag{3-42}$$

式中，Δt_2是电流下降段的持续时间，$\Delta t_2 = t_2 - t_0$。

取式(3-40)、式(3-42)之和，得出变频器的一个开关周期为

$$\Delta t_1 + \Delta t_2 = \frac{2hLU_d}{(0.5U_d)^2 - \left(E_a + L\frac{di^*}{dt}\right)^2}$$

相应的开关频率为

$$f_t = \frac{1}{\Delta t_1 + \Delta t_2} = \frac{(0.5U_d)^2 - \left(E_a + L\frac{di^*}{dt}\right)^2}{2hLU_d} \tag{3-43}$$

由式(3-43)可以看出，采用电流滞环跟踪控制时，电力电子器件的开关频率与环宽 $2h$ 成反比。式(3-43)还表明，开关频率并不是常数，它是随 E_a和 di^*/dt 变化的。由于电动势 E_a取决于电动机的转速，转速越低，E_a就越小，开关频率 f_t也就越高，最大的开关

频率发生在电动机堵转的情况下。当 $E_a=0$ 时，堵转开关频率变成

$$f_{t0}=\frac{0.25U_d^2-\left(L\frac{\mathrm{d}i^*}{\mathrm{d}t}\right)^2}{2hLU_d} \tag{3-44}$$

由于给定电流 i^*是正弦函数(见式(3-36))，其导数为

$$\frac{\mathrm{d}i^*}{\mathrm{d}t}=\omega I_m\cos\omega t \tag{3-45}$$

它表明在电流变化一个周期内的不同时刻，导数 $\mathrm{d}i^*/\mathrm{d}t$ 在$-\omega L_m$～0～$+\omega L_m$连续变化，因此可求得在电动机堵转时变频器开关频率的最大值和最小值分别为

$$f_{t0\max}=\frac{U_d}{8hL}\quad(\omega t=\frac{\pi}{2},\frac{3\pi}{2},\cdots) \tag{3-46}$$

$$f_{t0\min}=\frac{0.25U_d^2-(\omega LI_m)^2}{2hLU_d}\quad(\omega t=0,\pi,2\pi,\cdots) \tag{3-47}$$

依此可画出电动机堵转时变频器开关频率随给定电流周期的变化规律，如图 3.32 所示。

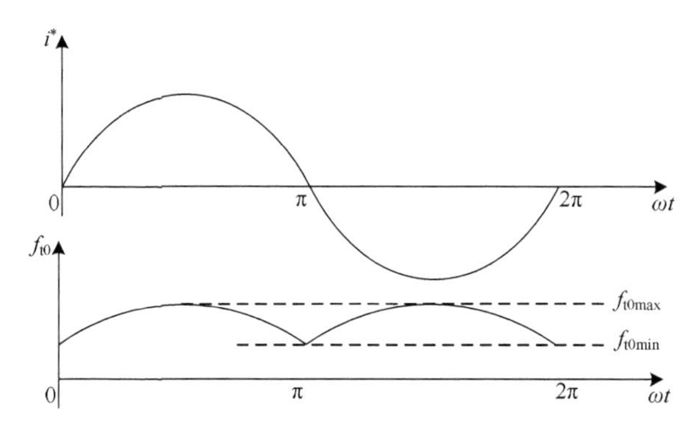

图 3.32　电动机堵转时变频器开关频率随给定电流周期性的变化规律

当电动机运转时，开关频率随转速的升高而降低，由于感应电动势也按正弦函数周期的变化，它与 $L\mathrm{d}i^*/\mathrm{d}t$ 之和仍是正弦周期函数，开关频率的变化规律不变，只是发生最大值和最小值的相位有所不同。

电流滞环跟踪控制方法的精度高、响应快，且易于实现。但受电力电子开关器件允许开关频率的限制，仅在电动机堵转且在给定电流峰值处才发挥出最高开关频率，在其他情况下，器件的允许开关频率都未得到充分利用。为了克服这个缺点，可以采用具有恒定开关频率的电流控制器，或者在局部范围内限制开关频率，但这样对电流波形都会产生影响。

具有电流滞环跟踪控制的 PWM 型变频器用于调速系统时，只需改变电流给定信号的频率即可实现变频调速，无须再人为地调节逆变器电压。此时，电流控制环只是系统的内环，外侧仍应有转速外环，才能视不同负载的需要自动控制给定电流的幅值。

3.6 SVPWM控制技术

经典的SPWM控制着眼于使变频器的输出电压波形尽量接近正弦波，并未顾及输出电流的波形。电流滞环跟踪PWM控制则直接控制变频器的输出电流波形，使之接近于正弦波，这就比只要求正弦电压前进了一步。然而，交流电动机需要输入三相正弦电流的最终目的是能在电动机空间形成一个圆形的旋转磁场，从而产生恒定的电磁转矩。如果对准这一目标，把逆变器和交流电动机视为一体，按照跟踪圆形旋转磁场来控制逆变器的工作，则其效果应更好。这种控制技术称为“磁链跟踪控制”。由于磁链的轨迹是通过交替使用不同的电压空间矢量得到的，所以又称为“电压空间矢量PWM(Space Vector PWM，SVPWM)控制”。

3.6.1 电压空间矢量的概念

下面从电压空间矢量的概念开始讨论这种调制过程。

首先来看三相平衡正弦电压供电时的情况。设交流电机定子三相绕组对称，绕组轴线作空间对称分布，如图3.33所示。当三相平衡正弦电压

$$\left.\begin{aligned} u_{AO} &= \sqrt{2}U_{\varphi}\cos\omega_1 t \\ u_{BO} &= \sqrt{2}U_{\varphi}\cos(\omega_1 t - 120°) \\ u_{CO} &= \sqrt{2}U_{\varphi}\cos(\omega_1 t + 120°) \end{aligned}\right\} \tag{3-48}$$

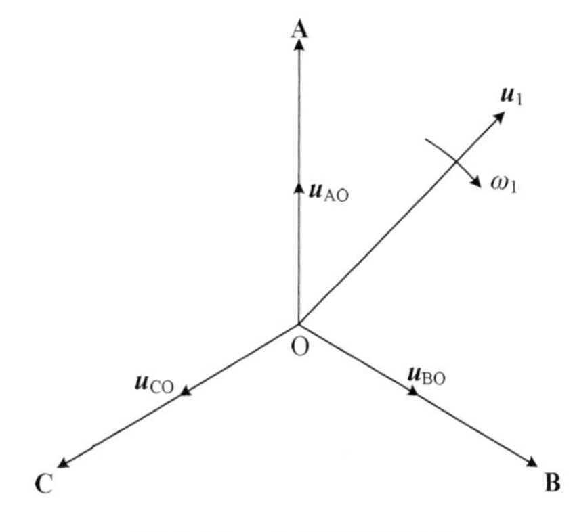

图3.33　电压空间矢量

施加在三相绕组上时，一方面可以将各相电压定义成单相电压空间矢量 $\boldsymbol{u}_{AO}, \boldsymbol{u}_{BO}, \boldsymbol{u}_{CO}$，其方向在各相轴线上，大小随时间正弦交变，时间相位互差 120°；另一方面可将三相的电压空间矢量相加，形成一个合成电压空间矢量 $\boldsymbol{u}_1$

$$\boldsymbol{u}_1 = \boldsymbol{u}_{AO} + \boldsymbol{u}_{BO} + \boldsymbol{u}_{CO} \tag{3-49}$$

这是一个旋转空间矢量：幅值为 $U_m = \dfrac{3}{2}\sqrt{2}U_{\varphi}$ 恒定，以角频率 ω_1 恒速旋转，转向遵循供电电压相序，即哪相电压瞬时值最大时即转至该相轴线上。

根据同样的道理，可以定义电机中的其他合成空间矢量，如定子电流 $\boldsymbol{i}_1$、磁链 ψ_1。这样，原由标量形式表示的三相定子电压方程组

$$\left.\begin{aligned} u_{AO} &= R_1 i_{AO} + \frac{d\Psi_{AO}}{dt} \\ u_{BO} &= R_1 i_{BO} + \frac{d\Psi_{BO}}{dt} \\ u_{CO} &= R_1 i_{CO} + \frac{d\Psi_{CO}}{dt} \end{aligned}\right\} \tag{3-50}$$

就可以简洁地采用电压空间矢量方程来表示

$$\boldsymbol{u}_1 = R_1\boldsymbol{i}_1 + \frac{\mathrm{d}\boldsymbol{\psi}_1}{\mathrm{d}t} \tag{3-51}$$

当运行频率不太低时，可以忽略定子电阻压降的影响，则

$$\boldsymbol{u}_1 \approx \frac{\mathrm{d}\boldsymbol{\psi}_1}{\mathrm{d}t} \tag{3-52}$$

或

$$\boldsymbol{\psi}_1 \approx \int \boldsymbol{u}_1 \mathrm{d}t \tag{3-53}$$

由于平衡的三相正弦电压供电时定子磁链空间矢量幅值恒定，以供电角频率 ω_1 在空间恒速旋转，其矢量顶点运动轨迹构成了一个圆，这就是磁链跟踪控制中用于基准的磁链圆。从基准磁链圆心指向圆周的定子磁链空间矢量 $\boldsymbol{\psi}_1$ 可作如下表示

$$\boldsymbol{\psi}_1 = \Psi_\mathrm{m}\mathrm{e}^{\mathrm{j}\omega_1 t} \tag{3-54}$$

式中，Ψ_m 为 $\boldsymbol{\psi}_1$ 的幅值；ω_1 为旋转角速度。

根据式(3-52)可求得

$$\boldsymbol{u}_1 \approx \frac{\mathrm{d}}{\mathrm{d}t}\left(\Psi_\mathrm{m}\mathrm{e}^{\mathrm{j}\omega_1 t}\right) = \omega_1\Psi_\mathrm{m}\mathrm{e}^{\mathrm{j}(\omega_1 t+\pi/2)} = U_\mathrm{m}\mathrm{e}^{\mathrm{j}(\omega_1 t+\pi/2)} \tag{3-55}$$

$$\Psi_\mathrm{m} = \frac{U_\mathrm{m}}{\omega_1} = \frac{U_\mathrm{m}}{2\pi f_1} \tag{3-56}$$

可以看出，实行恒定的电压频率比 $U_\mathrm{m}/(2\pi f_1)$=C 控制是获得圆形旋转磁场的必要条件。

当采用三相 PWM 逆变器供电时情况就不会如此理想。由于逆变器功率元件只能工作在开关状态，无法产生出理想的正弦电压或电流，所以必须进行逆变器开关模式的有效控制，才能使电机中实际磁链轨迹接近圆形。

在电压源型逆变器供电条件下，功率开关元件一般采用 180°导通型，这样在任一时刻都会有不同桥臂的三个元件同时导通，向三相定子绕组提供一组三相电压，也就构成了一个电压空间矢量 $\boldsymbol{u}_1$。我们可以按 A、B、C 的相序排列使用一组“1”、“0”的逻辑量来标出不同的合成空间矢量，规定逆变器上桥臂元件导通时逻辑量取“1”，下桥臂导通时逻辑量取“0”。这样，按图 3.19 所示开关元件的编号，逆变器共有 8 种开关状态并形成相应八种电压空间矢量：VT_6、VT_1、VT_2 通[形成 $\boldsymbol{u}_1(100)$]，VT_1、VT_2、VT_3 通[形成 $\boldsymbol{u}_1(110)$]，VT_2、VT_3、VT_4 通[形成 $\boldsymbol{u}_1(010)$]，VT_3、VT_4、VT_5 通[形成 $\boldsymbol{u}_1(011)$]，VT_4、VT_5、VT_6 通[形成 $\boldsymbol{u}_1(001)$]，VT_5、VT_6、VT_1 通[形成 $\boldsymbol{u}_1(101)$]，以及 VT_1、VT_3、VT_5 通[形成 $\boldsymbol{u}_1(111)$]，VT_2、VT_4、VT_6 通[形成 $\boldsymbol{u}_1(000)$]。其中，$\boldsymbol{u}_1(100)$、$\boldsymbol{u}_1(110)$、$\boldsymbol{u}_1(010)$、$\boldsymbol{u}_1(011)$、$\boldsymbol{u}_1(001)$、$\boldsymbol{u}_1(101)$ 六种为有效电压空间矢量，其幅值相等仅相位不同；$\boldsymbol{u}_1(111)$ 和 $\boldsymbol{u}_1(000)$ 为无效电压空间矢量，均相当于三相绕组接至同一极性直流母线，其矢量幅值为零，也无相位。由于 6 阶梯波逆变器工作时开关元件每隔 $\pi/3$ 换流一次，使一个输

出周期内逆变器的 6 个有效开关模式各出现一次，持续 π/3 电角度时间，由此可有六种有效电压空间矢量，其幅值相等、互差 π/3 电角度。如果按照图 3.33 所示三相绕组轴线 **A**、**B**、**C** 的空间布置，可以形成如图 3.34 所示的 6 阶梯波逆变器供电时三相电机的电压空间矢量图，它是一个封闭的正六边形。由于无效电压空间矢量 $\boldsymbol{u}_1$(111)、$\boldsymbol{u}_1$(000)幅值为零，称为零矢量，并认为它位于坐标原点处。

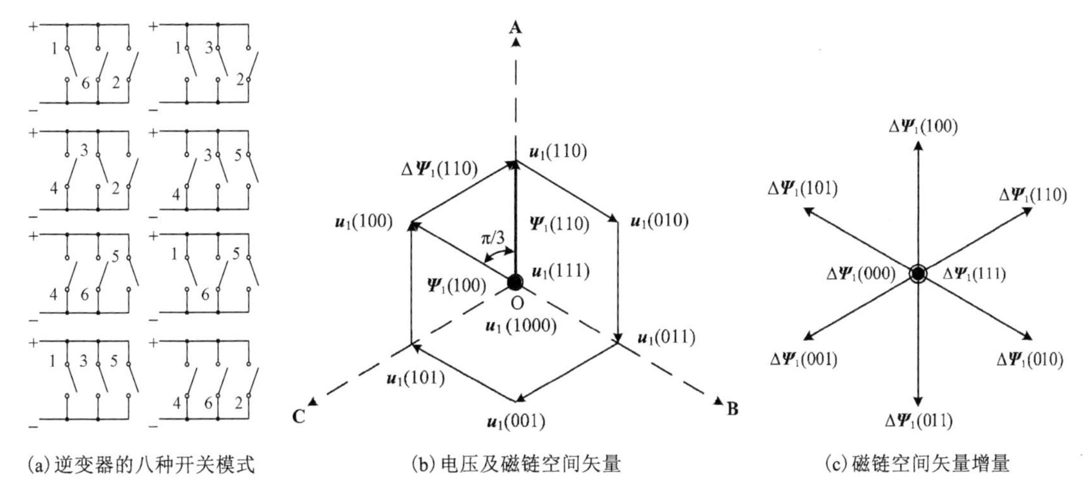

(a) 逆变器的八种开关模式　(b) 电压及磁链空间矢量　(c) 磁链空间矢量增量

图 3.34　6 阶梯波逆变器供电时三相合成电压及磁链空间矢量

设逆变器的工作周期从 VT_1、VT_6、VT_2 导通模式下开始，电机在 $\boldsymbol{u}_1$(100)作用下建立了相应的定子磁链空间矢量 $\boldsymbol{\Psi}_1$(100)。进入下一个 VT_1、VT_2、VT_3 导通模式时，在 $\boldsymbol{u}_1$(110) 电压矢量作用下经历 π/3 电角度所对应的 ΔT 时间，产生出磁链矢量增量 $\Delta\psi_1(110)=\boldsymbol{u}_1(110)\Delta T$，从而可形成新的磁链空间矢量 $\psi_1(110)=\psi_1(100)+\Delta\psi_1(110)$，如图 3.34(b)粗矢量线所示。以此类推，六个电压空间矢量对时间 ΔT 积分所形成的六个磁链空间矢量增量 $\Delta\psi_1$(100)、$\Delta\psi_1$(110)、$\Delta\psi_1$(010)、$\Delta\psi_1$(011)、$\Delta\psi_1$(001)、$\Delta\psi_1$(101)及相应零矢量 $\Delta\psi_1$(111)和 $\Delta\psi_1$(000)，如图 3.34(c)所示。由于定子磁链空间矢量端点的运动轨迹也就是电压空间矢量运动所形成的正六边形，说明 6 阶梯波逆变器供电方式下电机中生成的是步进磁场而非圆形旋转磁场，磁通矢量每隔 60° 跳变一次，使电机气隙磁通大小、瞬时速度均随时间变化，包含很多的磁场谐波，造成转矩、转速波动，恶化运行性能。

3.6.2　电压空间矢量的实现方法

造成步进磁场的原因是逆变器采取了一个输出周期只开关 6 次的工作模式，每种开关模式又持续 1/6 周期。如果想要获得一个近似圆形的旋转磁场，则必须使用更多的开关模式，形成更多的电压及磁链空间矢量，为此必须对逆变器工作方式进行改造。虽然逆变器只有 8 种开关模式，只能形成 8 种磁链空间矢量，但可以采用细分矢量作用时间和组合新矢量的方法，形成尽可能逼近圆形的多边磁链轨迹。这样，在一个输出周期内逆变器的开关切换次数显然要超过 6 次，有的开关模式将多次重复，逆变器输出电压波形将不再是

6 阶梯波而是等幅不等宽的脉冲序列，这就形成了磁链跟踪控制的 PWM 方式。

在使用以上 8 种电压空间矢量形成尽可能圆形的磁通轨迹控制过程中，常用三段逼近式磁链跟踪控制方法并辅之以零矢量分割技术。图 3.35 为理想磁链圆上两相近时刻的磁链矢量关系。设 t_k 时刻磁链空间矢量为 $\boldsymbol{\psi}_{1(k)}=\boldsymbol{\psi}_{\mathrm{m}}\mathrm{e}^{\mathrm{j}\theta_k}$，$t_{(k+1)}$时刻磁链空间矢量为 $\boldsymbol{\psi}_{1(k+1)}=\boldsymbol{\psi}_{\mathrm{m}}\mathrm{e}^{\mathrm{j}\theta_{(k+1)}}$，它应看作是在 $\boldsymbol{\psi}_{1k}$ 的基础上叠加由相关电压空间矢量在 $\Delta\theta_k=\theta_{(k+1)}-\theta_k$ 时间内所形成的磁链空间矢量增量 $\Delta\boldsymbol{\psi}_{1k}$ 的结果，即

$$\boldsymbol{\psi}_{1(k+1)}=\Psi_{\mathrm{m}}\mathrm{e}^{\mathrm{j}\theta_k}+\Psi_{\mathrm{m}}\mathrm{e}^{\mathrm{j}\Delta\theta_k}=\boldsymbol{\psi}_{1k}+\Delta\boldsymbol{\psi}_{1k} \tag{3-57}$$

式中，$\Delta\boldsymbol{\psi}_{1k}=\Psi_{\mathrm{m}}\cdot\mathrm{e}^{\mathrm{j}\Delta\theta_k}$；$\Delta\theta_k=\omega_1\Delta t_k$。

由于磁链跟踪控制时采用等区间划分方式，任意时刻的时间间隔均相等，故有

$$\begin{aligned}\Delta t_k&=\frac{1}{Nf_1}\\ \Delta\theta_k&=\omega_1\Delta t_k=\frac{2\pi}{N}\end{aligned} \tag{3-58}$$

式中，f_1 为 PWM 的输出频率；N 为磁链圆的等分数。对于 N 的处理有两种方式：一是如 SPWM 调制中的分段同步调制一样，将整个调速频率范围分为几个区段，每段中各自保持 N 为 6 的某一倍数值不变，以使 $\Delta\boldsymbol{\psi}_{1k}$ 终点永远落在区间的终点上，这种称为同步调制。二是在整个调速频率范围内维持 Δt_k 为常数，N 值随运行频率 f_1 变化，且不一定为 6 的倍数，这种称为感应调制。

由于三相电压型逆变器输出的电压及其磁链空间矢量只有 6 种有效形式，采用单一磁链矢量形成 $\Delta\boldsymbol{\psi}_{1k}$ 时会使实际磁链轨迹偏离理想磁链圆，典型例子如 6 阶梯波逆变器产生的正六边形磁链矢量轨迹(见图 3.34)。为了获得尽可能接近圆形的磁链轨迹，除增大 N 值外，更需要用多段的实际磁链矢量来合成 $\Delta\boldsymbol{\psi}_{1k}$，三段逼近式磁链跟踪 PWM 控制就是用两种实际磁链矢量分三段来合成 $\Delta\boldsymbol{\psi}_{1k}$ 的方法。在 N=6 时，理想磁链圆被划分为 6 个 60° 电角度区间，每一区间内的矢量增量 $\Delta\boldsymbol{\psi}_{1k}$ 应选用与其夹角最小的两种实际磁链矢量来合成，并根据 $\boldsymbol{u}_1\cdot\Delta t_k=\Delta\boldsymbol{\psi}_{1k}$ 关系来确定每个矢量的作用时间。以图 3.36 所示的(0～π/3)区间为例，当电机顺时针方向正向旋转时，应选用磁链增矢量 $\Delta\boldsymbol{\psi}_1$ (100)(称 l 矢量，作用时间为 T_l)和 $\Delta\boldsymbol{\psi}_1$ (110)(称 m 矢量，作用时间为 T_m)来合成 $\Delta\boldsymbol{\psi}_{1k}$。由于使用两个 l 矢量和两个 m 矢量来合成 $\Delta\boldsymbol{\psi}_{1k}$，其大小可求得

$$\Delta\Psi_{1k}=2\sqrt{\frac{2}{3}}U_{\mathrm{d}}T_l+2\sqrt{\frac{2}{3}}U_{\mathrm{d}}T_m \tag{3-59}$$

式中，U_{d} 为逆变器输入直流电压大小；$\sqrt{\frac{2}{3}}$ 为坐标折算引入的系数。

由于 l、m 矢量在 $\Delta\theta_k=\omega\cdot\Delta t_k$ 区间内作用的总时间 $2(T_l+T_m)$ 不一定等于 Δt_k，此时要用零矢量的作用时间来调节，以使 l、m 矢量作用产生的磁链角速度正好等于 $\omega=2\pi f$，即使调制生成的 PWM 波基波频率正好为所要求的输出频率 f_1。如果在 l、m 矢量之间各集中加入一个零矢量(幅值为 U_0=0，作用时间为 T_0)，则磁链增矢量幅值的完整表达应为

$$\Delta\boldsymbol{\psi}_{1k}=2\sqrt{\frac{2}{3}}U_{\mathrm{d}}T_l+2\sqrt{\frac{2}{3}}U_{\mathrm{d}}T_m+2U_0T_0 \tag{3-60}$$

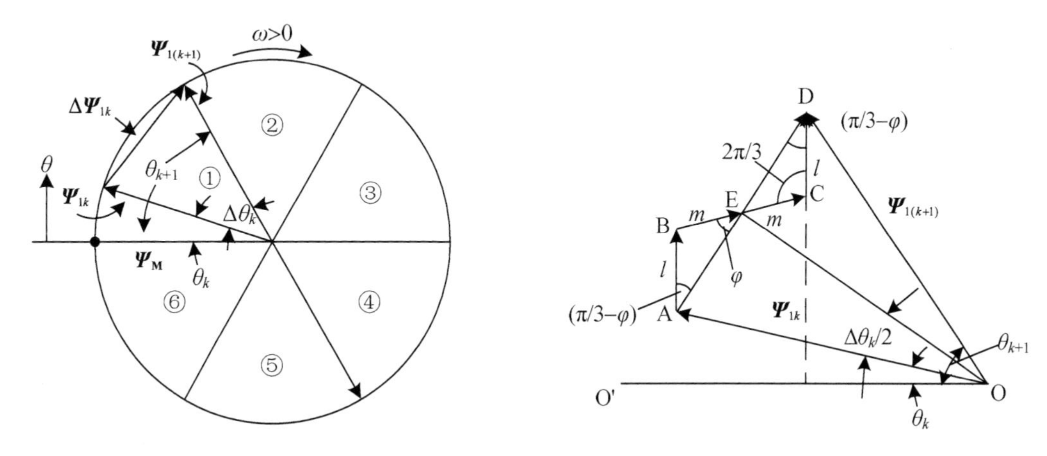

图 3.35 理想磁链圆区间划分及相邻磁链矢量关系 图 3.36 三段逼近式磁链跟踪算法

为实现三段逼近式磁链跟踪 PWM 控制，必须计算出区间内 l、m 矢量及零矢量作用时间 T_l 、T_m 及 T_0。根据图 3.36 三角形关系，按正弦定理可得

$$\frac{\overline{\mathrm{CD}}}{\sin\varphi}=\frac{\overline{\mathrm{EC}}}{\sin(\pi/3-\varphi)}=\frac{\overline{\mathrm{ED}}}{\sin(2\pi/3)} \tag{3-61}$$

式中

$$\varphi=\frac{\pi}{3}-\left(\theta_k+\frac{1}{2}\Delta\theta_k\right) \tag{3-62}$$

由于

$$\overline{\mathrm{CD}}=\sqrt{\frac{2}{3}}U_{\mathrm{d}}T_l$$

$$\overline{\mathrm{EC}}=\sqrt{\frac{2}{3}}U_{\mathrm{d}}T_m$$

$$\overline{\mathrm{ED}}=\varPsi_{\mathrm{m}}\sin(\Delta\theta_k/2)\approx\varPsi_{\mathrm{m}}\omega_1\Delta t_k/2$$

可以解出

$$\left.\begin{aligned}T_l&=\frac{\varPsi_{\mathrm{m}}\omega_1\Delta t_k}{\sqrt{2}U_{\mathrm{d}}}\sin\varphi\\T_m&=\frac{\varPsi_{\mathrm{m}}\omega_1\Delta t_k}{\sqrt{2}U_{\mathrm{d}}}\sin\left(\frac{\pi}{3}-\varphi\right)\\T_0&=\frac{1}{2}(\Delta t_k-2T_l-2T_m)\end{aligned}\right\} \tag{3-63}$$

从以上分析可以看出，零矢量的加入可以起到调节 PWM 输出基波频率 f 的作用。

但当运行频率 f_1 降低时，时间间隔 $\Delta t_k=\dfrac{1}{Nf_1}$ 将增大，零矢量作用时间 T_0 也增加。如果仍然采用将零矢量集中施加在两点的方式，则输出 PWM 波形将恶化，谐波加剧。为解决这个问题，可以采用零矢量分割法，即将计算出的零矢量作用时间 T_0 进行细分，使之不再集中施加在两点上而均匀分散施加在多点处。这样，三段逼近式的三段矢量将分解为多个 l 矢量、多个 m 矢量和多个零矢量，从而实现由多个小步替代集中的几步完成实际磁链矢量对理想磁链圆的追踪，这就有效地改善了低频运行时的 PWM 波形输出特性。

以上讨论的是 0～π/3 的第 1 个 60° 区间内三段式磁链追踪 PWM 控制过程。可以把理想磁链圆分成 6 个 60° 区间，在每个区间中选用其平均进行方向与该区间弦线方向一致的两磁链矢量增量为其 l 和 m 矢量，辅之以分割的零矢量，从区间 1 至区间 6 依次完成其三段磁链矢量的逼近，使逆变器输出 PWM 电压波形构成一个完整输出周期，这就是电动机正转($\omega_1>0$)的情况，如图 3.35 所示。如果从区间 6 至区间 1 依次实现三段磁链逼近过程，则可使电动机反转($\omega_1<0$)。

在磁链跟踪控制中，无论是采用何种跟踪方法，磁链空间矢量均是通过对逆变器开关模式的控制进行选择的，也就是通过对电压空间矢量控制来实现的。下面再以 N=12(即将理想磁链圆划分为 12 个 π/6 区间)为例给出三段式磁链跟踪 PWM 控制的各区间 l、m 磁链及相应的电压空间矢量选择，如图 3.37 及表 3.5 所示。可以看出，由于 N 的增大，磁链矢量每次移动 30°，磁链轨迹比六边形更接近圆形，逆变器输出 PWM 电压波形得到进一步优化。

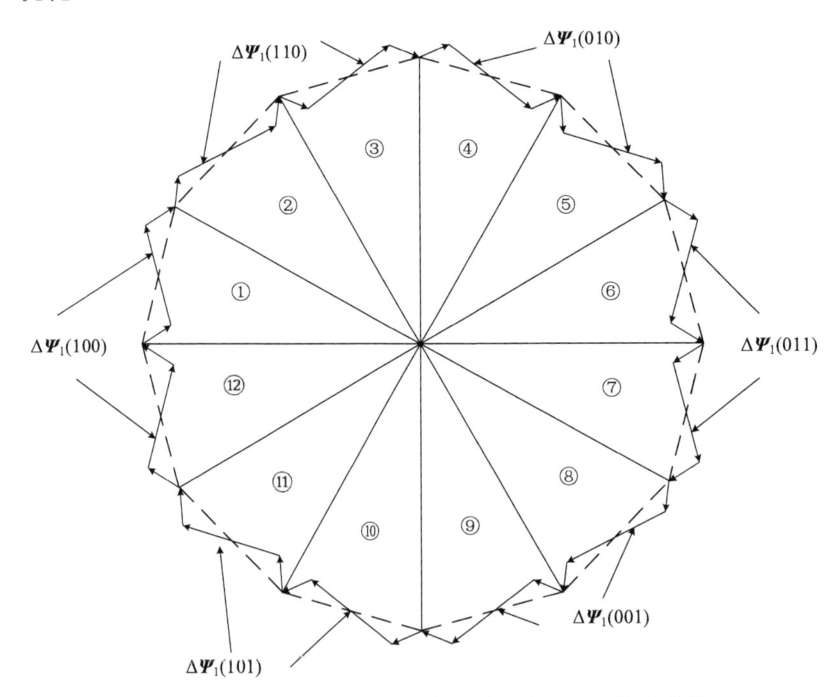

图 3.37　N=12 时，三段式磁链跟踪 PWM 控制磁链

表 3.5　N=12 时，各区间电压 l、m 矢量

区间	①	②	③	④	⑤	⑥	⑦	⑧	⑨	⑩	⑪	⑫
m 矢量	$\boldsymbol{u}_1$ (100)	$\boldsymbol{u}_1$ (110)	$\boldsymbol{u}_1$ (110)	$\boldsymbol{u}_1$ (010)	$\boldsymbol{u}_1$ (010)	$\boldsymbol{u}_1$ (011)	$\boldsymbol{u}_1$ (011)	$\boldsymbol{u}_1$ (001)	$\boldsymbol{u}_1$ (001)	$\boldsymbol{u}_1$ (101)	$\boldsymbol{u}_1$ (101)	$\boldsymbol{u}_1$ (100)
l 矢量	$\boldsymbol{u}_1$ (110)	$\boldsymbol{u}_1$ (100)	$\boldsymbol{u}_1$ (010)	$\boldsymbol{u}_1$ (110)	$\boldsymbol{u}_1$ (011)	$\boldsymbol{u}_1$ (010)	$\boldsymbol{u}_1$ (001)	$\boldsymbol{u}_1$ (011)	$\boldsymbol{u}_1$ (101)	$\boldsymbol{u}_1$ (001)	$\boldsymbol{u}_1$ (100)	$\boldsymbol{u}_1$ (101)

3.6.3　电压空间矢量的特点

SVPWM 控制模式有以下特点。

(1) 利用 SVPWM 控制技术，使逆变器输出一系列等幅不等宽的脉冲波电压，可以满足三相电动机逼近圆形旋转磁场的要求，获得逆变器-电动机系统总体性能最佳的效果。

(2) SVPWM 控制方法将电动机旋转磁场的轨迹问题转化成电压空间矢量的运动轨迹问题，可以利用电压空间矢量的计算，很简便地直接生成 SVPWM 波电压。

(3) 为了使电动机旋转磁场尽可能逼近圆形，必须使开关周期尽量短，但它受到电力电子器件允许开关频率的制约。

(4) 在每个开关周期内，虽有多次开关状态的切换，但每次切换都只涉及一个开关器件，因而开关损耗较小。

(5) 与一半的 SPWM 逆变器比较，采用 SVPWM 控制时，逆变器输出电压最多可提高 15%。

本书后面章节将讨论的直接转矩控制技术等相关内容将应用到 SVPWM 控制技术，其原理与本节所讨论的相同，仅在具体的控制方法上由于技术要求的不同而有所改变。

思　考　题

3-1　电压型三相桥式逆变器 120° 导通型和 180° 导通型有何差异？输出电压波形有何特点？感性无功电流如何构成回路流通？

3-2　PWM 型变频器输出电压的幅值和频率是如何调节的？分别就 SPWM 和磁链跟踪控制两种不同方式作出说明。

3-3　PWM 逆变器控制方法中，磁链跟踪控制与 SPWM 相比有何优点？

3-4　简述交-直-交电压型逆变器功率元件的导通规律。

3-5　试述电流跟踪型 PWM 逆变器的运行原理。

习　　题

3-1　计算交-直-交电压型逆变器在各种状态下，负载为星形接法时输出相电压和线电压，并画出波形图。

3-2　调节交-直-交电压型逆变器输出电压的方法有哪些？

3-3　试述交-交变频器基本原理。试述单极性和双极性正弦波 PWM 原理。

3-4　试述自然采样法、对称规则采样法和非对称规则采样法原理。

3-5　改变滞宽使 f_T 恒定，可以采用什么方法？试分别说明其原理。

第 4 章　感应电动机变频调速系统

感应电动机结构简单、坚固耐用、工作可靠，在工业、农业电气传动中使用很广。研究和应用感应电动机的调速，对节省能源和设备技术改造投资、促进生产过程自动化等具有十分重要的意义。

交流电动机的调速较直流电动机复杂。长期以来，存在转矩控制困难，不能与定子电流直接对应，因而性能较差的问题。但随着电力电子技术、现代自动控制理论和微机控制技术的发展，交流电动机变频调速的性能可与直流电动机调速相媲美，已得到广泛的应用。

感应电动机变频调速系统的设计根据技术要求和应用场合，可分为两大类：其一，以控制电机平均转矩为目的的简易控制系统，如 U/f=C(恒电压频率比)和 sf(转差频率)控制的变频调速系统，其中 U/f=C 控制系统应用最广，因为它无须速度、电流反馈，工作在开环状态，应用方便。sf 控制则多用于对加、减速等动态性能有较高要求的场合，但其控制的转矩仍是平均转矩，因为控制过程中对定子电流 I_1 的相位角无法控制，均属标量控制。其二，为矢量控制系统，即对定子电流的幅值和相位都加以控制，它可以控制感应电动机的瞬时转矩，提高动态响应速度。其性能优良，但矢量控制的信息处理必须借助于微机。

研究工作者之后又提出了磁通轨迹控制原理，采用转矩直接控制，可使性能全面优于矢量控制，它是一种很有发展前途的新颖调速方法。

本章首先概要介绍感应电动机开环变频调速系统；然后讨论 sf 控制的变频调速系统和矢量控制的调速系统；最后介绍感应电动机转矩直接控制原理。

4.1　感应电动机开环变频调速系统

随着大功率器件的发展，利用逆变技术对感应电动机实施变频调速已得到广泛应用。最初采用方波逆变器，但由于谐波分量大，故增加电机运行发热、转矩脉动，噪声也大，尤其低速运行时，影响更大。以后采用 SPWM 代替方波，降低了谐波分量，收到了较好的效果。这里首先介绍数字控制感应电动机开环变频调速系统。其原理图如图 4.1 所示。其中包括主电路、驱动电路、微机控制电路、保护信号采集与综合电路，图中未绘出开关器件的吸收电路和其他辅助电路。

系统的主电路由整流二极管 UR、全控型开关器件 PWM 逆变器 UI 和中间直流电路三部分组成，采用大电容 C_1 和 C_2 滤波，同时兼有无功功率交换的作用。为了避免大电容在合上电源开关 Q_1 后通电的瞬间产生过大的充电电流，在整流器和滤波电容间的直流回路中串入限流电阻 R_0(或电抗)。通电时，由 R_0 限制充电电流，经延时在充电完成后用开关 Q_2 将 R_0 短路，以免长期接入 R_0 产生附加损耗，并影响变频器的正常工作。

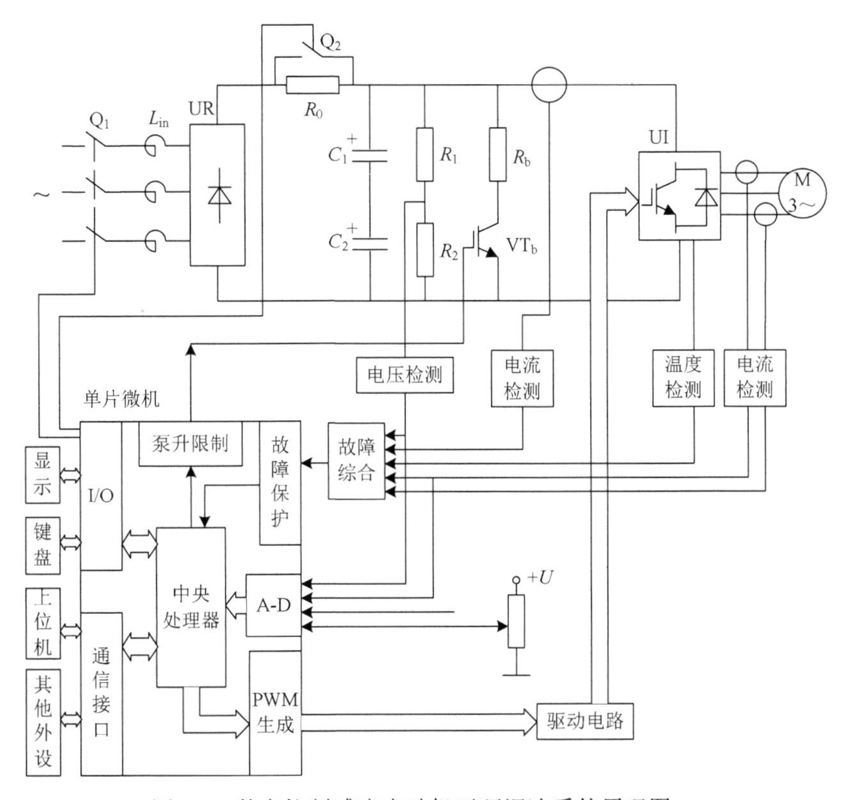

图 4.1　数字控制感应电动机开环调速系统原理图

由于二极管整流器不能为感应电动机的再生制动提供反向电流的通路，所以除特殊情况外，变频器一般都用电阻 R_b(见图 4.1)吸收制动能量。减速制动时，感应电动机进入发电状态，首先通过逆变器的续流二极管向电容充电，当中间直流回路的电压(通常称为泵升电压)升高到一定的限制值时，通过泵升限制电路使开关器件 VT_b 导通，将电动机释放出来的动能消耗在制动电阻 R_b 上。为了便于散热，制动电阻器常作为附件单独装在变频器机箱外边。

二极管整流器虽然是全波整流装置，但由于其输出端有滤波电容存在，只有当交流电压幅值超过电容电压时，才有充电电流流通，交流电压低于电容电压时，电流便终止，因此输入电流呈脉冲波形，如图 4.2 所示。这样的电流波形具有较大的谐波分量，使电网受到污染。为了抑制谐波电流，对于容量较大的变频器，都应在输入端设置进线电抗器 L_{in}，有时也可以在整流器和电容器之间串接直流电抗器。L_{in} 还可用来抑制电源电压不平衡对变频器的影响。

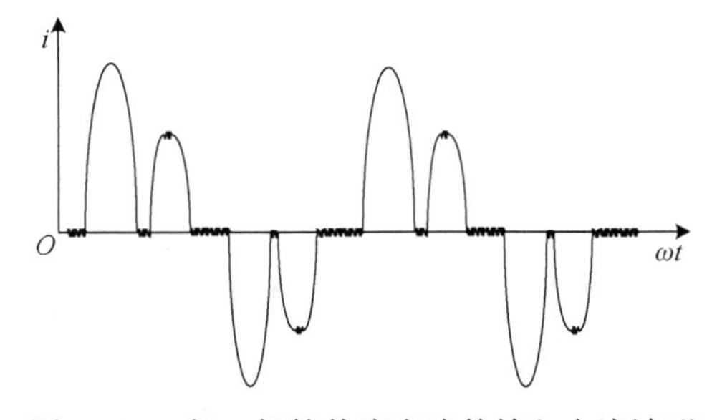

图 4.2　三相二极管整流电路的输入电流波形

现代变频器的控制电路大都是以微处理器为核心的数字电路，其功能主要是接收各种设定信息和指令，再根据它们的要求形成驱动逆变器工作的 PWM 信号。微机芯片主要采用 8 位或 16 位的单片机，或用 32 位的 DSP(数字信号处理器)，也有应用 RISC(精简指令集计算机)的产品，可以完成诸如无速度传感器矢量控制等更为复杂的控制功能。PWM 信号可以由微机本身的软件产生，由 PWM 端口输出，也可以采用专用的 PWM 生成电路芯片。各种故障的保护由电压、电流、温度等检测信号经信号处理电路进行分压、光电隔离、滤波、放大等综合处理，再进入 A-D 转换器，输入给 CPU 作为控制算法的依据，或者作为开关电平产生保护信号和显示信号。

在转速开环恒压频比控制调速系统中，需要设定的控制信息主要有 U/f 特性、工作频率、频率升高时间、频率下降时间等，还可以有一系列特殊功能的设定。

采用恒压频比控制时，只要改变设定的“工作频率”信号，就可以平滑地调节电动机的转速。低频时或负载的性质和大小不同时，需靠改变 U/f 函数发生器的特性来补偿，使系统产生足够的最大转矩，在变频器产品中称为“电压补偿”或“转矩补偿”。实现补偿的方法有两种：一种方法是在微机中存储多条不同斜率和折线段的 U/f 函数曲线，由用户根据需要选择最佳特性；另一种方法是采用霍尔电流传感器检测定子电流或直流回路电流，按电流大小自动补偿定子电压。但无论如何都存在过补偿或欠补偿的可能，这是开环控制系统的不足之处。

由于系统本身没有自动限制起、制动电流的作用，所以频率设定必须通过给定积分算法产生平缓的升速或降速信号，升速和降速的积分时间可以根据负载需要由操作人员分别选择。

综上所述，变频器的基本控制作用如图 4.3 所示。近年来，许多企业不断推出具有更多自动控制功能的变频器，使产品的性能更加完善，质量不断提高。

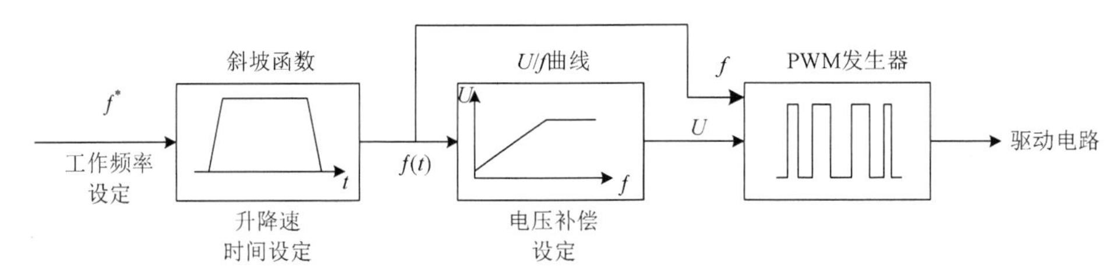

图 4.3　变频器的基本控制作用

4.2　感应电动机转差频率控制的变频调速系统

感应电动机开环变频调速系统虽然比较简单，能满足一般无级调速的要求，但不能保证必要的调速精度和动态性能的要求。它只能用于对调速精度和动态性能要求不高的场合。对调速精度和动态性能要求稍高的场合，可以采用转速闭环、sf 控制的变频调速系统，所谓 sf 控制即转差频率控制，是把感应电动机的旋转角速度 ω_R 作为反馈信号与转差角速度 ω_2 相加(再生反馈时则相减)，用来控制定子电流和电流角速度 ω_1 的控制方法。sf 控制方法有两类：一是保持 ω_2 不变，称为 sf 恒定控制；二是跟随负载(定子电流)变化来调节 ω_2，称为 sf 可调控制。

4.2.1　转差频率控制的基本概念

从第 1 章已讨论过的感应电动机变频调速的机械特性可知：在感应电动机中，影响转矩的因素很多。感应电动机的电磁转矩由式(1-5)可知

$$T_e = K_T \Phi I_2' \cos\varphi_2 \tag{4-1}$$

可以看出气隙磁通、转子电流及转子功率因数都影响转矩，而这些量又都与转速有关。所以控制感应电动机的转矩问题就比直流电动机复杂得多。下面仍从稳态气隙磁通近似不变这个条件出发来寻找控制转矩的规律。

从式(1-4)可知转子电流折算值为

$$I_2' = \frac{sE_1}{\sqrt{R_2'^2 + \left(sx_{2\sigma}'\right)^2}} \tag{4-2}$$

$$\cos\varphi_2 = \frac{R_2'}{\sqrt{R_2'^2 + \left(sx_{2\sigma}'\right)^2}} \tag{4-3}$$

当电机稳定运行时，s 很小，因而 ω_2 很小，一般为 ω_1 的 2%～5%，故可近似为

$$I_2' \approx \frac{sE_1}{R_2'} = \frac{\omega_2}{\omega_1}\frac{E_1}{R_2'} \tag{4-4}$$

$$\cos\varphi_2 \approx 1 \tag{4-5}$$

故由式(4-1)可得

$$T_e \approx K_T \Phi \frac{\omega_2}{\omega_1}\frac{E_1}{R_2'} = K_T' \Phi \frac{E_1}{\omega_1}\omega_2 \tag{4-6}$$

式中

$$K_T' = \frac{K_T}{R_2'}$$

由于 Φ 与 E_1/ω_1 成正比，故

$$T \propto \Phi^2 \omega_2 \tag{4-7}$$

式(4-7)表明，在 s(或 ω_2)很小的范围内只要能维持气隙磁通 Φ 不变，感应电动机的转矩就可以近似与转差角速度 ω_2 成正比，即在感应电动机中控制 ω_2，就相当于在直流电动机中控制电枢电流一样，能够达到间接控制转矩的目的。这就是转差频率控制的基本概念。

4.2.2　转差频率控制的规律

上面已经近似地分析了恒磁通条件下转矩与转差频率的正比关系，现在从等值电路来推导它们的准确函数关系，以便寻求其控制规律。

由第 1 章的式(1-14)已知，感应电动机的电磁转矩可表示为

$$T_e = 3I_2'^2 \frac{R_2'}{s}\frac{1}{\omega_1} = \frac{3\left(E_1 s\right)^2}{R_2'^2 + \left(s x_{2\sigma}'\right)^2}\frac{R_2'}{s}\frac{1}{\omega_1} \tag{4-8}$$

由于 $s x_{2\sigma}' = \omega_2 L_{2\sigma}'$，$\left(E_1 / f_1\right) \propto \Phi$，故

$$T_e = K_T'' \Phi^2 \frac{R_2' \omega_2}{R_2'^2 + \left(\omega_2 L_{2\sigma}'\right)^2} \tag{4-9}$$

由式(4-9)可画出当 Φ 恒定时的 $T_e=f(\omega_2)$ 曲线关系，如图 4.4 所示。从图中可以看出，当 ω_2 很小时，转矩 T_e 基本上与 ω_2 成正比；当 $\omega_2=\omega_{2max}$ 时，$T_e=T_{max}$；而当 $\omega_2>\omega_{2max}$ 时，电机转矩反而下降，该区域属于不稳定运行区域，故在工作过程中应限制 ω_2，使 $\omega_2<\omega_{2max}$，以保持 T 与 ω_2 的正比关系。对于式(4-9)，令 $\frac{dT}{d\omega_2}=0$，可求出最大转矩 T_{max} 及与它对应的最大转差角频率 ω_{2max}，即

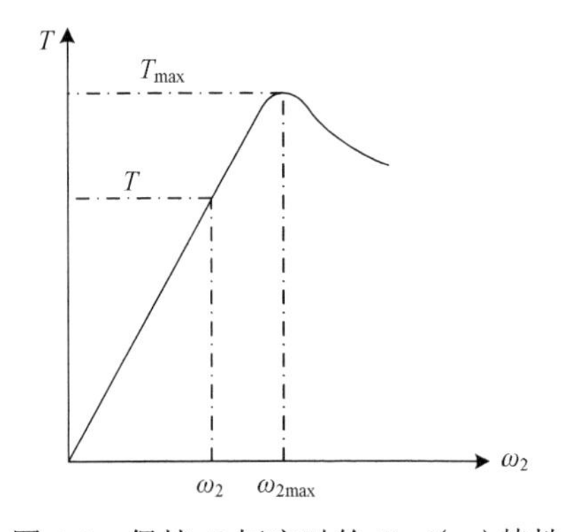

图 4.4　保持 Φ 恒定时的 $T_e=f(\omega_2)$ 特性

$$T_{max} = K_T'' \Phi^2 \frac{1}{2L_{2\sigma}'} \tag{4-10}$$

$$\omega_{2max} = \frac{R_2'}{L_{2\sigma}'} \tag{4-11}$$

以上两式表明：在电机参数不变时，T_{max} 仅由 Φ 决定，而 ω_{2max} 则与 Φ 无关。

通过上述分析可知，正如他励直流电动机中当气隙磁通恒定转矩用电枢电流表示或控制时，感应电动机的转矩在保持气隙磁通 Φ 恒定的条件下，也可用转差角频率来表示或控制。这是转差频率控制的基本规律之一。

那么，如何保持感应电动机的磁通 Φ 恒定？还得分析感应电动机中磁通与电流的关系。

在感应电动机中，Φ 由激磁电流 I 所决定。I 不是一个独立变量，它由式(4-12)决定，即

$$\dot{I}_1 + \dot{I}_2 = \dot{I} \tag{4-12}$$

在鼠笼式感应电动机中，$\dot{I}_2'$ 难以直接测量，只能根据负载的变化，相应地调节 I_1，从而维持 I 不变。

将 $\dot{I} = \dot{E}/\mathrm{j}x_m$ 和 $\dot{I}_2' = -\dot{E}_1 / \left(\frac{R_2'}{s} + \mathrm{j}x_{2\sigma}'\right)$ 代入式(4-12)，可求出

$$I = I_1 \sqrt{\frac{R_2'^2 + \left(\omega_2 L_{2\sigma}'\right)^2}{R_2'^2 + \left[\omega_2\left(L_{2\sigma}' + M\right)\right]^2}} = \text{常数} \tag{4-13}$$

若要 Φ 或 I 不变，则 I_1 与转差频率 ω_2 的函数关系应如式(4-13)所示，这种 I_1 随 ω_2 而变化的规律可画成曲线，如图 4.5 所示。

由此可知，图 4.5 的 $I_1=f(\omega_2)$ 曲线具有下列性质。

(1) 当 ω_2=0 时，$I_1=I$ 即理想空载时，定子电流等于激磁电流。

(2) 若 ω_2 增大，则 I_1 也应增大。

(3) 若 $\omega_2\rightarrow\infty$，则 $I_1\rightarrow I\left(\dfrac{M+L'_{2\sigma}}{L'_{2\sigma}}\right)$，这是 $I_1=f(\omega_2)$ 的渐近线。

(4) ω_2 为正、负值时，I_1 的对应值不变，$I_1=f(\omega_2)$ 曲线左右对称。这是转差频率控制规律之二。

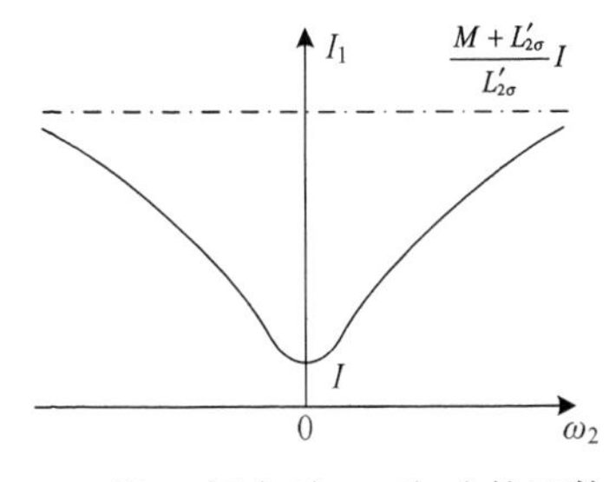

图 4.5　当 Φ 恒定时 $I_1=f(\omega_2)$ 的函数曲线

综上所述，转差频率控制的规律如下。

(1) 在 $\omega_2\leqslant\omega_{2max}$ 范围内，转矩 T 基本上与 ω_2 成正比，前提条件是气隙磁通不变。

(2) 按式(4-13)或图 4.5 的 $I_1=f(\omega_2)$ 函数关系去控制定子电流 I_1 就可以保持气隙磁通 Φ 恒定。

4.2.3　转差频率控制的 SPWM 变频调速系统

采用 SPWM 逆变器的感应电动机转差频率控制变频调速系统框图如图 4.6 所示。类似于直流电动机双闭环调速系统，外环是转速环，内环是电流环。转速调节器的输出是转差频率给定值 ω_2，它代表转矩给定、稳态时，转速环能保证电动机转速 ω_R 跟随给定转速 ω_R^*。动态时，利用对 $\omega_2(\omega_2<\omega_{2max})$ 的控制，使电机保持所需转矩。电流环还能随着 ω_2 的变化而自动调节定子电流 I_1，以维持 Φ(即 I)为恒值。

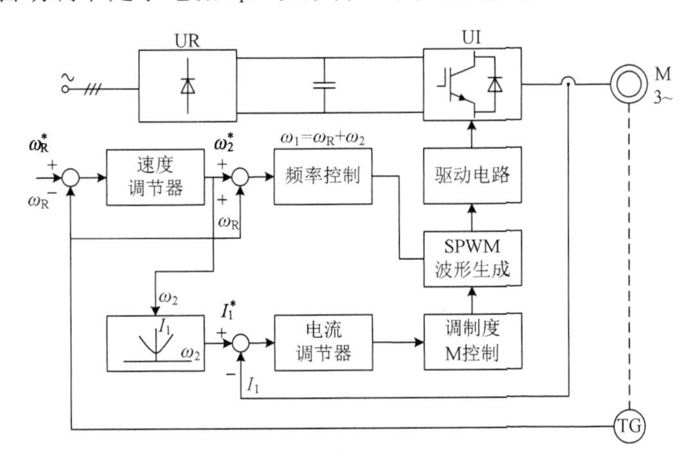

图 4.6　感应电动机转差频率控制变频调速系统框图

转差频率 ω_2 分两路，一路通过 $I_1=f(\omega_2)$ 函数发生器，按 ω_2 的大小产生相应的电流给定值 I_1^*，再通过电流环控制定子电压和电流；另一路按 $\omega_R+\omega_2=\omega_1$ 的规律产生对应于定子频率 ω_1 的控制信号，决定逆变器的输出频率，从而达到电流和频率的协调控制。

转差频率控制变频调速系统的突出优点在于频率控制环节的输入是转差频率角速度 ω_2 的信号，而频率信号是由转差频率角速度信号与实际转速信号相加后得到的，即 $\omega_1=\omega_R+\omega_2$。这样，在转速变化过程中，实际频率角速度 ω_1 随着实际转速 ω_R 同步地上升或下降。它与 U/f 的值为常数的转速开环变频调速系统相比，加、减速更为平滑，且容易使系统稳定。同时，由于在动态过程中转速调节器饱和，系统能以对应于$\pm\omega_{2\max}$的限幅转矩$\pm T_m$进行控制，保证了在允许条件下的快速性。上述优点可以从图 4.7 中看出。当突加转速给定 ω_R^* 时，一开始实际转速 ω_R 还为零，因而转速调节器饱和，系统始终保持限幅转差 $\omega_{2\max}$ 和限幅转矩 T_m 不变，工作点沿 T_m 直线上升，直到接近稳态。制动时与此相似，只是 $\omega_2=-\omega_{2\max}$，$T_e=-T_m$，工作点沿$-T_m$线下降。

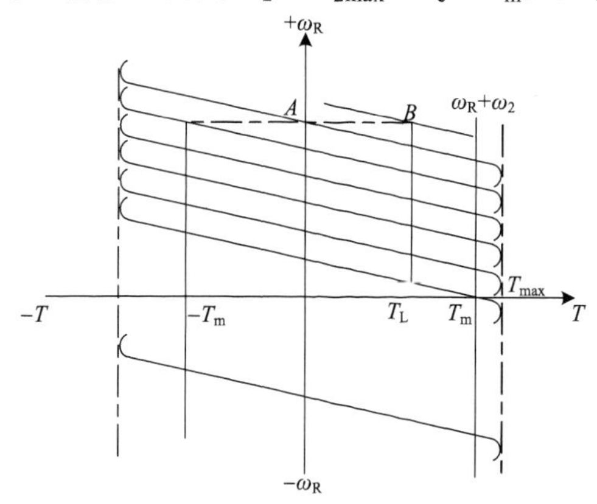

图 4.7　转差频率控制系统的四象限运行特性

启动后，频率上升至给定值 ω_{1n}^* 时，如果负载为理想空载，则 $\omega_R=\omega_R^*=\omega_{1n}^*$，$\omega_2=0$，$I_1=I$，系统在图 4.7 中所示 A 点稳定运行。此后，若电机带上负载 T_L，而转速调节器采用 PI 结构，则稳定后 $\omega_2\neq0$，以保证电流调节器工作在 $I_1^*=I_{1L}$ 状态，而频率为 $\omega_1=\omega_R+\omega_2=\omega_{1n}^*+\omega_2$，这就提高了频率，把工作点抬到 B 点，使转速无静差。

由于 $I_1=f(\omega_2)$ 函数是非线性的，采用模拟的运算放大器，只能按分段线性化方式来实现，而且分段还不能很细，否则会造成调试困难。因此，在函数发生器这个环节上，还存在一定误差。如果用微机实现转差频率的控制，则 $I_1=f(\omega_2)$ 的函数关系由软件查表方式完成，就可以解决上述问题。

前面介绍的转差频率控制变频调速系统基本上具备了直流电动机双闭环调速系统的优点，是一种较好的调速系统。其结构并不复杂，有较广泛的应用价值。尽管如此，该系统的动、静态性能还不能完全达到直流双闭环系统的水平，其原因有以下几个方面。

(1) 对转差频率的控制规律分析，是利用感应电动机稳态等效电路和稳态转矩公式进行的，因此，磁通 Φ 恒定的结论也只能在稳态情况下才能成立，在动态中，Φ 实际上是变化的，这将影响系统的实际动态性能。

(2) 电流调节器只控制定子电流的幅值，电流的相位无法控制。在动态中电流相位若不及时调节，则将延缓动态转矩的变化。

(3) 在频率控制环节中，由于 $\omega_1=\omega_2+\omega_R$，频率 ω_1 和转速 ω_R 同步升降，这本是转差频率控制的优点，但是，如果转速检测信号不准确或存在干扰的成分，如测速发电机纹波等，则会直接造成误差，所有这些偏差和干扰都以正反馈的形式毫无衰减地传递到频率控制信号。

鉴于转差频率控制系统存在的上述问题，国内外许多学者提出了各种方案，比较突出的有矢量控制和直接转矩控制的变频调速系统，它们从本质上解决了上述的一些问题，这是本章后面几节将要着重介绍的。

4.3 感应电动机矢量控制的变频调速系统

4.3.1 矢量控制的基本概念

前面已指出直流电动机的控制性能优良，特别是带有补偿绕组的直流电动机，其气隙磁场(磁通 Φ)不受电枢电流 I_a 的影响，Φ 与电枢磁势 F_a 在空间静止、正交，Φ 和 I_a 可以互相独立地进行控制。它是一种典型的解耦控制，从而可以方便地得到所要求的转矩和转速，而且电枢电感很小，I_a 的控制响应很快，直流电动机具有优良的动态性能。

在感应电动机中，气隙磁场是由定、转子电流共同产生的，定子磁势 F_1、转子磁势 F_2 和气隙磁场 Φ 在空间同步速旋转。其电磁转矩由式(1-5)可知

$$T_e = \frac{3}{2}\sqrt{2}p_n N_1 k_{w1} \Phi I_2' \cos\varphi_2 \tag{4-14}$$

在鼠笼式感应电动机中，转子电流 I_2' 是不易测定和控制的。转子有功电流 $I_2'\cos\varphi_2$ 和气隙磁通 Φ 实际上都是通过定子绕组提供的，这相当于两个量都处在同一控制回路中，控制过程中相互影响。这就是感应电动机难以控制的原因。

前面已经讨论的变频调速系统的控制量是电机的定子电压幅值和频率(电压控制型)或定子电流幅值和频率(电流控制型)，它们都是标量，常称标量控制。在标量控制系统中，只能按电动机稳态运行规律进行控制，不能独立地任意控制定、转子磁势、磁场或电流的大小和相位。也就是说在标量控制系统中只控制其大小，不控制瞬时相位；只能控制稳态时的平均转矩，不能控制电动机的瞬时转矩，动态性能差。

欲改善其转矩控制性能，必须对定子电压或电流进行矢量控制，既控制大小，又控制其相位。众所周知，一个矢量在直角坐标轴系上是用两个分量表示的。交流电机定、转子的电压、电流、磁势和磁链的综合矢量在空间以同步速旋转，它们在静止的定子坐标轴系上的分量都是交流量，控制不方便。在同步速旋转的坐标轴系上的分量便是直流量。在 2.4.2 节中已介绍过，在以转子磁链综合矢量 $\hat{\psi}_2$ 定向的同步速旋转的 M, T 坐标轴系中，$\hat{\psi}_2 = \hat{\psi}_{M2}$，$\hat{\psi}_{T2} = 0$，把定子电流综合矢量 $\hat{I}_1$ 分解成两个互相垂直的分量 $\hat{I}_{M1}$ 和 $\hat{I}_{T1}$。其中 $\hat{I}_{M1}$ 与 $\hat{\psi}_2$ 同方向，为定子励磁电流分量，又称定子磁化电流，它的作用与直流电机励磁电流 I_f 相仿。另一个分量 $\hat{I}_{T1}$ 与 $\hat{\psi}_2$ 垂直，称定子转矩电流分量，它的作用与直流电机的电枢电流 I_a 相当。如果这两个分量能各自独立的、从外部分别进行控制，则感应电动机就相当于一台他励直流电动机，就可以像控制直流电动机那样进行控制，从而可以控制其瞬时转矩，获得优良的静、动态特性。这就是 1971 年德国西门子公司的 Blaschke, Flotor 提出的“感应电动机磁场定向控制原理”和美国 Custman 与 Clark 申请“感应电机定子电压的坐标变换控制”专利的基本思想和控制方法。

通过坐标变换，实时地算出转矩控制所需的被控矢量的分量值(直流给定量)，并完成被控分量(直流量)跟踪给定分量的控制，再经坐标变换，从旋转坐标轴系回到静止坐

标轴系，把上述直流给定分量变换成交流给定量，在定子坐标轴系中，完成交流量的控制，使其实际值等于给定值，依此实现电机的矢量变换控制，简称矢量控制（Vector Control, VC）或磁场定向控制，达到转矩瞬时控制的目的。

由此可知，矢量控制的关键是静止坐标轴系与旋转坐标轴系之间的坐标变换，而两坐标轴系之间的变换的关键是要找到两坐标轴之间的夹角 ρ（见图 2.14）。

根据旋转坐标轴系的实轴所选取的基准不同，矢量控制也分两类。

(1) 磁场定向控制。将旋转坐标轴系的实轴取在磁场轴上，随磁场同步旋转。若把转子磁场轴线作为实轴，则称转子磁场定向；若把定子磁场轴线作为实轴，则称定子磁场定向控制。在感应电动机和同步电动机矢量控制中常用前者。

(2) 转子磁极位置定向控制。将旋转坐标轴系的实轴取在转子磁极轴线位置上，此时静止坐标轴系与旋转坐标轴系之间的夹角，就是转子位置角。只要在转子转轴上装上位置检测器，确定位置角就十分方便，同步电机常用此法，由它构成的永磁无刷直流电动机控制十分简单。

随着微机控制技术的发展，感应电动机磁场定向控制的产品已较多。尽管如此，这种控制方法的研究还在不断深入，这里主要阐述矢量控制的基本原理和系统的构成。

4.3.2 电流控制型逆变器供电感应电动机磁场定向控制

1. 电流控制型磁场定向控制原理

为便于分析，作如下假定。

(1) 逆变器电流响应时间很快，定子电流受控制环的控制能瞬时响应，常称为定子电流强迫输入。由于定子电流强迫输入，在感应电机的数学模型式(2-78)中，定子电压方程便可不予考虑。

(2) 定、转子各物理量，如电流 I、磁链 ψ 等均采用综合矢量计算，并忽略谐波分量。

(3) 转子绕组折算到定子边，折算后各量上的符号“′”均省去，但仍表示为折算值。

(4) 磁通磁链的计算引用漏磁系数，令

$$\begin{cases} L_1 = \left(1+\sigma_s\right)M \\ L_2 = \left(1+\sigma_R\right)M \\ \sigma = 1-\dfrac{M^2}{L_1L_2} = 1-\dfrac{1}{\left(1+\sigma_s\right)\left(1+\sigma_R\right)} \end{cases} \tag{4-15}$$

式中，σ_s 为定子漏磁系数；σ_R 为转子漏磁系数；σ 为总漏磁系数。

1) 转子磁通电流 I_{mR}

在 2.4 节中已讨论过，感应电动机转子磁链 $\hat{\psi}_2$ 由式(2-59)得知

$$\hat{\psi}_2 = L_2I_2 + M\hat{I}_1\mathrm{e}^{-\mathrm{j}\theta}$$

将式(4-15)中第二式代入上式得

$$\hat{\psi}_2 = \left(1+\sigma_R\right)MI_2 + M\hat{I}_1\mathrm{e}^{-\mathrm{j}\theta} \tag{4-16}$$

再将式(4-16)变换到定子坐标轴系(见图 2.14)可得

$$\left.\begin{aligned}\hat{\psi}_2^s &= \hat{\psi}_2^s e^{j\theta} = (1+\sigma_R) M\hat{I}_2 e^{j\theta} + M\hat{I}_1 \\ \hat{\psi}_2^s &= \hat{\psi}_{M2} e^{j\rho}\end{aligned}\right\} \tag{4-17}$$

在鼠笼式感应电机中，其转子电流 $\hat{I}_2$ 和转子磁链 $\hat{\psi}_2$ 都难以测定和控制，但它们均是由定子提供的，而定子边的电流 I_1、电压 U_1 都可直接测定和控制。在定子坐标系中，用 I_{mR} 定义为转子磁链 $\hat{\psi}_2$ 折算到定子的电流矢量。它在转子绕组中产生的互感磁链 $\hat{\psi}_{mR} = M\hat{I}_{mR} = \hat{\psi}_2$，$\hat{\psi}_2$ 与式(4-17)中的大小相等、方向相同，即

$$\left.\begin{aligned}M\hat{I}_{mR} &= i_{mR} M e^{j\rho} = \hat{\psi}_2^s \\ i_{mR} M &= \psi_2\end{aligned}\right\} \tag{4-18}$$

将式(4-18)代入式(4-17)便得

$$i_{mR} e^{j\rho} = (1+\sigma_R)\hat{I}_2 e^{j\theta} + \hat{I}_1 = \hat{I}_{mR} \tag{4-19}$$

其相对关系，如图 4.8(a)所示。

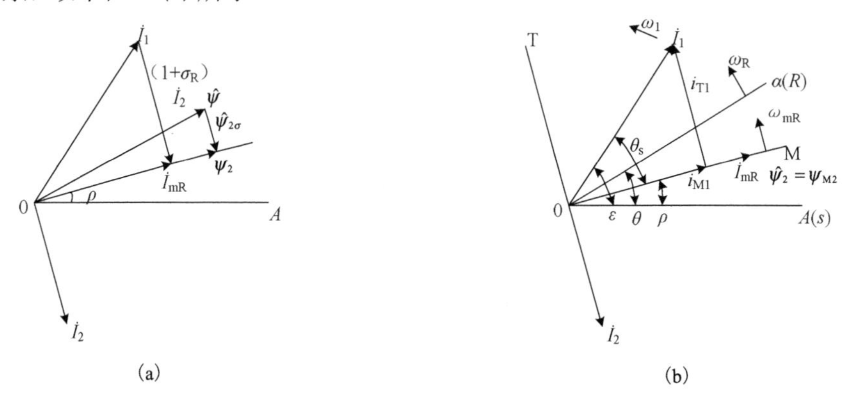

图 4.8　电流矢量的相位关系

式(4-17)中，$\sigma_R M\hat{I}_2 = \hat{\psi}_{2\sigma}$，为转子漏磁链；$M\left(\hat{I}_1 + \hat{I}_2 e^{j\theta}\right) = \hat{\psi}$，为气隙磁链；$\hat{\psi}_2 = \hat{\psi} + \hat{\psi}_{2\sigma}$，为转子磁链。在矢量变换控制中，采用 2.4.2 节讨论的 M，T 转子磁场定向坐标轴系，让 M 轴与转子磁链 $\hat{\psi}_2$ 的方向一致，取作实轴，超前 M 轴 90° 取 T 轴，各量间的关系如图 4.8(b)所示。在 M, T 坐标轴系中，感应电动机的电磁转矩由式(2-101)可知

$$T_e = \frac{3}{2} p_n \frac{M}{L_2} i_{T1} \psi_2 \tag{4-20}$$

将式(4-15)和式(4-18)代入式(4-20)，又可得

$$T_e = \frac{3}{2} p_n \frac{M}{1+\sigma_R} i_{mR} i_{T1} = k_T i_{mR} i_{T1} \tag{4-21}$$

式中，$k_T = \dfrac{3}{2} p_n \dfrac{M}{1+\sigma_R}$，为感应电动机转矩系数。

2) 电流控制型转子磁场定向控制模型

由感应电动机转子电压方程式(2-65)与转子磁链式(2-59)联立，可求得

$$0 = R_2\hat{I}_2 + \frac{\mathrm{d}\hat{\psi}_2}{\mathrm{d}t} = R_2\hat{I}_2 + M\frac{\mathrm{d}}{\mathrm{d}t}\left[\left(1+\sigma_{\mathrm{R}}\right)\hat{I}_2 + \hat{I}_1\mathrm{e}^{-\mathrm{j}\theta}\right] \tag{4-22}$$

又将式(4-19)两边同乘以 $\mathrm{e}^{-\mathrm{j}\theta}$ 便得

$$\left.\begin{aligned} &\hat{I}_{\mathrm{mR}}\mathrm{e}^{-\mathrm{j}\theta} = \left(1+\sigma_{\mathrm{R}}\right)\hat{I}_2 + \hat{I}_1\mathrm{e}^{-\mathrm{j}\theta} \\ \text{或}\quad &\hat{I}_2 = \frac{1}{1+\sigma_{\mathrm{R}}}\left(\hat{I}_{\mathrm{mR}} - \hat{I}_1\right)\mathrm{e}^{-\mathrm{j}\theta} \end{aligned}\right\} \tag{4-23}$$

再将式(4-23)代入式(4-22)便得

$$T_{\mathrm{R}}\frac{\mathrm{d}\hat{I}_{\mathrm{mR}}}{\mathrm{d}t} + (1-\mathrm{j}\omega_{\mathrm{R}}T_{\mathrm{R}})\ \hat{I}_{\mathrm{mR}} = \hat{I}_1 \tag{4-24}$$

式中，$\omega_{\mathrm{R}} = \frac{\mathrm{d}\theta}{\mathrm{d}t}$，为转子(坐标轴)旋转角速度；$T_{\mathrm{R}} = \frac{L_2}{R_2}$，为转子绕组时间常数。

根据综合矢量的定义式(2-5)和式(4-19)可得转子磁通电流矢量 $\hat{I}_{\mathrm{mR}}$ 和定子电流矢量 $\hat{I}_1$ 的瞬时角速度

$$\left.\begin{aligned} &\frac{\mathrm{d}\rho}{\mathrm{d}t} = \omega_{\mathrm{mR}} \\ &\frac{\mathrm{d}\xi}{\mathrm{d}t} = \omega_1 = \omega_{\mathrm{mR}} + \frac{\mathrm{d}\theta_{\mathrm{s}}}{\mathrm{d}t} \end{aligned}\right\} \tag{4-25}$$

再将式(4-24)等号两边同乘以 $\mathrm{e}^{-\mathrm{j}\theta}$，即由定子坐标轴系变换到磁场定向坐标系中，由于 $\hat{I}_1\mathrm{e}^{-\mathrm{j}\rho} = i_{\mathrm{M1}} + \mathrm{j}i_{\mathrm{T1}}$，并考虑到 $\frac{\mathrm{d}}{\mathrm{d}t}\left(\hat{I}_{\mathrm{mR}}\mathrm{e}^{-\mathrm{j}\rho}\right) = \mathrm{e}^{-\mathrm{j}\rho}\frac{\mathrm{d}\hat{I}_{\mathrm{mR}}}{\mathrm{d}t} - \mathrm{j}\hat{I}_{\mathrm{mR}}\mathrm{e}^{-\mathrm{j}\rho}\frac{\mathrm{d}\rho}{\mathrm{d}t}$，经展开、整理，将虚、实部互相分开，可得

$$\left.\begin{aligned} &T_{\mathrm{R}}\frac{\mathrm{d}i_{\mathrm{mR}}}{\mathrm{d}t} + i_{\mathrm{mR}} = i_{\mathrm{M1}} \\ &\frac{\mathrm{d}\rho}{\mathrm{d}t} = \omega_{\mathrm{R}} + \frac{i_{\mathrm{T1}}}{T_{\mathrm{R}}i_{\mathrm{mR}}} \end{aligned}\right\} \tag{4-26}$$

根据 2.4.2 节，在 M, T 坐标轴系中，$\psi_{\mathrm{T2}} = 0 = L_2 i_{\mathrm{T2}} + M i_{\mathrm{T1}}$，$u_{\mathrm{T2}} = 0 = \omega_2\psi_2 + R_2 i_{\mathrm{T2}}$ 和定义 $\psi_2 = M i_{\mathrm{mR}}$，可得

$$\omega_2 = \frac{i_{\mathrm{T1}}}{T_{\mathrm{R}}i_{\mathrm{mR}}}$$

综合式(4-20)、式(4-25)和式(4-26)，并考虑到电机的运动方程式(2-99)，就构成了感应电动机定了电流强迫输入，转子磁场定向控制的数学模型

$$\left.\begin{aligned}
&T_{\mathrm{R}}\frac{\mathrm{d}i_{\mathrm{mR}}}{\mathrm{d}t}+i_{\mathrm{mR}}=i_{\mathrm{M1}}\\
&\frac{\mathrm{d}\rho}{\mathrm{d}t}=\omega_{\mathrm{R}}+\frac{i_{\mathrm{T1}}}{T_{\mathrm{R}}i_{\mathrm{mR}}}=\omega_{\mathrm{R}}+\omega_2\\
&\frac{\mathrm{d}\theta}{\mathrm{d}t}=\omega_{\mathrm{R}}\\
&T_{\mathrm{e}}=\frac{3}{2}\frac{p_{\mathrm{n}}M}{1+\sigma_{\mathrm{R}}}i_{\mathrm{T1}}i_{\mathrm{mR}}\\
&\frac{J}{p_{\mathrm{n}}}\frac{\mathrm{d}\omega_{\mathrm{R}}}{\mathrm{d}t}=T_{\mathrm{e}}-T_{\mathrm{L}}
\end{aligned}\right\}\tag{4-27}$$

这里应指出，在矢量控制(即磁场定向控制)中，被控制的量是定子电流。从数学模型中可找到定子电流矢量的两个分量与其他物理量的关系。

(1) $i_{\mathrm{M1}}=\left(1+T_{\mathrm{R}}p\right)i_{\mathrm{mR}}=\frac{1+T_{\mathrm{R}}p}{M}\psi_2=\frac{1+T_{\mathrm{R}}p}{M}\psi_{\mathrm{M2}}$表明，$\Psi_2$仅由$i_{\mathrm{M1}}$产生，与$i_{\mathrm{T1}}$无关；$i_{\mathrm{M1}}$与$i_{\mathrm{mR}}$之间或$i_{\mathrm{M1}}$与$\psi_2$之间存在着较大的磁场滞后作用，其滞后的时间常数取决于转子绕组的时间常数T_{R}。根据式(2-100)的第三式已知$0=R_2i_{\mathrm{M2}}+p(Mi_{\mathrm{M1}}+L_2i_{\mathrm{M2}})=R_2i_{\mathrm{M2}}+p\psi_2$，可得

$$i_{\mathrm{M2}}=-\frac{p\psi_2}{R_2}\tag{4-28}$$

这又说明ψ_2的变化将产生i_{M2}，而且i_{M2}又阻止ψ_2的变化。所以i_{M1}突变而引起ψ_2变化，ψ_2又受到i_{M2}的阻止，使ψ_2只能按时间常数T_{R}指数规律变化。当ψ_2达到稳态时，$p\psi_2=0$，因而$i_{\mathrm{M2}}=0$，$\psi_{2\,(t=\infty)}=Mi_{\mathrm{M1}}$，$i_{\mathrm{M1}}=i_{\mathrm{mR}}$和$i_2=i_{\mathrm{T2}}$，故$i_2\perp\psi_2$。

(2)在M, T坐标轴系中，$\psi_{\mathrm{T2}}=0=L_2i_{\mathrm{T2}}+Mi_{\mathrm{T1}}$可写成$i_{\mathrm{T2}}=-\frac{1}{1+\sigma_{\mathrm{R}}}i_{\mathrm{T1}}$。它表明：如果$i_{\mathrm{T1}}$突变，$i_{\mathrm{T2}}$能及时跟随$i_{\mathrm{T1}}$变化，则两者之间无惯性。这是因为在转子磁场定向坐标中，T轴上不存在磁链，调节i_{T1}可快速控制i_{T2}，实现转矩的瞬时控制。

(3)采用转子磁场定向控制的主要优点：可使感应电动机定子电流两个分量i_{M1}，i_{T1}实现解耦，使电磁转矩公式得到简化，即可使定、转子的两个矢量积简化为两个量的标量积。如果能保持转子磁链ψ_2(i_{M1}或i_{mR})恒定，则感应电动机静态转矩特性曲线和直流他励电动机的机械特性曲线具有完全相同的形状，感应电动机变频调速就与他励直流电动机的调压调速具有完全相同的品质，即形成一种解耦控制。此时，T_{e}与i_{T1}成正比。

(4)由式(4-27)又可得

$$\rho=\int(\omega_{\mathrm{R}}+\omega_2)\mathrm{d}t\tag{4-29}$$

(5)在转子磁场定向控制中，如果保持ψ_2为恒定，当负载发生变化时，$\psi_{2\sigma}$(或$\sigma_{\mathrm{R}}\hat{I}_2$)的大小将随着负载的增加而增加(图4.8中$\psi_{2\sigma}$伸长)，则气隙磁链$\psi$的大小也随负载的增加而加大，将使电机增加饱和，使$\cos\varphi$、$\eta$有所降低，故宜选用欠饱和电机。

3)电流控制型转子磁场定向控制原理框图

首先根据感应电动机磁场定向控制数学模型，以磁通角ρ为基础对定子电流进行变

换，确定磁场定向的两个输入电流。为此，先将定子三相电流变换到正交的 α，β 两相坐标系统，即

$$\hat{I}_1=\frac{2}{3}\left[i_{\mathrm{A}}+a i_{\mathrm{B}}+a^2 i_{\mathrm{C}}\right]=i_{\alpha 1}+\mathrm{j} i_{\beta 1} \tag{4-30}$$

根据三相电流平衡条件 $i_A+i_B+i_C=0$ 得

$$\begin{cases} i_{\alpha 1}=i_{\mathrm{A}} \\ i_{\beta 1}=\dfrac{1}{\sqrt{3}}\left(i_{\mathrm{B}}-i_{\mathrm{C}}\right) \end{cases} \tag{4-31}$$

然后，将交流量变换到磁场定向的 M，T 同步速旋转坐标轴系

$$\hat{I}_1 \mathrm{e}^{-\mathrm{j}\rho}=\left(i_{\alpha 1}+\mathrm{j} i_{\beta 1}\right)(\cos \rho-\mathrm{j} \sin \rho)=i_{\mathrm{M} 1}+\mathrm{j} i_{\mathrm{T} 1} \tag{4-32}$$

式中，ρ 为磁通角。它是内部变量，由式(4-26)积分求得，即

$$\rho=\int(\omega_{\mathrm{R}}+\frac{i_{\mathrm{T} 1}}{T_{\mathrm{R}} i_{\mathrm{mR}}}) \mathrm{d} t \tag{4-33}$$

根据磁场定向数学模型和式(4-30)～式(4-33)，可画出感应电动机磁场定向坐标轴系中的方框图，如图 4.9 所示。

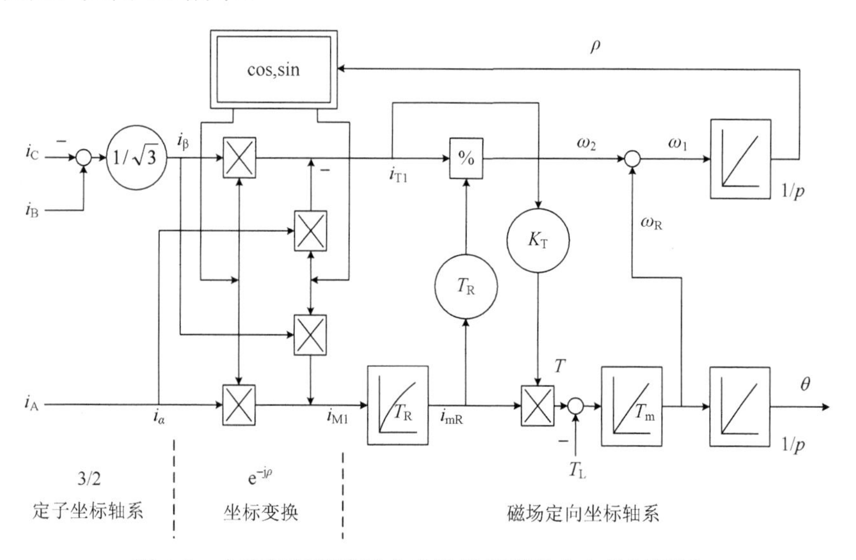

图 4.9　电流控制型感应电动机转子磁场定向控制框图

感应电动机经过坐标变换以后，其动态结构非常简明，与直流电动机相似。在 i_{M1} 与 i_{mR} 之间存在一个滞后的时间常数 T_R，也与直流电动机的励磁回路时间常数相当。因此 i_{M1} 不能用来快速控制转矩，只能通过控制 i_{T1}，才能快速控制转矩 T，i_{T1} 与直流电动机的电枢电流 I_a 相当。

采用磁场定向坐标变换控制原理如图 4.10 所示。给定信号和反馈信号经过类似于直流调速系统所用的控制器，产生励磁电流的给定信号 i_{M1}^* 和转矩电流分量给定信号 i_{T1}^*，经过反旋转变换 $e^{j\rho}$ 得到 $i_{\alpha1}^*$ 和 $i_{\beta1}^*$，再经过 2/3 分相变换得到 i_A^*，i_B^*，i_C^* 三相电流给定信号。

它与由控制器直接发出的频率控制信号 ω_1 共同加到电流控制的逆变器上，向感应电动机提供调速时所需的变频电流。

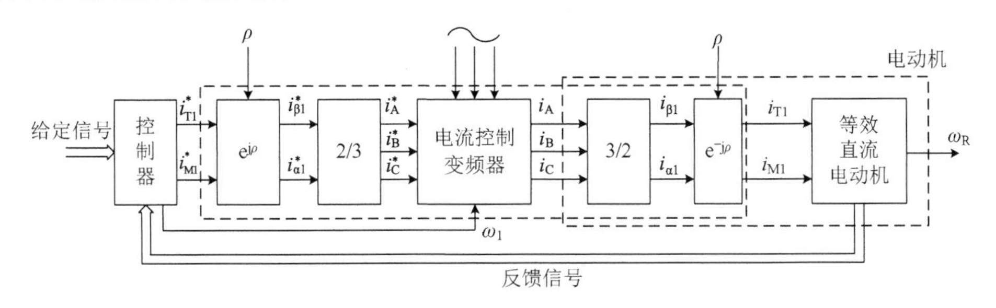

图 4.10　磁场定向坐标变换控制原理

实际上，在设计矢量变换控制系统时，由于在磁场定向控制器之后，引入的反旋转变换 $e^{j\rho}$ 与电机内部的旋转变换 $e^{-j\rho}$ 相抵消；2/3 分相变换又与电机内部的 3/2 合相变换相抵消；如果再忽略逆变器中可能产生的滞后(即当电流控制环具有恒定的增益，而且当纯电流源增益为 1 时)，则图 4.10 中虚线框内的部分可以完全删去，剩下的部分就与直流调速系统非常相似，故能像控制直流电动机那样控制交流感应电动机。

综上所述，可概述矢量变换控制的基本原理：根据所要求的每极磁通 Φ_M 或磁链 $\psi_M(I_{mR})$ 确定 I_{M1}，由 $\psi_M(I_{mR})$ 和所要求的转矩 T_e 的大小确定电流 I_{T1}。由 I_{M1}, I_{T1} 经变换确定 $I_{\alpha1}, I_{\beta1}$，再经变换，就得到定子三相电流瞬时值 i_A, i_B, i_C，以此作为定子三相电流的给定值进行控制。I_{M1} 和 I_{T1} 可以单独分别地进行调节，调节 I_{M1} 和 I_{T1} 也就调节了三相电流瞬时给定值。这就使感应电动机的控制具有直流电动机同样的灵活性，并且由于是瞬时值控制，所以有良好的动态控制性能。

2. 感应电动机转子磁场定向控制变频调速系统

一种具有速度和位置控制的转子磁场定向控制的感应电动机伺服系统如图 4.11 所示。该系统采用电流控制 PWM 型逆变器 CCI，应用微机进行脉宽调制和定子电流控制、计算磁通模型、坐标变换和内部控制环节等。整个系统根据图 4.10 所示的转子磁场定向控制原理构成，考虑了电机正反转、弱磁升速和位置控制的要求，调速系统采用位置、速度和电流三闭环控制。系统控制结构和控制器的设计，与直流电动机控制系统非常相似。这里用转矩调节器替代电流调节器，并用定子电流和速度反馈信号解算磁通模型，得到电机转子磁通信号 i_{mR} 和转子磁通位置信号 ρ。位置调节器 APR 根据位置给定值 θ^* 与位置实际值 θ 的差值进行调节后，输出速度给定值 ω_R^*。速度调节器 ASR 根据速度给定值 ω_R^* 与速度反馈 ω_R 的差值进行调节，输出转矩给定值 T^*。转矩调节器 ATR 根据转矩给定信号与转矩反馈信号 T 的差值进行调节，输出转矩电流分量给定信号 i_{T1}^*。

磁通给定信号 i_{mR}^* 由磁通函数发生器根据实际转速信号产生。磁通调节器 AΦR 根据磁通给定值 i_{mR}^* 与磁通反馈信号 i_{mR} 的差值进行调节，输出磁化电流给定信号 i_{m1}^*。其中反馈信号 T，i_{mR} 来自磁通运算模型。

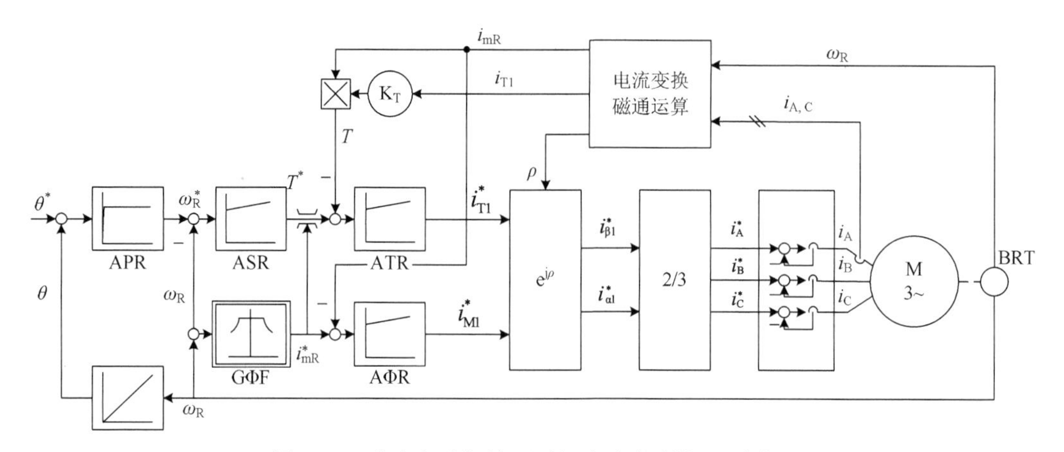

图 4.11　感应电动机转子磁场定向控制伺服系统

APR-位置调节器；ATR-转矩调节器；ASR-速度调节器；
GΦF-磁通函数发生器；AΦR-磁通调节器；CCI-电流控制逆变器；BRT-速度传感器

i_{T1}^* 和 i_{m1}^* 经旋转坐标 $e^{j\rho}$ 变换、分相 2/3 变换后得到电机三相定子电流给定信号 i_A^*，i_B^*，i_C^*。这三相电流指令控制逆变器强迫电机定子输入三相电流 i_A, i_B, i_C，迫使电机转速跟踪转速给定信号和位置控制信号。

由于电机的供电方式为强迫电流输入，系统具有三个特点。

(1) 系统数学模型简单，可以不计定子电压方程，便于计算机解算。

(2) 控制简单。

(3) 系统的响应速度快，稳定性好，实现了高性能控制。

为了实现强迫输入，逆变器按电流控制 PWM 方式工作，主电路带有具有比例式电流调节器的电流控制环。

为了使正反变换相互抵消，真正实现解耦，磁通角 ρ 必须与电机内部的磁通基波的真实位置角 ρ 密切相吻合。因此，实现磁场定向控制时还必须解决以下问题：磁通信号的获得；电流控制逆变器延迟时间的补偿；控制信号的快速正确处理。

1) 转子磁通信号的获得

转子磁通信号是实现坐标变换的关键，此信号应不受电机工作频率的影响。获得磁通信号的方法如下。

(1) 在定子铁心气隙表面设置霍尔元件 2 个，在空间相隔 90° 电角度，直接测取气隙磁场的幅值和空间位置，但霍尔元件经不起电机工作时的振动和发热，而且气隙中谐波含量较大，影响其测量的准确度。

(2) 在电机定子铁心表面设置互差 90° 电角度的测量线圈，其感应电势的积分就代表磁通，从而可测得气隙磁场的大小和位置，但由于积分器的漂移，特别在低速时难以测取。

(3) 借助感应电动机的磁通模型直接运算。磁通模型常分定子坐标轴系的磁通模型和磁场定向坐标轴系的磁通模型两种。定子电流 $\hat{I}_1$ 和转子磁通电流 $\hat{I}_{mR}$ 在定了坐标轴系中可表示为

$$\left.\begin{aligned}\hat{I}_1 &= i_1 e^{j\xi} = i_{\alpha 1} + j i_{\beta 1}\\ \hat{I}_{mR} &= i_{mR} e^{j\rho} = i_{\alpha mR} + j i_{\beta mR}\end{aligned}\right\} \tag{4-34}$$

将式(4-34)代入式(4-24)整理后便得

$$\left.\begin{aligned}T_R \frac{d}{dt} i_{\alpha mR} &= i_{\alpha 1} - i_{\alpha mR} - \omega_R T_R i_{\beta mR}\\ T_R \frac{d}{dt} i_{\beta mR} &= i_{\beta 1} - i_{\beta mR} + \omega_R T_R i_{\alpha mR}\end{aligned}\right\} \tag{4-35}$$

由此可以画出在定子坐标轴系中计算磁通电流矢量 $\hat{I}_{mR}$ 的框图，如图 4.12(a)所示。

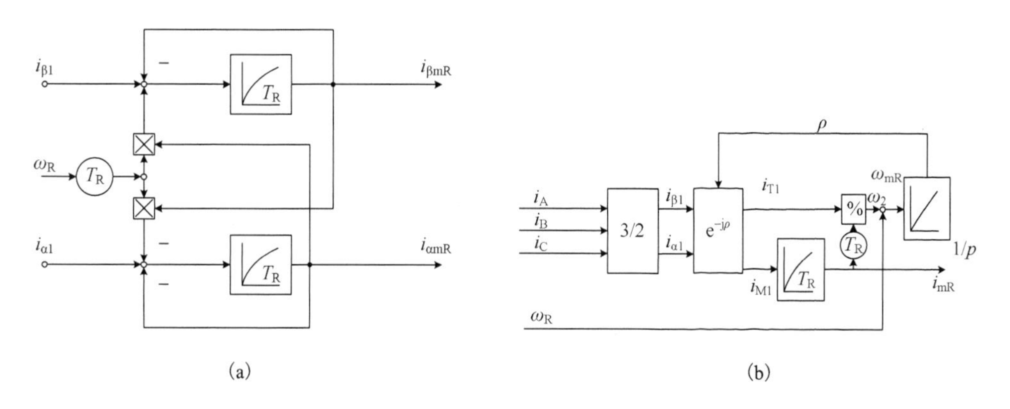

图 4.12　磁通运算模型

最有实用价值的是直接借用磁场定向 M, T 坐标轴系中感应电动机的数学模型框图(见图 4.9)得到磁场定向坐标轴系中的磁通模型，如图 4.12(b)所示。仍把定子电流和转速 ω_R 当成输入信号，变换后得定子电流 i_{T1}, i_{M1} 和磁通电流 i_{mR}，利用式(4-26)可以得到信号 ω_2, ω_2 与实测转速信号 ω_R 相加得到定子频率信号 ω_1，再积分，即得转子磁链的相位信号 ρ。这个相位信号同时就是同步旋转的旋转相位角。其优点如下。

(1) 无须通过检测元件测定磁通，因而不受齿槽谐波磁场影响和定子电阻的影响。

(2) 可直接使用普通感应电动机，无须加装检测元件。

(3) 频率极低时仍有效。

不过这里应指出，在这个模型中，仍出现转子时间常数 T_R，当转子温度变化时会引起 T_R 的缓慢变化；但弱磁升速时，磁路饱和程度减小，也会使 T_R 瞬时变化。T_R 的变化会使磁通波位置角 ρ 的运算发生偏差，破坏矢量控制的解耦条件，直接影响系统对转矩控制的准确性和快速性。因此必须随时修正 T_R 值，以跟踪电机变化着的实际参数 T_R。在实际应用中，要借助微机对电机参数进行在线辨识、补偿或采用自适应控制技术，以消除参数的变化，保证系统具有优良的静、动态特性。

2) 电流控制逆变器延迟时间的补偿

在阐述磁场定向控制原理时，认为定子绕组由纯电流源供电，忽略电流控制环的滞后作用，即为理想的电流放大器。实际上变换器是有延迟的，尽管它的数值很小，但也降低了解耦的效果。这种延迟会使已解耦的磁通、电流又耦合起来。为此，必须补偿逆变器的延迟时间，消除这种不应形成的耦合。

(1) 耦合的形式。若逆变器延迟时间常数为 T_i，控制电路的变换为 $e^{j\rho}$，电机内部的变换为 $e^{-j\rho}$，则电机电流 $\hat{I}_1$ 与给定信号 $\hat{I}_1^*$ 间的关系可表示为

$$T_i \frac{d\hat{I}_1}{dt} + \hat{I}_1 = \hat{I}_1^* \tag{4-36}$$

这时，正反变换和它们之间的逆变器框图如图 4.13 所示。在定子坐标轴系中，有

$$\hat{I}_1 = i_1 e^{j\xi} = i_{\alpha 1} + j i_{\beta 1} \tag{4-37}$$

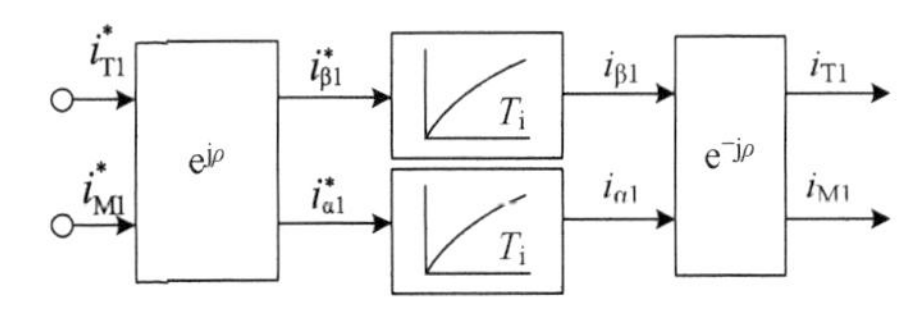

图 4.13 感应电动机转子磁场定向控制伺服系统

在磁场定向坐标轴系中，$\hat{I}_1^R = \hat{I}_1 e^{-j\rho}$，便得

$$\hat{I}_1 = \hat{I}_1^R e^{j\rho} \tag{4-38}$$

式中，$\hat{I}_1$ 为定子坐标轴系中的定子电流；$\hat{I}_1^R$ 为转子坐标轴系中的定子电流。其相对的给定信号为 $\hat{I}_1^{R*} = \hat{I}_1^* e^{-j\rho}$ 或

$$\hat{I}_1^* = \hat{I}_1^{R*} e^{j\rho} \tag{4-39}$$

将式(4-37)～式(4-39)代入式(4-36)，便得

$$T_i \frac{d\hat{I}_1^R}{dt} + jT_i \hat{I}_1^R \frac{d\rho}{dt} + \hat{I}_1^R = \hat{I}_1^{R*} \tag{4-40}$$

又由于 $\hat{I}_1^R = i_{M1} + j i_{T1}$，$\hat{I}_1^{R*} = i_{M1}^* + j i_{T1}^*$，代入式(4-40)整理，可得

$$\left.\begin{aligned} T_i \frac{di_{M1}}{dt} - T_i i_{T1} \frac{d\rho}{dt} + i_{M1} = i_{M1}^* \\ T_i \frac{di_{T1}}{dt} + T_i i_{M1} \frac{d\rho}{dt} + i_{T1} = i_{T1}^* \end{aligned}\right\} \tag{4-41}$$

由此可知，逆变器延迟时间 T_i 的存在不仅表现在时间上的延迟，还使磁通环和转矩环形成耦合，其耦合系数为 $T_i \frac{d\rho}{dt}$。因此要实现矢量控制，必须实现磁通与转矩环之间的完全解耦，就应对延迟进行补偿，消除耦合。

(2) 补偿策略。为了消除耦合项 $\left(T_i \frac{di_{M1}}{dt} - T_i i_{T1} \frac{d\rho}{dt}\right)$ 和 $\left(T_i \frac{di_{T1}}{dt} + T_i i_{M1} \frac{d\rho}{dt}\right)$，可采用补偿电路，如图 4.14 所示，在稳态时完全可消除这种耦合。

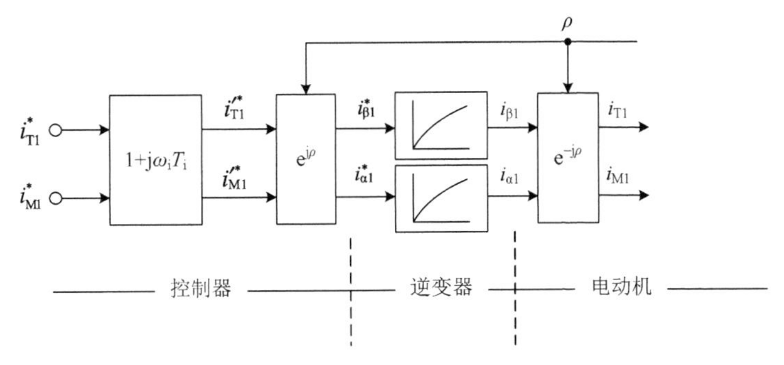

图 4.14　逆变器延迟的补偿

由图 4.14 可得

$$\left.\begin{aligned} i_{T1}'^* &= i_{T1}^* + \omega_1 T_i i_{M1}^* \\ i_{M1}'^* &= i_{M1}^* - \omega_1 T_i i_{T1}^* \end{aligned}\right\} \tag{4-42}$$

将式(4-42)代入式(4-41)，便得

$$\left.\begin{aligned} T_i\frac{\mathrm{d}i_{M1}}{\mathrm{d}t} - T_i i_{T1}\frac{\mathrm{d}\rho}{\mathrm{d}t} + i_{M1} &= i_{M1}^* - \omega_1 T_i i_{T1}^* \\ T_i\frac{\mathrm{d}i_{T1}}{\mathrm{d}t} + T_i i_{M1}\frac{\mathrm{d}\rho}{\mathrm{d}t} + i_{T1} &= i_{T1}^* + \omega_1 T_i i_{M1}^* \end{aligned}\right\} \tag{4-43}$$

稳态时，$\dfrac{\mathrm{d}i_{M1}}{\mathrm{d}t}=0$，$\dfrac{\mathrm{d}i_{T1}}{\mathrm{d}t}=0$，$\dfrac{\mathrm{d}\rho}{\mathrm{d}t}=0$，所以

$$\left.\begin{aligned} -T_i i_{T1}\omega_1 + i_{M1} &= i_{M1}^* - \omega_1 T_i i_{T1}^* \\ T_i i_{M1}\omega_1 + i_{T1} &= i_{T1}^* + \omega_1 T_i i_{M1}^* \end{aligned}\right\}$$

由此可得

$$\left.\begin{aligned} i_{T1} &= i_{T1}^* \\ i_{M1} &= i_{M1}^* \end{aligned}\right\}$$

这就表示在控制器部分加入校正项$(1+\mathrm{j}\omega_1 T_i)$后，就可以消除逆变器时间常数 T_i 引起的耦合作用。对于低转差率电机可以用 ω_R 代替 ω_1。又由于逆变器峰值电压受到限制，电流环的延迟时间随定子频率的增加而增加，当系统中有微机控制时，可随转速变化改变解耦参数 T_i，使影响予以抵消。另外动态时的补偿是比较困难的，一般 PWM 型逆变器滞后时间非常小。

3)控制信号的准确、快速处理

感应电动机磁场定向控制系统(见图 4.11)以及用动态模型获得磁通信号的计算和调节器计算均较为复杂，若要用模拟电路来构成乘法计算，则坐标变换和函数发生器就非常复杂和困难。由于微机应用技术的发展，为磁场定向控制的数字实现创造了条件。它不仅使电路简单，器件价格随电子技术的发展将不断降低，而且由一个标准硬件就可得到不同的功能，仅调整软件即可实现。为了保证在矢量变换过程中，满足快速、高精度地进行信号处理的要求，需要用 16 位微处理器和 10 位或 12 位 A/D 转换器。

4.3.3 电压型逆变器供电感应电动机磁场定向控制

前面导出的磁场定向控制系统如下。

(1)定子电流为强迫输入，即定子电流受快速控制环的控制。

(2)晶体管逆变器可提供充足的峰值电压，开关频率高，逆变器响应时间短。

但在弱磁升速或最高转速时，由于电机电动势与逆变电压相近，电流变化速度降低。由电流控制特性退化为电压控制特性，或当 PWM 频率低时不能实现快速电流控制，此时控制特性与电压型逆变器工作相近。因此，这时就必须考虑电机定子电压方程。定子电压方程由式(2-63)可知

$$\hat{U}_1 = R_1\hat{I}_1 + \frac{\mathrm{d}\hat{\psi}_1}{\mathrm{d}t} = R_1\hat{I}_1 + L_1\frac{\mathrm{d}\hat{I}_1}{\mathrm{d}t} + M\frac{\mathrm{d}}{\mathrm{d}t}(\hat{I}_2\mathrm{e}^{\mathrm{j}\theta}) \tag{4-44}$$

在磁场定向坐标轴系中，仿照电流控制所用的式(4-32)得定子电压在 M, T 坐标轴系中的分量

$$\dot{U}_1 = \hat{U}_1\mathrm{e}^{-\mathrm{j}\rho} = U_{\mathrm{M1}} + \mathrm{j}U_{\mathrm{T1}} \tag{4-45}$$

将转子磁通电流 I_{mR} 的定义式(4-19)代入定子电压方程式(4-44)，并消除转子电流，整理后可得

$$\sigma T_{\mathrm{s}}\frac{\mathrm{d}i_{\mathrm{M1}}}{\mathrm{d}t} + i_{\mathrm{M1}} = \frac{U_{\mathrm{M1}}}{R_1} + \sigma T_{\mathrm{s}}\omega_{\mathrm{mR}}i_{\mathrm{T1}} - (1-\sigma)T_{\mathrm{s}}\frac{\mathrm{d}i_{\mathrm{mR}}}{\mathrm{d}t} \tag{4-46}$$

$$\sigma T_{\mathrm{s}}\frac{\mathrm{d}i_{\mathrm{T1}}}{\mathrm{d}t} + i_{\mathrm{T1}} = \frac{U_{\mathrm{T1}}}{R_1} - \sigma T_{\mathrm{s}}\omega_{\mathrm{mR}}i_{\mathrm{M1}} - (1-\sigma)T_{\mathrm{s}}\omega_{\mathrm{mR}}i_{\mathrm{MR}} \tag{4-47}$$

由式(4-46)、式(4-47)与式(4-27)共同构成了由电压源供电的感应电动机磁场定向控制的数学模型，其框图如图 4.15 所示。

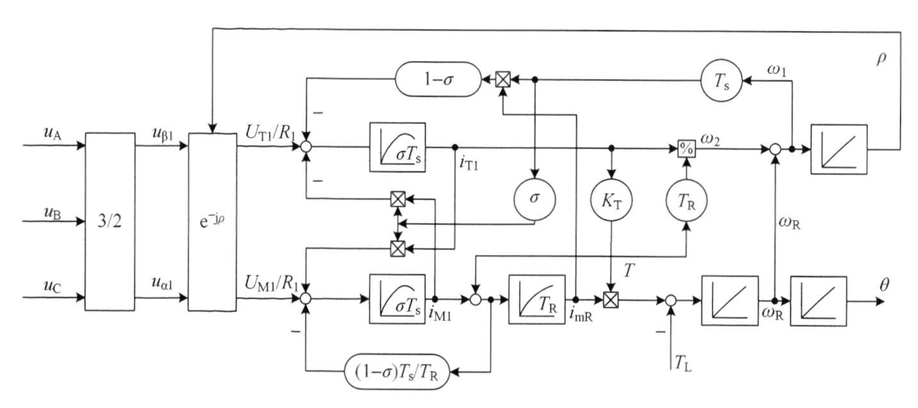

图 4.15　电压源逆变器供电的感应电动机磁场定向控制模型

由式(4-46)、式(4-47)可知，电压型逆变器供电的电机定子回路中出现了 M, T 轴间的耦合项，即在 M 轴回路中有($\sigma T_{\mathrm{s}}\omega_{\mathrm{mR}}i_{\mathrm{T1}}$)项；T 轴回路中有($-\sigma T_{\mathrm{s}}\omega_{\mathrm{mR}}i_{\mathrm{M1}}$)项。因此必须对定子电路进行解耦。对于这些耦合项，比较方便的办法是利用电流调节器输出侧减去

适当的信号予以补偿，即使其给定信号为

$$\left.\begin{aligned}U_{\mathrm{M1}}^{*}&=R_1 i_{\mathrm{M1}}-\sigma T_{\mathrm{s}}\omega_{\mathrm{mR}}i_{\mathrm{T1}}R_1\\U_{\mathrm{T1}}^{*}&=R_1 i_{\mathrm{T1}}+\sigma T_{\mathrm{s}}\omega_{\mathrm{mR}}i_{\mathrm{M1}}R_1\end{aligned}\right\}\tag{4-48}$$

来实现。图 4.16 为电压型 PWM 逆变器供电的感应电动机转子磁场定向控制系统框图。图中采用了转矩调节器 ATR 和电流调节器 ACR，这完全是为了调整方便而设置的。实际上 i_{T1} 的调节任务可以由转矩调节器 ATR 来完成，电流调节器可以省掉。弱磁控制仍然是利用一个产生随转速变化的磁化电流参考信号的函数发生器 GΦF 来完成的。

本系统中转矩反馈信号 T、磁通电流 i_{mR}、转矩电流分量 i_{T1} 和磁通角 ρ 由磁场定向控制模型的磁通运算模型获得。

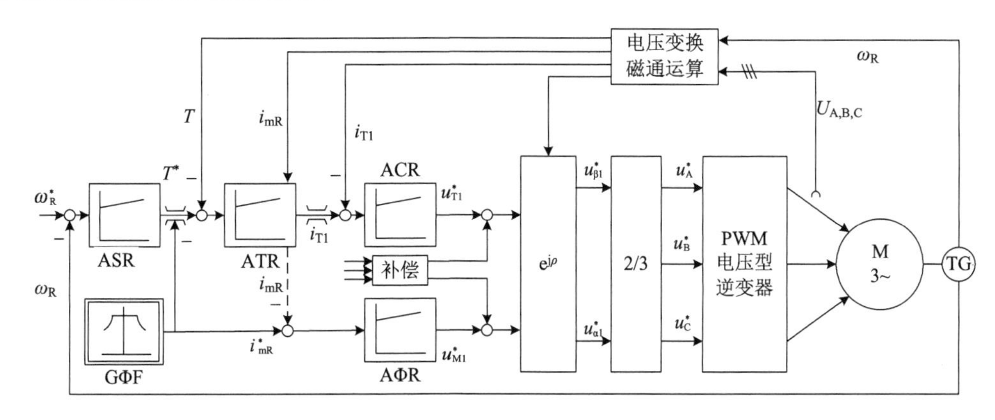

图 4.16　电压源供电感应电动机磁场定向控制框图

ASR-速度调节器；ATR-转矩调节器；ACR-电流调节器；GΦF-磁通函数发生器；AΦR-磁通调节器；TG-测速发电机

4.4　感应电动机按定子磁链砰-砰控制的直接转矩控制系统

感应电动机直接转矩控制系统是继矢量控制系统之后发展起来的另一种高动态性能的变压变频调速系统。在它的转速环里面，利用转矩反馈控制电动机的电磁转矩。

4.4.1　直接转矩控制系统的发展历史和基本特点

1977 年，Plunkett 首先提出磁链-转矩直接调节的思想，但由于需要检测磁链，未能获得实际应用。其后，鉴于电气机车等具有大惯量负载的运动系统在起、制动时有快速瞬态转矩响应的需要，特别是在弱磁调速范围内运行的情况，德国鲁尔大学 Depenbrock 教授研制了直接自控制(Direkte Selbstregelung，DSR)系统，采用转矩模型和电压型磁链模式，以及电压空间矢量控制的 PWM 逆变器，实现转速和定子磁链的非线性砰-砰控制，取得成功，于 1985 年发表了论文，随后日本学者 Takahashi 也提出了类似的控制方案，逐渐推广应用后，在国际上通称为直接转矩控制(Direct Torque Control，DTC)系统。

图 4.17 绘出了按定子磁链砰-砰控制的 DTC 系统原理框图。与矢量控制(VC)系统一

样，它也是分别控制感应电动机的转速和磁链，速度调节器 ASR 的输出作为电磁转矩的给定信号 T_e^*，与图 4.11 所示的带转矩内环的转速、磁链闭环直接矢量控制系统相似，在 T_e^* 后面设置转矩控制内环，它可以抑制磁链变化对转速子系统的影响，从而使转速和磁链子系统实现了近似的解耦。因此，从总体控制结构上看，DTC 系统和 VC 系统是一致的，都能获得较高的静、动态性能。

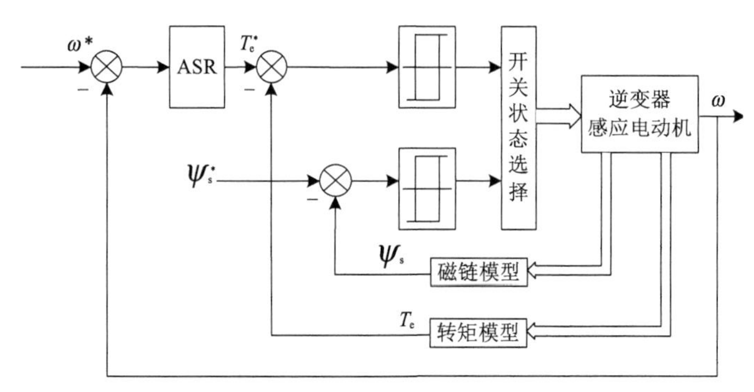

图 4.17　按定子磁链砰-砰控制的 DTC 系统原理框图

在具体控制方法上，DTC 系统与 VC 系统有所不同，DTC 系统的基本特点如下。

(1) 转矩和磁链的控制采用非线性的双位式砰-砰控制器，并在 PWM 逆变器中直接使用两个控制信号产生电压的 SPWM 波形，从而避开了将定子电流分解成转矩分量和磁链分量，省去了旋转变换和电流控制，简化了控制器的结构。

(2) 选择定子磁链作为被控量，而不像 VC 系统中那样选择转子磁链。计算定子磁链的电压模型不受转子参数变化的影响，因而提高了控制系统的鲁棒性。但是，此时从 $\omega-\psi_s-i_s$ 状态方程式得到的控制规律不像按转子磁链定向时那样容易实现解耦和线性化。因此采用非线性的砰-砰控制而不采用线性调节。

(3) 由于直接采用了转矩反馈的砰-砰控制，在加减速或负载变化的动态过程中，可以获得快速的转矩响应，但必须注意限制过大的冲击电流，以免损坏电力电子开关器件，因此实际转矩响应也是受到限制的。

4.4.2　定子磁链和转矩反馈模型

在 DTC 系统中，采用两相静止坐标系 (αβ 坐标系)，为了简化数学模型，由三相坐标变换到两相坐标是必要的，所避开的仅是旋转变换。由第 2 章相关推导可知

$$u_{s\alpha} = R_s i_{s\alpha} + L_s p i_{s\alpha} + L_m p i_{r\alpha} = R_s i_{s\alpha} + p\psi_{s\alpha}$$

$$u_{s\beta} = R_s i_{s\beta} + L_s p i_{s\beta} + L_m p i_{r\beta} = R_s i_{s\beta} + p\psi_{s\beta}$$

移项并积分后得

$$\psi_{s\alpha} = \int (u_{s\alpha} - R_s i_{s\alpha})\mathrm{d}t \tag{4-49}$$

$$\psi_{s\beta} = \int (u_{s\beta} - R_s i_{s\beta})\mathrm{d}t \tag{4-50}$$

式 (4-49)、式 (4-50) 就是图 4.17 中采用的定子磁链模型，其结构如图 4.18 所示。显然，这是一个电压模型，如前所述，它适合于中、高速运行的系统，在低速时误差较大，

甚至无法应用。必要时，只好在低速时切换到电流模型，但这时上述能提高鲁棒性的优点，就不得不丢弃了。

第 2 章给出静止两相坐标系上的电磁转矩表达式，重写如下：

$$T_e = p_n L_m (i_{s\beta} i_{r\alpha} - i_{s\alpha} i_{r\beta}) \tag{4-51}$$

又由 αβ 坐标系上的磁链方程式

$$i_{r\alpha} = \frac{1}{L_m}(\psi_{s\alpha} - L_s i_{s\alpha})$$

$$i_{r\beta} = \frac{1}{L_m}(\psi_{sb} - L_s i_{s\beta})$$

将其代入式(4-51)，并整理后得

$$T_e = p_n (i_{s\beta} \psi_{s\alpha} - i_{s\alpha} \psi_{s\beta}) \tag{4-52}$$

这就是 DTC 系统所用的转矩模型，其结构框图如图 4.19 所示。

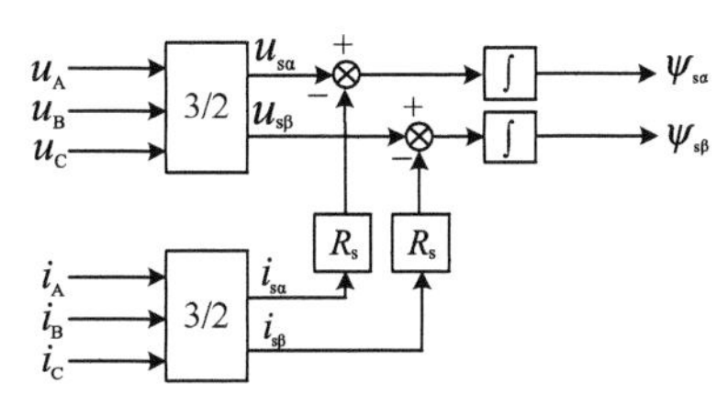

图 4.18　定子磁链模型结构框图

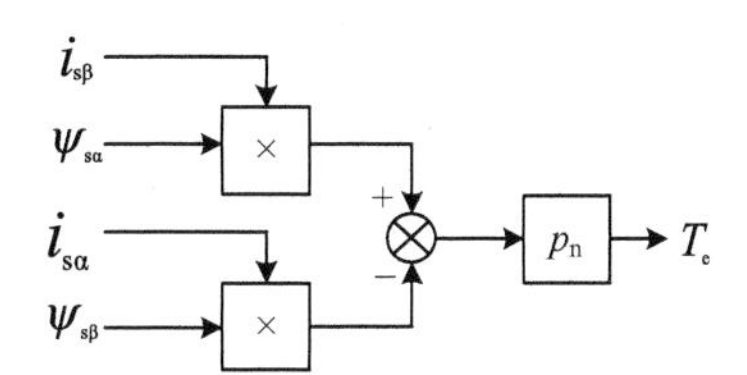

图 4.19　转矩模型结构框图

4.4.3　定子电压矢量开关状态的选择

在图 4.17 所示的 DTC 系统中，根据定子磁链和电磁转矩的给定与反馈信号进行砰-砰控制，按控制程序选取电压空间矢量的作用顺序和持续时间。如果只要求正六边形的磁链轨迹，则逆变器的控制程序简单，主电路开关频率低，但定子磁链偏差较大；如果要逼近圆形磁链轨迹，则控制程序较复杂，主电路开关频率高，定子磁链接近恒定。该系统也可用于弱磁升速，这时要设计好 $\psi_s^* = f(\omega^*)$ 函数发生程序，以确定不同转速时的磁链给定值。

在第 3 章所述的 SVPWM 两电平逆变器中，有 8 个输出的电压空间矢量，包括 6 个有效工作矢量 u_1 ～ u_6 和 2 个零矢量 u_0 和 u_7。期望的定子磁链轨迹可分为 6 个扇区，在每个扇区内，施加不同的电压空间矢量，对磁链矢量的变化就有不同的影响。如图 4.20 所示，在第Ⅰ扇区定子磁链矢量 ψ_{sI} 顶端施加 6 种不同的电压矢量，将产生不同的磁链增量。例如，若施加 u_2，则使 ψ_{sI} 的幅值增加，并朝正

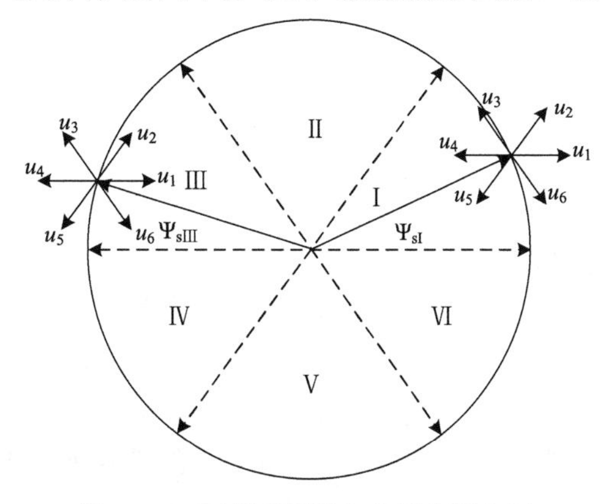

图 4.20　在不同扇区中定子电压空间矢量对定子磁链的影响

向旋转；若施加u_4，则使ψ_{SI}的幅值减小，同样朝正向旋转；若施加u_5，则使ψ_{SI}的幅值减小，但朝反向旋转。当定子磁链矢量ψ_{SIII}位于第III扇区时，同样施加u_2将使ψ_{SIII}的幅值减小，并朝反向旋转；若施加u_5，则使ψ_{SIII}的幅值增加，而朝正向旋转。施加零矢量u_0或u_7时，定子磁链的幅值和位置均保持不变。

定子磁链和转矩砰-砰控制的具体实现有很多方案，其中一种如图 4.21 所示。图中AΨR 和 ASR 分别为定子磁链调节器和速度调节器，均采用带滞环的砰-砰控制器，它们的输出分别是定子磁链幅值偏差$\Delta\psi_S$的符号函数$\mathrm{sgn}(\Delta\psi_S)$和电磁转矩偏差$\Delta T_e$的符号函数$\mathrm{sgn}(\Delta T_e)$，两个符号函数的取值都是 1 或 0。如图 4.22 所示，若偏差为正值，则$\Delta\psi_s=\psi_s^*-\psi_s>0$，或$\Delta T_e=T_e^*-T_e>0$，经过滞环后的符号函数为 1；若偏差为负值，则$\Delta\psi_s<0$或$\Delta T_e<0$，则滞环后的符号函数为 0。P/N 为给定转矩极性鉴别器，当期望的电磁转矩T_e^*为正时，P/N=1，即 P/N 的输出$\mathrm{sgn}(T_e^*)=1$；当T_e^*为负时，P/N=0。

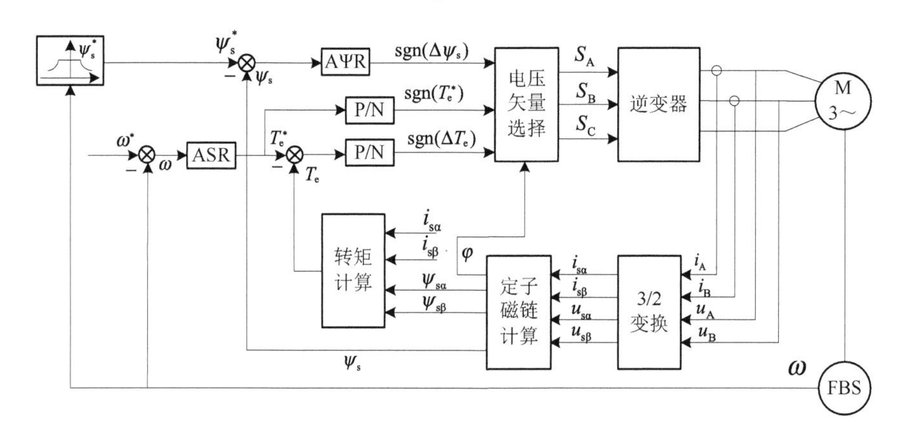

图 4.21　DTC 系统原理结构图

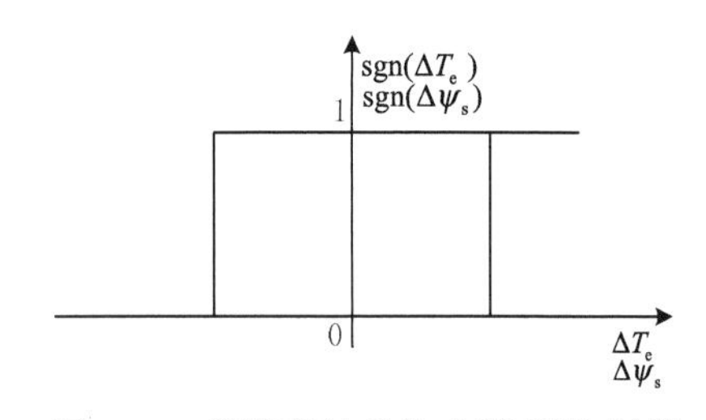

图 4.22　带滞环的双位式砰-砰控制器

当定子磁链矢量位于第 I 扇区中的不同位置时，按砰-砰控制器输出的符号函数值$\mathrm{sgn}(\Delta\psi_s)$、$\mathrm{sgn}(\Delta T_e)$和给定转矩极性输出值P/N 用查表法选择电压空间矢量，见表 4.1。例如，在启动和正向运行时，期望的电磁转矩为正，查表 4.1 的第 1 列，P/N=1；此时，若定子磁链偏差为正，即$\Delta\psi_s=\psi_s^*-\psi_s>0$，其符号函数$\mathrm{sgn}(\Delta\psi_s)=1$，在表 4.1 中第 2 列第 1 行，应选择合适的电压空间矢量使实际的定子磁链幅值Ψ_s增大；若电磁转矩偏差亦为正，即$\Delta T_e=T_e^*-T_e>0$，其符号函数$\mathrm{sgn}(\Delta T_e)=1$，在表 4.1 中是第 3 列第 1 行，应选择合适的电压空间矢量，使定子磁动势正向旋转，从而使实际转矩T_e增大；实际选择的电压空间矢量需同时满足$\Delta\psi_s$和ΔT_e的要求。此时，如果定子磁链位于第 I 扇区的 0 位，由图 4.20 可见，要同时满足$\Delta\psi_s$和ΔT_e的要求，应选择电压空间矢量u_2，见表 4.1 的第 4 列第 1 行；如果定子磁链位于π/6 处，由图 4.20 可选择电压空间矢量u_3，见表 4.1 的第 6 列第 1 行。在 P/N=1，$\mathrm{sgn}(\Delta\psi_S)=1$的情况下，若电磁转矩偏差为负，即$\Delta T_e=T_e^*-T_e<0$，则其符号函数$\mathrm{sgn}(\Delta T_e)=0$，在表 4.1 中是第 3 列第 2

行，一般选择电压空间矢量为零矢量，使定子磁动势停止转动，从而使实际转矩T_e减小。至于零矢量究竟是u_0还是u_7，可按开关损耗最小的原则选取。其他情况下定子电压空间矢量的选择可以此类推。

表 4.1　电压空间矢量选择表

P/N	sgn(ΔΨ_s)	sgn(ΔT_e)	0	0～$\frac{\pi}{6}$	$\frac{\pi}{6}$	$\frac{\pi}{6}$～$\frac{\pi}{3}$	$\frac{\pi}{3}$
1	1	1	u_2	u_2	u_3	u_3	u_3
		0	u_1	u_0，u_7	u_0，u_7	u_0，u_7	u_0，u_7
	0	1	u_3	u_3	u_4	u_4	u_4
		0	u_4	u_0，u_7	u_0，u_7	u_0，u_7	u_0，u_7
0	1	1	u_1	u_0，u_7	u_0，u_7	u_0，u_7	u_0，u_7
		0	u_6	u_6	u_6	u_1	u_1
	0	1	u_4	u_0，u_7	u_0，u_7	u_0，u_7	u_0，u_7
		0	u_5	u_5	u_5	u_6	u_6

按照上述规律控制的原始的 DTC 系统存在如下问题。

(1) 由于采用砰-砰控制，实际转矩必然在上下限内脉动，而不是完全恒定的。

(2) 由于磁链计算采用了带积分环节的电压模型，积分初值、累积误差和定子电阻的变化都会影响磁链计算的准确度。

这两个问题的影响在低速时比较显著，使 DTC 系统的调速范围受到限制。因此抑制转矩脉动、提高低速性能便成为改进原始的 DTC 系统的主要方向。

4.4.4　直接转矩控制系统与矢量控制系统的比较

DTC 系统和 VC 系统都是已获实际应用的高性能交流调速系统。两者都采用转矩(转速)和磁链分别控制，都是基于感应电动机动态数学模型设计的，数学模型的结构都是同样的多变量非线性系统，如图 4.23 所示。图中给定输入变量为u_{sd}、u_{sq}和ω_1，负载转矩T_L是扰动输入变量，ω和ψ_r(VC)或ψ_s(DTC)的 d、q 分量是输出变量。两种系统的控制基础是相同的，只是所用的状态方程式采用不同的表达形式。

从总体控制结构上看，DTC 系统和 VC 系统都采用了转速和磁链的分别控制。在转速环内设置转矩控制环(在 VC 系统中，可用定子电流的转矩分量内环代替转矩内环)，其主要作用就是抑制磁链变化对转速子系统的影响，从而使转速和磁链子系统实现了近似的解耦。有人认为，DTC 系统没有采用旋转坐标变换把定子电流分解成励磁分量和转矩分量，就没有解耦，这是一种误解。对于一个多变量系统，所谓解耦就是能不能把它分解成相对独立的单变量子系统来进行控制，DTC 系统采用转速和磁链分别控制，并用转矩内环抑制磁链变化对转速的影响，因而也是解耦的。

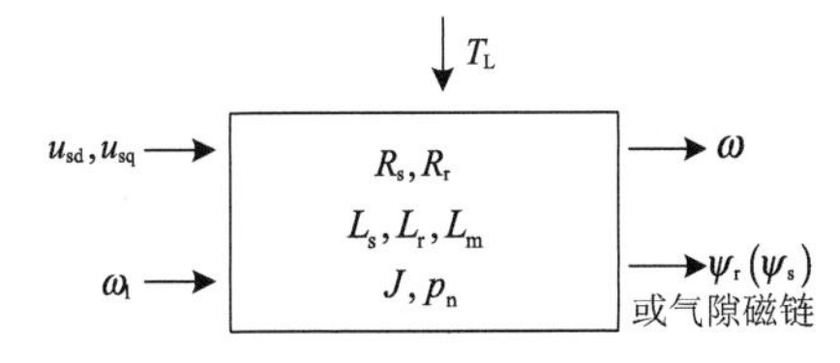

图 4.23　感应电动机多变量非线性动态数学模型

由此可见，DTC 系统和 VC 系统的基本控制结构是相同的，都能获得较高的静、动态性能，这是两种系统的基本性质。

当然，由于两种系统在具体控制方案上的区别，两者在控制性能上又各有特色。在一般情况下，DTC 系统可以获得更快的动态转矩响应(由于没有电流内环，需注意限制最大冲击电流)，而 VC 系统则具有更好的低速稳态性能，从而可以获得更宽的调速范围。因此 VC 系统更适用于宽范围调速和伺服系统，而 DTC 系统则更适用于需要快速转矩响应的大惯量运动控制系统(如电力机车)。表 4.2 列出了两种系统的特点及其性能比较。

表 4.2　DTC 系统和 VC 系统的特点和性能比较

性能与特点	DTC 系统	VC 系统
磁链控制	定子磁链	转子磁链
转矩控制	砰-砰控制，有转矩脉动	连续控制，比较平滑
坐标变换	静止坐标变换，较简单	旋转坐标变换，较复杂
转子参数变化影响	无①	有
调速范围	原始系统不够宽，现已有改进	宽

①有时为了提高调速范围，在低速时改用电流模型计算磁链，则转子参数变化对 DTC 系统也有影响。

现在，DTC 和 VC 两种系统的产品都在朝着克服其缺点的方向前进，如果在现有的 DTC 系统和 VC 系统之间取长补短，构成新的控制系统，应该能够获得更为优越的控制性能。

4.4.5　改善直接转矩控制系统性能的方案

针对原始 DTC 系统的不足，许多学者和工程师进行了辛勤的研发工作，使其性能得到不同程度的改善，改进方案如下。

(1) 磁链和转矩的砰-砰控制以及由其输出信号直接选择逆变器的电压空间矢量这一基本框架不变，具体改进方法如下。

① 对磁链偏差实行细化，使磁链轨迹接近圆形。

② 对转矩偏差实行细化，直接减少转矩脉动。

③ 对电压空间矢量实行无差拍调制或预测控制。

④ 对电压空间矢量实行智能控制。

(2) 改砰-砰控制为连续控制。

① 间接自控制(ISR)系统。

② 按定子磁链定向的控制系统。

1. ISR 系统

20 世纪 90 年代初，德国鲁尔大学 EAEE 研究室在 Depenbrock 教授和 Steimel 教授的领导下提出了作为 DSR 系统改进方案的间接自控制(Indirekt Selbstregelung，ISR)系统，如图 4.24 所示。其中，将砰-砰控制器改为连续的 PI 调节器，用定子磁链调节器对定子磁链幅值进行闭环控制，以建立圆形的定子磁链轨迹，又根据电磁转矩调节器推算出磁链矢量增量所对应的角度 $\Delta\theta$，最后按照两个调节器的输出合成推算出定子电压矢量，求得相应的逆变器开关状态。可以看出，ISR 系统舍去了 DTC 系统中的砰-砰控制，而采用与 VC 系统相似的线性调节器，只是在控制算法上，将定子磁链的幅值与角度分开，利用转矩的偏差来推算磁链矢量的角度，这样做虽然可以实现连续控制，但在算法中又引入转子参数，从而牺牲了 DTC 系统的鲁棒性。

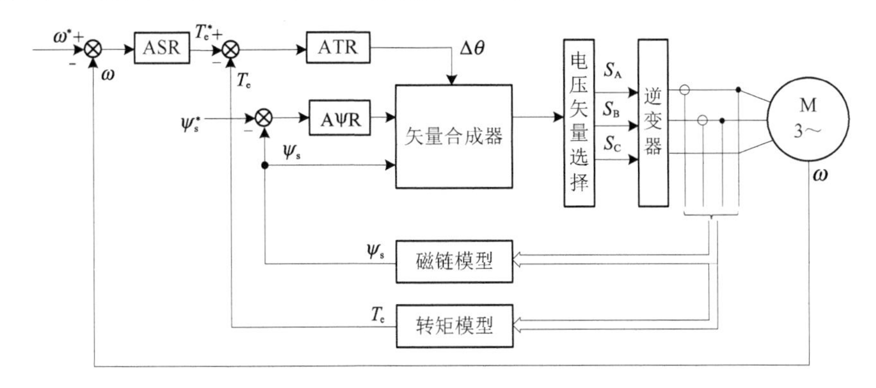

图 4.24　ISR 系统原理框图

2. 按定子磁链定向的 VC 系统

另一种将 DTC 和 VC 融合起来取长补短的方案是按定子磁链定向的 VC 系统。按定子磁链定向后，使$\psi_{sd}=\psi_s$，而$\psi_{sq}=0$，于是电磁转矩$T_e=p_n i_{sq}\psi_s$，似乎也能够得到类似直流电动机的转矩特性了。实际上，将$\psi_{sd}=\psi_s$和$\psi_{sq}=0$代入相应的状态方程式后得

$$\frac{\mathrm{d}\psi_s}{\mathrm{d}t}=-R_s i_{sd}+u_{sd}$$

$$u_{sd}=\sigma L_s\frac{\mathrm{d}i_{sd}}{\mathrm{d}t}-\frac{1}{T_r}\psi_s+\left(R_s+\frac{L_s}{T_r}\right)-\sigma L_s\omega_s i_{sq}$$

将两式合并，再用p代替微分符号 d/dt，得

$$(T_r p+1)\psi_s=(\sigma T_r p+1)L_s i_{sd}-\sigma L_s T_r\omega_s i_{sq}$$

由此可见，按定子磁链定向时，ψ_s并非由定子电流的 d 轴分量唯一确定，还同时受到 q 轴分量i_{sq}的影响。采用i_{sq}补偿控制抵消掉$-\sigma L_s T_r\omega_s i_{sq}$项，才能实现定子电流分量的解耦。但是，这种补偿控制的算法又受到转子参数T_r的影响，从而牺牲了控制系统的鲁棒性。为了解决这个问题，对系统模型作进一步的研究，可以得到避开转子参数影响的、按定子磁链定向的 VC 系统。

思　考　题

4-1　在由 PWM 变频器供电的感应电动机调速系统中，若突然降低变频器的输出频率，则直流回路的电流将发生什么变化？滤波电容两端的电压将发生什么变化？

4-2　在感应电动机 sf 控制的变频调速系统中，为什么控制转差频率 sf 就能间接地控制电动机的转矩？它与他励直流电动机中利用控制电枢电流来控制电机转矩有何区别？

4-3　什么叫做感应电动机的矢量控制？试分析采用转子磁链定向、气隙磁链定向、定子磁链定向控制之间的差异。

习　题

4-1　对感应电动机进行矢量控制的目的是什么？在进行矢量控制时，要控制哪几个变量？

4-2　在感应电动机变频调速闭环系统中，采用转差率控制的目的是什么？采用转差率控制以后为何能限制定子电流、加快过渡过程？

4-3　试分析影响感应电动机位置伺服系统的定位精度的因数有哪些(见图 4.11)。

4-4　试述转差频率控制调速系统的逆变器应采用电压型逆变器还是采用电流型逆变器。

4-5　有一台转差频率控制的变频调速系统，正以 1000r/min 的转速运行，现欲使其过渡到 −1000r/min 的速度运行，试分析其过渡过程，并指明这中间要经历哪几种运行状态。请画出转差角频率 ω_2 的变化曲线。

第 5 章　同步电动机变频调速系统

同步电动机采用变频调速，进行频率、电压协调控制，克服了同步电动机在恒频电源供电时启动困难、重载时振荡和失步等困扰，其应用范围不断扩大。尤其是新型永磁材料、电力电子技术和微机应用技术的发展，使得交流永磁伺服电动机在机器人和数控机床中的应用已越来越多。同步电动机变频调速是交流电动机调速的一个重要的方面，其应用领域十分广泛。

本章将针对同步电动机的特点，着重讨论同步电动机的合理控制。下面首先概述同步电动机的特点和变频调速的类型。然后介绍他控同步电动机变频调速、隐极同步电动机的磁场定向控制、凸极同步电动机磁场定向控制的主要问题，进一步讨论永磁同步电动机的矢量控制和同步电动机的制动。最后讨论无刷直流电动机的构成、工作原理、运行特性以及直流变换器调压的无刷直流电动机。

5.1　概　　述

同步电动机分电励磁式同步电动机、磁阻式同步电动机和永磁同步电动机。它们都可以与电力电子变频装置组合，协调控制其频率、电压，可构成性能优良的变频调速系统。同步电动机变频调速的基本原理和方法以及所用的变频装置与感应电动机变频调速大体相同，感应电动机控制的许多方面，也可推广到同步电动机的控制中。但同步电动机与感应电动机之间也有较大的差别，因此，在控制策略方面就有许多不同和特点。

1. 同步电动机与感应电动机的主要差别

(1) 同步电动机的转速 n 与定子电源频率有严格不变的关系：$n=\dfrac{60f_1}{p_n}=n_1$，而感应电动机转子实际转速总是低于同步转速 n_1。

(2) 电励磁式同步电动机转子由直流励磁电流 I_f 励磁，调节 I_f 可使同步电动机在任意功率因数情况下运行。在滞后的功率因数条件下，定子电流有助磁作用；而在超前功率因数条件下，定子电流有去磁作用，可削弱转子电流磁场。在永磁同步电动机中，转子永磁体提供的励磁磁场可认为是恒定的，在同一频率、转矩条件下，定子供电电压偏高，就形成滞后的功率因数；定子供电电压偏低，就形成超前的功率因数，也就是说同步电动机的无功电流均可控制。在同步磁阻电动机中，转子没有励磁绕组，它与感应电动机相同，总是处在滞后的功率因数情况下运行，电机气隙磁场也靠定子提供。

(3) 同步电动机的转子结构较复杂，形式较多。电励磁式转子上除直流励磁绕组 W_f 外，还可能安置自身短路的阻尼绕组，在有阻尼绕组的情况下，转子漏磁通在瞬变状况期间会影响转子总磁通。永磁同步电动机在变频调速系统中应用时，通常只安置永磁体，不设阻尼绕组，它与磁阻同步电动机转子一样，无绕组。这种转子反而比感应电动机的转子简单。

(4)同步电动机的转子又有隐极式和凸极式之分。隐极式转子气隙均匀，与感应电动机相似；凸极式转子气隙不均匀，其电磁转矩除基本电磁转矩之外，还有转矩的磁阻分量，常称附加磁阻转矩。磁阻同步电动机的电磁转矩只有磁阻转矩，故因此而得名。但气隙不均匀又使得电励磁式同步电动机的定子电流(磁势)产生的磁场(磁通)在空间的相位不一致，又增加了电机分析和控制的复杂性。感应电动机的气隙均匀，相对较简单。

2. 同步电动机变频调速的类型

与感应电动机相似，配合同步电动机变频调速的变频装置也有电压源逆变器、电流源逆变器、交-交变频器和 SPWM 变频器。

根据同步电动机变频调速的原理和控制方式又可分为他控变频调速和自控变频调速两大类。他控变频调速是由独立的变频装置给同步电动机提供变频变压电源构成的调速系统。自控变频调速是借助同步电动机转子磁极轴线位置的信息来控制变频器的工作，实现变频调速，变频器输出的频率不再是独立的，而是与转子转速相依存的，直接受磁极位置检测器位置信号控制的。其结构原理，在本质上是与直流电动机相同的，直流电动机磁极静止不动，电枢绕组随转子旋转，绕组中的电势和电流本来就是交流电，这种交流电流是由电刷和换向片组成的机械式逆变器提供的。其电刷相当于自控同步电动机的磁极位置检测器，而换向器就相当于逆变器。自控同步电动机的电枢绕组静止不动，磁极旋转，由磁极位置检测器控制电力电子变频器向电枢供电。此处，电力电子变频器代替了直流电机的换向器(机械式逆变器)，其优点是非常明显的，它具有直流电动机的各种优良性能。因此，自控变频同步电动机又称无换向器电动机，也有人称无刷直流电动机或电子换相电动机。

由于新型永磁材料的发展，新型永磁方波电动机与方波逆变器相匹配构成的永磁无刷直流电动机，作为伺服驱动，控制系统简单，更引起人们的重视和研究。

3. 同步电动机的运行状态及其控制方式

同步电动机转子上有励磁，在空载时转子磁场轴线(d 轴)的位置已确定，这给同步电动机进行磁场定向控制带来方便，对同步电动机运行状态的控制也较灵活，容易实现。在变频调速系统中常用的有三种运行状态的控制。

(1)定、转子磁场正交运行状态，也称 $I_d=0$ 控制方式。其相量图已在 1.3 节中讨论过，见图 1.14，它能把矢量控制简化为转子磁极位置控制。

(2)定子电流 $\hat{I}_1$ 与定子绕组电压 $\hat{U}_1$ 同相位，即 $\cos\varphi=1$ 运行状态，也称定子磁场定向控制。其相量图如图 1.13(b)所示。

(3)I_1 超前 U_1 运行状态，用于永磁同步电动机弱磁升速控制，以便扩大永磁同步电动机的调节范围，常称永磁同步电动机的弱磁升速控制。

5.2 他控变频同步电动机调速系统

5.2.1 同步电动机转速开环恒压频比控制

转速开环恒压频比控制的同步电动机调速系统是一种最简单的他控变频调速系统，该系统的框图与图 4.1 相似，多用于化工纺织等小容量的多台电机的拖动系统中，常用多台永磁同步电动机或磁阻电动机并连接至公共的逆变器上。精确地控制变频器的输出频率就能精确控制同步电动机的转速，调速系统无须设置转速反馈控制。变频调速同步电动机的运行与一般固定频率运行的同步电动机一样，也有振荡和失步的问题，通常也选用装设阻尼绕组的同步电动机。在图 4.1 中，由中央处理器通过 A/D 转换器采样速度给定，产生三相正弦波信号，其频率与速度给定相对应，以便满足恒压频比控制要求。正弦波信号与三角波交截产生三相正弦脉宽调制信号，进而产生六只功率开关的驱动信号，使逆变器的输出电压波形由一系列脉宽呈正弦分布的脉冲组成，以减小电机的谐波损耗和低速时转矩脉动。

如果电机转速超过额定转速，则电机进入弱磁的恒功率工作区，转速升高时转矩则减小。

系统中设置了过压过流保护电路。其中 R_b 和晶体管 VT_b 组成了过压吸收电路，吸收电机制动过程中回馈的能量，避免直流过电压。

有些调速精度要求高的场合，在系统中还配置了高精度的频率信号发生器，其频率范围一般为 2.5～300Hz，分辨率为 0.01Hz。频率信号发生器内部还用频率反馈控制，使频率稳定度大大提高。频率信号发生器又是一个频率给定积分器，可通过拨码设置输出频率的升、降时间，以适应不同电机和不同场合的使用。数字式给定积分器能保证输出频率线性升、降。

5.2.2 隐极同步电动机的矢量控制

为了获得高动态性能，同步电动机也采用矢量变换控制，其原理与感应电动机的矢量变换控制相似，也是通过电流空间矢量的坐标变换，使其等效成直流电动机，并模仿直流电动机的控制方法对同步电动机进行控制。

常用的电励磁式同步电动机是凸极同步电动机，其磁极表面开槽，装有阻尼绕组。它可以减小由逆变器供电而引起的谐波和负序分量，并能减小电机的暂态电抗。但阻尼绕组的存在又增加了对电机性能分析计算的复杂性。为了分析讨论方便，首先介绍隐极同步电动机的磁场定向控制，并作如下假设。

(1) 隐极同步电动机气隙均匀，气隙磁场沿气隙圆周按正弦规律分布，齿槽影响忽略不计。

(2) 电机磁路饱和影响忽略不计，即线性磁路。

(3) 电机绕组对称。

这样完全可以运用 2.5 节中同步电动机的数学模型。但考虑到隐极同步电动机气隙均匀，通常不设置阻尼绕组。如果忽略转子铁心表面在动态过程中的涡流影响，则它更类似于感应电动机，其区别在于隐极同步电动机转子上有一组直流励磁绕组 W_f，励磁磁势 $F_f(I_f)$ 在空间同步旋转。这里根据保持磁势不变原则，用一组对称三相转子绕组替代实际励磁绕组 W_f，其等效转子绕组如图 5.1 所示；并设等效转子绕组由理想的电压源 U_f 供电，其励磁电流仍为 I_f；电源 U_f 内阻为零，转子绕组的阻尼效应不受影响；对称三相转子绕组 a 相轴线与原励磁绕组同方向；b、c 两相短接，与外加励磁电压 U_f 相连。

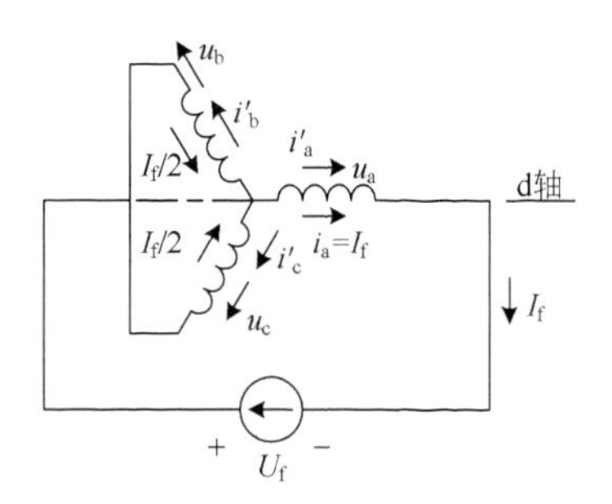

图 5.1　等效转子绕组

1. 转子回路方程

1) 转子电压综合矢量 $\hat{U}_2$

转子电压综合矢量由式(2-5)可知

$$\hat{U}_2 = \frac{2}{3}\left[u_a + au_b + a^2u_c\right] = \frac{2}{3}\left[u_a - \frac{1}{2}\left(u_b + u_c\right) + \mathrm{j}\frac{\sqrt{3}}{2}\left(u_b - u_c\right)\right] \tag{5-1}$$

由于 b 相，c 相短接，故 $u_b=u_c$，代入式(5-1)，可得

$$\hat{U}_2 = \frac{2}{3}\left(u_a - u_b\right) = \frac{2}{3}\hat{U}_f \tag{5-2}$$

2) 转子电流综合矢量

若转子电流包含着励磁直流电流 I_f 和感应产生的暂态电流 i'_2，并考虑到转子绕组中点不接地，转子电流综合矢量为

$$\begin{aligned}\hat{I}_2 &= \frac{2}{3}\left[(I_f + i'_a) + (-\frac{1}{2}I_f + i'_b)\mathrm{e}^{\mathrm{j}120^\circ} + (-\frac{1}{2}I_f + i'_c)\mathrm{e}^{\mathrm{j}240^\circ}\right] \\ &= (I_f + i'_a) + \mathrm{j}\frac{1}{\sqrt{3}}(i'_b - i'_c)\end{aligned} \tag{5-3}$$

其直流励磁电流 I_f 由励磁电压 U_f 与相绕组电阻 R_2 求得

$$I_f = \frac{2}{3}\frac{U_f}{R_2} \tag{5-4}$$

2. 隐极同步电动机电流控制型转子磁链定向控制的数学模型

如果定子由电流控制环组成的逆变器供电，则定子电压方程可不计，同步电动机转子磁链定向控制的动态数学模型可沿用 4.3 节已讨论过的感应电动机磁场定向控制方法导出。

1) 转子磁通电流 I_{mR}

转子电压方程式由式(4-16)和式(4-22)可得

$$\hat{U}_2 = R_2\hat{I}_2 + p\hat{\psi}_2 = \frac{2}{3}U_f \tag{5-5}$$

$$R_2\hat{I}_2 + Mp\left[(1+\sigma_R)\hat{I}_2 + \hat{I}_1 e^{-j\theta}\right] = \frac{2}{3}U_f \tag{5-6}$$

采用转子磁链定向，在 M, T 旋转坐标轴系中，M 轴选在 $\hat{\psi}_2$ 上，则为 $\hat{\psi}_2=\psi_{M2}+j0$，即

$$\begin{cases}\psi_{M2} = \hat{\psi}_2 \\ \psi_{T2} = 0\end{cases} \tag{5-7}$$

与感应电动机类同，用 I_{mR} 定义转子磁链折算到定子的等效电流矢量，并满足定义式

$$\begin{cases}\hat{I}_{mR} = \hat{I}_1 + (1+\sigma_R)\hat{I}_2 e^{j\theta} = i_{mR}e^{j\rho} & (5\text{-}8)\\ \hat{\psi}_2^s = i_{mR}Me^{j\rho},\quad \psi_2 = i_{mR}M & (5\text{-}9)\end{cases}$$

各坐标轴系之间的相位关系如图 5.2 所示。这里应指出，图 5.1 中的转子电路具有感应电动机的全部特征。唯一的区别是转子电路通过外接电压源短路，稳态磁通电流 $\hat{I}_{mR}$ 与转子同步旋转，$\rho-\theta$=const；而感应电动机中，则以转差角度 ω_2 切割转子。

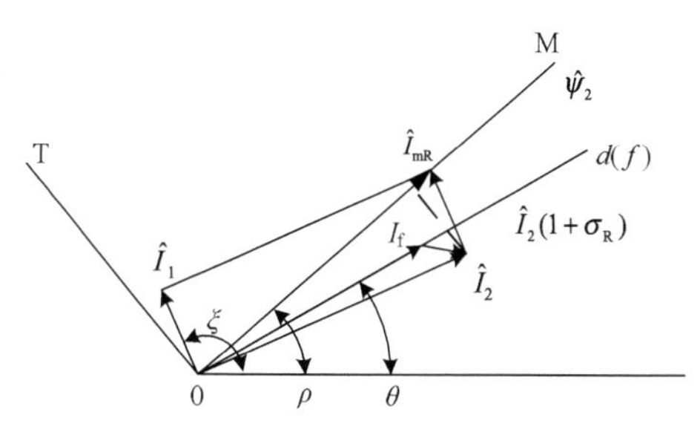

图 5.2 各坐标轴系之间的相位关系

2) 电流控制型转子磁链定向控制模型

从式(5-6)和式(5-8)中消去 $\hat{I}_2$ 后，可得

$$T_R\frac{d\hat{I}_{mR}}{dt} + (1-j\omega_R T_R)\hat{I}_{mR} = \hat{I}_1 + (1+\sigma_R)\frac{\hat{U}_2}{R_2}e^{j\theta} \tag{5-10}$$

将式(5-10)中的虚、实部分分开，并将 $\hat{U}_2 = \frac{2}{3}U_f$ 代入，可得两个实数方程

$$T_R\frac{di_{mR}}{dt} + i_{mR} = i_{M1} + (1+\sigma_R)\frac{2}{3}\frac{U_f}{R_2}\cos(\rho-\theta) \tag{5-11}$$

$$\frac{d}{dt}(\rho-\theta) = \omega_{mR} - \omega_R = \frac{1}{i_{mR}T_R}\left[i_{T1} - (1+\sigma_R)\frac{2U_f}{3R_2}\sin(\rho-\theta)\right] \tag{5-12}$$

定子电流 $\hat{I}_1$ 变换到 M, T 坐标轴系为

$$I_1 e^{-j\rho} = i_1 e^{j(\xi-\rho)} = i_{M1} + ji_{T1} \tag{5-13}$$

当电机稳态运行时，$\hat{I}_{mR}$ 与转子同步旋转，式(5-12)右边为零，即

$$i_{T1}\big|_{t=\infty} = (1+\sigma_R)\frac{2U_f}{3R_2}\sin(\rho-\theta)\big|_{t=\infty} \tag{5-14}$$

电磁转矩仍由式(4-20)已知，即

$$T_e = \frac{3}{2}\frac{p_n M}{1+\sigma_R} i_{mR} i_{T_1} = K_T i_{mR} i_{T_1} \tag{5-15}$$

由式(5-11)～式(5-15)便组成了电流控制型同步电动机转子磁链定向控制的数学模型。由式(4-30)和式(4-31)便得

$$\left.\begin{aligned} i_{\alpha 1} &= i_A \\ i_{\beta 1} &= \frac{1}{\sqrt{3}}(i_B - i_C) \end{aligned}\right\} \tag{5-16}$$

根据式(5-11)～式(5-15)和式(5-16)组成的数学模型可画出隐极同步电动机电流控制型转子磁链定向控制框图，如图 5.3 所示，并可画出磁通运算的动态模型，如图 5.4 所示。

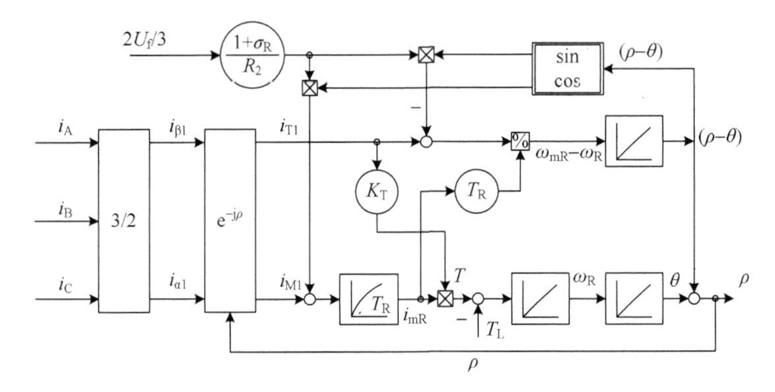

图 5.3　同步电动机转子磁链定向控制框图

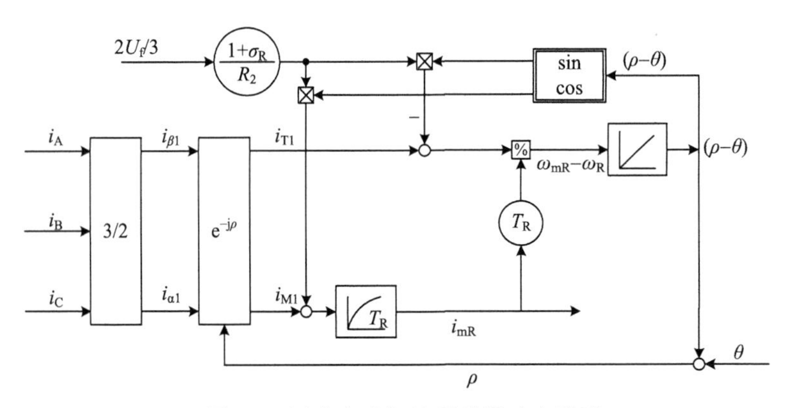

图 5.4　同步电动机转子磁通动态模型

3)同步电动机转子磁链定向控制框图

隐极同步电动机转子磁链定向的矢量控制框图，如图 5.5 所示。图中所示与感应电动机的变频调速系统极为相似。所不同之处仅在于励磁电压 U_f 是在变换到磁链定向的 M，T 旋转坐标轴系以后，作为附加输入信号加入的。图中 U_f 信号是一个带闭环电压控制的，也可以用励磁电流控制环代之，以便消除由于温度造成励磁绕组电阻变化时对主磁通的影响。

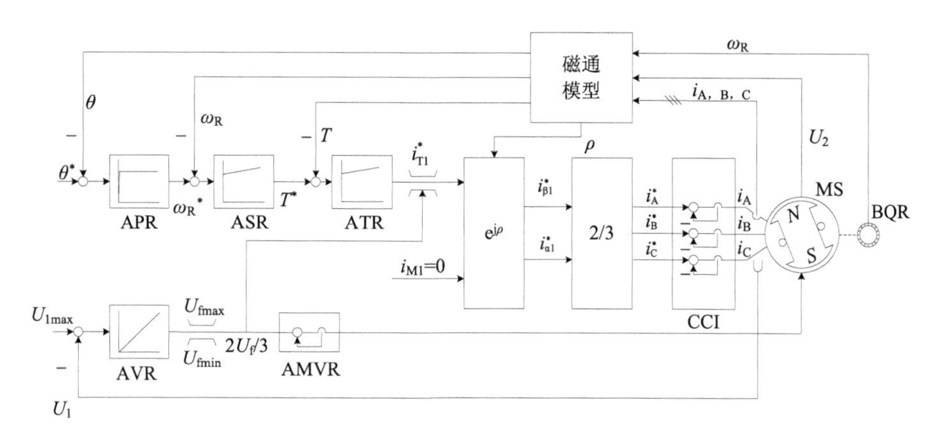

图 5.5 隐极同步电动机转子磁链定向的矢量控制框图

APR-位置调节器；ASR-速度调节器；ATR-转矩调节器；AVR-电压调节器；
CCI-电流控制逆变器；AMVR-励磁电压变换器；MS-同步电动机；BQR-转速转换器

定子电压方程可由式(2-63)和式(4-19)中消去$\hat{I}_2$后得到

$$\hat{U}_1 = R_1\hat{I}_1 + \sigma L_1\frac{\mathrm{d}\hat{I}_1}{\mathrm{d}t} + (1-\sigma)L_1\frac{\mathrm{d}\hat{I}_{mR}}{\mathrm{d}t} \tag{5-17}$$

稳态时 $\omega_{mR}=\omega_1=\omega_R=\text{const}$，$i_{mR}=\text{const}$，$I_1=\text{const}$，则方程式(5-17)可变成

$$\begin{aligned}\hat{U}_1 &= (R_1 + \mathrm{j}\omega_1\sigma L_1)\hat{I}_1 + \mathrm{j}\omega_1(1-\sigma)L_1\hat{I}_{mR} \\ &= (R_1 + \mathrm{j}\omega_1\sigma L_1)\hat{I}_1 + \hat{E}_1\end{aligned} \tag{5-18}$$

式中，$\hat{E}_1 = \mathrm{j}\omega_1(1-\sigma)L_1\hat{I}_{mR}$。

这里应指出以下几点。

(1)由图 5.4 可知，当 $U_f=0$ 时，就是图 4.12(b)的感应电动机磁通模型，稳态时角$(\rho-\theta)$近似为常数。

(2)根据矢量控制原理，令 $\psi_2=\psi_{M2}$ 的同时还令 $\psi_{M2}=\psi_M$，$\psi_{M1}=0$，即 $I_1=I_{T1}$，$I_{M1}=0$。因而在图 5.5 框图中 $\dot{I}_{M1}$ 的给定值 $I^*_{M1}=0$。I_1 就相当于直流电动机的电枢电流 I_a。

5.2.3 凸极同步电动机的矢量控制

凸极同步电动机定、转子间的气隙不均匀，使交、直轴方向上的磁导不等。通常主磁极下的气隙小，极间的气隙大，因而直轴磁导大于交轴磁导，即 $G_d(\delta)>G_q(\delta)$，这就会造成凸极同步电动机的合成气隙磁势综合矢量 $\hat{F}$（$\hat{I}$）与合成气隙磁通综合矢量 $\hat{\Phi}$ 的空间相位不一致，两者之间存在相位差 $\Delta\theta$。在隐极同步电动机中，$\hat{I}$ 与 $\hat{\Phi}$ 在空间相位是一致的，以转子磁链定向控制，能使隐极同步电动机的控制量 i_{M1} 和 i_{T1} 得到解耦。但在凸极同步电动机中，由于 $\hat{I}$ 与 $\hat{\Phi}$ 之间存在相位差 $\Delta\theta$，尽管采用磁链定向控制，也不是总能使凸极同步电动机的控制量 i_{M1} 和 i_{T1} 得到解耦。这就给凸极同步电动机的矢量控制增加了困难，或者使控制性能变差。现首先讨论凸极同步电动机合成气隙磁势与合成气隙磁通的关系。

1. 合成气隙磁通综合矢量 $\hat{\Phi}$

为了分析方便，简化方程式的书写，常忽略次要因数。假定磁路不饱和、线性，只计基波分量，在稳态时不计转子阻尼绕组的影响。凸极转子上有励磁绕组 W_f, D 轴阻尼绕组 W_D, Q 轴阻尼绕组 W_Q；定子上三相绕组对称分布，并经过折算，折算后定、转子绕组具有完全相同的匝数。

1) 稳态时的气隙磁链 ψ

在稳态时，阻尼绕组不起作用，无影响，只有定子三相绕组中有三相对称电流 i_A，i_B，i_C；励磁绕组中有直流励磁电流 I_f。首先进行坐标变换，然后求气隙合成磁链。

(1) $i_A, i_B, i_C \to i_{\alpha 1}, i_{\beta 1}$，由式(2-12)可得

$$\begin{bmatrix} i_{\alpha 1} \\ i_{\beta 1} \end{bmatrix} = \frac{2}{3} \begin{bmatrix} 1 & -\dfrac{1}{2} & -\dfrac{1}{2} \\ 0 & \dfrac{\sqrt{3}}{2} & -\dfrac{\sqrt{3}}{2} \end{bmatrix} \begin{bmatrix} i_A \\ i_B \\ i_C \end{bmatrix} \tag{5-19}$$

(2) $i_{\alpha 1}, i_{\beta 1} \to i_{d1}, i_{q1}$, d 轴与转子磁极轴线 f 轴重合，q 轴超前 d 轴 90°，即

$$\begin{bmatrix} i_{d1} \\ i_{q1} \end{bmatrix} = \begin{bmatrix} \cos\theta & \sin\theta \\ -\sin\theta & \cos\theta \end{bmatrix} \begin{bmatrix} i_{\alpha 1} \\ i_{\beta 1} \end{bmatrix} \tag{5-20}$$

(3) i_{d1}, i_{q1}, i_f 产生的气隙合成磁链在 d, q 轴上的分量为

$$\left.\begin{aligned} \psi_d &= (i_{d1} + i_f) L_{ad} \\ \psi_q &= i_{q1} L_{aq} \end{aligned}\right\} \tag{5-21}$$

(4) $\psi_d, \psi_q \to \psi_\alpha, \psi_\beta$

$$\begin{bmatrix} \psi_\alpha \\ \psi_\beta \end{bmatrix} = \begin{bmatrix} \cos\theta & -\sin\theta \\ \sin\theta & \cos\theta \end{bmatrix} \begin{bmatrix} \psi_d \\ \psi_q \end{bmatrix} \tag{5-22}$$

$$\left.\begin{aligned} |\psi| &= \sqrt{\psi_\alpha^2 + \psi_\beta^2} \\ \xi &= \arctan \frac{\psi_\beta}{\psi_\alpha} \end{aligned}\right\} \tag{5-23}$$

(5) d, q→M, T，现取气隙合成磁链 ψ 定向的 M, T 坐标轴系

$$\begin{bmatrix} i_{M1} \\ i_{T1} \end{bmatrix} = \begin{bmatrix} \cos\theta' & \sin\theta' \\ -\sin\theta' & \cos\theta' \end{bmatrix} \begin{bmatrix} i_{d1} \\ i_{q1} \end{bmatrix} \tag{5-24}$$

$$\begin{bmatrix} i_{Mf} \\ i_{Tf} \end{bmatrix} = \begin{bmatrix} \cos\theta' \\ -\sin\theta' \end{bmatrix} [i_f] \tag{5-25}$$

$$\begin{bmatrix} \psi_M \\ \psi_T \end{bmatrix} = \begin{bmatrix} \cos\theta' & \sin\theta' \\ -\sin\theta' & \cos\theta' \end{bmatrix} \begin{bmatrix} \psi_d \\ \psi_q \end{bmatrix} \tag{5-26}$$

式中，i_{M1} 和 i_{T1} 为定子电流在 M, T 轴上的分量；i_{Mf} 和 i_{Tf} 为励磁电流在 M, T 轴上的分量。

将式(5-21)、式(5-24)和式(5-25)代入式(5-26)可求得

$$
\left.\begin{aligned}
\psi_{\mathrm{M}} &= (L_{\mathrm{ad}}\cos^2\theta' + L_{\mathrm{aq}}\sin^2\theta')i_{\mathrm{M1}} + (L_{\mathrm{ad}} - L_{\mathrm{aq}})\frac{\sin 2\theta'}{2}i_{\mathrm{T1}} + L_{\mathrm{ad}}i_{\mathrm{Mf}} \\
\psi_{\mathrm{T}} &= (L_{\mathrm{ad}}\sin^2\theta' + L_{\mathrm{aq}}\cos^2\theta')i_{\mathrm{T1}} + (L_{\mathrm{ad}} - L_{\mathrm{aq}})\frac{\sin 2\theta'}{2}i_{\mathrm{M1}} + L_{\mathrm{aq}}i_{\mathrm{Tf}}
\end{aligned}\right\} \tag{5-27}
$$

2)凸极影响

根据矢量变换控制原理，取气隙磁链$\hat{\psi}$定向控制时应有

$$
\begin{cases}\psi = \psi_{\mathrm{M}} \\ \psi_{\mathrm{T}} = 0\end{cases} \tag{5-28}
$$

由式(5-27)可知，欲保持ψ_{M}恒定，不仅与i_{M1}，i_{Mf}有关，还与i_{T1}有关；ψ_{T}不仅与i_{T1}，i_{Tf}有关，还与i_{M1}有关。这表明i_{M1}和i_{Mf}并非总是ψ_{M}的励磁电流，i_{T1}，i_{Tf}也并非总是转矩电流分量。因此，在凸极同步电动机中，采用矢量变换控制，并没有完全实现控制量的解耦。这与i_{M1}与i_{T1}之间相互影响的因子$(L_{\mathrm{ad}}-L_{\mathrm{aq}})$有关。当$L_{\mathrm{ad}}=L_{\mathrm{aq}}$时，它们之间的相互影响消失。前面的隐极同步电动机就是这样的情况，其能实现解耦。

凸极同步电动机中，只有当合成磁链$\hat{\psi}$与合成磁势$\hat{I}$相位一致时，才可消除I_{M1}与I_{T1}之间的解耦作用，如图5.6(b)所示。也就是说，当磁极磁场ψ_{f}克服电枢反应磁场ψ_{a}后的合成磁场ψ_{M}的相位与励磁磁势电流I_{f}和电枢反应磁势电流I_1之和的合成磁势矢量$\hat{I}$的空间相位一致，即

$$
\frac{i_{\mathrm{q1}}}{I_{\mathrm{f}} - i_{\mathrm{d1}}} = \tan\theta' = \frac{\psi_{\mathrm{q1}}}{\psi_{\mathrm{f}} - \psi_{\mathrm{d1}}} \tag{5-29}
$$

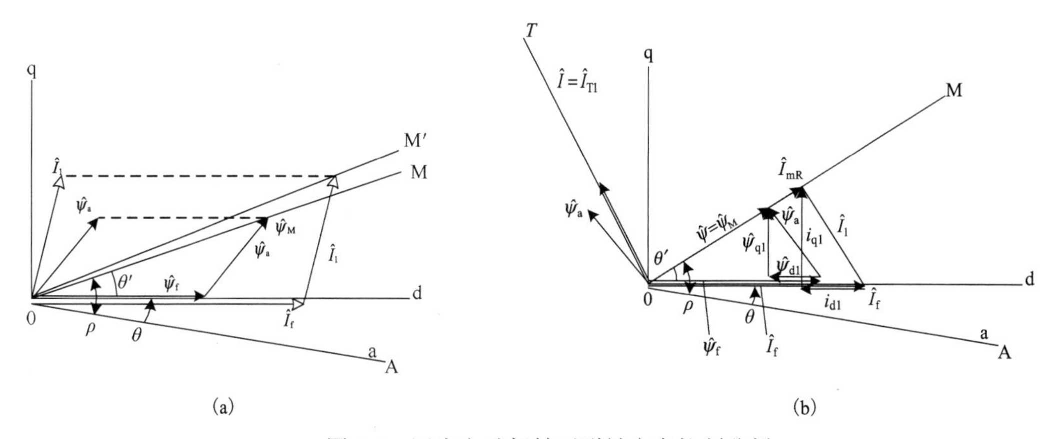

图5.6　同步电动机转子磁链定向控制分析

此时凸极效应引起的耦合现象自动克服，但它不是总能实现的。在图5.6(a)中，若磁极磁场ψ_{f}克服电枢反应磁场ψ_{a}后的气隙磁场ψ_{M}的轴线M，与励磁磁势电流I_{f}和电枢反应磁势电流I_1的合成磁势电流I'_{M}的轴线M′，两者之间不重合，便有凸极效应的耦合作用。

在实际应用中，凸极同步电动机在不同负载下不是总能满足图5.6(b)所示的运行情况。一般作一些校正和处理，把转子上的电流按照产生相同的正弦磁通为原则，折算到

定子边，在定子边计算磁势和电流的变换，使凸极电机隐极化，在电流变换时，就可以不考虑电机凸极的影响。这样抛开一些枝节问题，使矢量控制的运算工作简化，便于对凸极同步电动机矢量控制和分析，而不致带来过大的误差。

2. 凸极同步电动机定子磁链定向控制

1）定子磁链 ψ_1

利用式(2-122)可直接写出凸极同步电动机的磁链式，这里为了习惯，仍用电感“L”的符号，将其标幺值符号“*”也省去，但仍是标幺值。

$$\psi_{d1} = L_d i_{d1} + L_{ad}(i_f + i_D) \tag{5-30}$$

$$\psi_{q1} = L_q i_{q1} + L_{aq} i_Q \tag{5-31}$$

$$\psi_f = (L_{f\sigma} + L_{ad}) i_f + L_{ad}(i_{d1} + i_D) \tag{5-32}$$

$$\psi_D = (L_{D\sigma} + L_{ad}) i_D + L_{ad}(i_{d1} + i_f) \tag{5-33}$$

$$\psi_Q = (L_{Q\sigma} + L_{aq}) i_Q + L_{aq} i_Q \tag{5-34}$$

利用式(5-30)、式(5-31)和式(2-124)消除 i_D 和 i_Q，得

$$\left.\begin{aligned}\psi_{d1} &= L_{1\sigma} i_{d1} + L_{ad}\frac{R_D + pL_{D\sigma}}{R_D + pL_D}(i_{d1} + i_f)\\ \psi_{q1} &= L_{1\sigma} i_{q1} + L_{aq}\frac{R_Q + pL_{Q\sigma}}{R_Q + pL_Q} i_{q1}\end{aligned}\right\}$$

或

$$\left.\begin{aligned}\psi_{d1} &= L_{1\sigma} i_{d1} + L_{ad}\frac{1 + T_{D\sigma} p}{1 + T_D p}(i_{d1} + i_f)\\ \psi_{q1} &= L_{1\sigma} i_{q1} + L_{aq}\frac{1 + T_{Q\sigma} p}{1 + T_Q p} i_{q1}\end{aligned}\right\} \tag{5-35}$$

式中，$T_{D\sigma} = \dfrac{L_{D\sigma}}{R_D}$，$T_D = \dfrac{L_D}{R_D}$；$T_{Q\sigma} = \dfrac{L_{Q\sigma}}{R_Q}$，$T_Q = \dfrac{L_Q}{R_Q}$。由于 $T_{D\sigma} \ll T_D$，$T_{Q\sigma} \ll T_Q$，故可忽略 $T_{D\sigma}$ 和 $T_{Q\sigma}$。式(5-35)便可写成

$$\left.\begin{aligned}\psi_{d1} &= L_{1\sigma} i_{d1} + L_{ad}\frac{1}{1 + T_D p}(i_{d1} + i_f)\\ \psi_{q1} &= L_{1\sigma} i_{q1} + L_{aq}\frac{1}{1 + T_Q p} i_{q1}\end{aligned}\right\} \tag{5-36}$$

定子磁链为

$$\psi_1 = \sqrt{\psi_{d1}^2 + \psi_{q1}^2} \tag{5-37}$$

2）定子磁链定向控制

采用定子磁链 $\hat{\psi}_1$ 定向，选 M, T 同步旋转坐标轴系的 M 轴与 $\hat{\psi}_1$ 方向一致。根据磁场

定向控制原理应有

$$\left.\begin{aligned}\psi_{\mathrm{M}} &= \hat{\psi}_1 \\ \psi_{\mathrm{T}} &= 0\end{aligned}\right\} \tag{5-38}$$

稳态时，$i_{\mathrm{D}}=0$，$i_{\mathrm{Q}}=0$，$p\psi_{\mathrm{M}}=0$，$p\psi_{\mathrm{T}}=0$。同步电动机定子磁链定向控制的磁势关系如图 5.7(a)所示。在定子坐标轴系统中，定子磁通电流

$$\begin{cases}\hat{I}_{\mathrm{ms}} = (1+\sigma_{\mathrm{s}})\hat{I}_1 + I_{\mathrm{f}}\mathrm{e}^{\mathrm{j}\theta} = i_{\mathrm{ms}}\mathrm{e}^{\mathrm{j}\rho} & (5\text{-}39)\\ \hat{I}_1 = i_{\mathrm{M1}} + \mathrm{j}i_{\mathrm{T1}} & (5\text{-}40)\end{cases}$$

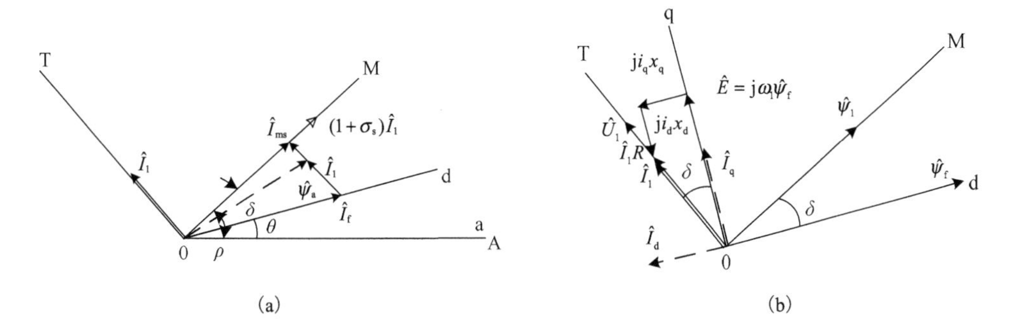

图 5.7　同步电动机定子磁链定向控制的磁势关系和矢量图

3) $\cos\varphi_1=1$ 运行状态

为了充分利用变频器在定子磁链定向控制中控制 $I_1=I_{\mathrm{T1}}$，$I_{\mathrm{M1}}=0$，即 $\psi_1=\psi_{\mathrm{M}}=\psi_{\mathrm{M2}}=\psi_{\mathrm{f}}\cos\delta$，$I_{\mathrm{ms}}=I_{\mathrm{f}}\cos\delta$，电机定子磁通电流 I_{ms} 全由转子直流励磁绕组提供。其矢量图如图 5.7(b)所示。

电机的电磁转矩利用式(2-76)，可求得

$$T_{\mathrm{e}} = \frac{3}{2}p_{\mathrm{n}}\psi_1 I_{\mathrm{T1}} = \frac{3}{2}p_{\mathrm{n}}\psi_1 I_1 \tag{5-41}$$

标幺值为

$$T_{\mathrm{e}}^* = \psi_1^* I_1^*$$

由此可知，如果保持定子磁链 ψ_1 的励磁电流 $I_{\mathrm{f}}\cos\delta$ 恒定，则定子磁链定向控制是一种解耦控制。电磁转矩与定子电流 I_{T1} 成正比，在 $\cos\varphi_1=1$ 时，T_{e} 正比于定子电流 I_1。

4) 暂态工作

暂态时，阻尼绕组中感应出阻尼电流 i_{D} 和 i_{Q}。它们阻碍磁链的变化，使磁链滞后于磁化电流的变化，即按阻尼绕组的时间常数 T_{D} 和 T_{Q} 变化。

5.2.4　稀土永磁同步电动机的矢量控制

稀土永磁电动机体积小、重量轻、效率高，在机器人、数控机床等精密机械加工、纺织、化纤机械、计算机外围设备和多种军事装备中已得到广泛应用。尤其是转子上无励磁损耗，无发热影响，更显示了它的优越性。

永磁交流同步电动机是用永磁体取代电励磁的交流同步电动机，该电机的磁场基本恒定，很适合磁场定向的矢量控制技术的应用。永久磁钢经过几代的发展，迄今稀土永磁体的剩磁磁密 B_r 达 1.1T，矫顽力 H_c 达 800kA/m，最大磁能积 HB_{max} 达 238kJ/m^2。其回复线与去磁线基本重合，是制造电机的理想材料，只要设计合理就不会由于短路而造成对永磁体去磁的危险。目前稀土磁钢价格仍较高，大多用于高性能的交流同步电机伺服驱动系统中。永磁交流伺服系统由整流、滤波、逆变、矢量变换等环节及永磁同步电动机、位置与速度传感器等部分组成。永磁电机为正弦型同步电动机，采用 SPWM 电流控制型逆变器，通过电流、速度和位置三闭环控制，具有调速比宽、精度高、频响宽、刚度高、效率高及四象限运行工作的特点。

1. 电流控制型转子磁场定向控制

永磁同步电动机的定子电流由电流控制的 SPWM 逆变器供电，定子输入电流跟踪定子给定电流。定子电流空间矢量 $\hat{I}_1$ 在定子坐标轴系和 α，β 轴系中，有

$$\hat{I}_1^{\mathrm{M}} = \frac{2}{3}(i_{\mathrm{A}} + i_{\mathrm{B}}\mathrm{e}^{\mathrm{j}120^\circ} + i_{\mathrm{C}}\mathrm{e}^{\mathrm{j}240^\circ}) = I_1\mathrm{e}^{\mathrm{j}\xi} = i_\alpha + \mathrm{j}i_\beta \tag{5-42}$$

采用转子永磁磁场定向控制，取 M, T 同步旋转坐标轴系，M 轴与磁极 d 轴相重合，并将定子电流 $\hat{I}_1$ 变换到 M, T 坐标轴系中，有

$$\hat{I}_1^{\mathrm{M}} = \hat{I}_1\mathrm{e}^{-\mathrm{j}\rho} = i_{\mathrm{M1}} + \mathrm{j}i_{\mathrm{T1}} \tag{5-43}$$

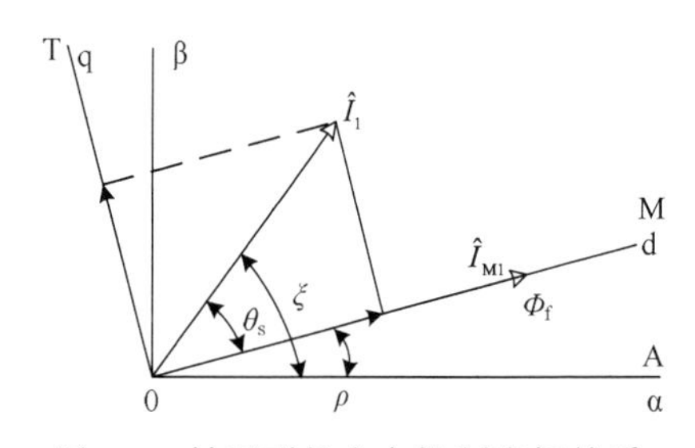

图 5.8　转子磁场定向控制坐标关系

稳态时，各坐标轴系的关系如图 5.8 所示。

1) 基速以下，$\hat{I}_1$，$\hat{\Phi}_f$ 正交运行控制

磁极磁通定向，$\Phi_{M2}=\Phi_f$，$\Phi_{T2}=0$，并控制 $\hat{I}_1$，让 $I_{T1}=I_1$，$I_{M1}=0$，即 $\Phi_{M1}=0$；I_1 与 Φ_f 正交。电机的电磁转矩由式(2-128)已知

$$T_e = \frac{3}{2}p_n[(L_d - L_q)i_d i_q + \psi_f i_q]$$

将 $I_q=I_{T1}=I_1$，$I_d=I_{M1}=0$，$\psi_f=N_1k_{w1}\Phi_f$ 代入上式，便得永磁同步电动机永磁磁场与定子电流矢量空间正交时电磁转矩，即

$$T_e = \frac{3}{2}p_n\psi_f I_1 = \frac{3}{2}p_n N_1 k_{w1}\Phi_f I_1 \tag{5-44}$$

式(5-44)表明，永磁同步电动机磁极磁场 Φ_f 与定子电流矢量 I_1 正交控制时，电磁转矩 T_e 的表达形式与直流电动机电磁转矩的表达形式完全一样，I_1 就相当于直流电机的电枢电流。这种运行方式是最佳的运行方式，此时在给定的电机电流下，产生的转矩最大。正交运行状态如图 5.9(a)、(b)所示。基速以下，只要逆变器能够提供必需的电压，控制 $\theta_s=\pm\pi/2$，永磁同步电动机定、转子磁势正交，$I_d=0$，是既简单又合理的控制。当 $\theta_s=\pi/2$ 时为电动工作状态；当 $\theta_s=-\pi/2$ 时为制动状态。

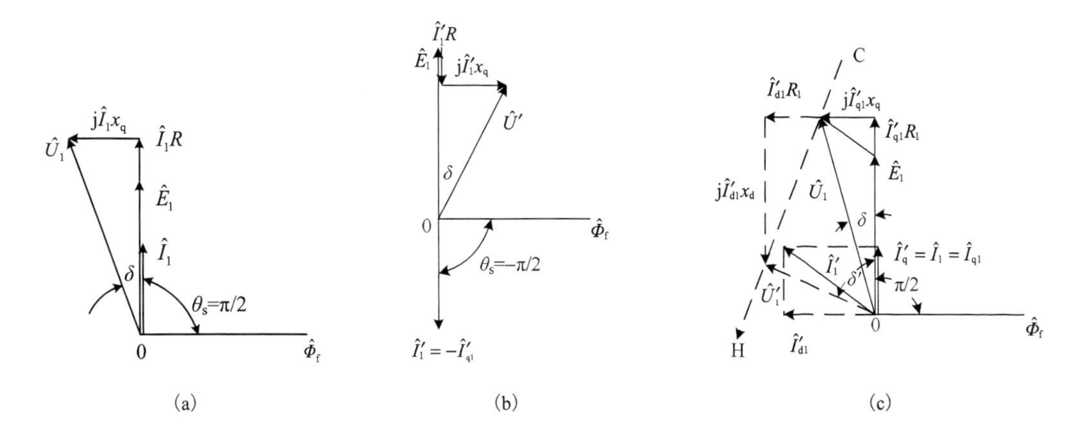

图 5.9　永磁同步电动机的矢量图

2) 基速以上，弱磁控制

永磁同步电动机的磁极磁场是不可调节的，因此直接减弱励磁是不可能的。但如果将定子电流矢量 $\hat{I}_1$ 向前移动，$\theta_s>\pi/2$，则 I_d 对 Φ_f 的作用呈去磁作用，便可得到类似于弱磁控制功能。

在利用直轴电枢反应的去磁作用进行弱磁升速控制时，由于永磁同步电动机的电枢反应去磁作用很小，所以其直轴分量电流 I_d 需数倍于额定电流 I_N 时才有效果。为防止损坏电机，应使定子电流 I_1 不超过允许的极限值。极限值的确定还与工作时间的长短有关，短时高速运行时电流极限值可取大。当极限值确定之后，在弱磁控制中，在增加 I_d 的同时，应相应地减小 I_q，电机的总电流不超过极限值，电流的极限圆方程为

$$I_1=\sqrt{I_d^2+I_q^2}\leqslant I_{1\max} \tag{5-45}$$

随着 I_d 的增加，I_q 的减小，其对应的电磁转矩 T_e 也减小，有弱磁升速和恒功率的趋势。为了拓宽永磁电机高速运行的范围，满足高速伺服和恒功率要求，稀土永磁同步电动机的磁路结构也应进行特殊设计。应使直轴电枢反应的去磁作用加强，而交轴电枢反应去磁作用削弱，就可使弱磁控制效果更佳。目前性能较好的电机，其交直轴电枢反应电抗之比 $x_{aq}/x_{ad}\approx 0.5\sim1.0$。

在调节 I_d，I_q，保持 I_1 不超过极限值时，电机端所施加的电压极限值由图 5.9(c) 可知

$$U_1=\left(E_1+I_qR_1-I_dx_d\right)^2+\left(I_qx_q+I_dR_1\right)^2\leqslant U_{\max} \tag{5-46}$$

式(5-46)为椭圆方程。

若要保持电机的电磁转矩恒定，即 T_e=const，I_q=const，调节 I_d 时，则电机电压矢量的端点沿着虚线 CH 直线向所示的方向移动。当电压矢量 U_1 与该线正交时，电压达到最小值 U_1'，即

$$U_1'=U_1\cos(\delta'-\delta) \tag{5-47}$$

式中

$$U_1 = \frac{E_1 + I_q R_1}{\cos\delta}$$

2. 转子磁极磁场定向的控制系统

1) 控制系统框图

根据式(5-42)～式(5-44)和式(2-127)表达的永磁同步电动机的数学模型和磁场定向控制的原理，并以转子磁极位置角 ρ 作为参考量，$\rho=\theta=\int\omega_R \mathrm{d}t$，$\omega_R=\omega_1$，仿照感应电动机转子磁场定向控制系统，设计永磁同步电动机磁极磁场定向的控制系统，如图 5.10 所示。其逆变器采用电流控制型 SPWM 逆变器，与正弦波永磁电动机相匹配，具有快速电流响应的特性，还增设了弱磁升速控制所必备的定子电流的限制环节，以便在弱磁升速时对 I_q 予以限制，满足式(5-45)和式(5-46)的要求。为此，还设置一个辅助控制环以限制电压的幅值。在弱磁升速控制时，转矩电流分量的限幅值通过 $I_q=f(I_d)$ 函数发生器 GF，按 I_d 的大小产生 I_q 的幅值信号，对转矩电流给定值进行限幅，从而保证定子总电流 $I_1=\sqrt{I_d^2+I_q^2}\leqslant I_{1\max}$ 在极值范围内。

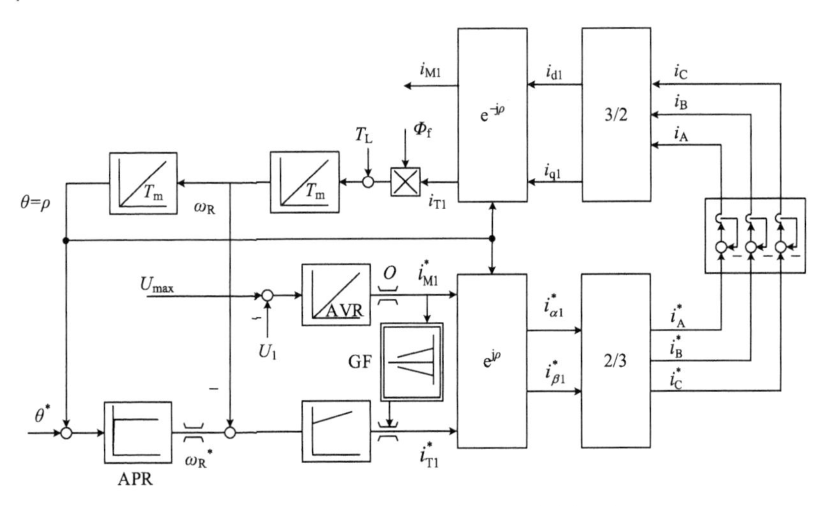

图 5.10　磁极磁场定向的控制系统框图

2) 永磁同步伺服电机的微机控制

永磁同步伺服电动机的典型微机控制系统如图 5.11(a)所示。该系统采用微处理器控制，控制结构为极坐标形式，系统中选用了增量型位置传感器，每转 8000 个脉冲。其控制功能有：①转子位置计算，转子磁极磁场定向控制；②电机电流检测，电机转矩计算和转矩调节器计算；③转速计算和转速调节器计算；④位置调节器计算；⑤弱磁升速控制。这是一个典型的三闭环控制系统。

如果负载性质为恒转矩性质，例如，数控机床的进给控制，则可不必用弱磁升速，并考虑到稀土永磁同步电动机本身具有良好的转矩——电流线性特性，速度调节器的输出为电机转矩给定，也就是电机的电流给定，系统还可进一步简化成如图 5.11(b)所示。图中虚线的右边为稀土永磁同步电动机和电流控制 SPWM 伺服放大器；左边为 16 位微型计算机，左右两边通过接口电路连接。右边经 A/D 和计数器传送控制逆变器的三相电流给定信号 i_A^*，i_B^* 和 i_C^*。利用微机完成：①电机转子位置计算；②磁场定向控制计算；③转子转速计算；④速度调节器计算；⑤位置调节器计算；⑥与上级计算机之间的双向通信；⑦电机、逆变器运行参数的检测、故障诊断和保护。

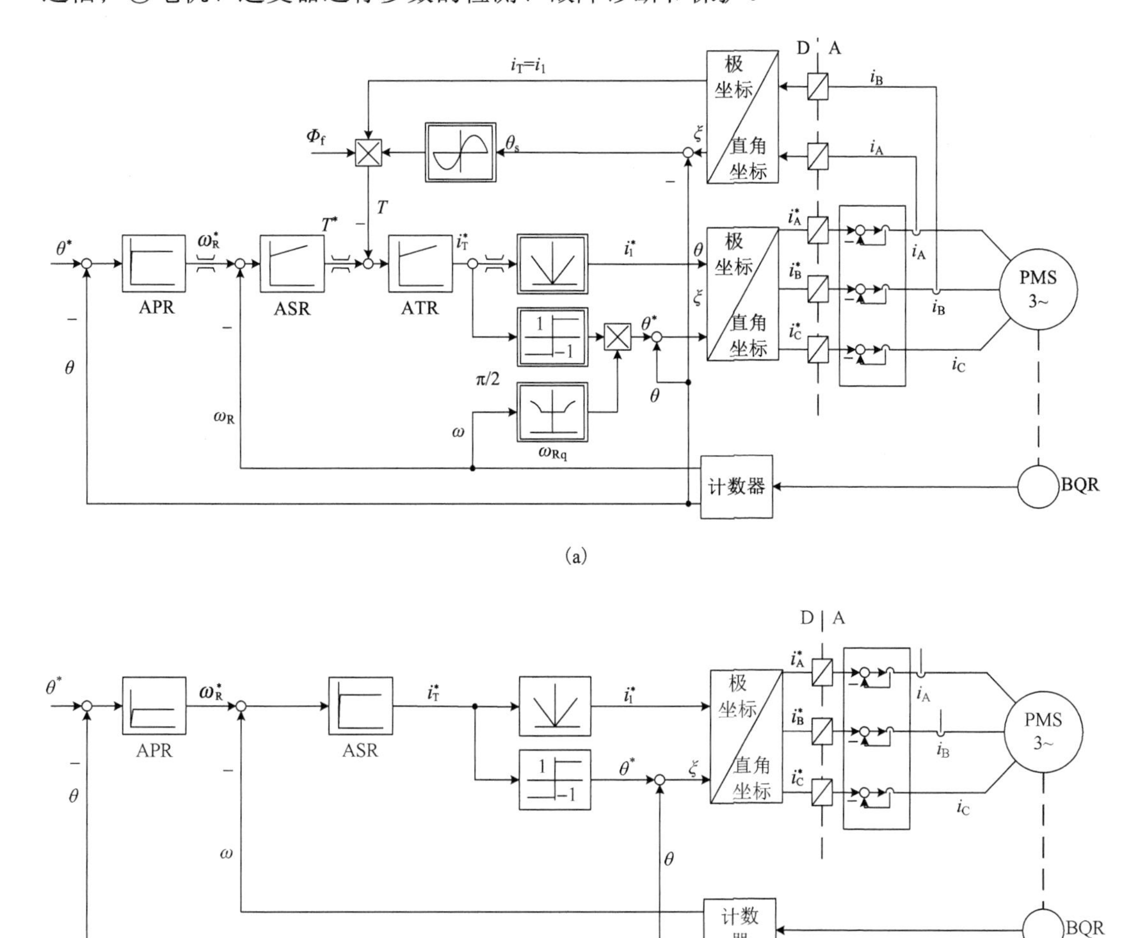

图 5.11　永磁同步伺服电动机微机控制系统

5.2.5　同步电动机的制动

1. 电动/制动运行状态的转换

对高性能调速电动机来说，电机的制动运行与电动运行同样重要。因为很多生产机械，既要求快速启动，又要求快速制动或根据需要受控的制动。例如，精密数控机床、机器人和飞行器的舵面运行，都有可控制的制动工作的要求。

电动机在电动运行时，输入的电能通过电动机转变为机械能，传动机械设备运动。

制动工作正好相反，电磁制动时是将电机和机械运动部分的动能通过电机转变为电能返回电源或被消耗掉，此时该电机便成发电机工作状态。

在调速系统中，电机处在电动运行状态时，如图 5.12(a)所示的时刻。该瞬间逆变器晶体管 V_1, V_3, V_2 导通，电枢电流 i_A, i_B, i_C 产生的电枢磁势 F_1 领前于转子磁极磁势 F_f 90°电角度(假定电机采用转子磁极磁场定向控制系统)，转子顺时针方向旋转。由于转子旋转，磁极磁场在电枢绕组中感应的电势分别为 e_A, e_B, e_C，它们的方向正好与 i_A, i_B, i_C 相反。直流电源向逆变器提供直流电流 I_d，其方向在图中向右，电源输出功率，电机处在电动状态，其状态字为(1 1 0)。

在此时刻，若要求电动机立即减速或立即停转，这就要求电动机有快速制动的功能。电机应能产生制动转矩。制动最快的是反接制动，要实现反接制动，就应将逆变桥原导通的晶体管 V_1, V_3, V_2 变为截止，让原截止的晶体管 V_4, V_6, V_5 应导通。也就是说，这里应让逆变桥由状态字(1 1 0)转变为(0 0 1)状态，它们的相位差相差 180°。在调速系统中，这个过程是自动实现的。因要使电机立即减速或停转，必须降低电机转速的给定值。由于给定值的降低或立即置零，而此时电机的转动部分由于惯性的影响，转速尚未变化，转速反馈信号尚未改变，导致转速误差信号极性的改变，使速度调节器 ASR 输出的电流给定信号极性也改变。该极性的改变，使原来导通的 V_1, V_3, V_2 截止；原截止的 V_4, V_6, V_5 导通。又由于电机电枢绕组电感的存在，电流不能突变，电感电势 $L_i\dfrac{di}{dt}$ 迫使电流 i_A 经 VD_4 续流，i_B 经 VD_6 续流和 i_C 经 VD_5 续流。在续流期间，V_4, V_6, V_5 虽导通但并不导电，如图 5.12(b)所示。电机磁能部分转变为电能返回电源(或电容)。续流时的电磁转矩仍是电动转矩(驱动转矩)，称续流电动，即部分磁能转变为机械能。但续流回路中，电流的流动方向与电源电压 U_d 的方向相反，续流很快降为零。续流至零，V_4, V_6, V_5 才立即导电，电流流向如图 5.12(c)所示。此时电机的转速若仍未到达给定值，则在回路中，电源电压 U_d 与旋转电势 e_A, e_B, e_C 是同方向的。在它们的共同作用下，电流 i_A, i_B, i_C 增至限幅值，电流 i_A 与电势 e_A, i_B 与 e_B, i_C 与 e_C 在电枢绕组中，在该瞬间都是同方向，产生与转子旋转方向相反的电磁转矩，即制动转矩，引起强烈的制动作用。此时为反接制动状态，直至转速达到给定值。

2. SPWM 逆变器供电同步电动机的制动

假定电机调速系统采用电流控制 SPWM 逆变器供电，同步电动机转子磁极磁场定向控制。图 5.13 所示为双极型三相正弦 PWM 波形，其中图 5.13(a)为 SPWM 信号的产生；图 5.13(b)为 A 相 PWM 控制信号；图 5.13(c)为 B 相 PWM 控制信号，图 5.13(d)为 C 相控制信号；图 5.13(e)为相应的 AB 相线电压波形。

首先观察时刻 t_0：在 t_0 时刻，由图 5.13(a)可知，信号 $u_A>0$，u_B，$u_C<0$，简写控制信号为(1 0 0)。晶体管 V_1, V_6, V_2 导电，工作状态为(1 0 0)，电流 i_A 流入 A 相绕组，电流 i_B, i_C 分别从 B 相绕组、C 相绕组流出，如图 5.14(a)所示。该时刻定子电流磁势 F_1

与转子磁极磁势 F_f 正交。磁极磁场在相绕组中的旋转电势 e_A, e_B, e_C 在回路中与 i_A, i_B, i_C 方向相反，电机转子顺时针方向运动，为电动运行状态。

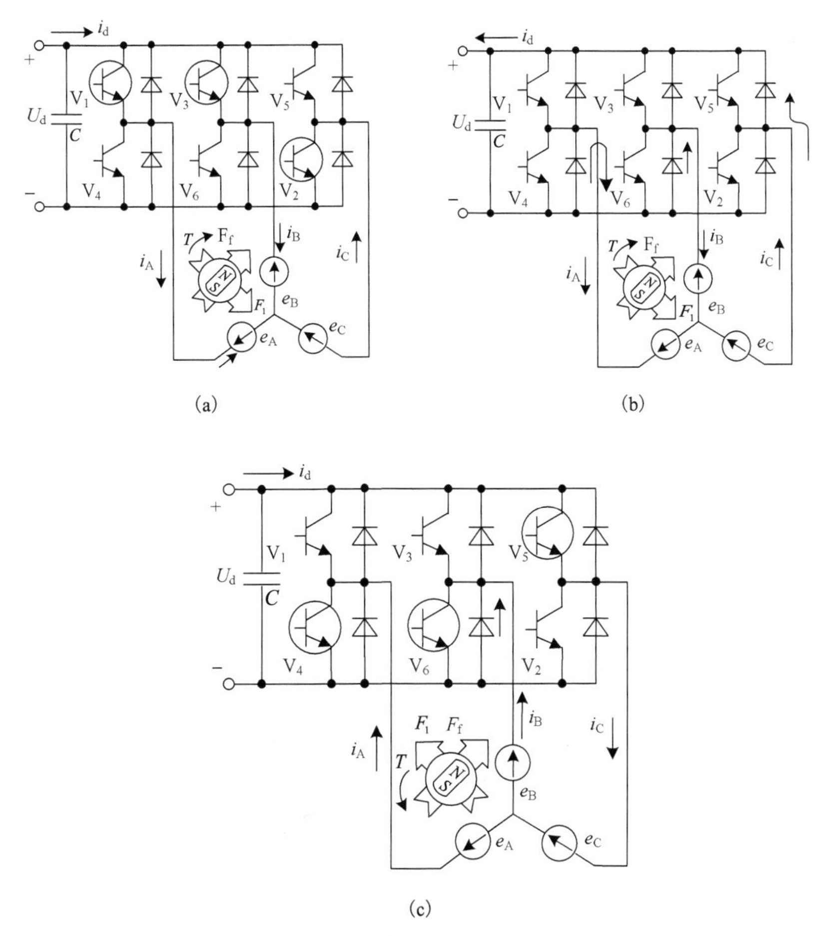

图 5.12　同步电动机的电动/制动状态的转换

若在该时刻，则要求电机立即停转。在调速系统中，便使速度给定置 0，由于电机转动部分的惯性，转速尚未改变，给定信号与转速反馈信号相比，误差信号极性变反，所以速度调节器的输出极性变反，即为电流给定信号极性变反。其控制信号将由原(1 0 0)变为(0 1 1)，使 V_1, V_6, V_2 原导通的晶体管截止，原截止的晶体管 V_4, V_3, V_5 导通。实际上，控制信号极性变反，相当于控制信号相位差 180°电角度，对应于图 5.13 中，从 t_0 控制信号(1 0 0)变到 t_0' 的控制信号(0 1 1)。但由于电枢绕组中电感的影响，绕组中电流 i_A, i_B, i_C 不能突变，它们分别经 VD_4, VD_3, VD_5 续流，如图 5.14(b)所示。该瞬间 i_A, i_B, i_C 与旋转电势 e_A, e_B, e_C 方向相反，呈续流电动状态。此时 i_d 流向电源，磁能转变为电能返回电源(或电容充电)。在电源电压 U_d 的作用下，续流很快降至零，V_4, V_3, V_5 才导通，处在(0 1 1)工作状态。此时 i_A, i_B, i_C 与 e_A, e_B, e_C 同方向，U_d 与 e_A, e_B, e_C 在回路中方向一致，电机在它们的共同作用下，电流 i_A, i_B, i_C 增大到限幅值，此

时电机的电磁转矩 T_e 与电机旋转方向相反，电机处在反接制动状态。

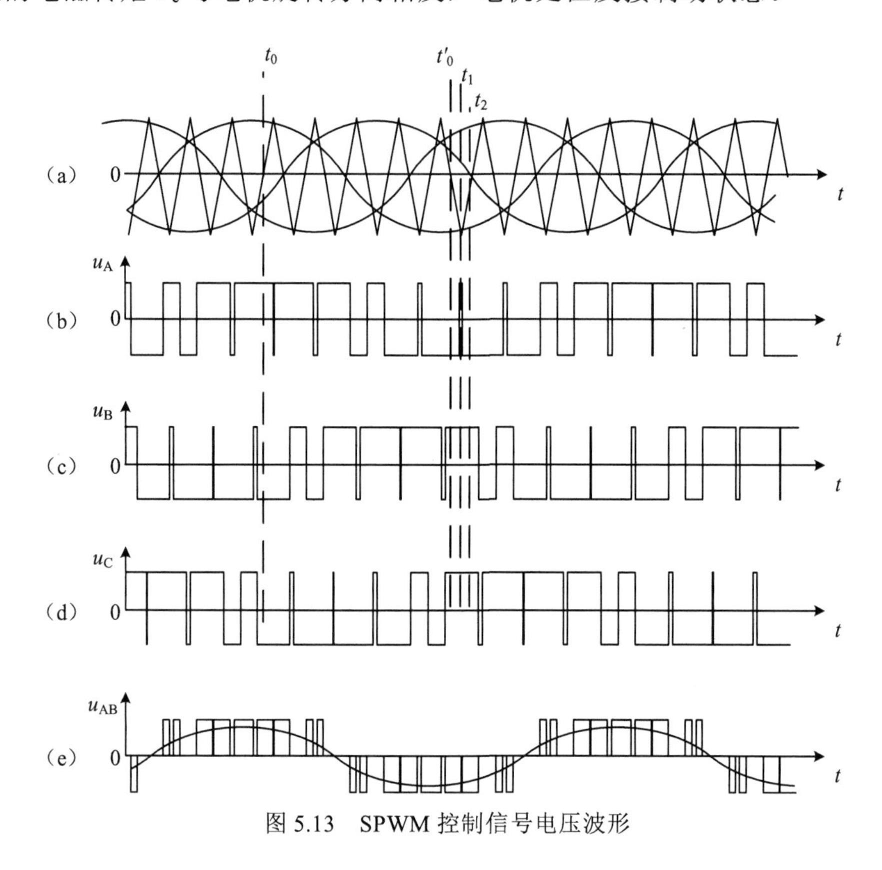

图 5.13　SPWM 控制信号电压波形

若延迟到了 t_1 时刻，电机的转速尚未至零，由图 5.13 可知，t_1 时刻控制信号转为(1 1 1)，即使 V_1, V_3, V_5 导通，V_4, V_6, V_2 截止。同样由于电流 i_A 不能突变，i_A 经 VD_1 续流，如图 5.14(d)所示，此时电流的电磁转矩呈现制动作用，称续流制动。在续流减至零后，电枢绕组中便无电流通过，直到时刻 t_2。

t_2 时刻，控制信号为(0 1 1)，即使 V_4, V_3, V_5 导通，如图 5.14(e)所示。在回路中，U_d, e_A, e_B, e_C 与 i_A, i_B, i_C 都是同方向，又呈反接制动，定子电流在 U_d, e_A, e_B, e_C 的共同作用下增长到限幅值，直到 t_3 时刻。

t_3 时刻，控制信号为(0 0 1)，其中只有 V_3 由导通转为截止，V_6 由截止转变为导通，又由于电感影响，i_B 不能突变，i_B 经 VD_6 续流，仍处在续流制动的状态，如图 5.14(f)所示，续流至零后，V_6 导通。这样分析下去，可直到 n=0。由此可知，在 PWM 逆变器供电的同步电动机快速制动过程中，首先是由于电枢绕组电感的存在，续流向电源(或电容)回馈。然后进入反接制动状态或续流制动等过程，其中反接制动转矩大小取决于电流限幅值。电流调节器限幅值越大，反接制动转矩越大，制动越快。

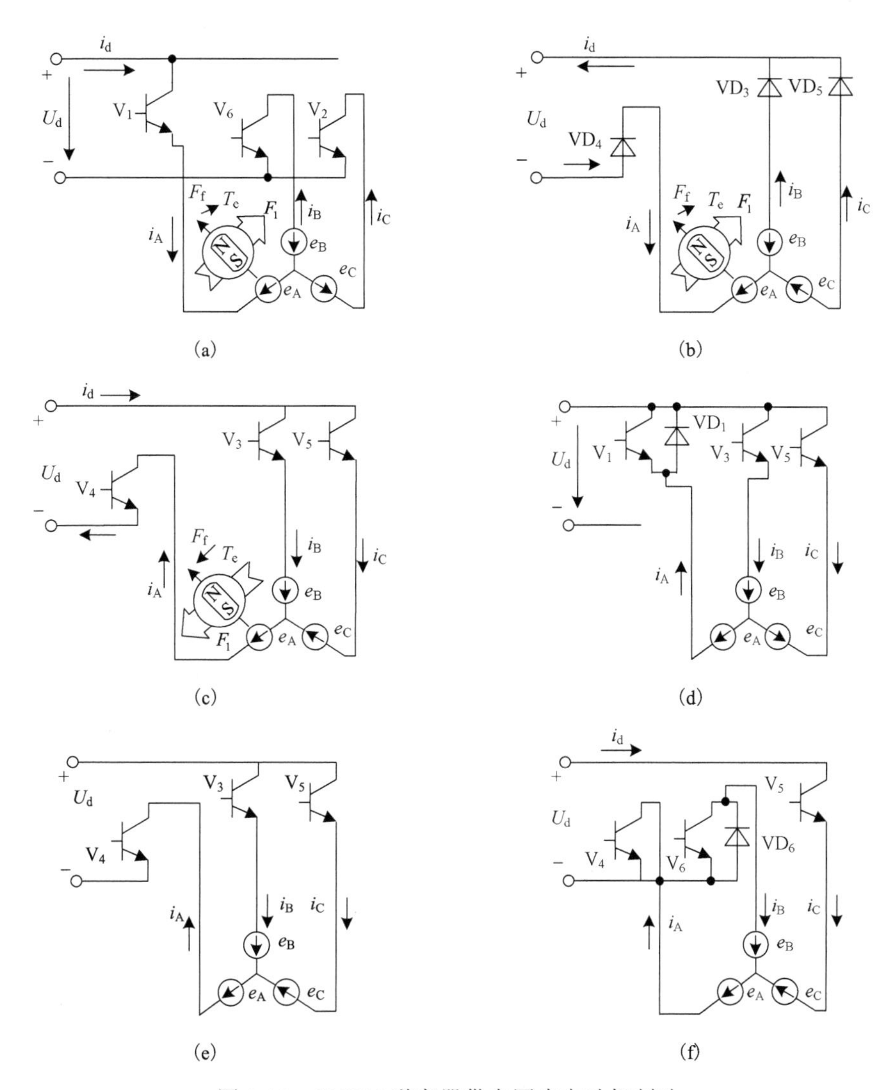

图 5.14　SPWM 逆变器供电同步电动机制动

5.3　自控变频同步电动机调速系统

自控变频同步电动机的特点在于同步电动机转轴上装有转子磁极位置检测器 BQ，由 BQ 发出信号经逻辑处理控制变频器的工作。变频器的工作频率不是由外部给定的，而是电动机本身转速相应的频率决定的，因此它始终是同步的而不会失步，故称为自控变频同步电动机。

自控变频同步电动机按变频装置的分类常分直流式和交流式两类。前者由交-直-交变频器供电，后者由交-交变频器供电。大功率同步电动机均采用与晶闸管交-交变频器或交-直-交变频器组合构成自控式变频同步电动机。中小功率同步电动机大多采用与晶体管交-直-交变频器构成自控式变频同步电动机。

由于稀土永磁同步电动机体积小、重量轻，随着永磁材料和可关断功率开关器件的发展，价格不断降低，小功率自控变频同步电动机越来越多地采用永磁同步电动机和可关断功率器件 IGBT 和 MOSFET 的变频器构成，又由于设计制造平顶波电势的永磁同步电动机和产生 120°宽方波电流逆变器装置的结构简单，控制方便，所以越来越多地采用永磁方波自控同步电动机。从工作原理电磁关系看，永磁方波自控同步电动机与直流电动机相同，仅是电子换相代替了机械换向，故常称其为无刷直流电动机。以下主要探讨无刷直流电动机的构造、工作原理和运行特性。通用的正弦波同步电动机构成的自控变频同步电机(无换向器电机)的分析方法相同，本书不再重复。

5.3.1 无刷直流电动机的构成及工作原理

无刷直流电动机调速系统的构成和工作原理以图 5.15 所示为例来说明，图中 PMS 为三相永磁方波电动机，轴上装有一台磁极位置检测器 BQ，由它发出转子磁极位置的信号，经逻辑变换电路 LTC，产生 PWM 信号，经驱动逆变电路 DR 控制逆变器 UI 工作。

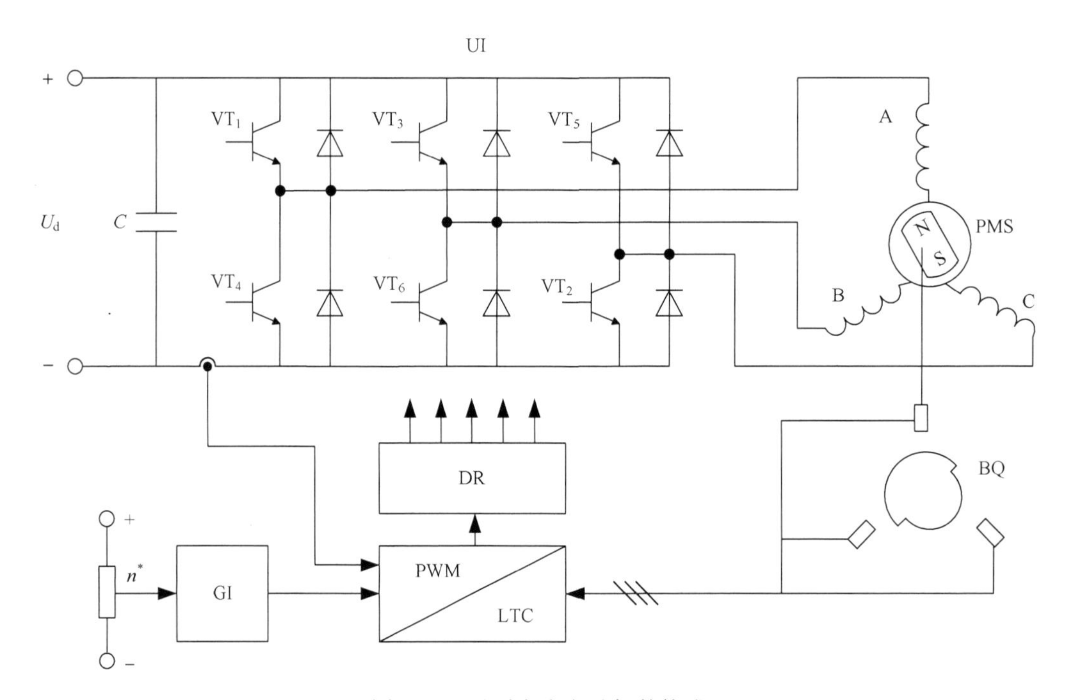

图 5.15 无刷直流电动机的构成

无刷直流电动机的工作原理可用等效直流电动机模型来说明，它相当于带有三个换向片的直流电动机，电刷放在几何中心线上，如图 5.16 所示。直流电动机是电枢旋转，而无刷直流电动机是转子磁极旋转。

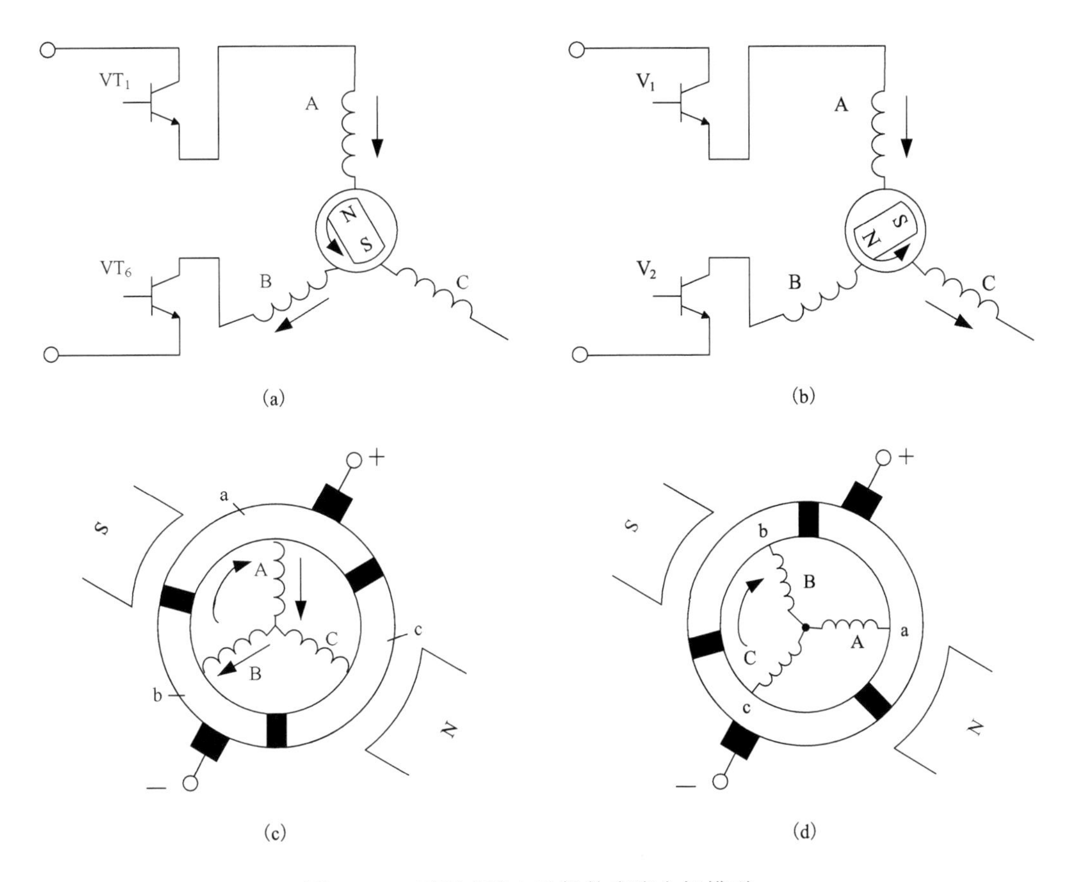

图 5.16 无刷直流电动机的直流电机模型

为分析方便，首先忽略无刷直流电动机电枢绕组本身的电感。当控制信号驱动 VT_1, VT_6 导通时，如图 5.16(a)所示，则电流电源正端输入，经 VT_1→A 相绕组输入→B 相绕组输出→VT_6，再到达电源负端。它相当于图 5.16(b)所示的直流电机，电流由电源正端输入→正电刷→a 换向片→A 相绕组→B 相绕组→b 换向片→负电刷→负电源。在该状态中，前者 A、B 两相绕组电流产生的磁场与永磁转子相互作用拖动转子逆时针方向运动；在直流电动机模型中，在定子磁极磁场的作用下，电枢按顺时针方向运动。当转子旋转 60° 电角时，由图 5.16(c)可知，VT_1 仍被控制信号驱动导通，VT_6 被截止，转变成 VT_2 导通，电流经 VT_1→A 相绕组→C 相绕组→VT_2→负电源。此时，AC 相绕组产生的磁场又拖动永磁转子继续向逆时针方向旋转；相当于模型直流电动机(d)，电流由电源正端→正电刷→a 换向片→A 相绕组→C 相绕组→c 换向片→负电刷→负电源端，电枢电流在磁极磁场的作用下，按顺时针方向旋转。由此可知：当逆变器桥臂上管导通时，相当于直流换向片与正电刷相接触；当桥臂下管导通时，相当于换向片与负电刷相接触。模型直流电动机电枢绕组中的电流的转移是靠换向片与电刷之间接触的变换来实现的；无刷直流电动机中电流的换相是由晶体管的导通和切断来实现的。

从图 5.16(b)过渡到图 5.16(d)的过程中，当电刷同时与换向片 b, c 相接触时，B, C

两个线圈被负电刷短路，电流从 B 向 C 转移，进入换向过程，它就相当于控制信号驱动 VT_6 导通转变为控制信号驱动 VT_2 导通的换流过程。图中无刷直流电机每相绕组中流过电流的持续时间仅为 1/3 周期，是相当于转过 120° 电角度的时间，即为 120° 导通型，永磁转子每转过 60° 电角度，逆变器晶体管之间就进行一次换流，这就相当于直流电机进行一次换向。在直流电动机中每次换向过渡的换向时间是由电刷的宽度和电机转速决定的，而在无刷直流电机中，电流从一相转移到另一相所需时间是由晶体管的关断时间和导通时间决定的，相应的时间极短。这里应注意：在无刷直流电机中，电流每次从一相转移到另一相，定子磁状态就改变一次，每改变一次磁状态，电枢磁场就在空间跃进 60° 电角，所以无刷直流电动机是一种步进式旋转磁场。

众所周知，在直流电机中，当电刷处在几何中心线时，电枢磁场与磁极磁场正交，在同样的电枢电流下转矩最大；在无刷直流电机中，等效电刷的位置取决于转子磁极位置检测器所发出的控制信号驱动晶体管导通的相对时刻(提前还是落后)，应使电枢磁势与永磁转子磁极磁势相互作用产生最大的电磁转矩(见图 5.17)。也就是要求每两相绕组流过电枢电流期间建立的磁势轴线与转子磁极磁势轴线间的相应的相位，应由(90° + 30°)电角持续到(90° −30°)电角，其平均值相当于处在正交运行状态。在电势电流矢量图中，电枢绕组基波反电势与基波电流同相位，其电磁转矩最大。

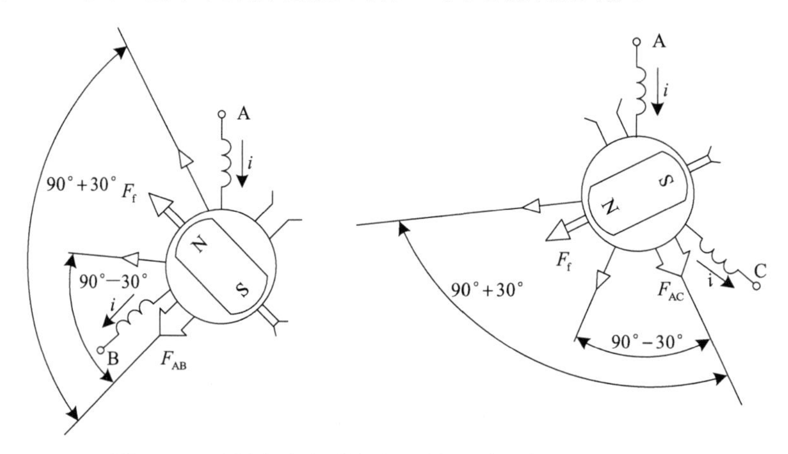

图 5.17 无刷直流电动机定、转子磁场空间相对位置

综上所述，无刷电流电动机借助转子位置检测器发出转子磁场位置信号，协调控制与电枢绕组相连的相应的功率开关元件，使其导通或截止依次馈电，从而产生步进式旋转的电枢磁场，驱动永磁转子旋转。随着转子的旋转，位置检测器不断地发出磁场位置信号，控制着电枢绕组的磁状态，使电枢磁场总是超前于永磁转子磁场 90° 左右电角度，产生最大的电磁转矩。

以下分别介绍无刷直流电动机的主要组成部分及其工作方式。

1. 主电路和工作方式

无刷直流电动机的电枢绕组与交流电机定子绕组相同，通常有星形绕组和三角形绕组两类。它们与逆变器相连接的主电路又有桥式和非桥式之分，其相数也有三相、四相等，种类较多。

1) 主电路

(1) 星形接法

星形连接如图 5.18 所示，其中图 5.18(a)、(c)为星形桥式；图 5.18(b)、(d)为星形非桥式。两相绕组亦可连接成星形和桥式接法，如图 5.18(e)、(f)所示。

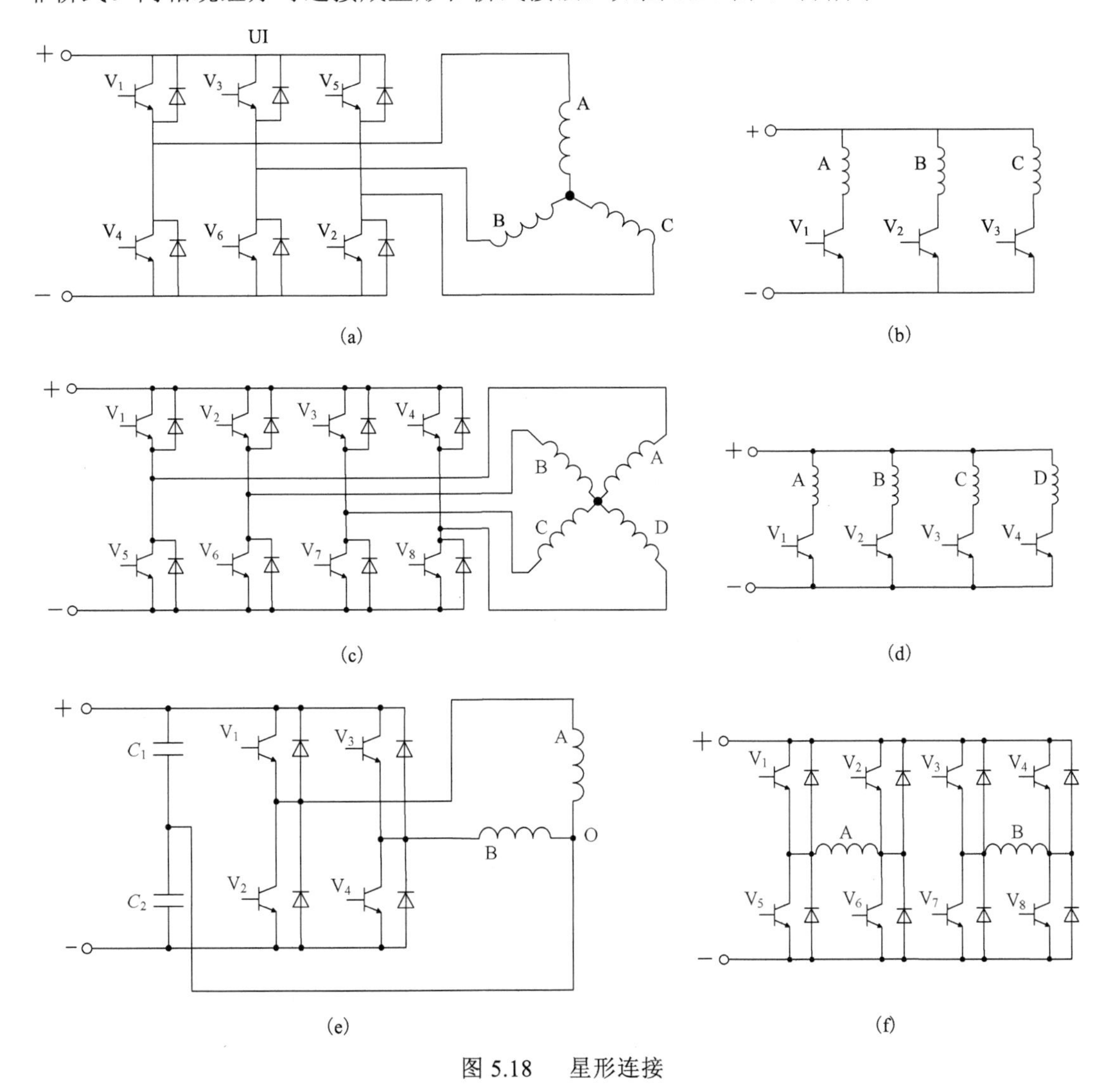

图 5.18　星形连接

(2) 三角形接法

三角形连接绕组如图 5.19 所示，逆变器为桥式连接。

2) 工作方式

在无刷直流电动机中，三相应用最广。现以三相为例说明其工作方式。

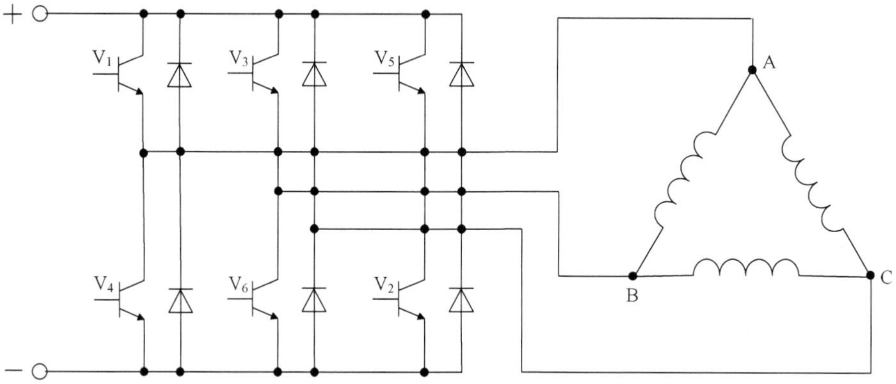

图 5.19　三角形连接

三相星形桥式接法的工作方式如下。

(1)两相导通三相六状态

图 5.18(a)所示是三相桥式逆变器，A, B, C 三个桥臂中，任何一个桥臂的上，下两管不能同时导通，若每次只有两相同时导通，即一个桥臂的上管(或下管)只与另一桥臂的下管(或上管)同时导通，则构成 120° 电角导通型三相六状态工作方式，其导通规律和状态电压矢量见表 5.1。

表 5.1　两相导通三相六状态导通规律和电压矢量

顺序	0°　60°　120°　180°　240°　300°　360°
导通规律	V_1　V_3　V_5　V_1 V_6　V_2　V_4　V_6
电压矢量	$\hat{U}_1$　$\hat{U}_2$　$\hat{U}_3$　$\hat{U}_4$　$\hat{U}_5$　$\hat{U}_6$ 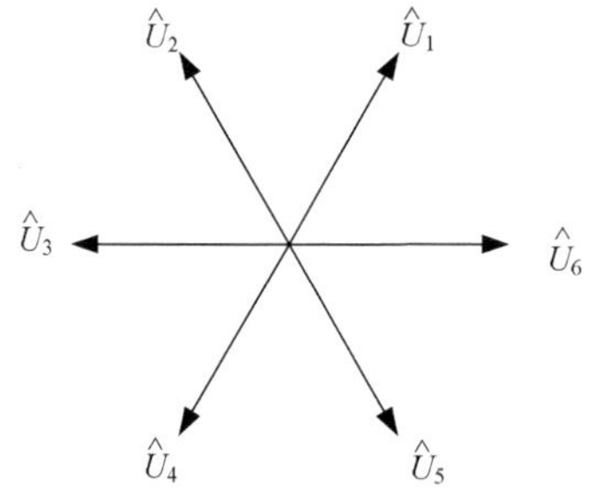

(2)三相导通三相六状态

在图 5.18(a)所示的桥式星形连接的逆变桥中，如果每次均有三只晶体管同时导通，则每只管导通的持续时间为 1/2 周期(相当于 180° 电角度)，亦构成三相六状态工作方式，其导通规律和状态电压矢量见表 5.2。

表 5.2　三相导通三相六状态导通规律和电压矢量

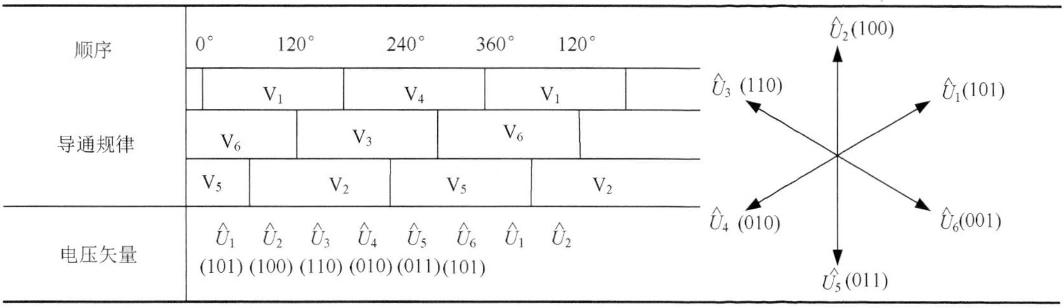

顺序	0°　120°　240°　360°　120°	
导通规律	V₁ 　V₄ 　V₁	$\hat{U}_2(100)$, $\hat{U}_1(101)$, $\hat{U}_3(110)$, $\hat{U}_4(010)$, $\hat{U}_6(001)$, $\hat{U}_5(011)$
	V_6 　V_3 　V_6	
	V_5 　V_2 　V_5 　V_2	
电压矢量	$\hat{U}_1$ $\hat{U}_2$ $\hat{U}_3$ $\hat{U}_4$ $\hat{U}_5$ $\hat{U}_6$ $\hat{U}_1$ $\hat{U}_2$ (101) (100) (110) (010) (011)(101)	

(3)两相、三相轮换导通三相十二状态

三相桥式星形连接逆变器，如果采用两相、三相轮换导通，就是依次轮换，有时两相同时导通，然后三相同时导通，再变成两相同时导通……每隔 30° 电角，逆变桥晶体管之间就进行一次换流，每只晶体管导通持续时间为 5/12 周期，相当于 150° 电角度，便构成十二状态工作方式。其中每种状态持续 1/12 周期，其导通规律和状态电压矢量见表 5.3。

表 5.3　两相、三相轮流导通规律和电压矢量

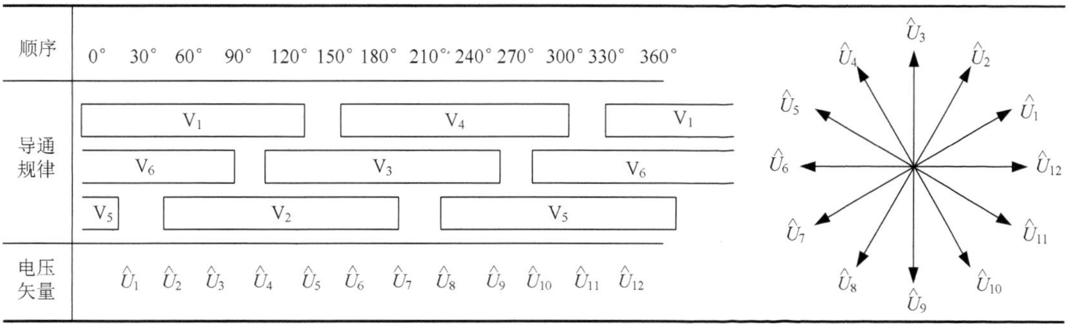

顺序	0°　30°　60°　90°　120°　150°　180°　210°　240°　270°　300°　330°　360°	
导通规律	V_1 　V_4 　V_1	$\hat{U}_1$ ~ $\hat{U}_{12}$
	V_6 　V_3 　V_6	
	V_5 　V_2 　V_5	
电压矢量	$\hat{U}_1$ $\hat{U}_2$ $\hat{U}_3$ $\hat{U}_4$ $\hat{U}_5$ $\hat{U}_6$ $\hat{U}_7$ $\hat{U}_8$ $\hat{U}_9$ $\hat{U}_{10}$ $\hat{U}_{11}$ $\hat{U}_{12}$	

在三相十二状态工作时相电压的波形计算如下。

以图 5.18(a)为例，状态 1：V_1, V_6, V_5 导通，电机端点电位 $u_A=E_d$，$u_B=-E_d$，$u_C=E_d$。电机星形中点电位为

$$U_o=\frac{1}{3}(u_A+u_B+u_C)=\frac{1}{3}E_d \tag{5-48}$$

A 相相电压为

$$u_{AO}=u_A-u_O=\frac{2}{3}E_d \tag{5-49}$$

同理可得状态 2：$U_o=0$，$U_{AO}=E_d$；状态 3：$U_o=-\frac{1}{3}E_d$，$U_{AO}=\frac{4}{3}E_d$；工作状态 4：$U_o=0$，$U_{AO}=E_d$……依次求得电机 A 相相电压，其波形如图 5.20 所示。

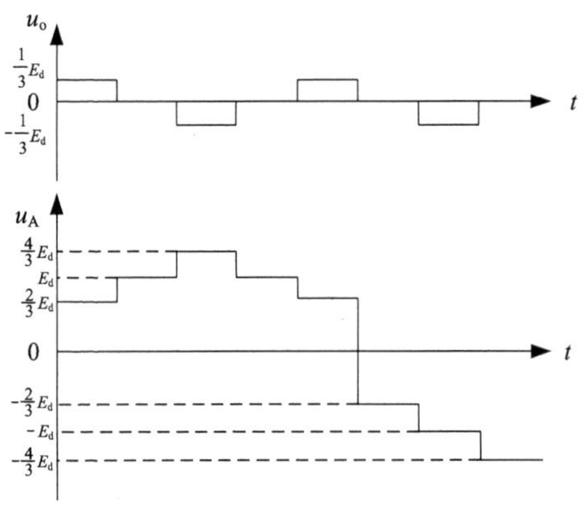

图 5.20　A 相电压波形

150° 导通型逆变器的优点如下。

(1)避免了 180° 导通型逆变桥臂直通的危险。

(2)避免了 120° 导通型逆变桥任何时刻都有一相开路，容易引起过电压的危险。

2. 转子磁极位置检测器

转子磁极位置检测器又称转子位置传感器，它是检测转子磁极与定子电枢绕组间的相对位置，并向逆变器发出控制信号的一种装置，其输出信号应与逆变器的工作模式相匹配。在三相桥式逆变器电路中，电机的转子磁极位置检测器输出信号为三个宽为 180° 电角，相位互差 120° 电角的矩形波；在三相零式(非桥式)逆变电路中，电机转子磁极位置检测器输出信号为三个宽度大于或等于 120° 电角度，相位互差 120° 电角的矩形波，波形的轴线应与相应相电枢绕组中感应电势 e 波形的轴线在时间相位上一致。位置检测器的三个信号，在电机运行时不应消失，即使电机转速置零时，还应有信号输出。

转子磁极位置检测器的主要技术指标是：输出信号的幅值、精度、响应速度，抗干扰能力，体积质量和消耗功率，以及调整方便和工作的可靠性。

常用的位置检测器分电磁感应式、光电式、霍尔开关式和接近开关式等。它们都由定子和转子两部分构成。这里只介绍前三种。

1)电磁感应式位置检测器

电磁感应式位置检测器又称差动变压器式位置检测器。其转子为一转盘，它是一块按电角为 π 切成的扇形导磁圆盘，对于四极电机的位置检测器结构原理如图 5.21(a)所示。其定子为三只开口的“E”形变压器，这三只变压器在空间相隔 120° 电角，如图 5.21(a)所示。在“E”形铁心的中心柱上绕有次级线圈。外侧两铁心柱上绕有初级线圈，并由外加高频电源供电。当圆盘 π 电角度的缺口在变压器下时，三芯柱气隙相同，中芯柱合成磁通为零，次级无感应电流输出；反之，当圆盘 π 电角宽度的凸出部分处在变压器两芯柱下时，磁导增大，磁阻变小，而另一侧芯柱下的磁阻不变。由于两侧磁路变为不对称，次级绕组便有感应信号输出。当电机旋转时，位置检测器圆盘的凸出部分依次扫过变压器 A, B, C，于是就有三个相位相差 120° 电角的高频感应信号输出，经滤波器整流后，便成 180° 电角宽的、三个相位互差 120° 的矩形信号输出，经逻辑处理以后，向逆变器提供驱动信号。

另一种电磁感应式位置检测器的定子是由带齿的磁环、高频激磁绕组和输出绕组组成。转子为扇形磁心柱，如图 5.21(b)所示，目前常用的磁心材料为锰锌铁氧体，其磁导率 $\mu \geqslant 1500$，品质因数 $Q \geqslant 80$，为软磁材料。每 360° 电角中共设 6 个磁心齿，磁心与磁心间的夹角为 60° 电角，每隔 120° 电角的齿芯上套着高频激磁线圈，作为初级线圈。其他三个齿芯上分别安装输出线圈 P_A, P_B, P_C，作为次级线圈。转子扇形磁心柱的扇形片弧长 α_{ch} 按逆变器工作模式确定。在小型无刷直流电机中，常采用三相半桥逆变器供电，其主电路如图 5.18(b)所示。此时，取 $\alpha_{ch} \geqslant 120°$ 电角即可。若采用三相桥式逆变器，如图 5.18(a)所示的电路，并采用 120° 或 180° 导通型工作时，则取 $\alpha_{ch} \geqslant 180°$ 电角即可。电机运行时扇形磁心柱随电机转子旋转，当扇形片处在输出线圈下时，输出线圈中便感应出高频信号，高频信号段的宽度等于 α_{ch} 弧长的电角度，经滤波整形逻辑处理以后，向逆变器提供驱动信号。

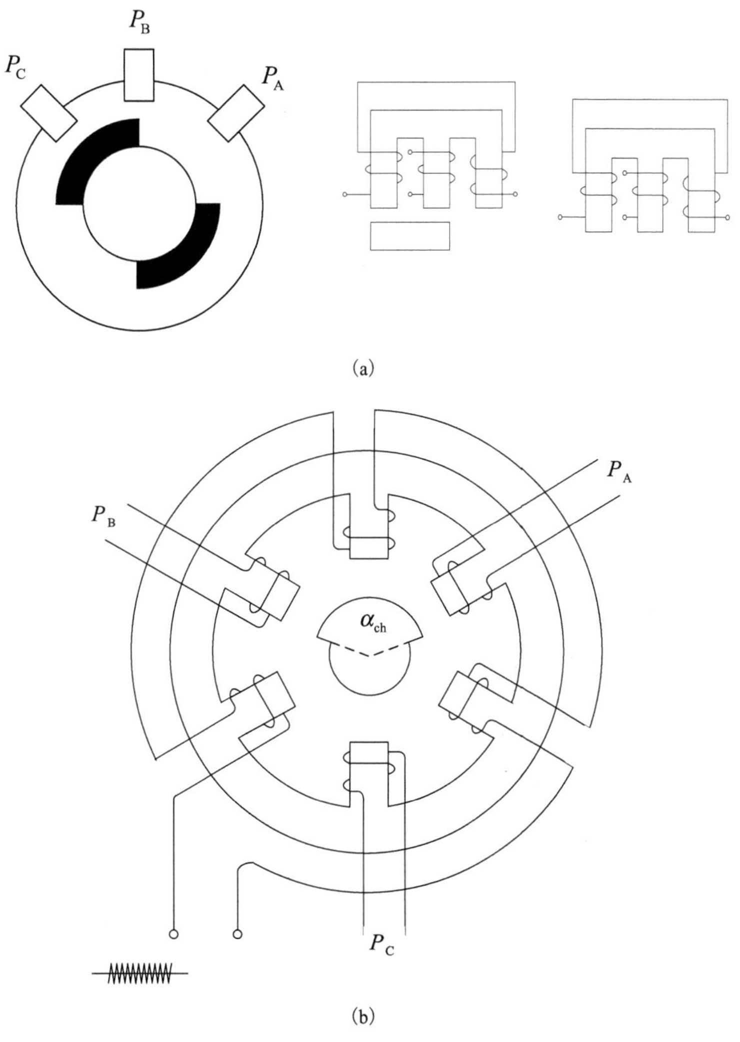

图 5.21　电磁感应式位置检测器

2) 光电式位置检测器

光电式位置检测器也是由定子、转子组成的。其转子部分是一个按 π 电角度开有缺口的金属或非金属圆盘或杯形圆盘，其缺口数等于电机极对数；定子部分是由发光二极管和光敏三极管组合而成的。市场上已有“π”形光耦元件供应，常称槽光耦。每个槽光耦由一只发光二极管和一只光敏三极管组成，使用十分方便。槽的一侧是砷化镓发光二极管，通电时发出红外线；槽的另一侧为光敏三极管。由它组成的光电式位置检测器如图 5.22 所示。当圆盘的凸出部分处在槽光耦的槽部时，光线被圆盘挡住，光敏三极管呈高阻态；当圆盘的缺口处在光耦的槽部时，光敏三极管接受红外线的照射，呈低阻态。位置检测器的圆盘固定在电机转轴上，随电机转子旋转，圆盘的凸出部分依次扫过光耦，通过电子变换电路，将光敏三极管高、低电阻转换成相对应的高、低电平信号输出。对于三相电机，位置检测器的定子部分有三只槽光耦，在空间相隔 120° 电角度，发出相位互差 120° 的三个信号，经逻辑处理后向逆变器提供驱动信号。

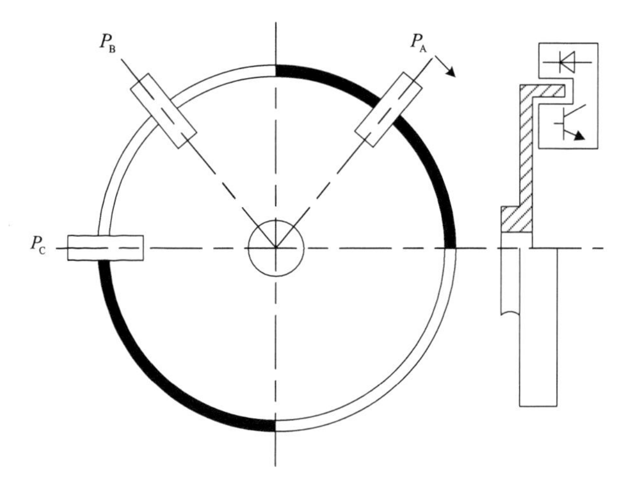

图 5.22　光电式位置检测器

3) 霍尔开关式位置检测器

霍尔元件是一种最常用的磁敏元件，在霍尔开关元件的输入端通以控制电流。当霍尔元件受外磁场的作用时，其输出端便有电势信号输出；当没有外界磁场作用时，其输出端无电势信号。通常把霍尔元件敷贴在定子电枢磁芯气隙表面，根据霍尔元件输出的信号便可判断转子磁极位置，将信号处理放大后便可驱动逆变器工作。

4) 两相导通星形三相六状态的驱动信号

两相导通星形三相六状态工作的无刷直流电动机转子位置信号逻辑变换的波形和电路如图 5.23 所示。该电路具有电机正反转控制功能。图中 P_A, P_B, P_C 为转子位置检测器输出信号，电路的端点 1, 3, 5, 4, 6, 2 分别与逆变桥功率管的驱动电路连接，提供驱动信号。显然，图中换向逻辑变换电路相当复杂，这里仅用于说明原理，随着集成电路技术的发展，目前已广泛使用 EPROM、GAL 等芯片编程，实现换向逻辑变换，简单可靠。

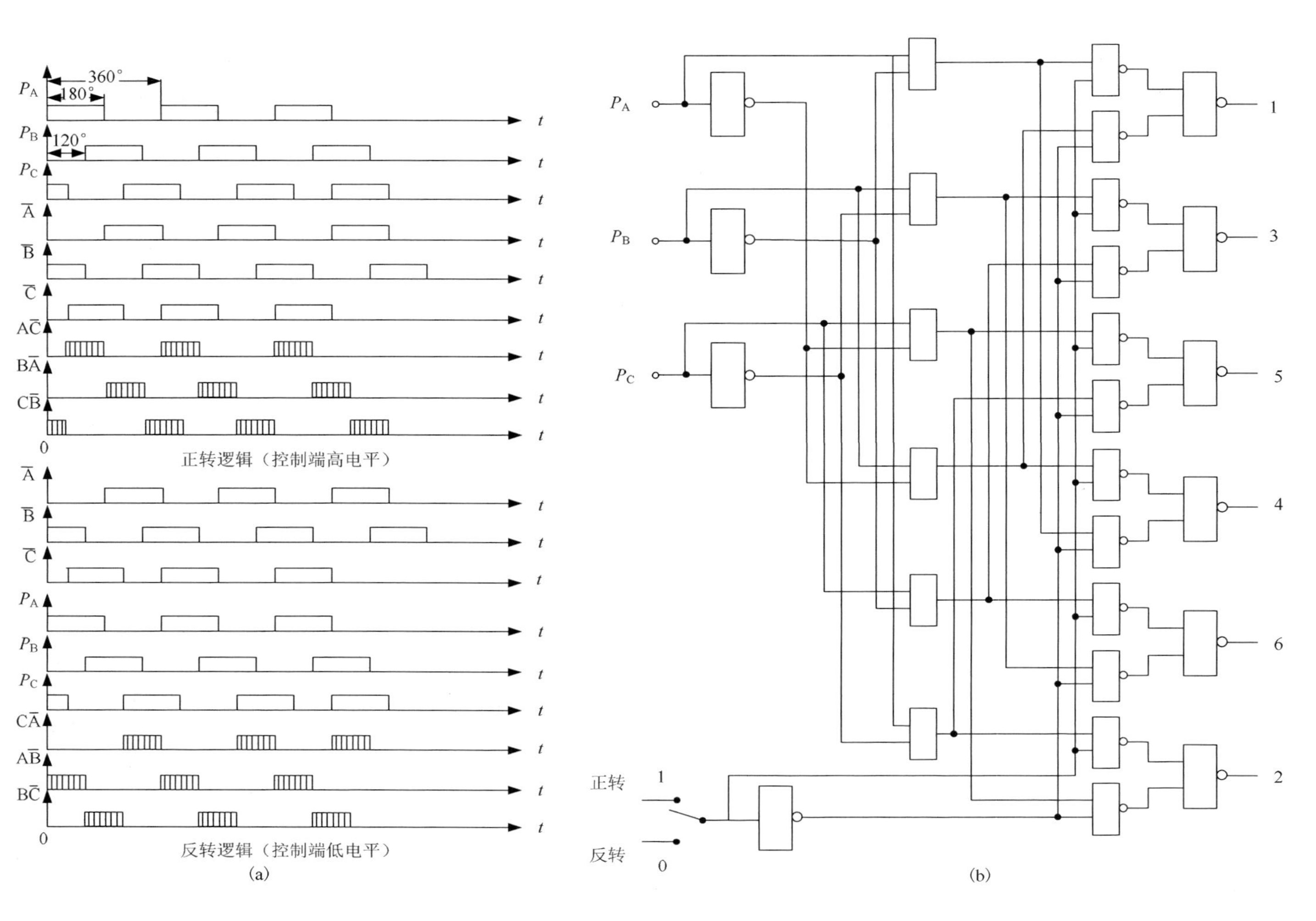

图 5.23 两相导通三相六状态(正反转逻辑和控制电路)

3. 永磁方波同步电动机

构成无刷直流电动机的永磁同步电动机一般设计成永磁方波电机。所谓方波电动机是指电机定子三相绕组中的感应电势的波形为平顶波，其平顶宽≥120° 电角度(理想状态为 120° 电角度的矩形波，通常叫做方波，实际电机中较接近于梯形波)，与 120° 导通型三相逆变器相匹配，由逆变器向电机提供三相对称的，与电势同相位的方波电流的控制器所组成的同步电动机。它与正弦波电动机相比，具有以下优点。

(1) 电机与电力电子控制电路结构简单，在电机中产生平顶波的磁场分布和平顶波的感应电势，比产生正弦分布的磁场和正弦变化的电势简单，同样，产生方波电压、方波电流的逆变器比产生正弦波电压、正弦波电流的逆变器简单得多，控制也方便。

(2) 工作可靠，方波电机的逆变器采用 120° 导通型或 120° 导通型 PWM，逆变器同一个桥臂中不可能产生直通现象，工作可靠，尤其适用于高速运行。

(3) 转矩脉动小，三相对称，波宽≥120° 的平顶波电势和电流，当相位相同时，转矩脉动较小。

(4) 材料利用率高，出力大，在相同的材料下，电机输出功率较正弦波电机大 10.2%，同一个逆变器，控制方波电动机时比控制正弦波电动机时，逆变器的容量可增加 15%，因在输出同一转矩条件下，平顶波的波幅比正弦波的波幅小。

(5) 控制方法简单，磁场定向控制简化为磁极位置控制，电压频率协调控制简化为调压控制(频率自控)。

5.3.2 无刷直流电动机的运行特性

1. 换相过程

可关断功率开关器件(MOSFET 和 IGBT)逆变器构成的无刷直流电动机的换向方式与晶闸管 SCR 逆变构成的无换向器电机的换向方式不同，SCR 没有自关断能力，在高速运行时，借电动机绕组的反电势来关断 SCR，实现电机电流换相。为此，必须设置换相提前角 γ_0，换相提前角越小，换相能力越差；反之，换相提前角越大，对于同样的电枢电流 I_d，平均电磁转矩越小，而且转矩脉动越大，通常考虑到正反转 γ_0=60°。低速时，反电势小，不能再借助反电势换相，常采用断流换相。

无电刷直流电动机的逆变器由有自关断能力的器件构成，换相十分方便，如图 5.24 所示。换相前，晶体管 V_1, V_2 导电，电流 I_d 由正电源经 V_1→Ax→zC→V_2→负电源。开始换相时，V_1 的驱动信号切断，发出 V_3 的驱动信号，即 V_1 截止，V_3 导通。但由于相绕组中有电感的存在，绕组中的电流不能突变，i_A 电流只能通过 VD_4 续流。C 相绕组中的电流 $i_C=I_d$ 不变，电流换相发生在 A, B 相之间，引起换相电流 i_k。换相电流 i_k 通过正电源→V_3→By→xA→VD_4→负电源，构成换向回路，$i_B=i_k$，$i_A=I_d-i_k$，如图 5.24(b)所示。$I_c=i_A+i_B=I_d$，换相回路的电压方程忽略电阻影响为

$$U_d = e_B - e_A + L\frac{di_B}{dt} - L\frac{di_A}{dt} = e_B - e_A + 2L\frac{di_k}{dt}$$

可得

$$\frac{\mathrm{d}i_k}{\mathrm{d}t}=\frac{1}{2L}\left[U_\mathrm{d}-(e_\mathrm{B}-e_\mathrm{A})\right] \tag{5-50}$$

式中，$(e_\mathrm{B}-e_\mathrm{A})$为 B 相与 A 相间的线电势。

式(5-50)表明电源电压与反电势之差越大越容易换相。或者说，电源电压 U_d不变，电机转速越高换相越慢；转速越低反电势越小，换相越快。

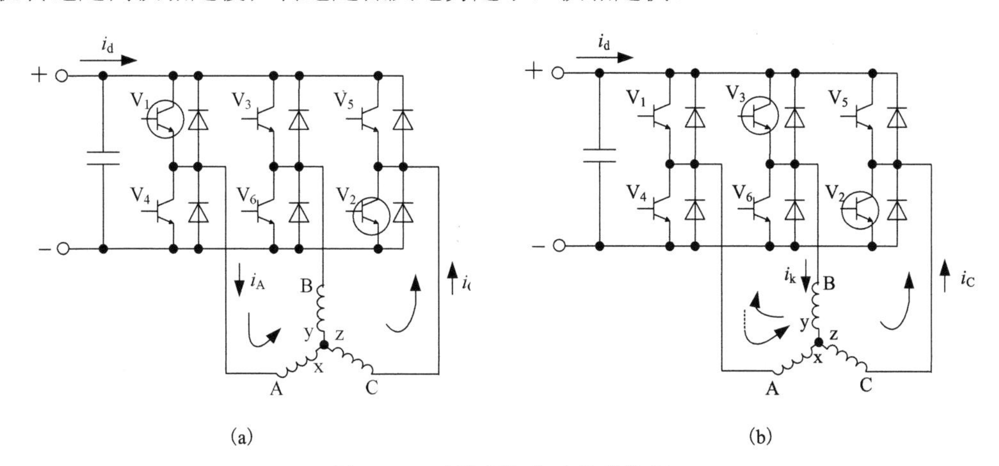

图 5.24　无刷直流电动机的换相

这里还应指出，当逆变器采用 PWM 方式工作时，换相过程中，V_3由导通转变为截止时，由于绕组本身电感的作用，$i_\mathrm{B}=i_\mathrm{k}$不能突变，$i_\mathrm{k}$经 $\mathrm{VD}_6\to\mathrm{By}\to\mathrm{xA}\to\mathrm{VD}_4$构成了回路，此时换相回路中的电压方程为

$$\begin{aligned}0&=e_\mathrm{B}-e_\mathrm{A}+2L\frac{\mathrm{d}i_k}{\mathrm{d}t}\\ \frac{\mathrm{d}i_k}{\mathrm{d}t}&=\frac{e_\mathrm{A}-e_\mathrm{B}}{2L}\end{aligned} \tag{5-51}$$

式(5-51)表明转速越高，e_B电势越大，换相越慢。由于 PWM 的作用，V_3由截止再导通，又在 u_d作用下，无刷直流电动机换相又加快，直至 $i_\mathrm{B}=I_\mathrm{d}$，$i_\mathrm{A}=0$，换相结束。因而在无刷直流电机中电流的换相取决于电源电压 U_d，在电源电压 U_d的作用下实现换相。

2. 调速方法和机械特性

1)电势和调速方法

无刷直流电动机定子绕组相电势幅值由式(5-52)确定

$$E=\omega\psi=2\pi fN_1\Phi=2\pi\frac{p_\mathrm{n}}{60}N_1\Phi n=C_\mathrm{e}\Phi n \tag{5-52}$$

式中，$C_\mathrm{e}=2\pi\frac{p_\mathrm{n}}{60}N_1$，为电势系数；$N_1$为相绕组等效匝数。

120°导通型逆变器的输出电压幅值为$U=\frac{1}{2}U_\mathrm{d}$，若考虑线路损耗及电机内部电压，

则电机电势 E 与外加电压相平衡，$U = E + \frac{1}{2} I_d R_\Sigma$，即

$$\frac{1}{2}U_d = C_e \Phi n + \frac{1}{2} I_d R_\Sigma$$

$$n = \frac{\frac{1}{2}(U_d - I_d R_\Sigma)}{C_e \Phi} \tag{5-53}$$

式中，R_Σ 为回路等效电阻，包括电机两相电阻和管压降等效电阻。式(5-53)表明，无刷直流电动机的转速公式与直流电动机的转速公式十分相似，并可以证明，当气隙分布为方波，电机绕组为整距集中绕组时，无刷直流电动机的转速公式与直流电机完全一样。式(5-53)还表明，无刷直流电动机的转速调节可通过改变直流电压 U_d 来实现。欲改变磁通 Φ 来调速不实用，因无刷直流电动机常用永磁体励磁，永磁体磁场不能调节。若利用电枢反应的去磁作用来改变磁通，前面已讨论过，这种永磁电机应专门设计，才有效果，这里不再重复。

2) 电磁转矩

无刷直流电动机的电磁转矩除由式(5-44)表达以外，其平均电磁转矩也可直接利用电机电磁功率 P_e 及角速度 Ω 求得

$$T_e = \frac{P_e}{\Omega} = \frac{(U_d - I_d R_\Sigma) I_d}{\Omega}$$

将式(5-52)、式(5-53)代入上式，得

$$T_e = 2N_1 \Phi I_d p_n \tag{5-54}$$

3) 机械特性

将式(5-54)代入式(5-53)可得

$$n = \frac{U_d}{2C_e\Phi} - \frac{R_\Sigma}{2C_e\Phi 2N_1\Phi p_n} T_e = \frac{U_d}{2C_e\Phi} - \frac{R_\Sigma}{4C_e N_1 \Phi^2 p_n} T_e \tag{5-55}$$

由此可知，无刷直流电动机的转矩和机械特性公式与直流电动机十分相似。

3. 无刷直流电动机的制动

两相导通三相六状态无刷直流电动机制动工作原理如图 5.25 所示，其中图 5.25(a)所示为电动运行状态。此时 V_1, V_6 导电，转子顺时针方向旋转，电动运行状态，电机相电势 e 与相电流 i 反向，电源通过逆变器向电机输送功率，电机将电能转变为机械能传动负载。欲使电机由电动转变为制动运行状态，应将该瞬间 V_1, V_6 由导电转变为截止，并将 V_3, V_4 转变为导通，生成制动转矩，如图 5.25(b)所示。由于电机相电流反向，电磁转矩也反向，便形成制动状态。此时由于惯性，电机转向尚未改变，电势的方向未改变，电流与电势同方向。因此当 V_3, V_4 导电时，在电源电压 U_d 和电势 e 的共同作用下，电流增大，其平衡式为

$$U_d + e_A + e_B = 2iR + 2L\frac{di}{dt} \tag{5-56}$$

电流很快到达限幅值，产生恒定的制动转矩，相当于反接制动状态。

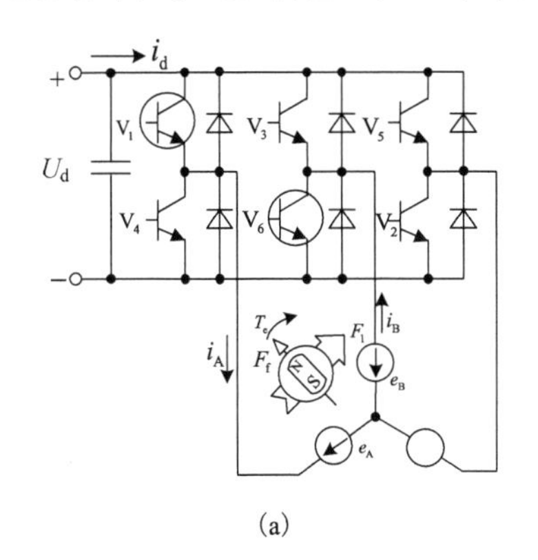

(a)

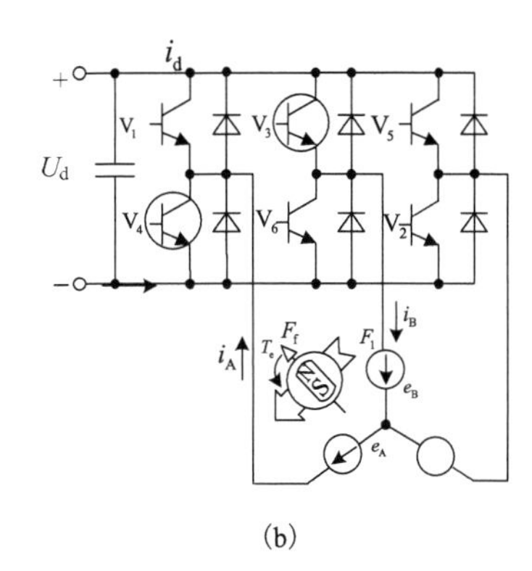

(b)

图 5.25　制动工作原理

无刷直流电动机制动运行状态时，电流与电势同方向，它和电动运行状态时一样，控制电流的大小，就可控制制动转矩。在制动状态下，使 V_3(或 V_4)一只功率管截止，则电流经 VD_6(或 VD_1)续流，两相绕组短路，其电压平衡式为

$$e_A + e_B = 2iR + 2L\frac{di}{dt} \tag{5-57}$$

呈续流制动。电流将减小，制动转矩随电流的减小而减小。若将原导通的 V_3，V_4 同时截止，则通过 D_6，D_1 续流，根据升压变换器的原理，还能将动能向直流环节输送回馈电网，成再生制动状态，如图 5.26(b)所示。

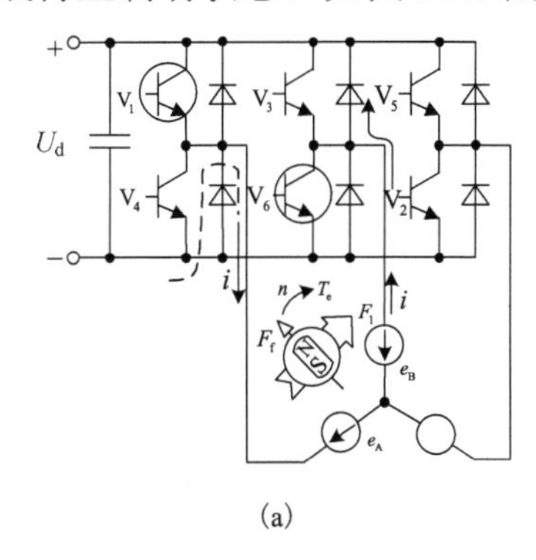

(a)

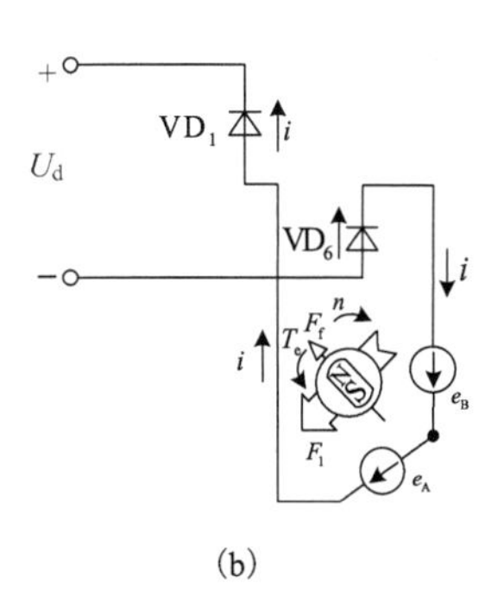

(b)

图 5.26　续流电动和续流再生制动

以上无刷直流电动机从电动运行 V_1, V_6 导通转变为截止和 V_3, V_4 从截止转变为导通的制动状态及电机电流反向均是自动实现的。当转速给定小于转速实际值时，速度调节器 ASR 输出极性反向，于是电机电流的给定信号反向，电流调节器 ACR 通过相应的电路迫使 V_1, V_6 截止，V_3, V_4 导通。不过这里还应注意，当 V_1, V_6 截止时，由于电枢绕组电感的作用，电枢电流不能突变，电流经 D_4, D_3 续流部分磁能转换成电能返回电源，电流在绕组中的方向未变，呈续流电动状态，部分磁能转变成机械能。如图 5.26(a)所示。此瞬间，V_3, V_4 虽然导通但不导电，无电流流过，在电源电压的作用下，其续流时间很

短，当续流减到零时，V_3, V_4 才导电，电机电流反向，仍在电源电压 U_d 和电势 e 的共同作用下，电流很快增至限幅值，这就是图 5.25(b)所示的制动状态。

4. 无刷直流电动机正、反转运行

同步电动机电动运行时，其转子总是跟踪定子磁场运动，定子电枢磁场正转，转子也正转，定子磁场反转，转子磁场也反转。定子磁场的转向是由定子绕组的通电规律决定的。由表 5.1 导通规律可知，若晶体管按 $V_1, V_2, V_3,\cdots, V_6$ 规律导通，则电机通电顺序为 A, B, C，电枢磁场为正转，电机也正转；若晶体管按 $V_6, V_5, V_4,\cdots, V_1$ 顺序导通，则电机通电次序为 C, B, A，电枢磁场反转，电机也反转。

晶体管导通与否由电机转子位置检测器的输出信号决定。当电机正转时，位置检测器信号 P_A 超前于 P_B120° 电角，P_B 超前于 P_C120° 电角，使晶体管导通顺序为 $V_1, V_2, V_3,\cdots, V_6$；当电机反转时，位置检测器的输出信号相序自动反过来，因而晶休管的导通顺序也自动反过来了。这是带转子位置检测器的无刷直流电动机特有的功能，称“自控”作用。它是由转子位置信号经控制系统中综合逻辑电路处理(或 EPROM 编程)来实现的。两相导通三相六状态无刷直流电动机正反转驱动信号和逻辑电路如图 5.23 所示。

5.3.3 直流变换器调压的无刷直流电动机

直流变换器调压的无刷直流电动机主电路如图 5.27 所示。它由三部分：三相逆变器、降压型直流变换器和升压型直流变换器组成。120° 导通型逆变器将直流电变为交流电，驱动永磁方波同步电机，由于它不是脉宽调速方式工作，故开关频率较低。其开关频率取决于电机转速 n 和电机极对数 p_n，即 $f=\dfrac{p_n n}{60}$。降压型变换器在电动运行时工作，它将恒定的直流电源电压 E_d 转变为可调的直流电压 U_d，供给三相桥式逆变桥，因此逆变桥的输入电压是可调的。升压型直流变换器仅在制动运行时工作，制动时电机运行部分的机械能经电机转变为交流电能，通过逆变桥的整流二极管变成直流电能。其直流电压取决于电动制动时的转速，随着制动时间的加长，电机转速不断降低，所以直流电压也不断降低。为使该能量返回直流电源(如蓄电池)，必须有升压直流变换器，把低于直流电源电压的逆变桥(此时为整流工作方式)输出电压泵升到稍高于直流电源电压，形成再生制动，加速电机制动过程。

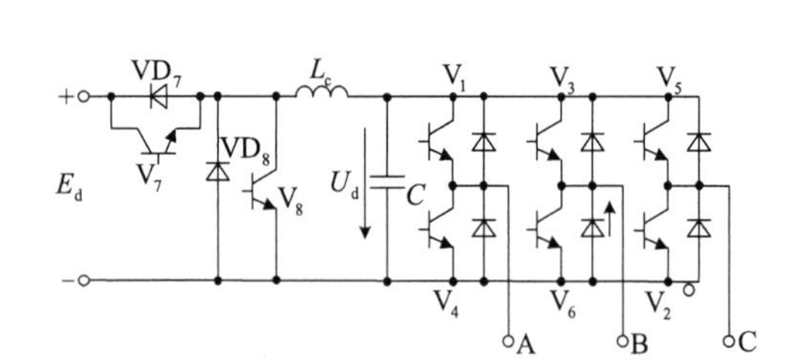

图 5.27　PAM 调压的逆变器主电路

电动运行时，升压直流变换器不工作，仅降压式直流变换器工作，如图 5.28(a)所示。例如，当 V_7 导通时，逆变桥 V_1, V_6 导通，则电路电压平衡式为

$$E_d = L_c\frac{di_d}{dt} + R_c i_d + 2L\frac{di}{dt} + 2Ri + 2e \tag{5-58}$$

式中，E_d 为直流电源电压；L_c, R_c 为储能电感和电阻；R, L 为电枢相绕组电阻和电感；e

为相电势；i_d, i 为储能电感电流和电机相电流，且 $i=i_d$。

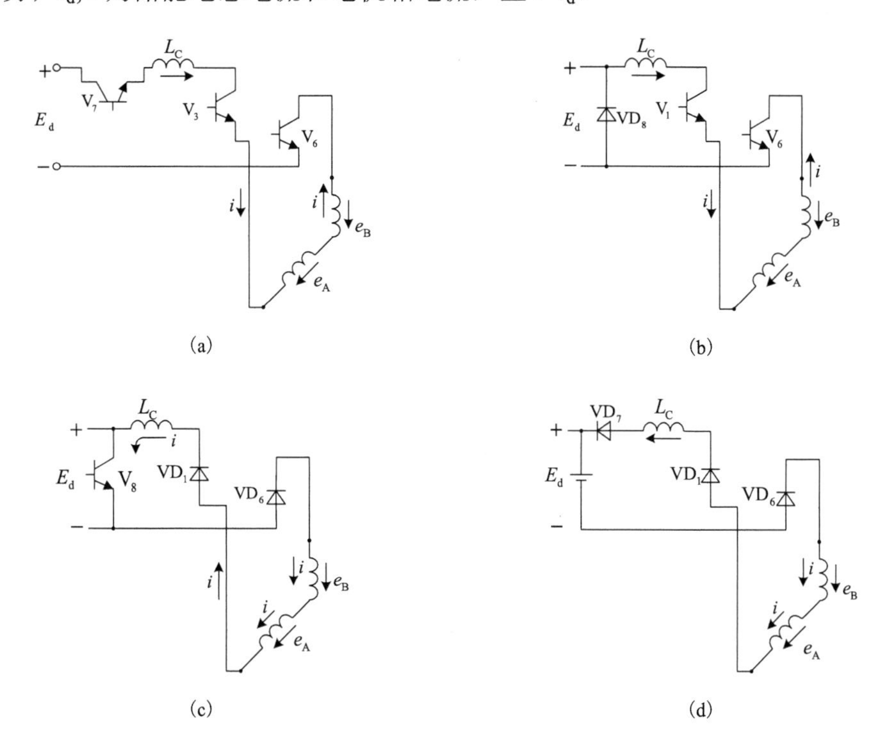

图 5.28　电动机电动和制动运行时电流流向

因电感线圈和电机绕组电阻很小，可忽略不计，得

$$E_d = (L_c + 2L)\frac{di}{dt} + 2Ri + 2e$$

$$\frac{di}{dt} = \frac{E_d - 2e}{L_c + 2L} \tag{5-59}$$

晶体管 V_7 截止时，感性电流经 VD_8 续流，见图 5.28(b)，电压平衡式为

$$0 = (L_c + 2L)\frac{di}{dt} + (R_c + 2R)i_d + 2e$$

简化后

$$\frac{di}{dt} = \frac{-2e}{L_c + 2L} \tag{5-60}$$

稳定运行时，V_7 导通期间 (t_{on}) 电流增加量 Δi_{on} 与 V_7 截止时电流减小量 Δi_{off} 相等，V_7 在脉宽调制周期 T 内的截止时间为 $T - t_{on} = t_{off}$，故有

$$\left(\frac{di}{dt}\right)_{on} t_{on} = \frac{E_d - 2e}{L_c + 2L} t_{on} = \left(\frac{di}{dt}\right)_{off} (T - t_{on}) = \frac{-2e}{L_c + 2L}(T - t_{on})$$

即

$$\frac{2e}{E_d}=\frac{t_{on}}{T}=D_c \tag{5-61}$$

式中，$D_c=\frac{t_{on}}{T}$，为 V_7 的导通占空比。

又因

$$e=C_e n\Phi$$

故电动机的转速为

$$n=\frac{E_d}{2C_e\Phi}D_c \tag{5-62}$$

式(5-62)在推导过程中，略去了电感和电机相绕组的电阻(R_c+2R_1)。当计及电阻时，并令 $R=R_c+2R_1$ 表示，则

$$n=\frac{U_d D_c-IR}{C_e'\Phi} \tag{5-63}$$

式中，I 为电机相电流的平均值；$C_e'=2C_e$。

稳态时，电枢电流脉动量 Δi 为

$$\Delta i=\left(\frac{di}{dt}\right)_{on}t_{on}=\left(\frac{di}{dt}\right)_{off}t_{off}=\frac{U_d-2e}{L_c+2L}t_{on}=\frac{U_d-2e}{L_c+2L}\frac{D_c}{f_c}=0 \tag{5-64}$$

当电动机转速 $n\approx0$，$e\approx0$ 时，$D_c=0$，则

$$\Delta i=\frac{U_d}{L_c+2L}\frac{D_c}{f_c}=0 \tag{5-65}$$

式中，f_c 为调制频率。又当 $D_c\approx1$ 时，$u_d\approx2e$，由式(5-64)可知，$\Delta i=0$；因此，仅当 $D_c=0.5$ 时，电流脉动最大。

$$\Delta i_{max}=\frac{U_d}{4(L_c+2L)f} \tag{5-66}$$

由于直流变换器的储能电感 L_c 比较大，如果电机换相时原导通的晶体管先关断，后导通的晶体管没及时导通，则必将造成电流通路中断，电感中引起很大的感应电势，使功率晶体管击穿。因此希望下一个晶体管导通以后，再撤去原导通晶体管的驱动信号，使其截止，就不会引起以上问题。

无刷直流电动机制动运行时，首先使逆变桥晶体管在电动状态获得制动的驱动信号，然后进入续流电动阶段，使储能电感电流降为零，并将逆变桥晶体管封锁。电机在电势的作用下成为发电机工作，逆变桥的二极管构成了整流桥，由 V_8, V_{D7} 构成升压变换器工作，将较低的整流电压泵升到大于直流电源的电压 E_d，于是使转动部分的机械储能返回电源(当电源为蓄电池时)，电机进入再生制动运行状态，如图 5.28(c)、(d)所示。

具有直流变换器的无刷直流电动机逆变桥晶体管的开关频率低，损耗小，效率较高。但因降压和升压变换器共用电感 L_c，而它的储能较大，电动和制动工作时所储磁能必须转换，由于转换的时间较长，从电动到制动的转换过程时间加长。反之，从制动到电动

的转换过程时间却较短，因为 V_8 关断后，电感 L_c 的能量经 D_7 返回直流电源，电感电流下降较快。

这种无刷直流电动机的控制系统由两部分构成：逆变器控制和直流变换器控制，如图 5.29 所示。逆变桥晶体管控制由电机转子位置检测器 BQ、位置信号处理器 PSP、晶体管基极驱动电路 DR 和极性判别 DP 器构成。位置信号处理电路的输入为三个互差 120° 电角、波宽为 180° 电角的转子位置信号以及速度调节器 ASR 和极性判别电路 DP 的输出信号再经 PSP 综合逻辑变换成逆变器六个晶体管的基极驱动信号。为了实现正反转运行和电动、制动运行，PSP 的输出信号必须随之变化，当正转电动时，晶体管的驱动顺序为 $V_1, V_2, V_3, V_4, V_5, V_6$，当反转电动时，顺序为 $V_6, V_5, V_4, V_3, V_2, V_1$。实际上，对应于同一个转子位置，若正转时 V_1, V_6 导通，则反转时为 V_4, V_3 导通，即相位相差 180° 电角。当电动运行转为制动运行时，逆变器晶体管不再工作，全封锁。

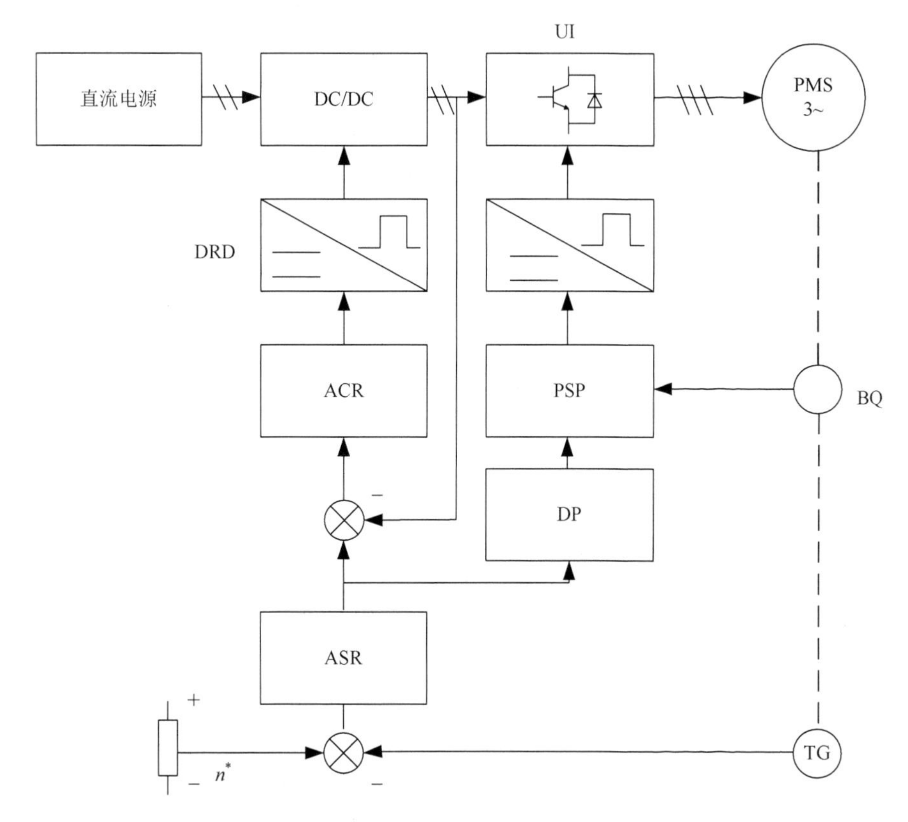

图 5.29　直流变换器调压的无刷直流电动机

变换器控制电路由 DC/DC 变换器的驱动电路 DRD、电流调节器 ACR、速度调节器 ASR、测速机 TG 组成，其中电流环为内环，速度环为外环。由于是方波电机，电机电流与转矩成正比，ACR 的输出经脉冲变换，转变成两个互补的脉宽调制信号，用于驱动 V_7 和 V_8。在两信号之间应有延迟时间，防止同时导通，或者电动工作时仅使 V_7 工作，制动工作时仅使 V_8 工作。

思 考 题

5-1 试说明同步电动机控制的主要特点和同步电动机变频调速的主要类型。

5-2 试述同步电动机的运行状态及其矢量控制方式。

5-3 什么叫做无刷直流电动机？它主要由哪些部分组成？

5-4 试述无刷直流电动机的正反转控制原理。

5-5 试述从磁极和电枢磁势的相互关系看，同步电动机与直流电动机有什么异同；同步电动机以定子磁链定向控制是什么含义。

5-6 试比较无刷直流电动机的四象限运行特性与直流电动机有何异同。

习 题

5-1 简述永磁同步电动机矢量控制基本原理，同步电动机矢量控制的目的是什么。

5-2 用无刷直流电动机转子位置检测器测定转子磁极位置的方法有哪些？试比较其优缺点。

5-3 简述无刷直流电动机的调速方法和机械特性。

5-4 已知无刷直流电动机的额定转速 n_N=12000r/min，额定转矩 T_N=5N·m，效率 η =0.85，电源工频三相电压为 380V。该系统可在 15000r/min 范围内无级调速，当 n>12000r/min 时为恒功率特性，当 n<12000r/min 时为恒转矩特性，电机为四极稀土永磁方波电动机，定子绕组三相对称，相电阻 R_1=1.1Ω，定子漏感 L_σ=0.00255H，$L_{ad}\approx L_{aq}$ =0.0043H，试计算：

(1) 额定输入电流(有效值)；

(2) 额定工作时变换器输出的频率；

(3) 定量画出该调速系统的机械特性曲线。

第6章　开关磁阻电动机调速技术

开关磁阻调速电动机(the switched reluctance drive)是由磁阻电机和开关电路控制器组成的机电一体化的新型调速电动机。自1983年英国正式推出该电机以来，引起了国内外电工界的重视。经过广泛研究开发，已成为电机调速领域的又一新支。

本章首先阐述开关磁阻调速电动机的基本原理和主要结构类型，然后详细讨论它的运行特性和分析方法，最后介绍开关磁阻调速电动机的控制。

6.1　概　　述

磁阻式电动机诞生于160年前，但它一直被认为是一种性能(效率、功率因数、利用系数等)不高的电动机，故仅应用于少数小功率场合。通过近几十年的研究和改进，磁阻式电动机的性能不断提高，目前已能在较大的功率范围内使其性能不低于其他形式的电动机。

20世纪70年代初，美国福特电动机(Ford Motor)公司研制出最早的开关磁阻电动机调速系统，其结构为轴向气隙电动机、晶闸管功率电路，具有电动机和发电机运行状态和较宽范围调速的能力，特别适用于蓄电池供电的电动车辆的传动。

20世纪70年代中期，英国里兹(Leeds)大学和诺丁汉(Nottingham)大学共同研制以电动车辆为目标的开关磁阻电动机调速系统。他们研制的样机容量为10～50000W，转速为750～10000r/min，其系统效率和电动机利用系数等主要指标达到或超过了传统的传动系统。随后成立了开关磁阻电动机调速系统公司(Switched Reluctance Motor Drives Ltd.)，以经营其研究成果。1981年，英国TASC公司(TASC Drives Ltd.)获准制造该系统，并于1983年推出商品为Oulton的通用调速系列产品，其容量范围为4～22kW，该产品的出现，在电气传动界引起不小的影响。很多性能指标达到出人意料的高水平，整个系统的综合性能价格指标达到或超过了工业中长期广泛应用的一些变速传动系统。表6.1是当时四种常用变速传动系统各项主要技术经济指标比较。

表6.1　开关磁阻电动机调速系统与其他变速传动系统的性能比较

比较项目＼系统类型		电磁调速系统	直流系统	PWM变频系统	开关磁阻系统
成本		0.8	1.0	1.5	1.0
效率/%	额定转速时	75	76	77	83
	1/2额定转速时	38	65	65	80
电动机容量(体积)		0.8	1.0	0.9	>1.0
控制能力		0.3	1.0	0.5	0.9

（续）

比较项目 \ 系统类型	电磁调速系统	直流系统	PWM 变频系统	开关磁阻系统
控制电路复杂性	0.2	1.0	1.8	1.2
可靠性	1.3	1.0	0.9	1.1
噪声/dB	69	65	74	74

注：表中很多比较数据给出的是以直流系统为参照的相对标幺值。

电气传动系统的传统设计方法都是在已有电动机的基础上进行系统设计。设计电动机时所做优化设计仅涉及电动机本身，而系统的优化设计是在已有电动机的条件下进行设计的，只能称为局部优化设计，这种设计方法限制系统整体水平的提高。开关磁阻电动机调速系统是由电动机及其控制装置构成的一个不可分割的整体，电动机和电路控制部分均不能单独使用，也均没有现成产品供使用。因此，设计方法只能是从系统总体性能指标出发，同时对系统的每一部分进行设计。电动机和电路部分的设计均是从整体性能优化的角度出发，而不是只考虑每一部分本身的优化。这种设计方法与传统设计方法相比是一个质的飞跃，实际已步入新兴学科“机械电子学”的范畴，在这种思想指导下设计出的产品是典型的机电一体化产品。因此，开关磁阻电动机调速系统的性能指标高于其他传统传动系统就不难理解了。

美国、加拿大等相继开展研究工作，并在系统的一体化设计、电动机的电磁分析、微机的应用、新型电力电子器件的应用、新型结构形式(如单相电机、无传感器电机)的开发等方面取得进展。

近年来，国内已有一大批高等学校、研究所和工厂投入开关磁阻电动机调速系统的研究、开发和制造工作。至今已有十余家单位推出不同性能、不同用途的几十个系列规格产品，应用于纺织、冶金、机械、运输等行业的数十种生产机械和交通工具中。开关磁阻电动机调速系统在一些应用场合中发挥出独特的优势。

6.2 开关磁阻调速电动机基本原理

6.2.1 SRD 的工作原理

开关磁阻调速电动机(以下简称 SRD)由双凸极结构的磁阻电机(以下简称 SRM)、功率变换电路、位置检测器和控制调节单元等部分组成。基本框图如图 6.1 所示。

以四相 SRM 为例，图 6.2 给出了电机截面图：定子和转子都是齿槽型凸极结构，定、转子的齿槽数不等，一般后者较前者少 2 个，图中定子有 8 个齿极，转子有 6 个齿极。定子齿极上设有集中绕组，图中仅画出其中的 A 相绕组，它由径向相对的两线圈串接而成，转子通常不设绕组。当 A 相有电流流过时，转子将受到电磁力而旋转(图示为逆时针方向旋转)。接着若改为 B 相通电，那么转了将继续转过一角度。以后改为 C 相、D 相轮流循环导通，则转子连续旋转。这是典型的大步距角步进工作方式。此例步距角 α_p=15°。

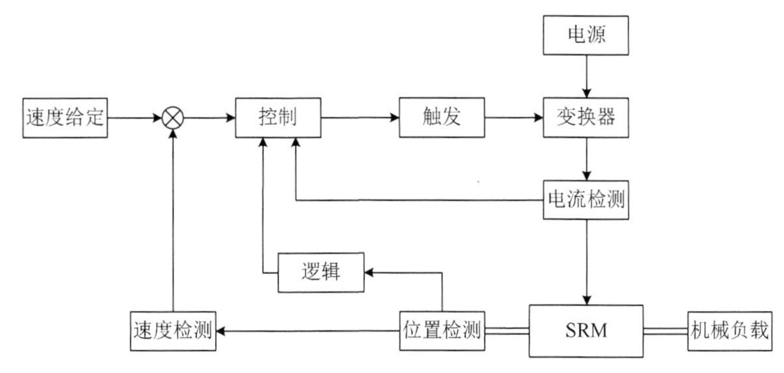

图 6.1　SRD 基本框图

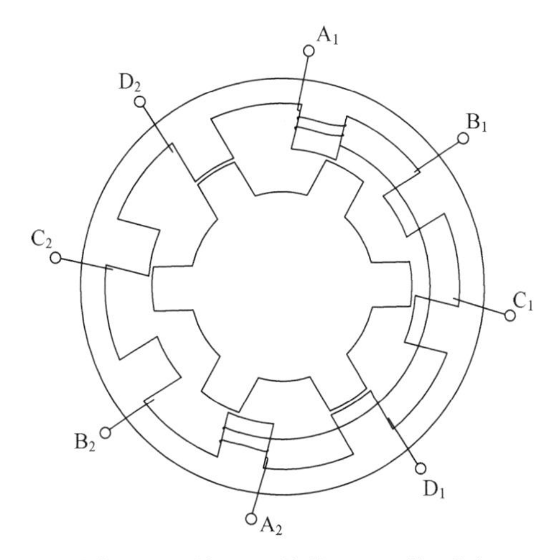

图 6.2　四相 8/6 结构 SRM 截面图

SRM 由直流(或交流整流)电源供电，因此需相应的变换器——开关电路。四相电机绕组和变换器组成的主电路如图 6.3 所示。图中 VT_1～VT_4 为各相主开关，VD_1～VD_4 为各相续流二极管。当主开关导通时，电源向相绕组供电，建立磁能并转换为机械能输出。当主开关截止时，相绕组的电流将经续流二极管短时续流，此时磁能将转换为电能，部分为电容器吸收存储。

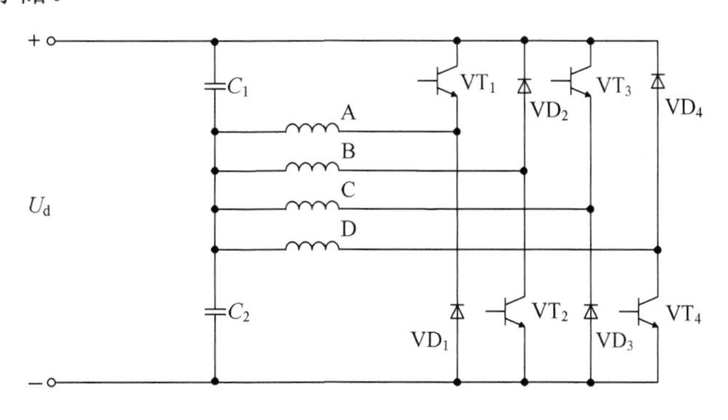

图 6.3　四相 SRD 主电路

由于电机装有转子位置检测器，实现位置闭环控制。因此，变换器输出基本频率始终与转子转速保持同步关系，即

$$n = \frac{60f}{Z_2} \tag{6-1}$$

式中，Z_2为转子的齿极数。

再参见图 6.2 和图 6.3，当相绕组按一定的转子相对位置循序通电时，电机则以磁能为媒介实现电能与机械能的转换，其电磁转矩为

$$T_e = \frac{1}{2} I^T \frac{\partial L}{\partial \theta} I \tag{6-2}$$

式中，I为各相电流列向量，I^T为其转置。

$$I = \begin{bmatrix} i_A \\ i_B \\ i_C \\ i_D \end{bmatrix}$$

L 为绕组电感矩阵，即

$$L = \begin{bmatrix} L_A & M_{AB} & M_{AC} & M_{AD} \\ M_{BA} & L_B & M_{BC} & M_{BD} \\ M_{CA} & M_{CB} & L_C & M_{CD} \\ M_{DA} & M_{DB} & M_{DC} & L_D \end{bmatrix}$$

显然，各相绕组的自感和互感均为转子位置角 θ 的函数，若计及非线性磁特性，则还是电流 I 的函数。以起主导作用的相绕组自感为例，见图 6.4，最小电感(L_{min})发生在该相绕组轴线(即对应的定子齿极轴线)与转子槽的轴线重合位置，此位置定义 θ=0°；最大电感(L_{max})位置 θ_m 即相绕组轴线与转子齿极轴线重合位置。$L(\theta)$以转子齿距角 θ_R 为周期，有

$$\theta_R = \frac{2\pi}{Z_2} \tag{6-3}$$

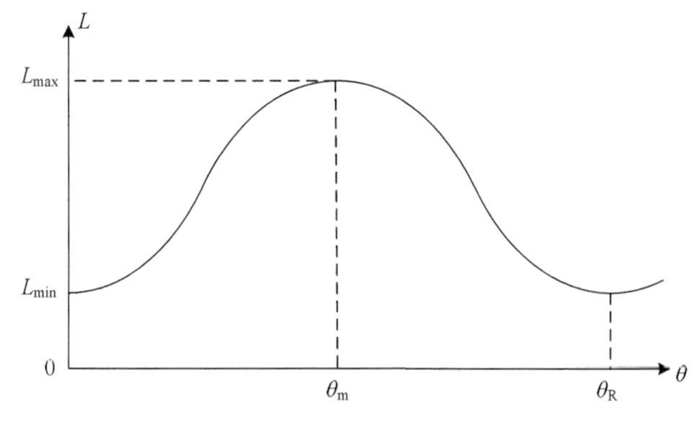

图 6.4　相绕组自感曲线

由图 6.4 可见，在一周期中，0～θ_{m} 区间内，$\frac{\partial L}{\partial \theta}>0$，$\theta_{\mathrm{m}}$～$\theta_{\mathrm{R}}$ 区间内，则 $\frac{\partial L}{\partial \theta}<0$。因此，若控制各相绕组在 0～$\theta_{\mathrm{m}}$ 区间内有电流，就可以产生正转矩；而若使相电流形成于另一半周期(即 θ_{m}～θ_{R} 区间)，就产生负转矩。这就是说，只要控制主开关通断角度(相对转子位置)即可改变电机的工作状态。通常，由于不同转子位置的相绕组电感 L 及 $\frac{\partial L}{\partial \theta}$ 是不同的，所以控制相绕组通电时刻即可改变电流的大小及波形，由此产生不同的电磁转矩和运行转速、转向。

简言之，开关磁阻电动机是靠磁阻效应工作的。它可以看作是带位置闭环控制的反应式大步距角步进电机，也可视为反应式自整步同步电动机(即无换向器直流电动机)。实际上 SRD 是它们的综合发展，可以构成性能良好的调速系统。

6.2.2 SRD 的特点

从上述基本工作原理可以看出，SRD 有许多特点。

1. 可控参数多，实现四象限控制方便

控制 SRD 运行的主要参数和常用方法有下列四种。

(1) 主开关开通角。改变主开关的触发导通时间可以实现相电流性质、大小和波形的控制，从而可有效调节电机的转矩、转速以及转向。通常把主开关开通角(记为 θ_1)作为最主要的控制参数。

(2) 主开关关断角。主开关有合理的导通期，当主开关关断截止后，该相进入续流阶段。该关断角(记为 θ_2)也影响相电流的波形，在小范围内可以达到调节转速、控制运行状态及影响系统效率的效果。

开通角和关断角表示了每相电源的通断时刻，但其值 θ_1 和 θ_2 是以转子的相对位置定义的。典型的关系及相电流波形如图 6.5 所示。

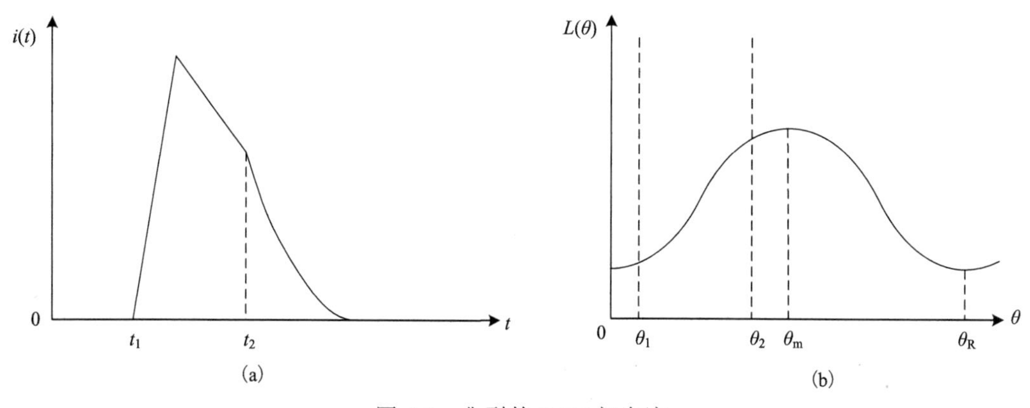

图 6.5　典型的 SRM 相电流

(3) 相电流幅值。典型的办法是斩波控制相电流幅值，从而达到调控的目的。这主要为在起动和低速时用于限流，是常用的控制方法。

(4) 直流电源电压。采用可控整流装置或斩波器，可大范围调节变换器的直流电源电压，从而实现调速。这对小功率 SRD 是很有价值的控制模式。

总之，SRD 可控参数多，控制方便，可以四象限运行(即正转、反转和电动、再生)，能实现特定要求的调节控制，而且每一步(如四相 8/6 结构为 15°)控制都可改变工作参数和工作状态。当然，复杂和高性能的控制需要付出成本和可靠性代价。另外，一般的 SRD 低速时呈明显步进特性，所以低速时转速精度较差。

2. 结构简单，成本低

双凸极结构的磁阻电机是最简结构的电机，它的转子无绕组也不加永久磁铁，定子为集中绕组，参见图 6.6。它比传统的直流电机、同步电机及感应电机都简单，制造和维护方便，高速适应性也极佳。当然，电机要附设一个位置检测器，不过作为闭环调速系统，本来就应设置位置或速度反馈附件。

结构简单的另一特色是变换器主开关元件少。这是因为电机是反应式的，所以仅需单方向供电的开关电路作为变换器，可以做到每相只用一个主开关，参见图 6.3。四相变换器为四相 SRM 供电，只用了四个功率开关，而且它不致发生常规逆变器的直通短路故障，简化了控制保护单元要求。功率电子器件少，成本就可以低一些。但由于电流的脉冲性，所以有时要适当加大器件的定额。

实际也表明，在目前条件下，中小功率的通用型 SRD 成本可低于同功率和类似性能的其他现代调速系统。特别是小功率 SRD，经优化设计和合理简化控制方案，可以得到很高的性能价格比。

3. 损耗小，效率高

通常称 SRD 为高效调速系统，“高效”被视为 SRD 的突出优点。

一方面，电机转子不存在励磁及转差损耗，变换器电路主元件少，相应的损耗也小；另一方面，由于 SRD 可控参数多、控制灵活，易在很宽转速范围内实现高效优化控制。典型产品的输出特性和效率如图 6.7 所示，其中系统效率在很宽范围内可达到 87%以上。通常分马力 SRD 的系统效率也可达到 70%左右。所以被誉为是一种节能型产品。

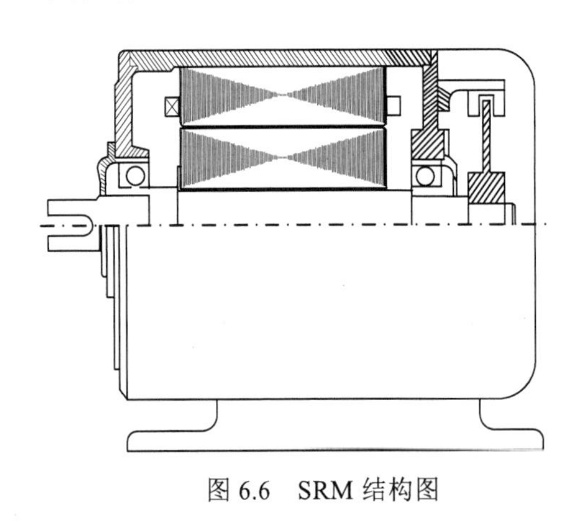

图 6.6 SRM 结构图

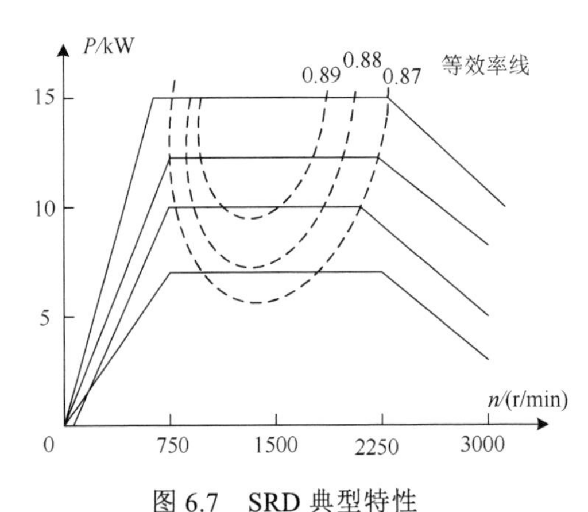

图 6.7 SRD 典型特性

当然，SRD 也不是绝对优越。SRD 系统效率与电压等级及主开关元件的选择有关，转子无电气损耗也并非 SRD 所独有。所以只能说 SRD 也是一种高效调速电动机。

4. 振动、噪声较大

从本质上讲，SRM 由脉冲供电，电机气隙又很小，因此有显著变化的径向磁拉力，加上结构上及各相参数上难免存在不对称，从而形成振动和噪声。特别是高速重载时，比其他调速电动机的噪声要大些。低速时，SRD 多采用斩波限流，而斩波频率不容易避开听觉敏感频段，因此低速会有较大的电磁噪声。这是 SRD 的一个缺点。不过只要注意合理设计，掌握好电机加工精度和动平衡合理要求，精心调整控制参数和各相工作的对称性，噪声按标准感应电动机的指标考核也是能达到的。

以上主要特点表明 SRD 是一种很有前途的新型调速电动机。

6.3 开关磁阻调速电动机的主要结构与分类

目前 SRD 有很多不同的形式，分类方法较多。本节按电机、主电路及控制三方面介绍它们的结构和分类。

6.3.1 电机的结构与分类

如图 6.2 所示，这种电机定、转子都是凸极结构，或称齿槽结构。定、转子铁心均由电工钢片冲制成带有齿槽的薄片，然后叠压而成。为了避免单边磁拉力，径向是对称的，故定子和转子齿槽数 Z_S 和 Z_R 应为偶数。当然，$Z_S \neq Z_R$，但它们应尽量接近。因为当定子和转子齿槽数相近时，就可能加大定子相绕组电感随转角的变化率，这是提高电机出力的重要因素。再考虑结构合理性，所以常用关系为

$$Z_S = Z_R + 2 \tag{6-4}$$

定子上设有集中绕组，因此 SRM 的相数为

$$m = \frac{Z_S}{2} \tag{6-5}$$

从自启动能力及能正反转考虑，应选择 $m \geqslant 3$，这一概念和步进电机类似。一般来说，相数少则功率开关电路简单，成本也低，因此两相甚至单相结构是很有吸引力的。目前最常用的是三相和四相两种结构。

1. 三相 SRM

常规的为三相 6/4 结构，即定子有 6 个齿极，设三相绕组，转子有 4 个齿极。电机截面图如图 6.8 所示。

三相 6/4 结构电机的转子齿距角为 90°，见式(6-3)，按三相三拍工作则步距角为 30°。要减小步距角，提高低速性能，但又不增加相数，则可采用三相 12/10 结构，其截面图如图 6.9 所示。

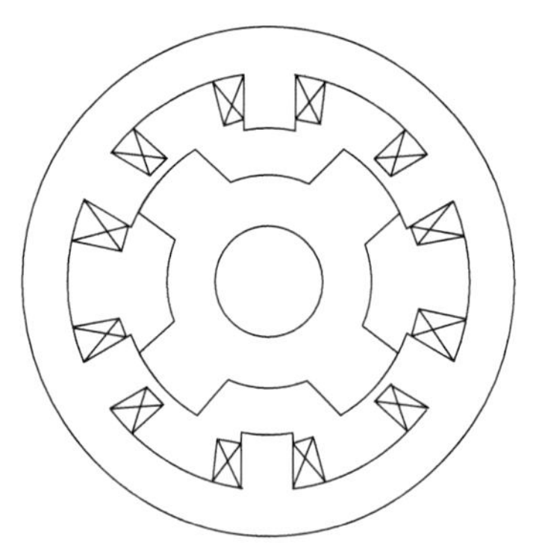

图 6.8　三相 6/4 结构 SRM 截面图

图 6.9　三相 12/10 结构 SRM 截面图

2. 四相 SRM

四相 SRM 多用 8/6 结构，其截面图如图 6.2 所示。

四相 8/6 结构与三相 6/4 结构是最常用的两种结构。它们各有优缺点，扼要地讲，三相的结构与成本略优，四相的启动性能较好，以具有领先地位的英国 TASC SRD Ltd. 的产品为例，他们开始多采用四相 8/6 结构，近几年则以三相 6/4 结构的开发为主。

位置检测器和电机一体装配，这与常规的无刷直流电动机一样。位置检测器的功能是正确提供转子位置信息，该信息经逻辑处理后形成变换器主开关的触发信号。所以位置检测器是 SRD 的关键部件和特征部件。位置检测器有电磁式、光电式、磁敏式等多种类型。应用最多的是光电式位置控制器。

图 6.6 所示的非轴伸端设有光电式位置检测器，它由齿盘和光电传感器组成。齿盘上开 Z_R 个齿槽，适于 8/6 结构的实例如图 6.10 所示，齿盘上有 30°间隔的 6 个齿槽，它与电机转子同轴。光电传感器 P 和 Q 固定在电机机壳上，当齿遮挡了传感器的光路时，则光敏管处于截止状态；当处在槽位置时，光敏管受光处于通态。所以电机旋转时就可由传感器获得(经适当整形)30°的方波信号。对四相电机，设置两只传感器，它们空间相隔 15°，由此得到如图 6.11 所示的基本信号 P, Q 和 $\bar{P}$，$\bar{Q}$。这些信号便成为 SRD 位置闭环控制的最基本信息。

图 6.10　位置检测器示意图

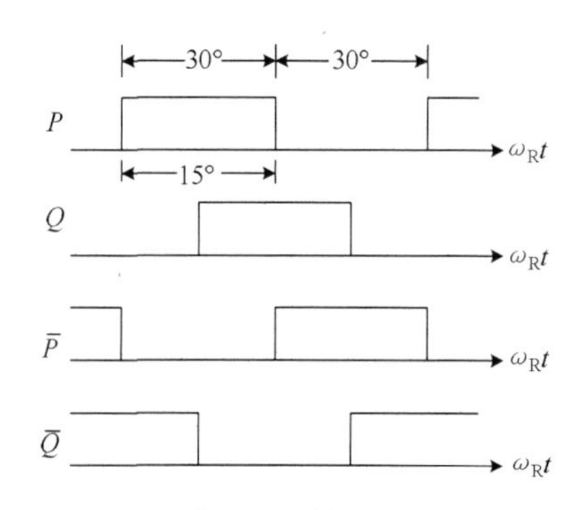

图 6.11　四相 SRD 转子位置基本信号

6.3.2 功率变换电路

SRM 的各相电流要保持一定相序，且有一定通断时间和周期，这就需用功率半导体开关构成的变换电路来实现。适用于 SRD 的功率变换电路有许多不同类型。与大多数其他交流调速系统不同，SRM 的相电流没有自然过零点，因此每一步即每一次关断主开关之后，都要回收部分磁能并促使相电流截止，所以续流电路在 SRD 中至关重要。为此，按续流形式不同，将功率变换器及 SRD 主电路分为三种类型。

1. 双绕组类型

双绕组即每个齿极上有主、副两个线圈。主绕组由主开关导通，接受电源供能；主开关关断后，靠磁耦合将主绕组的电流转移到副绕组来续流，把剩余磁能变换成电能回馈至电源。相应的主电路如图 6.12 所示。如图中所示，电机每相有双绕组，它们必须紧密耦合，通常是双线并绕而成，同名端反接。这种类型的主电路十分简单，元件少，很适于三相及低压直流电源(如蓄电池)供电的 SRD。但是这种方案绕组用铜量增加，电机槽利用率低，同时由于不可能完全耦合，在主开关关断瞬间因漏磁及漏感作用常会造成较高尖峰电势，故必须设置良好的吸收网络。

2. 双开关类型

每相用两个主开关，以便单绕组实现续流。主电路如图 6.13 所示。

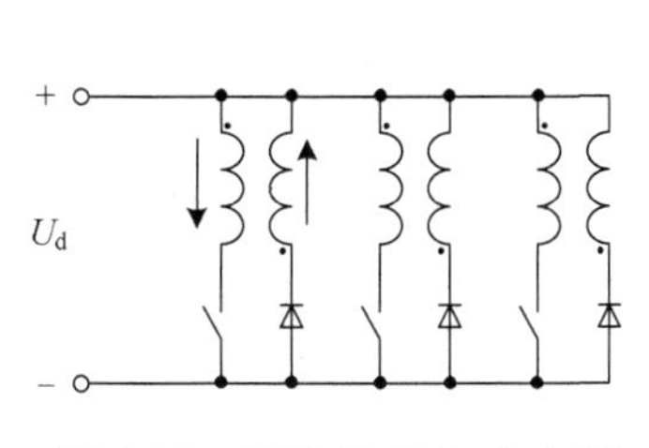

图 6.12　双绕组 SRD 主电路

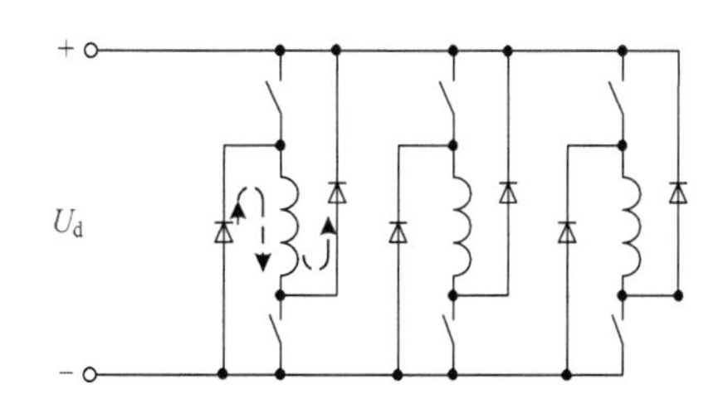

图 6.13　双开关 SRD 主电路

同一相的两主开关用同一个控制信号，当它们同时关断时，相电流经两个二极管形成续流，将磁能转换为电能向电源回馈。这种方案无须双绕组，电机的利用率高些，但所用主开关和续流二极管元件数多。当然，主元件数虽多，但它承受的电压仅为 U_d。相对于图 6.12 的方案，那里元件数虽少，但主开关要承受电源电压与副绕组的互感电压之和，近似为 $2U_d$(设双绕组匝比为 1∶1，且完全耦合)，即主开关元件的总伏安数设计要求基本上是一样的。所以图 6.13 的方案在三相 SRD 中得到广泛应用。

3. 电容储能续流类型

这种类型主电路如图 6.14 所示。当它们续流时，主绕组上的电流首先向电容 C_2 充电，该电容以电场能形式吸收绕组的磁能。之后再触发导通辅助开关 VT，并经电感 L 向电源二次馈电。二次馈电可独立控制，其电路方案也很多，图 6.14 给出了两种：它们都利用了 LC 谐振电路特性实现电容的能量转移。

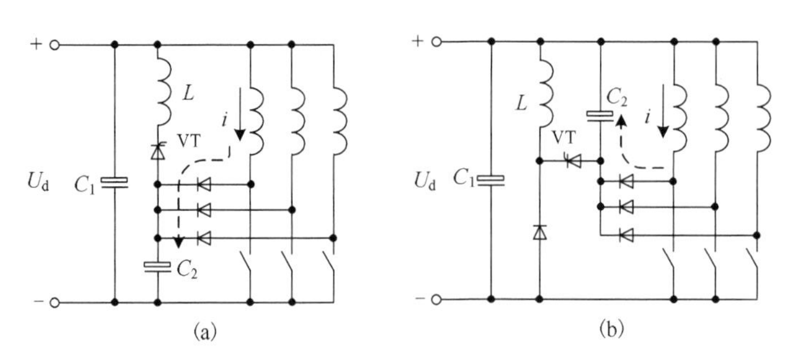

图 6.14　电容储能续流 SRD 主电路

图 6.12～图 6.14 所示电路都表示了三相方案，但也可适用于四相 SRD。图 6.3 表示专门用于四相的电容储能续流 SRD，也称为四相带电源中点的 SRD 主电路。电源中点是靠两组大电容构成的，也可由两组蓄电池组构成。这时每相工作电压为 $U_d/2$(但主开关要承受全电压 U_d)，续流时由电容储能——A, C 相续流向下电容充电；B, D 相续流向上电容充电。在实际工作中，中点电位是波动的，在低速时波动尤为显著，以致必须合理选择控制方案才能正常运行。此方案的突出优点是，每相只用一只主开关，它构思合理，是目前四相 SRD 应用最为广泛的一种主电路。其缺点是高压大电容体积大、成本高。

6.4　开关磁阻调速电动机的运行特性分析

由于 SRM 本身结构特殊，它的磁场分布和电路参数比较复杂，特别是在脉冲电流供电及转子步进运行中，无法像其他电机那样建立简单和规则的数学模型。另外，它由可控开关电路供电，因此至少必须将电机的非线性参数、非常规的开关变换器供电电路以及特殊的控制方案加以综合分析研究。

作为初步了解 SRD 基本理论和掌握其基本规律，通常先作适当简化，采用线性模式分析，求取解析解。然后再讨论非线性模式分析。

6.4.1　线性模式分析

线性模式是假设电机磁路不饱和，因此认为相绕组电感 $L(\theta)$ 与电流无关。

1. 基本电路方程

SRM 各相绕组由开关电路控制工作。设主开关在 θ_1 时刻触发导通，在 θ_2 时刻关断，即在 θ_1 ～ θ_2 为电源对相绕组供电阶段，当 $\theta > \theta_2$ 时则为续流阶段，由绕组向电源馈电(直至电流为零)。不失一般性，研究 m 相电机的一相工作情况，电路如图 6.15 所示(图中未画出主开关及续流管)，相应的电路方程为

$$\pm U_d = -e + iR \tag{6-6}$$

式中，$+U_d$ 适于供电阶段；$-U_d$ 适于续流阶段；R 为相绕组电阻。

计及相绕组电势 $e=-\dfrac{\mathrm{d}\psi}{\mathrm{d}t}$ 及 $\psi=Li$，并设电机匀速旋转，角速度 $\omega_{\mathrm{R}}=\dfrac{\mathrm{d}\theta}{\mathrm{d}t}$，则式(6-6)可写为

$$\pm U_{\mathrm{d}}=L\frac{\mathrm{d}i}{\mathrm{d}t}+i\left(\omega_{\mathrm{R}}\frac{\partial L}{\partial\theta}+R\right) \tag{6-7}$$

关于相绕组电感 $L(\theta)$，若不计漏磁及边缘散磁，则呈现如图 6.16 所示的梯形规律。图中画出了一个周期，该角度周期即转子的齿距角 θ_{R}。

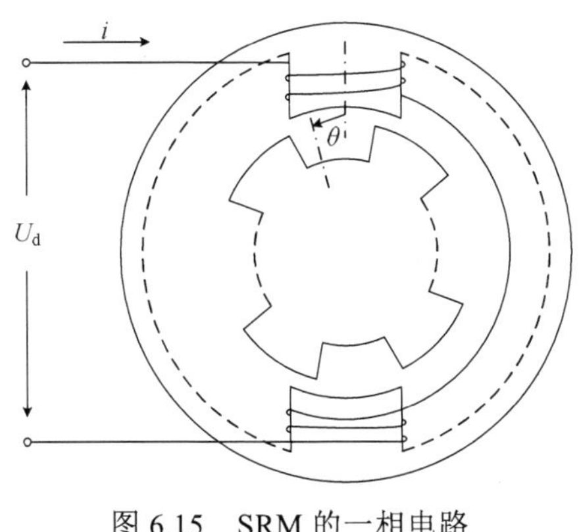

图 6.15　SRM 的一相电路

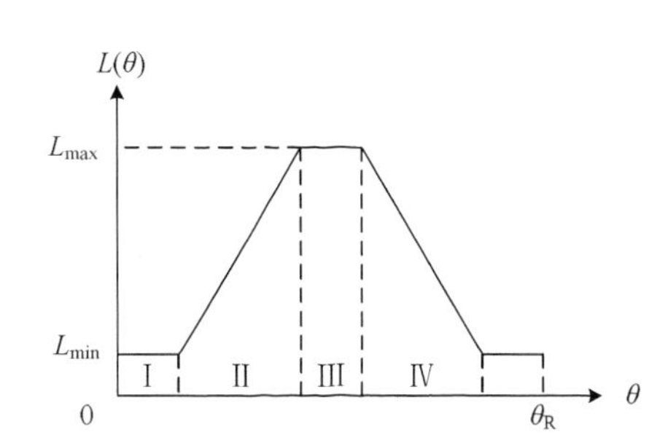

图 6.16　线性模式相绕组电感

2. 相绕组磁链

相绕组电阻影响甚小，因此进一步简化解析时可忽略电阻压降。

$$\pm U_{\mathrm{d}}=\frac{\mathrm{d}\psi}{\mathrm{d}t} \tag{6-8}$$

据此，如果以触发导通初瞬间为时间坐标之原点，则得

$$\begin{cases}\psi=U_{\mathrm{d}}t & (\theta_1\leqslant\theta\leqslant\theta_2) \quad (6\text{-}9)\\ \psi=2\psi_{\max}-U_{\mathrm{d}}t & (\theta_2\leqslant\theta\leqslant2\theta_2-\theta_1) \quad (6\text{-}10)\end{cases}$$

式中

$$\psi_{\max}=U_{\mathrm{d}}\frac{\theta_2-\theta_1}{\omega_{\mathrm{R}}} \tag{6-11}$$

相绕组磁链波形如图 6.17 所示。

3. 相电流解析

由 $\psi(t)$ 和 $L(\theta)$ 的关系，就不难获得相电流规律。可以看出，$i(t)$ 规律与 θ_1、θ_2 密切相关，而主开关元件的通断时刻都可以独立控制，它们可分别出现在一个周期的不同区段。如图 6.16 所示，把一个周期分为Ⅰ、Ⅱ、Ⅲ、Ⅳ四个区段，那么解析 $i(t)$ 将可能有 16 种不同模式。这里仅以最常见的正常电动工作方式为例进行分析：设在区段Ⅰ内触发导通主开关管，在区段Ⅱ内截止主开关管。在这种条件下的相电流波形如图 6.18 所示。

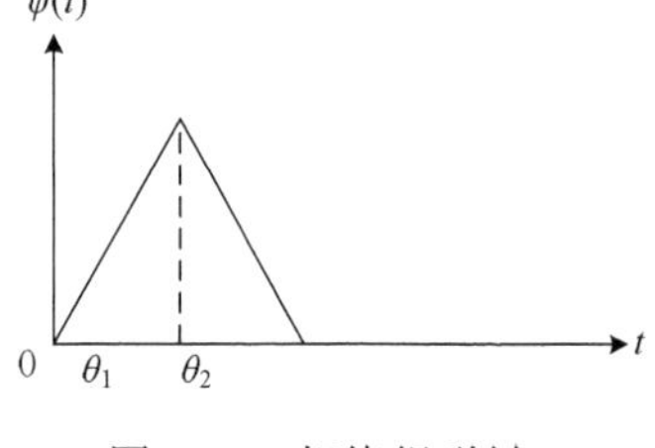

图 6.17 相绕组磁链

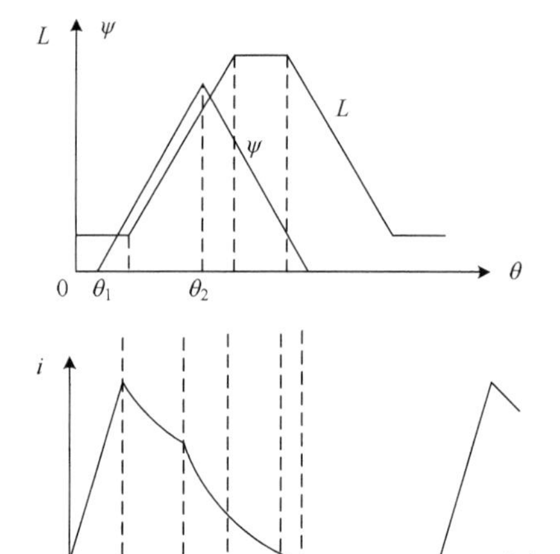

图 6.18 电动工作的相电流解析

它可分成 5 段。

(1) $0<t<t_1$。设导通时刻为 $t_0=0$，对应角度为 θ。此刻电感很小，$L=L_{\min}$ 且 $\dfrac{\partial L}{\partial \theta}=0$，即无旋转电势$\left(\omega_R \dfrac{dL}{d\theta}=0\right)$，因此相电流线性增长，上升速率较快，有

$$i=\frac{U_d}{L_{\min}}t \tag{6-12}$$

直至时刻 t_1 即 θ_1。通过合理选择触发时间 t_0，触发角 θ_0，可使相电流 i 在进入 $\dfrac{\partial L}{\partial \theta}>0$ 时就达到所需值，以便获得所要求的转矩，这是控制开关磁阻调速电动机电磁转矩的主要办法。

(2) $t_1<t<t_2$。自 t_2 瞬间以后，随着 L 的增加，$\dfrac{\partial L}{\partial \theta}>0$，存在着旋转电势，所以电流 i 不能继续直线上升，甚至出现下降，如果忽略相绕组电阻 R，则由式(6-7)可得

$$\begin{aligned}
U_d &= L\frac{di}{dt}+\omega_R\frac{\partial L}{\partial \theta}i=\left[L_{\min}+(\theta-\theta_1)\frac{\partial L}{\partial \theta}\right]\frac{di}{dt}+\omega_R\frac{\partial L}{\partial \theta}i\\
&=\left[L_{\min}-(\theta_1-\theta_0)\frac{\partial L}{\partial \theta}\right]\frac{di}{dt}+(\theta-\theta_0)\frac{\partial L}{\partial \theta}\frac{di}{dt}+\omega_R\frac{\partial L}{\partial \theta}i\\
&=L_A\frac{di}{dt}+\omega_R t\frac{\partial L}{\partial \theta}\frac{di}{dt}+\omega_R\frac{\partial L}{\partial \theta}i\\
&=L_A\frac{di}{dt}+\omega_R\frac{\partial L}{\partial \theta}\frac{d}{dt}(it)
\end{aligned} \tag{6-13}$$

将式(6-13)两边积分，可得

$$U_d t=L_A i+\omega_R\frac{\partial L}{\partial \theta}it$$

由此可得

$$i=\frac{U_{\mathrm{d}}t}{L_{\mathrm{A}}+\omega_{\mathrm{R}}\frac{\partial L}{\partial\theta}t} \tag{6-14}$$

式中

$$L_{\mathrm{A}}=L_{\min}-\frac{\partial L}{\partial\theta}(\theta_1-\theta_0)$$

这个区段的电流是产生电机转矩的主要电流。其大小直接影响电动机的性能。由上式可知，相电流与许多参数有关，其中可控的因子主要是导通角 θ_0，不同的 θ_0 可形成不同大小的电流和波形，如图 6.19 所示。

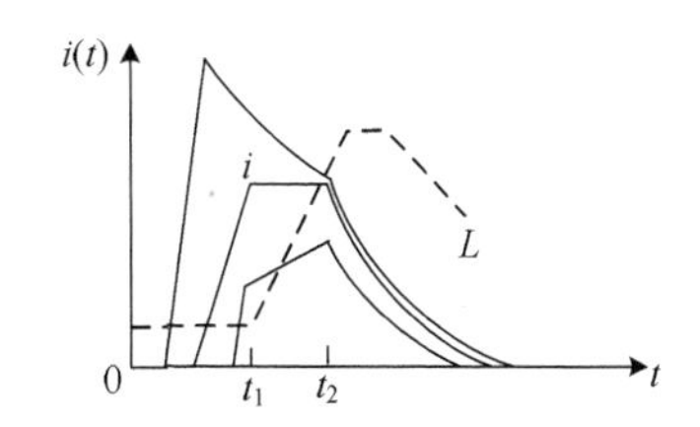

图 6.19　当 θ_2 保持恒定时不同 θ_0 的相电流波形

(3) $t_2<t<t_3$。若在 t_2 瞬间关断主开关，相电流便进入续流阶段。这个续流阶段在反向电压 U_{d} 的作用下，相绕组磁链线性下降，电流也逐渐减小。其中在 $\frac{\partial L}{\partial\theta}>0$ 的区域内，续流仍产生电动转矩，说明这期间电机磁场储能有一部分转化为电能回馈给电容，另一部分转化为机械能从电机轴上输出。这时相电流在电势和反向电压的作用下以较快的速度下降，其电流为

$$i=\frac{2\psi_{\max}-U_{\mathrm{d}}t}{L_{\mathrm{A}}+\frac{\partial L}{\partial\theta}\omega_{\mathrm{R}}t} \tag{6-15}$$

式中，$\psi_{\max}$ 为 t_2 关断时相绕组的最大磁链，即

$$\psi_{\max}=U_{\mathrm{d}}\frac{\theta_2-\theta_0}{\omega_{\mathrm{R}}} \tag{6-16}$$

从理论上讲，从 t_2 瞬间开始进入续流，在 $-U_{\mathrm{d}}$ 的作用下要到 $2t_2$ 瞬间才结束，因而，当主开关的关断角 $\theta_2<\frac{1}{2}(\theta_3+\theta_0)$ 时，则续流就在第三阶段结束，式(6-15)的适用范围为 $t\leqslant\frac{2(\theta_2-\theta_0)}{\omega_{\mathrm{R}}}$；当 $\theta_2>\frac{1}{2}(\theta_3+\theta_0)$ 时，相电流将会延续到进入第Ⅲ甚至进入到第Ⅳ区段，从表面上看，续流延续到第Ⅳ区段是不利的。实际上，只要这区段电流不大，负转矩很小，允许其存在，可得到增加第Ⅱ区段电流的效果。因此从整 体设计控制方案角度考虑，将优选 θ_2 以谋求合理的电流波形。

(4) $t_3<t<t_4$。该区段由于 $\frac{\partial L}{\partial\theta}=0$，所以不存在旋转电势，相电流不产生电磁转矩，只是在 $-U_{\mathrm{d}}$ 的作用下电流 i 继续衰减，线性下降，即

$$i = \frac{2\psi_{\max} - U_{\mathrm{d}}t}{L_{\min}} \tag{6-17}$$

在此区段时间内，电机的磁场储能进一步转换成电能回馈给电容或电源，轴上无机械能输出。

(5) $t>t_4$。这一阶段，$\frac{\partial L}{\partial \theta}<0$，若电流尚未衰减到零，则相电流产生的为制动转矩，电机进入再生制动状态，因相旋转电势与反向电压 $-U_{\mathrm{d}}$ 相抵消，使相电流衰减的速率变慢，有

$$i = \frac{2\psi_{\max} - U_{\mathrm{d}}t}{L_{\mathrm{A}} - \frac{\partial L}{\partial \theta}\omega_{\mathrm{R}}t} \tag{6-18}$$

式中

$$L_{\mathrm{A}} = L_{\max} + \frac{\partial L}{\partial \theta}(\theta_4 - \theta_0) \tag{6-19}$$

当 $t=2t_2$ 时，相电流衰减到零。

这里还应指出：从以上分析可知，开关磁阻电机实现再生制动也很方便，只要加大 θ_0，让相电流在 $\frac{\partial L}{\partial \theta}<0$ 区段内出现，即在Ⅲ区段主开关管导通，使相电流增加，然后适当时刻关断，电动机就进入再生运行状态。

4. 转矩计算

基于线性模式，由电流瞬时值就可直接计算电磁转矩的瞬时值。由此可计算 m 相电机平均转矩为

$$T_{\mathrm{av}} = m\frac{1}{T}\int_0^T \frac{1}{2}i^2(t)\frac{\partial L}{\partial \theta}\mathrm{d}t \tag{6-20}$$

采用计算机编程解算，可得到以标幺值表示的计算结果，如图 6.20 所示。这里转矩基值为

$$T_{\mathrm{b}} = \frac{U_{\mathrm{d}}^2 T^2}{L_{\min}} \quad (\mathrm{N \cdot m}) \tag{6-21}$$

θ 的基值取 $\theta_{\mathrm{R}}=\theta_{\mathrm{b}}$，样机 $L_{\max}/L_{\min}=6$，每个周期中 $L_{\max}$ 段宽占 $10\%\theta_{\mathrm{R}}$，$L_{\min}$ 段宽占 $30\%\theta_{\mathrm{R}}$，其转矩特性如图 6.20 所示。

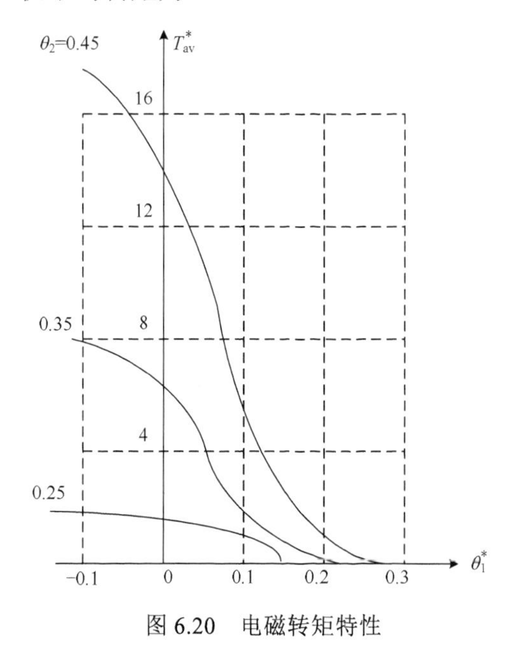

图 6.20　电磁转矩特性

这里也应指出以下几点。

(1) 用相对值表示的转矩与转速是无关的，而转速基值与周期 $T=\theta_{\mathrm{R}}/\omega_{\mathrm{R}}$ 的平方成正比。因此，在一定控制方案的条件下，转矩实际值反比于转速平方，说明 SRD 的自然机械

特性与串励直流电动特性相仿，简言之，有串励特性。

(2) 一定转速时，提前触发导通主开关(θ_1 减小)可增大电流值，因此电磁转矩明显增加。很明显，θ_1 是这种调速系统最重要的控制参数。例如，一定转速时，可调节 θ_1 来改变转矩；一定负载转矩条件下，可调节 θ_1 以获得相应的转速运行。

(3) 在一定 θ_1 的条件下，θ_2 对 T_{av} 也有影响。若 θ_2 大，则主开关导通区间($\theta_2-\theta_1$)长，即电源向电机供电时间长，所以转矩可随之增加。但 θ_2 过大会导致部分电流(主要是续流阶段)产生制动转动，所以平均转矩可能随之减小。正如下面将研究的，综合计及产生的转矩及系统效率，θ_2 常有一个优化值。

5. 基本机械特性

由上面的机理分析可知，SRD 具有串励自然机械特性。但实际上，转速低时电流及输出功率都有限制值，因此 SRD 基本机械特性如图 6.21 所示。

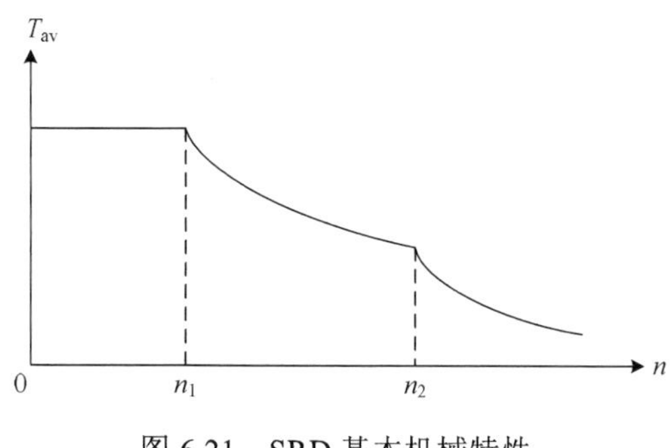

图 6.21 SRD 基本机械特性

图 6.21 中机械特性采用 θ_1 控制和斩波限流控制方式。在低转速范围(如图中 0～n_1 区间)靠斩波限流，以达到基本恒转矩输出；在中速范围(n_1～n_2 区间)，可调节 θ_1 实现恒功率输出；在高速段(n_2 以上)，则 θ_1 和 θ_2 均不变，转矩反比于转速平方成为自然机械特性。

6. 讨论

本节是在一定近似条件下的线性模式分析，这样做解析方便，对理解各参数的影响比较直接和清楚。若要提高计算精度，一种改进办法是将电机磁饱和特性作分段线性化处理；另一种办法则直接用非线性磁场计算并配合非线性电路直接数值计算。后者称为非线性模式分析，将在下面阐述。

还应指出：本节完全没有计及互感。应该说互感是客观存在的，但由于这种电机在控制上多为各相循序导通，即使两相同时通电，相间气隙磁阻大，它们的磁路不是紧密耦合，所以互感不大。同理，在以下讨论中，仍作不计及互感的简化。

6.4.2 非线性模式分析

如上所述，SRD 具有非线性磁路(电机)、非线性电路(变换器)及非线性控制，因此增加了分析研究的复杂性。所以，采用非线性模式以计算机辅助分析来研究 SRD 是十分必要的。

1. 电机的非线性磁场计算

双凸极磁阻电机的磁场计算将计及铁心的非线性磁特性，并可计及实际存在的边缘散磁及漏磁场，由此获得电机的磁化曲线簇：相绕组磁链 $\psi(\theta, i)$，它是转子位置及相电流的非线性函数。理论和实践表明，非线性磁化曲线簇是 SRD 系统分析的基础。

考虑到电机轴向长度远大于气隙长度，定、转子铁心又都是高导磁电工钢叠片结构，因此可忽略轴向的端部效应，也不计涡流，从而可视为二维静磁场问题。用有限元法对 SRD 二维静磁场进行数值计算，可以完成不同源电流及不同转子位置的解，最终得到电机的磁场分布，并求得电机的磁化曲线簇。

2. 主电路非线性网络解算

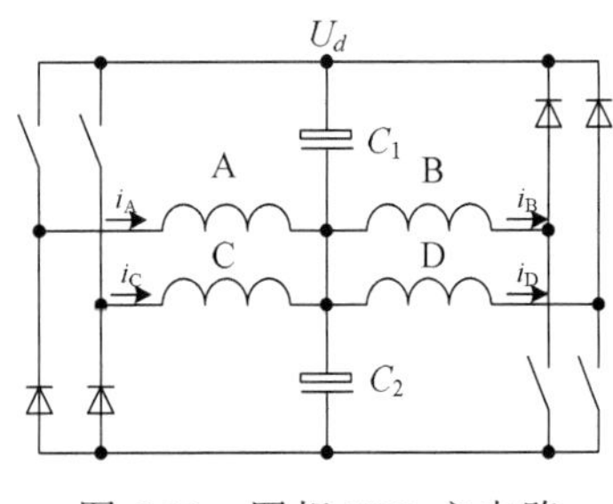

图 6.22　四相 SRD 主电路

以四相 SRD 为例，其主电路重画示于图 6.22 中。在图中主开关是受控的，设 θ_1 为触发导通角，θ_2 为关断角。主开关导通之后，经相绕组形成电流；主开关截止后，相电流将循二极管续流。因此，这是一个以 U_d, θ_1, θ_2 以及转速（以匀角速度 ω_R 计）为参数，以电流和中点电位 U_0 为状态变量的非线性网络。

据此，可列写相应的数学模型。

A, C 相电压平衡式

$$U_d - u_0 - \Delta U_k = \frac{d\psi}{dt} + iR(\text{主开关通}) \tag{6-22}$$

$$-u_0 - \Delta U_D = \frac{d\psi}{dt} + iR(\text{续流管通}) \tag{6-23}$$

B, D 相电压平衡式

$$u - \Delta U_k = \frac{d\psi}{dt} + iR(\text{主开关通}) \tag{6-24}$$

$$u_0 - U_d - \Delta U_D = \frac{d\psi}{dt} + iR(\text{续流管通}) \tag{6-25}$$

式中，ΔU_k 和 ΔU_D 分别为主开关和续流二极管导通时的管压降；R 为相绕组电阻。相磁链 $\psi(\theta,\ i)$ 可由电机磁化曲线簇确定，且

$$\frac{d\psi}{dt} = \frac{\partial\psi}{\partial i}\frac{di}{dt} + \frac{\partial\psi}{\partial\theta}\omega_R \tag{6-26}$$

中点电位满足如下关系：

$$\frac{du_0}{dt} = \frac{i}{2C} \tag{6-27}$$

式中，C 为电容 C_1、C_2 的容值。

根据以上各式，并考虑半导体器件不能反向导通，主开关最大电流上升率给予一定限值，即可进行具体解算。相应的计算机计算程序框图如图 6.23 所示。

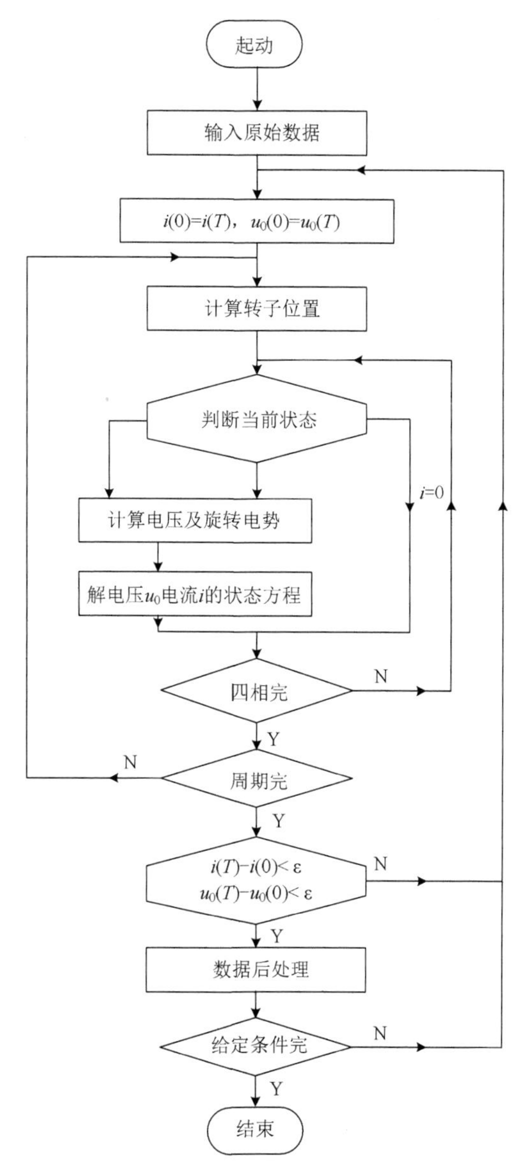

图 6.23　主电路非线性网络解算框图

这样，还可对 SRD 各种工作状态的相电流、瞬时转矩以及控制特性等进行仿真。

3. 讨论

非线性模式计算机辅助分析是研究 SRD 有效的手段。虽然它不如线性模式解析计算简便，也不能直接清楚地表述各参数之间的关系，但用它进行专题研究，能获得合理的参数优化或解释各种特性。

1) θ_2 的优选

主开关关断角 θ_2 作为一个可控量，它可以控制相电流波形，调节电机转矩、功率和效率。θ_2 的优选可有多种不同的优化准则。以最大电磁功率，即从有效地利用电机的观

点来优选 θ_2 是：θ_2 过小，主开关过早截止，相电流小，电机出力小；θ_2 过大，则续流期间会产生明显负转矩，引起制动效应。对四相 SRD 利用计算机辅助分析可知，高速时 θ_2 在 22°～24° 可获得最大电磁功率，而且可在很大的功率和转速范围内适用。如果在低速时采用斩波控制，也不必提前关断主开关，可将 θ_2 直接取成 θ_m 值。这样，在全速度范围内，仅用两个 θ_2 值，即可简化控制方案。

2) 能量转换及电磁转矩的物理解释

如图 6.24 所示，假设相电流在 θ_1 瞬间形成，至 θ_2 瞬间切断，供电阶段电流为 i_p 且恒定不变，那么电源供电所建立的磁能为

$$W_1 = \int_{OABD} i \mathrm{d}\psi$$

而续流阶段循 θ_2 磁化曲线改变磁状态，即转换为电能回馈至电源的磁能为

$$W_3 = \int_{OBD} i \mathrm{d}\psi$$

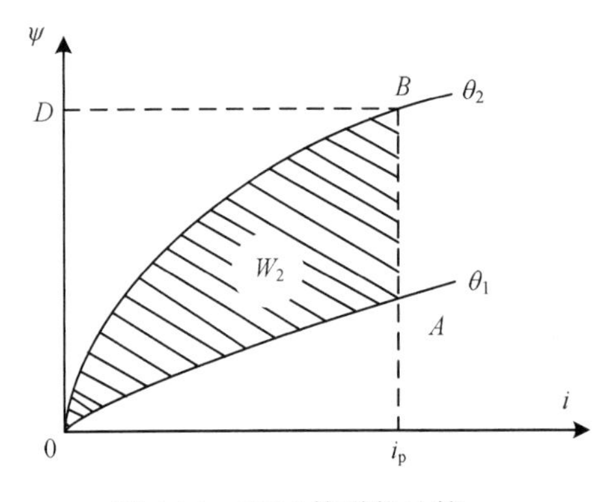

图 6.24　SRM 的磁能计算

因此，每一周期内每相有磁能量 W_2（图 6.24 中阴影线面积表示）转化为机械能

$$W_2 = W_1 - W_3 = S_{OAB}$$

因为周期 $T = \dfrac{\theta_R}{\omega_R}$，故 m 相电机的电磁功率

$$P_e = m\frac{W_2}{T} \tag{6-28}$$

以及电机的平均电磁转矩

$$T_{av} = m\frac{W_2}{\theta_R} \tag{6-29}$$

当然，在计算机辅助分析中，可以利用仿真技术逐点计算出电流波形，即可确定电流建立与续流的过程及相应的 W_2 面积，有可能不再是由图 6.24 所示那样简单的曲边三角形了。

同理，利用磁能 W（或磁共能 W'）也可直接计算电磁转矩瞬时值

$$T_e = -\frac{\partial W}{\partial \theta} = \frac{\partial W'}{\partial \theta} \tag{6-30}$$

总之，SRM 的电磁转矩和电磁功率是电源参数（电源电压）、电机参数（相数、磁化曲线等）、控制参数（θ_1，θ_2）及电机工作状态（ω_R）的函数。从以上分析研究看出，可以有许多措施提高电机转换的能量。仍对照图 6.24 可见，要增大 W_2 的面积，可加大 i_p（如减小 θ_1、提高电压 U_d），也可加大 ψ_{max}（如加大 θ_2，增加供电时间），可适当提高饱和程度（如减小气隙）以及增大 L_{max} 和减小 L_{min}（如合理设计定、转子齿槽尺寸）。这就是说，SRD 应合理设计和优化控制，以获得一定条件下（如高效率）的最大输出。

6.5　开关磁阻调速电动机的控制

本节将介绍 SRD 的控制原理，以便全面认识 SRD 调速系统。

6.5.1　正反转控制

相对正转而言，反转运行需要两个条件：一是应有负转矩，二是应有反相序的循序控制信号。

正如前面所述，在 $\frac{\partial L}{\partial \theta}>0$ 区段通电产生正转矩，那么在 $\frac{\partial L}{\partial \theta}<0$ 的区段通电就会产生负转矩。一旦电机按负转矩反向旋转，则位置检测器获得的信号就自动反相序了，由此经逻辑变换而得到的控制逻辑也就自然形成反相序(相对正转逻辑)。所以如果 θ_1，θ_2 为正转控制角(假设均在 0～θ_{m} 范围内)，那么只要将控制导通区推迟半周期(即对正转模式而言)触发，控制角分别改为 $\theta_1+\frac{\theta_{\mathrm{R}}}{2}$ 和 $\theta_2+\frac{\theta_{\mathrm{R}}}{2}$，就可以产生负转矩，并实现反转。反转之后的实际控制角 θ_1'，θ_2' 则仍然是正常电动控制范围(即反转后的 0～θ_{m} 范围内)。其关系简示于图 6.25。

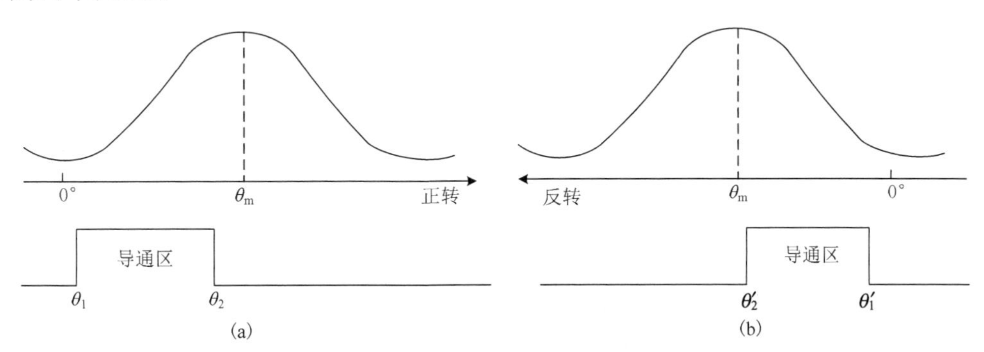

图 6.25　正反转控制原理

6.5.2　低速斩波控制

低速工作时多采用斩波控制，以限制电流峰值。

低速时，周期长，磁链及电流峰值大(见式(6-11)及图 6.18)。靠加大 θ_1 固然可以限流，但会降低有效利用率，故适宜采用斩波限流。低速斩波时不必再控制导通角，可直接选择每相导通 1/2 周期，即 $\theta_1=0°$ ，$\theta_2=\theta_{\mathrm{m}}$，使整个有效工作段都得以充分利用。斩波工作原理及所得相电流波形如图 6.26 所示。

图 6.26 为一种斩波控制峰值电流的方案，电流一旦超限就关断主开关较短时间，故电流下限值将随相绕组电感大小不同而不同。如果选择相电流上下限都进行限幅控制，那么斩波时的电流峰值与谷值均较接近。

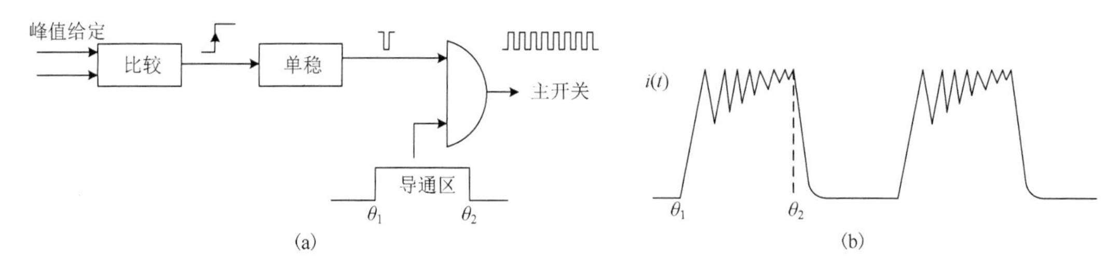

图 6.26　斩波控制及电流波形

基于低速斩波控制时，主开关导通 1/2 周期，所以正反转逻辑控制比较容易实施。以四相 8/6 结构 SRD 为例，参见图 6.10 和图 6.11，只要调整好位置检测器，包括齿盘相对转子的合理装配方位及传感器周向位置的精确调整，可使 P 信号的高电平正好与 A 相产生正转的 30° 控制逻辑相对应，那么 P, Q 及 $\bar{P}$，$\bar{Q}$ 四个信号即可作为正转电动的 A, B, C, D 四相控制逻辑。若以 $\bar{P}$ 触发导通 A 相，则将使 A 相产生负转矩，如果仍是正转状态，则为正转制动，若由此导致反向转动，则正好就是反转电动模式：0～θ_m 的 1/2 周期导通。低速控制逻辑如表 6.2 所示。

表 6.2　低速控制逻辑

	A 相	B 相	C 相	D 相
正转电动或反转制动	P	Q	$\bar{P}$	$\bar{Q}$
反转电动或正转制动	$\bar{P}$	$\bar{Q}$	P	Q

由于每相导通 1/2 周期，所以每瞬间均有两相同时导通。因此电机启动无死区，中点电位也不会有很大的波动，可以可靠地正反转启动和低速运行。如果低速时单相供电，那么中点电位 U_0 可能浮动到极值 U_d 或 0，这就不能维持正常运行。

6.5.3　高速单脉冲控制

高速时相电流周期已经很短，电流的建立和续流段已占有相当比例，又因为反电势存在使电流峰值不致很大，所以通常不必采用斩波限流，也不宜采用 1/2 周期导通。通常采用 θ_1 和 θ_2 控制，每相电流形成单脉冲状态，简称单脉冲控制。图 6.27 给出单脉冲控制相电流波形示意图，还可采用经过精细调整的低时间常数的锁相倍频器对 P(或 Q)信号实现高倍分频，从而获得分辨率较高的角度细分控制。

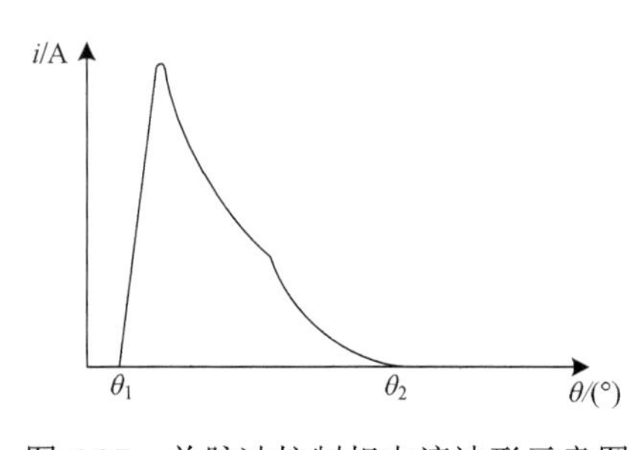

图 6.27　单脉冲控制相电流波形示意图

值得注意的是，与 θ_2 控制相比，控制 θ_1 对电流的影响更大，所以常以优选值固定 θ_2，而以 θ_1 作为主要控制量，在速度闭环中实现自动调节。这里还应指出，SRD 的控制系统和其他现代调速系统一样，为改善调节特性，减小转速振荡及静差，只采用比例调节是不够的，一般采用比例积分(PI)调节，或者在转速粗调之后采用 PI 调节。

6.5.4 调压调速控制

SRD 可视为带位置闭环控制的反应式步进电机，也可看作是反应式自整步同步电动机(即直流无换向器式电动机)。按后者论，调压调速的机理是显而易见的：直流源电压高则电机转速也高。

可调直流电压源方案很多，下面以一种小功率调压调速四相 SRD 为例进行介绍，该方案主电路如图 6.28 所示。

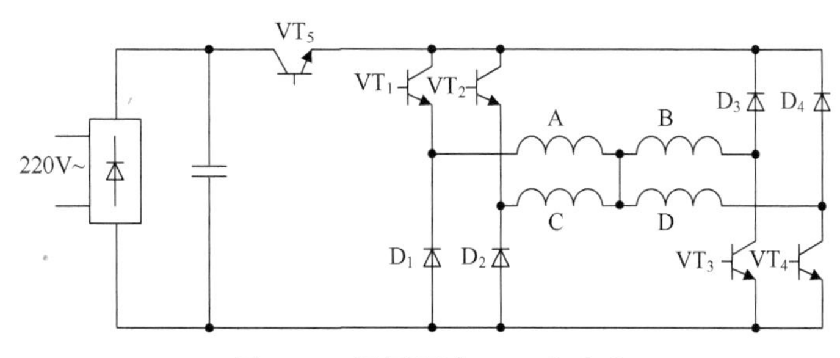

图 6.28　调压调速 SRD 主电路

图 6.28 方案的电源为单相桥式整流，后经 PWM 斩波(斩波管 VT_5)控制直流源电压，实现调速，调速比为 1∶20。变换器四相主开关采用优化的固定通断角触发，导通 1/2 周期，它在较宽的转速范围内都具有高效特性，而且正反转控制简便。该调节器选用了 PWM 专用控制芯片，可实现软启动、PI 调节和保护等多种功能。以此开发的调速系统，启动和调速性能好，过载能力大，系统效率高，且结构简单、成本低。它有很高的性能价格比，得到广泛应用。

6.5.5 微机控制

SRD 的控制电路有硬件电路和单片机两种实施办法，当然还有两者有机结合的方案。

早期开发的开关磁阻电动机调速系统多采用硬件电路方案，如英国 Oulton 第一代产品，其优点是动态调节直接采用模拟量，动态响应快，缺点是电路较复杂，特别是实现较复杂的控制规律更困难，改变系统性能及设置参数的灵活性差，并且稳定性差。可编程逻辑器件的出现为硬件电路方案提供了生机，但其在电路功能和灵活性方面远比不了单片机方案。因此，目前硬件电路方案仅用于一些功能单一的专用开关磁阻电动机调速系统和一些小功率简易型产品中，如国产 SR71、E、DSR21 系列。开发开关磁阻电动机调速系统专用芯片在简化硬件电路和降低成本方面十分有益。

单片机方案的优缺点和硬件电路方案相反，通过使用各式单片机能实现非常多的控制功能，具有很大的使用灵活性，并能具有一些智能功能，但转速调节系统中多采用 MCS51 系列单片机，如 KC 系列，该单片机能实现前述控制电路的几乎所有功能，但计算速度较慢，典型的模拟量采样计算时间为 50ms。这一时间用于通用电动机(转速范围 50～3000r/min，动态响应时间不快于 200ms)的速度环尚属可行，但若转速范围要求较宽，动态响应要求更快及用于电流环则远满足不了要求。

目前，开关磁阻电动机调速系统中多采用 16 位单片机，如 6XC196 系列。16 位单片机的典型采样时间为 5ms，这一时间用于采样计算仍较困难。一些要求更高的开关磁阻电动机调速系统采用了工作速度更快的处理器(如 DSP)，它的采样计算时间可方便地达到 1ms 之内。但由于 DSP 不是针对实时控制而设计的，实际使用时，接口电路较复杂。当要求开关磁阻电动机调速系统的功能较复杂，如远程通信、液晶显示功能、较多参数设置功能时，使用一片单片机往往有所不便，此时，采用一片高速单片机和若干低速单片机构成的多单片机控制电路较为合理。

6.5.6 再生运行控制

SRD 的再生运行包括两重意义，一是产生制动转矩实现降速、调整，二是可作为发电运行，将电能反馈给电网。

根据 SRD 基本原理可知，电机正转运行时只要控制相电流出现在 $\frac{\partial L}{\partial \theta}<0$ 范围，就可产生制动转矩，如图 6.29 所示。这时只有外加机械力克服制动转矩，才能维持正转运行。在这种状态下，若在电源供电(主开关导通)阶段，则电能(电源提供)和机械能(外部机械能源提供)均转换成磁储能；若为续流阶段(主开关阻断、续流二极管导通)，则磁能主要转换为电能并以续流电流形式向电源回馈，其中的磁能在续流过程中还部分吸收外力所做的功而得到补充。

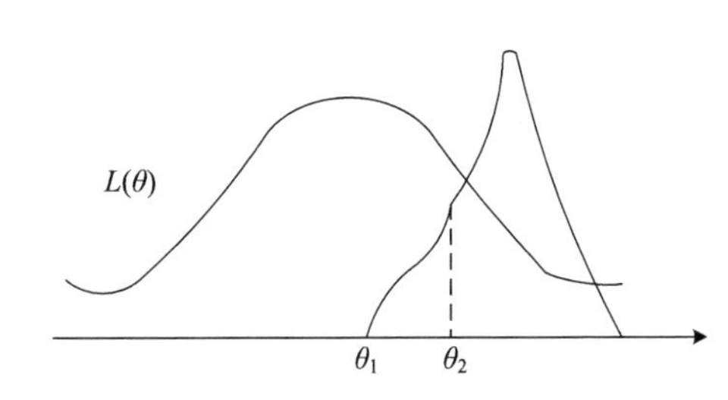

图 6.29 再生运行相电流波形

如果有固定的机械能源(如风力发电)，则可做到续流时向电源回馈的能量大于供电时电源提供的能量，这就是发电运行。如果作为制动运行，那么吸收外界机械能(如动能)而降速，直至停机。这里要注意，若电源为蓄电池，则希望吸收回馈的电能，否则应接以能耗电阻。再生工作也可根据转速、制动强度要求进行控制，而且因为每一步都可以改变状态，所以可控性好、反应快，这是高性能调速系统的基本要求。

最后应指出，交流变频调速的发展历史还不算长，SRD 系统的发展历史更短。它们所涉及的面很广，包括电机、电力电子、微机、控制理论、机械和工程应用许多领域。一台优良的调速系统需要综合电机、变换器及控制模式进行全面分析和一体化设计，并协调优化电机、电路结构和控制参数。这类产品的 CAD 技术、系统仿真计算都不断有新的进展，而且还在继续深入。发展高效、节能、低耗、可靠、高性能、低成本、无噪声、智能化产品是现代交流调速系统发展的总趋势。

思 考 题

6-1 什么叫做开关磁阻电动机？它主要由哪些部分组成？

6-2 开关磁阻电动机有哪些调速控制参数？怎样实现调速？

6-3 试述开关磁阻电动机的正反转控制原理。

6-4　简述线性模式和非线性模式的计算原理和差异。

6-5　试比较开关磁阻电动机和无刷直流电动机的异同。

习　题

6-1　综合比较三相 6/4 结构和四相 8/6 结构开关磁阻电动机的差异。

6-2　某 5.5kW 四相 8/6 结构开关磁阻调速电动机，电源为工频三相 380V/220V，额定工作点为 1500r/min，5.5kW，效率 η=0.85。该系统可以在 2000r/min 范围内无级调速，当转速>1500r/min 时具有恒功率特性，当转速<1500r/min 时为恒转矩特性。试计算：

(1) 额定工作点的输入电流；

(2) 额定工作点电机相电流周期及变换器输出基本频率；

(3) 定量画出该调速系统的机械特性曲线。

第 7 章　变频调速系统的实际问题

前面的章节讨论了现代交流调速系统的基本原理与控制方法，无论感应电动机、同步电动机还是开关磁阻电动机，在采用 PWM 变频器供电时，均会遇到类似的实际问题：电网输入侧谐波问题、死区引起的变频器输出电压畸变问题、电机电流检测问题、du/dt 及长距离电缆传输引起的绝缘问题、共模电压应力问题和轴电流问题等。本章将对这些问题扼要阐述。

7.1　电网侧输入谐波

交流调速系统广泛采用交-直-交型 PWM 变频器供电，其输入端采用整流器。整流器通常会从电网汲取畸变的电流，从而使电压波形产生缺口。畸变的电流和电压波形可能造成很多问题，如计算机控制的工业生产被干扰中断、变压器过热、设备故障、计算机数据丢失以及通信设备故障等。受此影响，工业生产装配线可能经常停工，废品也较多，造成很大的经济损失。针对谐波防治问题，国际电工委员会等国际标准机构及许多国家已提出了相应的标准与规范来进行管理和控制。目前，国际上对电网谐波污染控制的标准中，应用较为普遍的是 IEEE519—1992，我国也有相应的谐波控制标准，应用较为普遍的是国标 GB/T 14549—1993《电能质量　公用电网谐波》。

对于普通的电气设备，一般希望有高的输入功率因数。大多数电网公司要求用户设备的功率因数在 0.9 以上。由于中压、高压传动系统的功率往往比较大，其输入侧具有高功率因数就更为重要了。

变频器主要有电流源型和电压源型。电流源型变频器由整流器、直流滤波环节和逆变器构成，其中直流滤波环节采用大电感滤波，直流电流方向不变且比较平直，呈电流源性质。整流电路一般采用普通晶闸管或 GTO 晶闸管作为整流器件，其主电路如图 7.1 所示。

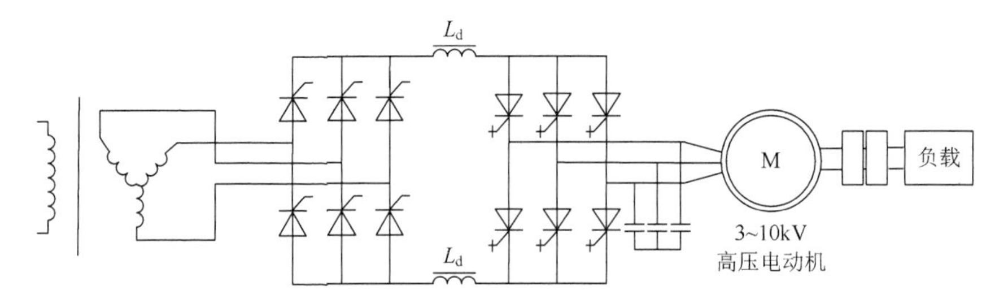

图 7.1　采用 6 脉波整流的电流源型变频器

电流源型变频器的电源侧常用 6 脉波三相桥式晶闸管整流电路，该电路的典型输入波形如图 7.2 所示，输入电流中含有很高的谐波分量，输入电流的 5 次谐波可达 20%，7 次谐波可达 12%。由于晶闸管的快速换相，还会产生一定的高次谐波，可达 35 次以上，整流电路总的谐波电流畸变率约为 30%。为此电流源型变频器一般采用输入谐波滤波器、输入多重化、PWM 可控整流等方式来限制网侧谐波电流。

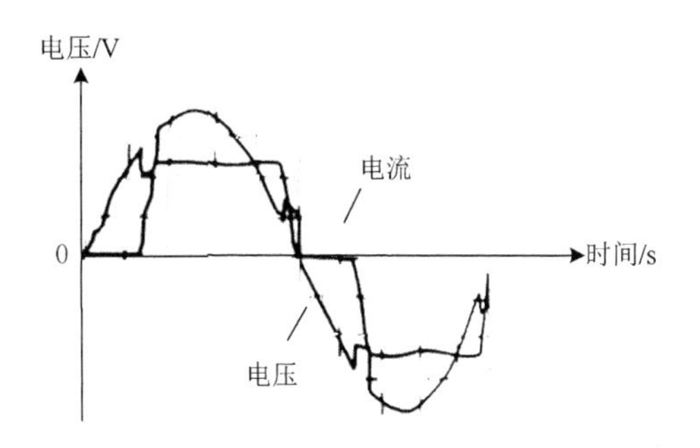

图 7.2　6 脉波晶闸管整流电路的典型输入波形

图 7.3 所示的电流源型变频器采用 12 脉波晶闸管整流电路实现多重化。整流器由两组晶闸管整流桥串联而成，分别由输入变压器的两组二次绕组(星形和三角形连接互差 30°电角度)供电。这种方式，一方面通过整流输出电压相叠加来实现高压的变换，避免了器件直接串联所带来的均压问题；另一方面是把整流电路的脉波数从 6 提高到 12，大大改善了输入电流的波形，降低了输入谐波电流，总谐波电流畸变率为 10%左右。输入波形如图 7.4 所示。即便如此，12 脉波整流电路的谐波含量仍达不到 IEEE519—1992 标准规定的、在电网短路电流小于 20 倍负载电流时总谐波电流畸变率小于 5%的要求。因此，一般也要安装谐波滤波装置，或采用 18 脉波甚至更多脉波的多重化整流方式。

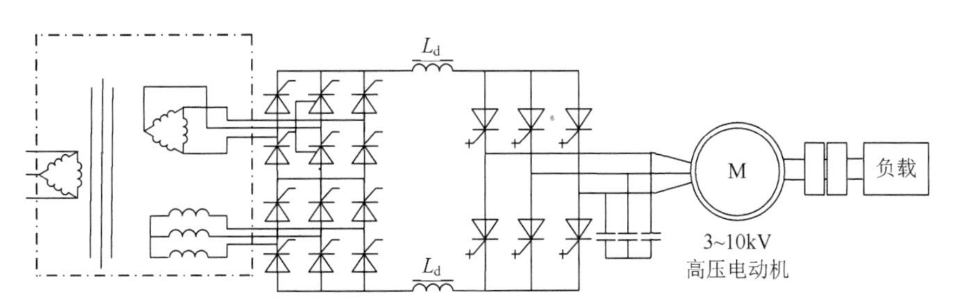

图 7.3　采用 12 脉波整流的电流源型变频器

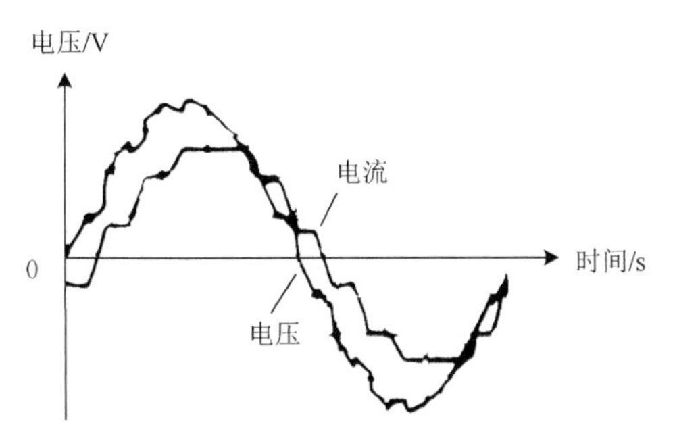

图 7.4　12 脉波晶闸管整流电路的典型输入波形

采用全控型电力电子器件构成的 PWM 整流电路,其结构与逆变电路基本对称，图 7.5 所示为可控整流电路方式的电流源型变频器。这样可以使得输出直流电压可调，输入电流谐波失真低，电流波形接近正弦波，输入功率因数可调，约等于 1，且能量可双向流动。但相对于二极管整流电路而言，这种结构比较复杂，成本较高，所以一般适用于轧机、卷扬机等要求四象限运行和较高动态性能等二极管整流结构无法实现的场合，取代传统的交-交变频器。s

通常电压源型变频器都采用由二极管或晶闸管构成的整流电路,这类整流电路的输入电流中均含有较大的输入谐波和无功分量。对于采用晶闸管逆变器的电压源型变频器，其整流电路通常为晶闸管相控整流器，其直流侧采用由 *LC* 构成的滤波器。输入电流的畸变率高于 30%，主要谐波为 5 次和 7 次，其中 5 次谐波可达 20%以上。输入位移因数在电动机高速运行时接近于 1，但随着电动机转速的降低，输入位移因数逐渐下降，原因在于输入位移因数的大小取决于整流器的 α 角，而 α 角又取决于所需要输出电压的大小。

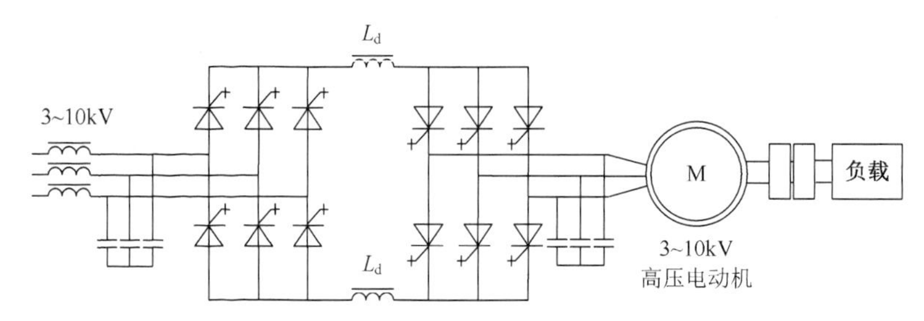

图 7.5　输入采用可控整流电路方式的电流源型变频器

采用全控型器件和 PWM 控制的逆变器构成的变频器，其输入电路常采用二极管构成的不可控整流电路，其输入位移因数在整个调速范围内均接近于 1。输入电流的畸变率取决于滤波电路的结构，通过在交流侧加设交流进线电抗器或在直流侧加设直流电抗器，可以使得满载时输入电流的畸变率为 30%左右，功率因数达 0.9 以上，但在轻载时畸变率仍很高，功率因数也随之下降。与电流源型逆变器一样，电压源型逆变器也可以采用可控开关器件构成 PWM 可控整流电路来实现降低输入谐波的目的。图 7.6 所示为采用三电平结构的可控整流电路。

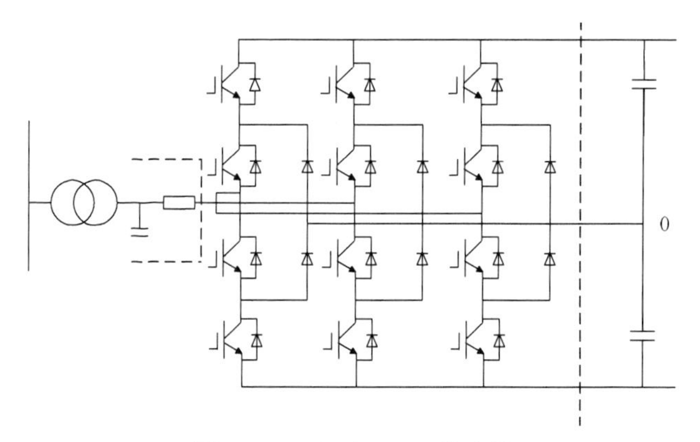

图 7.6　三电平 PWM 整流器

采用加设谐波滤波器或可控整流的方法可以降低输入电流谐波，但采用多重化整流电路(如 12 脉波以上)是大功率变频器更为有效的方法。在功率单元串联式多电平 PWM 电压源型变频器的输入端通常有多重化设计的隔离变压器，如隔离变压器有 15 个二次绕组，若采用延边三角形连接，分为 5 个不同的相位组，互差 15° 电角度，可形成 30 脉波的整流电路结构，理论上 29 次以下的谐波都可以消除，输入电流波形接近正弦波。采用多重化整流后，系统的输入电流畸变率大幅度减小，可低于 5%；电流的基波因数增加，功率因数在整个调速范围内达到 95%以上。

7.2 死区引起的变频器输出电压畸变及其补偿方法

7.2.1 桥臂器件开关死区对 PWM 变频器工作的影响

在前面讨论 PWM 控制的变频器的工作原理时，假设逆变器中的电力电子开关器件都是理想开关器件，也就是说，它们的导通与关断都随其驱动信号同步地、无时滞地完成，不占时间。实际上，所有电力电子开关器件都不是理想的开关器件，它们都存在导通延时与关断延时。因此，为了保证逆变电路的安全工作，必须在同一相上、下两个桥臂开关器件的通断信号之间设置一段死区时间 t_d，即在上(下)桥臂器件得到关断信号后，要留出 t_d 时间以后才允许给下(上)桥臂器件发出导通信号，以防止其中某个器件尚未完全关断时，另一个器件已经导通，而导致上、下两桥臂器件同时导通，产生逆变器直流侧被短路的故障。死区时间的长短因开关器件而异，一般对于 IGBT 可选用 2～5μs。死区时间的存在显然会使得变频器不能完全精确地复现 PWM 控制信号的理想波形，当然也就不能精确地实现控制目标，或产生更多的谐波，或使电流、磁链跟踪性能变差，总之，会影响电气传动控制系统的期望运行性能。

以图 7.7 所示的典型电压源型变频器为例，为分析方便起见，假设：①变频器采用 SPWM 控制，输出 SPWM 电压波形；②负载电动机的电流为正弦波形，并具有功率因数角 φ；③不考虑开关器件的反向存储时间。此时，变频器 A 相输出的理想 SPWM 相电压波形 $u_{AO'}^{*}$ 如图 7.8(a)所示，它也表示该相的理想 SPWM 控制信号。考虑到器件开关死区时间 t_d 的影响后，A 相桥臂开关器件 VT_1 与 VT_4 的实际驱动信号分别如图 7.8(b)、(c)所示。图 7.8(d)为计及 t_d 影响后变频器实际输出的相电压波形 $u_{AO'}$。可以看出，它与理想 SPWM 波形 $u_{AO'}^{*}$ 相比，产生了死区畸变，在死区中，上、下桥臂两个开关器件都没有驱动信号，桥臂的工作状态取决于该相电流 i_A 的方向和续流二极管 VD_1 或 VD_4 的作用。

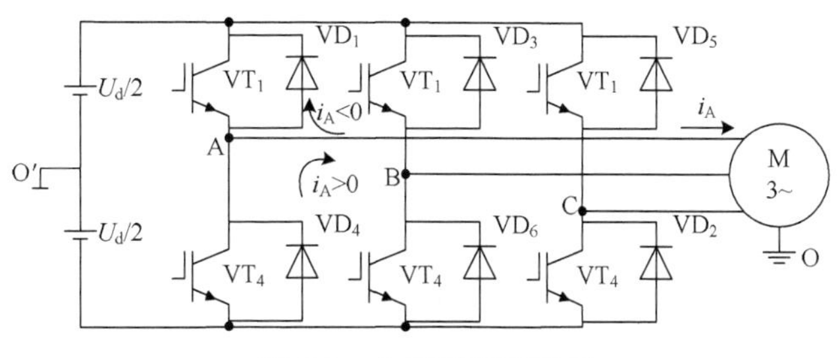

图 7.7 电压源型变频器

下面具体分析一下死区畸变产生的过程。在图 7.7 中，当开关器件 VT_1 导通时，A 点电位为$+U_d/2$。VT_1 被关断后，由于 t_d 的存在，VT_4 并不会立即导通。这时，由于电磁惯性，电动机绕组中的电流不会立即反向，而是通过 VD_1(或 VD_4)续流。图 7.8(f)中给出了 A 相电流 i_A 的波形，它落后于相电压 u_{AO} 基波的相位角为 φ，并按调制角频率 ω_1 作正弦波变化，其正(负)半周的持续时间远大于 SPWM 波的单个脉冲宽度。这样，当 $i_A>0$

时（见图 7.7 中所表示的 i_A 方向），VT_1 关断后即通过 VD_4 续流，此时 A 点被钳位于$-U_d/2$；若 $i_A<0$，则通过 VD_1 续流，A 点被钳位于$+U_d/2$。在 VT_4 关断与 VT_1 导通间死区 t_d 内的续流情况也是如此。总之，当 $i_A>0$ 时，变频器实际输出电压波形的负脉冲增宽，而正脉冲变窄；当 $i_A<0$ 时，反之。这样，由于死区的影响，变频器实际输出的电压产生了畸变，不同于理想的 SPWM 波形。波形 u_{AO} 与 $u^*_{AO'}$ 之差为一系列的脉冲电压，称为偏差脉冲电压 u_{er}（见图 7.8(e)），其宽度为 t_d，幅值为$|U_d|$，极性与 i_A 方向相反，而与 SPWM 脉冲本身的正负无关。一个周期内，u_{er} 的脉冲数取决于 SPWM 波的开关频率。

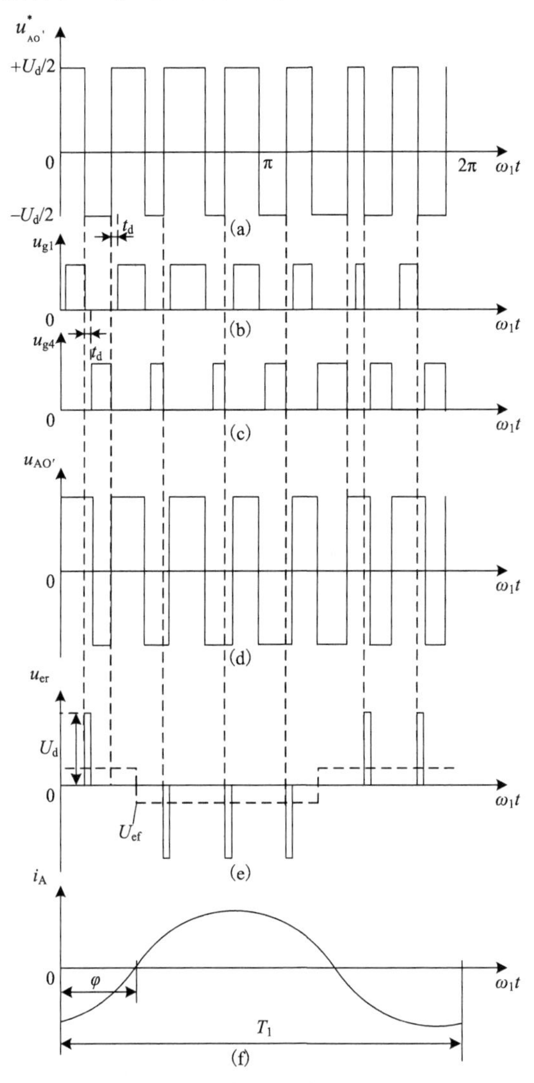

图 7.8 死区对变频器输出波形的影响

为了计算死区对输出电压的影响，可将图 7.8(e)所示的偏差电压脉冲序列 u_{er} 等效为一个矩形波的偏差电压 U_{ef}，即取其平均电压，如图中虚线所示。由此可得

$$U_{ef}\frac{T_1}{2}=t_dU_d\frac{N}{2}$$

因而

$$U_{ef}=\frac{t_d U_d N}{2T_1} \tag{7-1}$$

式中，T_1为变频器输出电压基波的周期；N为 SPWM 波的载波比，$N=f_t/f_r$；f_t为三角载波频率；f_r为参考调制波频率；t_d为死区时间。

根据傅里叶级数分析，可得偏差电压U_{ef}的基波分量幅值为

$$U_{ef.1}=\frac{2\sqrt{2}}{\pi}U_{ef}=\frac{2\sqrt{2}}{\pi}\frac{t_d U_d N}{T_1} \tag{7-2}$$

式(7-2)表明，在一定的直流侧电压与变频器输出频率下，偏差电压基波值与死区时间t_d和载波比N的乘积成正比，显然，这两个量与变频器所采用开关器件的种类和形式有关。以应用 BJT 与应用 IGBT 组成的两种 SPWM 型变频器为例，前者的t_d比后者大(可大 3～4 倍)，但前者的开关频率比后者低，所以前者的载波比N取得比后者小(仅为其 1/8～1/6)。对其乘积$t_d N$来说，后者可能比前者还要大，因而偏差电压的基波值也要大一些。

根据图 7.8 的分析可知，死区对变频器输出电压的影响包括以下几个方面。

(1)死区形成的偏差电压会使 SPWM 变频器实际输出基波电压幅值比理想的输出基波电压幅值有所减少。从图 7.8 可以看出，如果$\varphi=0°$，则U_{ef}与$u^*_{AO'}$反相，使实际输出电压比理想电压减小。实际上，电动机是感性负载，其电流必然落后于电压，存在功率因数角φ，则实际输出电压会被少抵消一些。φ角越大，死区的影响越小。

(2)随着变频器输出频率的降低，死区的影响越来越大。这可以用基波电压偏差系数ε来说明，其定义为$\varepsilon=U_{ef.1}/U^*_{AO.1}$。由于在交流变频传动中，常选用恒压频比的控制方式，则有$U^*_{AO.1}=cf_1$(c为比例系数，f_1为输出电压基波频率)，由此可得

$$\varepsilon=\frac{\frac{2\sqrt{2}}{\pi}\frac{t_d U_d N}{T_1}}{cf_1}=\frac{2\sqrt{2}}{c\pi}t_d U_d N \tag{7-3}$$

式中，由于f_1降低时N会增大，所以ε也增大，说明死区引起电压偏差的相对作用更大了。

以上仅以 SPWM 波形为例说明了死区的影响，实际上，死区的影响在各种 PWM 控制方式的变频器中都是存在的。

7.2.2　死区影响的补偿

补偿的基本原则是通过考虑电流的极性和开关的开通关断顺序来调整控制极信号的宽度，使得输出电压与参考电压相同。图 7.9 给出了通过电流的极性对死区时间进行补偿的方法。在图 7.9(a)中，由于电流的极性为正，在死区时间内下桥臂二极管导通，输出电压完全由上桥臂开关的门极驱动信号决定，所以在合成给定参考电压时可直接设定上桥臂的门极驱动信号而不用考虑死区时间，并且死区时间是通过减少下桥臂开关的开通时间来实现的。如果电流极性为负，如图 7.9(b)所示，那么输出电压完全由下桥臂开关的门极驱动信号决定，所以在合成给定参考电压时可直接设定下桥臂的控制极信号而不用考虑死区时间。图中不管电流的极性是正还是负，关断顺序指的是上桥臂关断，然后下桥臂开通。对于开通顺序，指的是下桥臂关断，然后上桥臂开通。

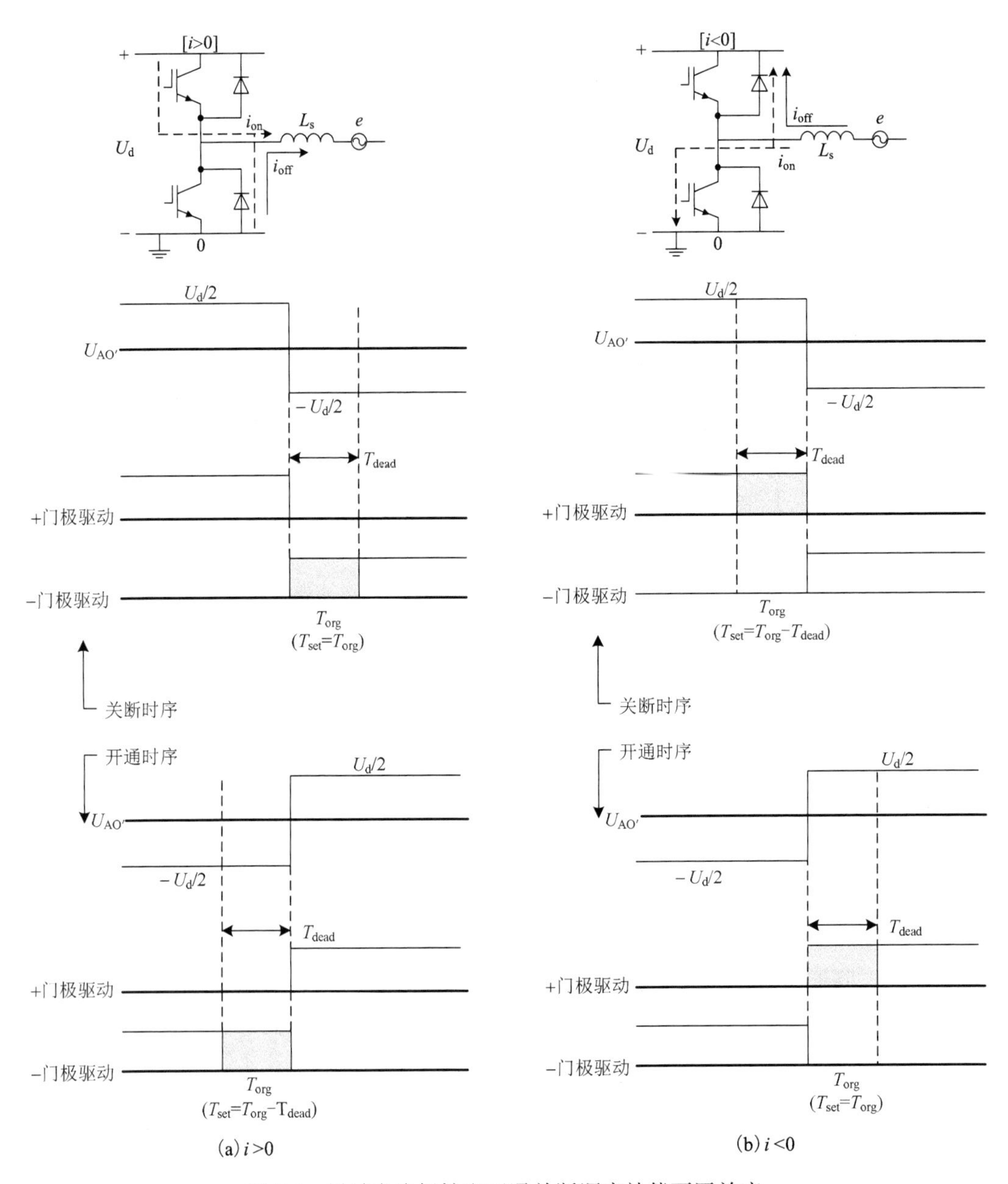

(a) $i>0$　　(b) $i<0$

图 7.9　通过电流极性和开通关断顺序补偿死区效应

i_{on}-死区时间段之前或之后的相电流；i_{off}-死区时间内的相电流；T_{dead}-死区时间的时间间隔；T_{org}-理想的开关时间点；T_{set}-死区补偿后的开关时间点；L_s-交流电机定子侧的等效电感；e-交流电机的反电动势；+门极驱动-上桥臂开关的控制极信号，逻辑高即意为开通；−门极驱动-下桥臂开关的控制极信号

上面的方法可以用式(7-4)和式(7-5)来表示。

对于正向电流

$$\begin{cases}\text{关断顺序} \Rightarrow T_{set} = T_{org} \\ \text{开通顺序} \Rightarrow T_{set} = T_{org} - T_{dead}\end{cases} \tag{7-4}$$

对于负向电流

$$\begin{cases}\text{关断顺序} \Rightarrow T_{\text{set}} = T_{\text{org}} - T_{\text{dead}} \\ \text{开通顺序} \Rightarrow T_{\text{set}} = T_{\text{org}}\end{cases} \tag{7-5}$$

如果逆变器全部 6 个可控开关的控制信号传输延时及开通和关断时间是一样的，上面的补偿方法将会非常完美。但是如果上下桥臂开关管的开通关断时间和传输延时不一致，以及逆变器的各相电压不平衡，那么应该将这些不平衡考虑进去。

7.2.3 零电流钳位(ZCC)

死区时间产生的电压失真(输出电压的幅值减小)随 PWM 系数的减小会变得更严重。特别是当相电流幅值接近于零时，由于死区效应的影响，即使哪一相有给定的参考电压，电流也会钳位在零点。在死区时间内，当某一相的开关全部关断时，电流将通过这一相的二极管形成回路。如果电流流经二极管，那么存储在电机电感中的能量就会转移到直流母线中，并且相电流的幅值随之减小。如果电流的幅值在死区时间内减小到零，那么在这段时间内电流将不能流经这一相的开关或者二极管。在这种情况下，如果调制系数持续为较小的值并且输出电压的频率较低，那么在随后的开关周期里电流幅值的增长将很微小。所以在下个死区时间内，电流再次达到零并保持为零。这种情况将会一直持续直到调制系数变得足够高。如果有段时间相电流钳位在零点，则这个零电流钳位现象会导致相电流中存在低次谐波。为防止这种情况的发生，特别是当流经功率半导体开关的电流幅值接近于零时，在合成电压时要把死区时间考虑进去。

7.2.4 半导体开关器件寄生电容引起的电压畸变

由于并联在开关两端的寄生电容的影响，如果电流的幅值足够小，那么死区时间内功率半导体开关两端的电压变化就会比较缓慢。如果没有合适的补偿措施，那么将会导致电压发生畸变。当开关的寄生电容 C_{st} 比式(7-6)给出的电容阈值 C_{zcc} 大时，就会出现这个问题。C_{zcc} 取决于相电流的幅值、死区时间以及直流母线电压。当电流幅值小到满足条件 $C_{\text{st}}>C_{\text{zcc}}$ 时，这个现象经常出现。为说明这个问题，我们以 MOSFET 作为逆变器的可控开关管进行分析。

$$C_{\text{zcc}} = |i|\frac{T_{\text{dead}}}{U_{\text{d}}} \tag{7-6}$$

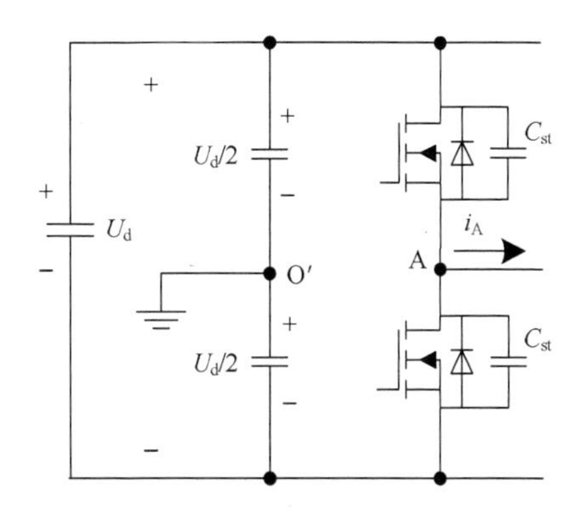

图 7.10 由 MOSFET 构成的 PWM 逆变器一相示意图(这里假定为 A 相)

如图 7.10 所示，如果电流的极性为正且幅值足够小，开通上桥臂开关之前应首先关断下桥臂开关。在这种情况下，死区时间内的输出电流流经下桥臂二极管。死区时间结束后，上桥臂的开关导通并且寄生电容瞬间被直流母线充电。这种情况下波形没有失真。但是上桥臂开关的逻辑控制信号由“1”变为“0”的瞬间后，上、下桥臂的开关在死区时间内都将不导电。如果在那一瞬间的电流极性为正，那么电流应该流经下桥臂的二极管。但由于寄生电容的影响，下桥臂的二极管两端存在反向电压，电流不会流经二极管。相反，电流会流过与开关管并联的寄生电容，如果死区时间内的电流是常量，那么对下桥臂来说，开关管两端的电压会从 U_d(直流母线电压)线性变化到 0。在此过程中，输出电压 U_{AO}由正的一半母线电压值变化到负的一半母线电压值，如图 7.11(a)所示。在另一时刻，如果下桥臂开关的控制极逻辑信号由“1”变为“0”，并且上桥臂的开关由于死区时间也没有导通，那么输出电压 U_{AO}将如图 7.11(b)所示，由负的一半母线电压值变为正的一半母线电压值。电压的变化率与两个开关管的寄生电容成反比，与电流的幅值成正比。在死区时间结束之后，尽管输出电压 U_{AO}仍然在向母线电压正或负的一半值线性变化，如果这时可控开关被开通，那么如图 7.11(c)所示，输出电压瞬间跳变为母线电压负的一半，或如图 7.11(d)所示跳变为母线电压正的一半。死区时间内由寄生电容引起的这种现象在电流幅值变小时会变得更加严重。

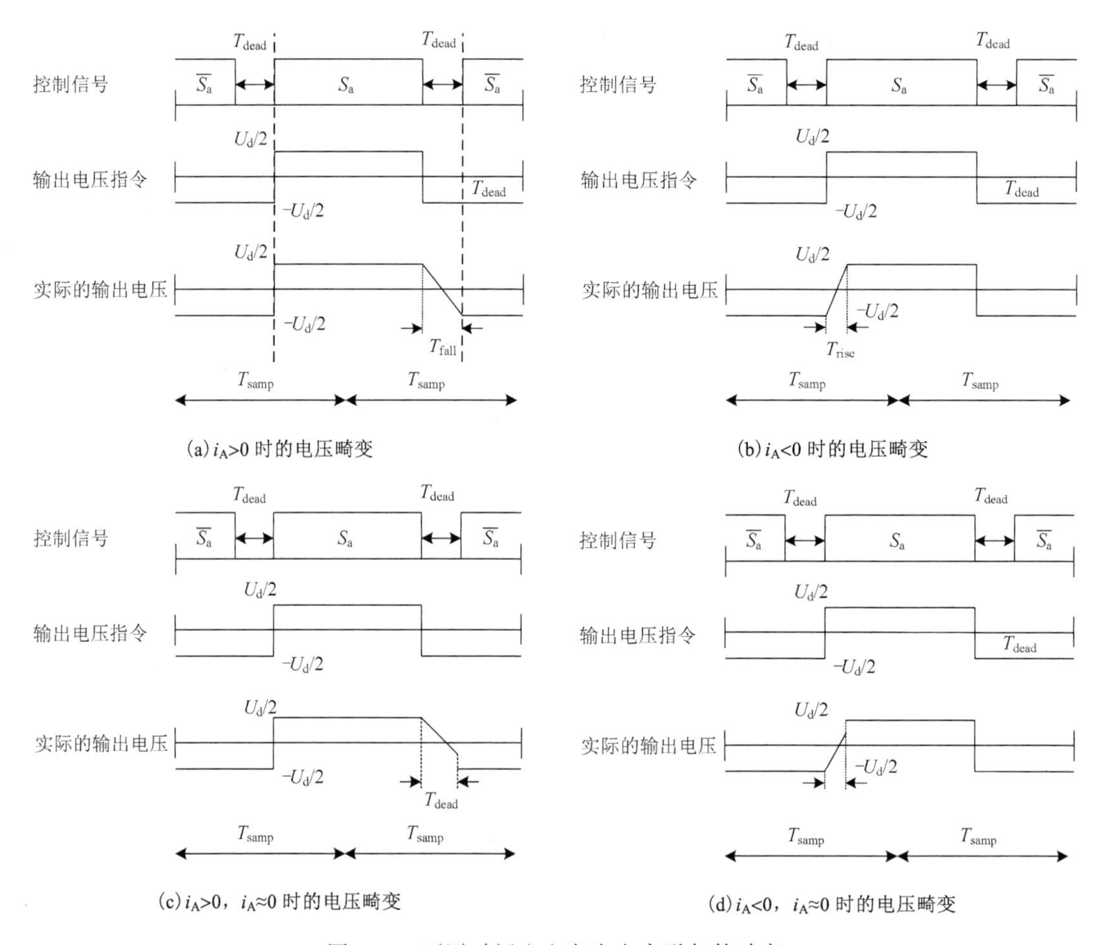

(a) $i_A>0$ 时的电压畸变

(b) $i_A<0$ 时的电压畸变

(c) $i_A>0$，$i_A≈0$ 时的电压畸变

(d) $i_A<0$，$i_A≈0$ 时的电压畸变

图 7.11　死区时间内由寄生电容引起的畸变

在图 7.11(a)和图 7.11(b)中，T_{fall}表示输出电压从母线电压正的一半值变为负的一半

值时所需的时间，T_{rise} 表示输出电压从母线电压负的一半值变为正的一半值时所需的时间。一个采样周期内输出电压的参考平均值和实际平均值分别如式(7-7)和式(7-8)所示。为消除死区时间内由寄生电容引起的电压畸变，一个开关周期内的两个平均电压应该相同。如果可以忽略开关器件的开通、关断时间以及器件的导通电压，且相电流幅值足够小但极性为正，那么就可以简单地通过提前关断上桥臂的开关管来获得相同的平均电压，提前的时间为补偿时间 T_c，如图 7.12 所示。

$$\left\langle U_{AO'}^{*}\right\rangle=\frac{1}{T_{samp}}\int_{0}^{T_{samp}}U_{AO'}^{*}(t)\mathrm{d}t \tag{7-7}$$

$$\left\langle U_{AO'}\right\rangle=\frac{1}{T_{samp}}\int_{0}^{T_{samp}}U_{AO'}(t)\mathrm{d}t \tag{7-8}$$

如果电流的极性为负，那么就可以简单地通过提前关断下桥臂的开关管来获得相同的平均电压，提前的时间为补偿时间 T_c，如图 7.13 所示。死区补偿时间 T_c 是关于相电流幅值的非线性函数。可以通过实验测试或通过式(7-7)和式(7-8)来获得。在使用式(7-7)和式(7-8)求解补偿时间时要考虑电压的变化率，电压的变化率取决于相电流的幅值和这一相总的寄生电容值。如果电流基本为零，那么需要补偿的时间和死区时间基本相同，如图 7.14 所示。

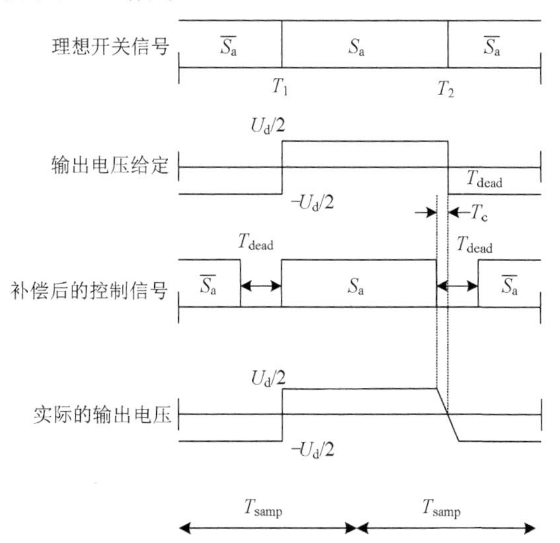

图 7.12　$i_A>0$ 时，补偿由寄生电容引起的电压畸变

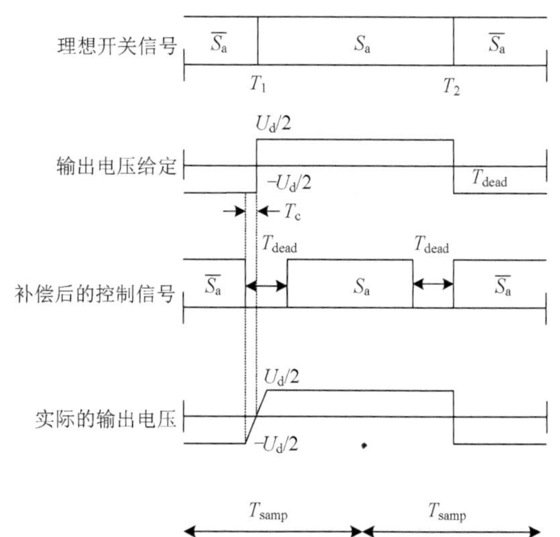

图 7.13　$i_A<0$ 时，补偿由寄生电容引起的电压畸变

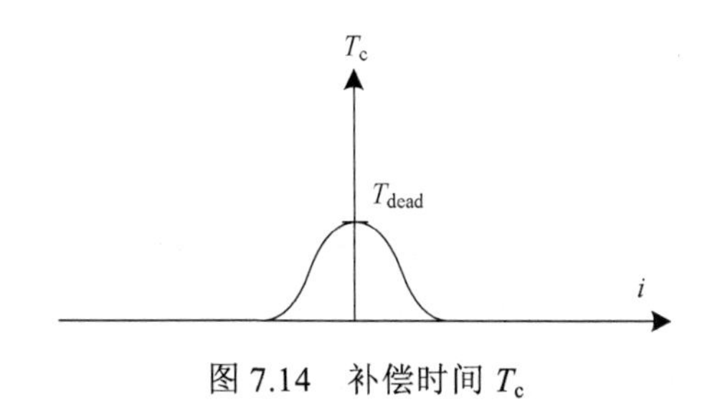

图 7.14　补偿时间 T_c

7.2.5 开关时刻的预测

为补偿死区时间引起的电压畸变，PWM 信号发生器必须知道开关瞬间的相电流极性以及它的幅值。然而，由于控制算法的数字实现和 PWM 信号的离散特性，通常在载波的波峰或波谷位置，很少会出现开关动作。因此采样的电流值和开关瞬间的电流是有区别的。特别地，如果电流的幅值很小并且交流电机的电感也很小，那么采样的电流和开关瞬间的电流不仅幅值不同，极性也可能不同。在这种情况下，基于采样电流的补偿方法将会使得电压畸变更加严重。在三相交流电机驱动系统中，一个电流基波周期内，三相电流共改变 6 次方向。每一次穿越零点，电流方向改变时，电流的幅值都会很小，此时电压就会发生畸变，这将导致 6 倍基波频率的转矩波纹。所以为了实现精确的补偿，需要确定开关瞬间的电流极性和幅值。开关瞬间的电流可以直接测得，也可以通过采样电流和逆变器以及电机的参数预测得到。直接测量对于驱动系统参数的误差具有鲁棒性，但是在一个开关周期内，它需要 12 次额外的电流采样，并且这 12 次采样瞬间应该和对应的开关门极驱动信号同步。这会给驱动系统带来额外的硬件负担。电流的预测对驱动系统的参数误差非常敏感，但它无须任何额外的硬件，通过软件就可以实现。大多数情况下，交流电机的电感都足够大，可以假定电流在一个开关周期内呈线性变化，图 7.15 给出一个开关周期内典型的电流波形和三相门极驱动信号，假定在一个开关周期内进行双采样。对于一个由三相对称 PWM 逆变器驱动的感应电机，通过下面的方法可以很容易地确定预测过程。

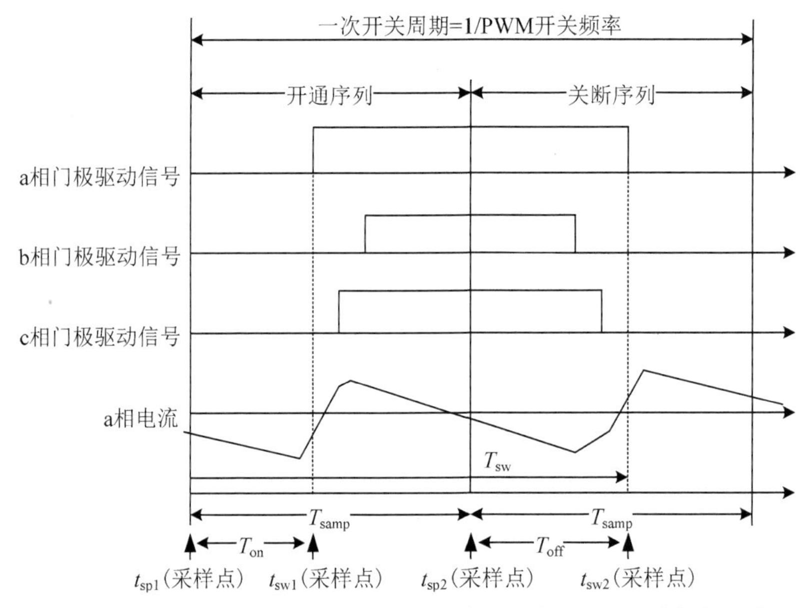

图 7.15 三相对称空间矢量 PWM 和一相电流在一个开关周期内的控制信号

采样周期的开始时刻对电流进行采样，在双采样情形下，采样的电流是三角载波在波峰或波谷时的值。由于电流调节器算法在数字执行过程存在延迟，t_{sp1} 时刻的采样电流便被当作是开关瞬间 t_{sw2} 时的补偿电流。从图 7.15 中可以看出，t_{sp1} 处的电流

完全不同于 t_{sw2} 的。所以如果基于 t_{sp1} 时刻的电流对死区进行补偿，那么电压畸变将会变得更严重。为了基于 t_{sp1} 时的采样电流对 t_{sw2} 处的电流进行预测，应该计算 t_{sp1} 到 t_{sw2} 的时间间隔。如图 7.15 所示，这个时间间隔 T_{sw} 是采样周期 T_{samp} 和门极驱动信号时间 T_{off} 的总和。

结合第 4 章中所述的基于转子磁场定向的矢量控制，计算出 t_{sw2} 处的 d-q 轴电流后，可通过坐标系变换理论获得 t_{sw2} 处的 a 相电流。通过类似的方法，可以计算得到开关瞬间的 b 相电流和 c 相电流。这样，前面提到的由死区时间引起的电压畸变补偿就可以通过预测开关瞬间的三相电流来完成。

7.3　相电流测量

在高性能的电机和变换器控制中，电流调节是必不可少的。因为电流调节是基于电流测量来实现的，所以精确的电流测量在高性能电流控制中非常重要。对于由 PWM 逆变器驱动的交流电机控制系统，由于脉冲宽度调制，相电流不可避免地存在纹波。由于现代交流电机驱动系统大多是由数字微处理器控制的，所以应该在每个采样点对电流进行采样并将其转化为数字量。为从纹波很大的电流中得到正确的数字量，需要采用一些数字处理技术。为得到最大的调节带宽，在工业中广泛采用与 PWM 载波同步的采样方法。通过这种方法，如果采用三相对称的空间矢量 PWM 来合成电压，则可以在每个开关周期内的零矢量中心对电流采样两次。然而，即使采用这种方法，由于电流采样硬件自身的问题，如电流传感器本身、模拟低通滤波器(去除测量噪声)、模拟-数字转换器，仍然会存在一些测量误差。特别是由数字控制算法、模拟滤波器以及 PWM 带来的延迟问题会导致 d-q 轴电流在动态情况下耦合在一起。这时电流调节器的性能将会降低，在极端情况下可能会不稳定。另外，由于模拟滤波器的延时问题，测量的电流中含有相电流纹波，由于这种纹波分量的影响，不能将调节器的带宽设置得过高。下面将讨论电流测量的实际问题以及解决上述问题的一些措施。

7.3.1　电流测量系统中延时的建模

数字化电机驱动系统中电流测量的典型框图如图 7.16 所示，电流测量系统包括电流传感器、模拟低通滤波器(LPF)和模拟-数字(A-D)转换器。A-D 和传感器自身存在一些延时，但大部分的延时来自模拟滤波器。

图 7.16　电机驱动数字控制系统中的电流测量系统框图

根据模拟元件的使用时间以及它自身的误差容限，由它引起的延迟是变化的。忽略这种变化之后，可以将滤波器的传递函数表示为式(7-9)，这样测量系统的总延时可以建模为式(7-10)。

$$G_{\mathrm{f}}(s)=\frac{(2\pi f_{\mathrm{n}})^{2}}{s^{2}+4\pi\xi f_{\mathrm{n}}s+(2\pi f_{\mathrm{n}})^{2}} \tag{7-9}$$

$$T_{\mathrm{d}}=\tau_{1}+\frac{1}{2\pi f_{\mathrm{x}}}\arctan\left(\frac{2\zeta f_{\mathrm{x}}/f_{\mathrm{n}}}{1-(f_{\mathrm{x}}/f_{\mathrm{n}})^{2}}\right) \tag{7-10}$$

$G_{\mathrm{f}}(s)$是典型二阶 LPF 的传递函数，τ_1是除了 LPF 外的其他测量延时的总和，f_{x}是 LPF 的输入频率，ζ代表低通滤波器的阻尼系数，f_{n}代表 LPF 的自然频率。如果f_{x}与f_{n}相比足够小，则式(7-10)可以近似为

$$T_{\mathrm{d}}=\tau_{1}+\frac{\zeta}{\pi f_{\mathrm{n}}} \tag{7-11}$$

如果采样电流和实际电流之间没有延时，那么在 PWM 载波的波峰或波谷采样得到的电流就是整个采样周期内电流的平均值。然而，如图 7.17 所示，如果存在延时，那么采样得到的电流就不是平均值。例如，在图 7.17 中，实际采样电流点处的电流i_{A}^{0}正在减小，但滤波后的采样电流要比采样点处的实际电流大。它们之间的差异取决于采样点处的电流斜率。在每个采样点都存在这种差异，并且用在数字处理器中的采样电流有一个实际电流中没有的高频纹波分量，由于这个高频纹波的存在，电流调节器的带宽不能设置得太高，并且由于反馈调节的原因，可能会在实际电流中引入这个高频纹波分量。

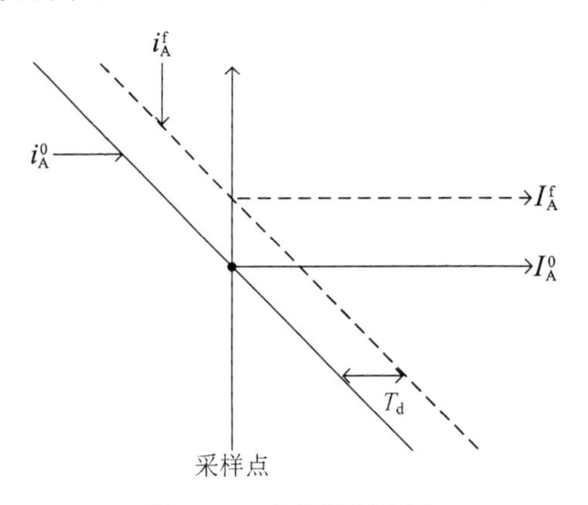

图 7.17　电流测量延时

i_{A}^{0}-实际电流；$i_{\mathrm{A}}^{\mathrm{f}}$-LPF 滤波后的电流；$I_{\mathrm{A}}^{0}$-采样点的实际电流；$I_{\mathrm{A}}^{\mathrm{f}}$-滤波后的采样电流

采用三相对称的空间矢量 PWM，通过计算机仿真，处于六边形每个扇区中的实际电流和通过二阶低通滤波器后的电流如图 7.18 所示。在图中，S_{a}、S_{b}和S_{c}代表三相 PWM 逆变器每相的开关函数。如果开关函数的值是 1，那么这一相对应的上桥臂开关开通而下桥臂开关关断。否则下桥臂开关开通，上桥臂开关关断。

电流测量延迟带来的问题可以通过推迟电流测量系统的采样时间点来解决。图 7.19 是延迟采样的实验结果。从图中可以看出，相比在载波峰值处采样，延迟采样的误差可以降低到只有前者的 1/20。合适的延迟时间T_{d}可以通过 LPF 的设计参数以及测量系统中的其他部件的参数来设置。然而，应该注意到因为延迟采样，电流调节回路算法的执行时间也增加了T_{d}。

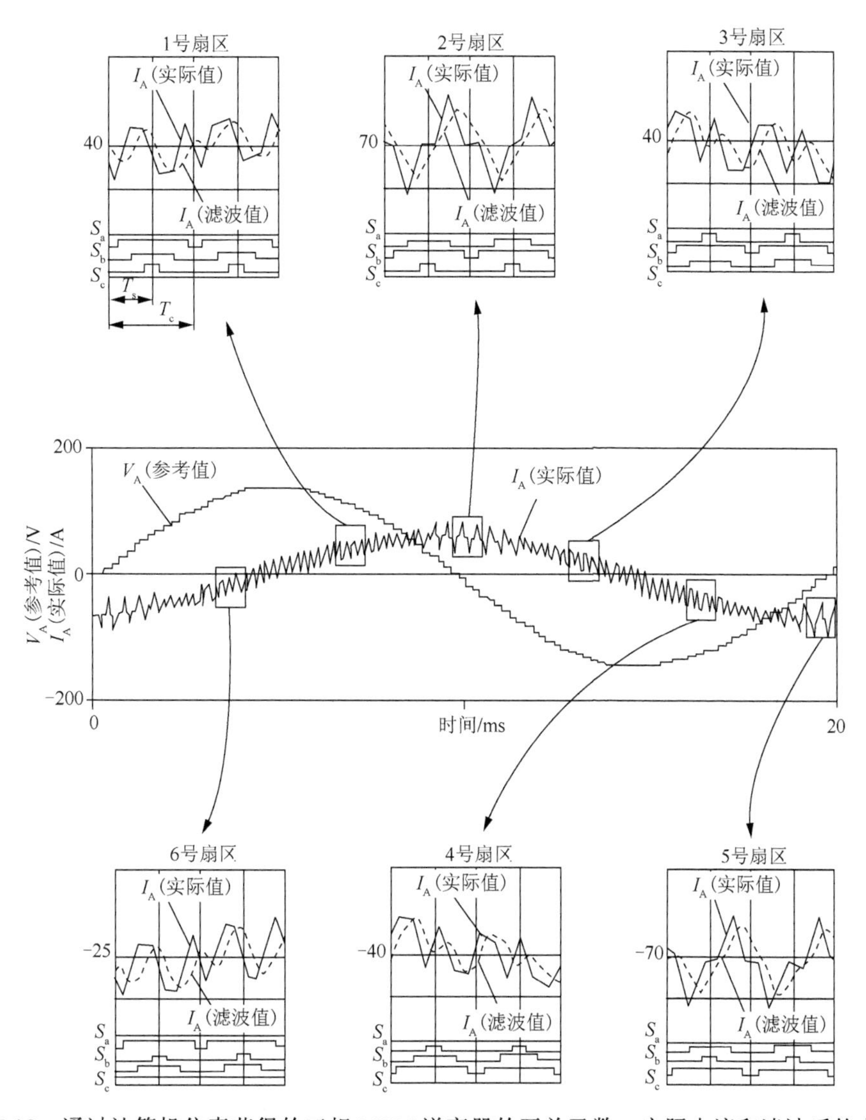

图 7.18　通过计算机仿真获得的三相 PWM 逆变器的开关函数，实际电流和滤波后的电流

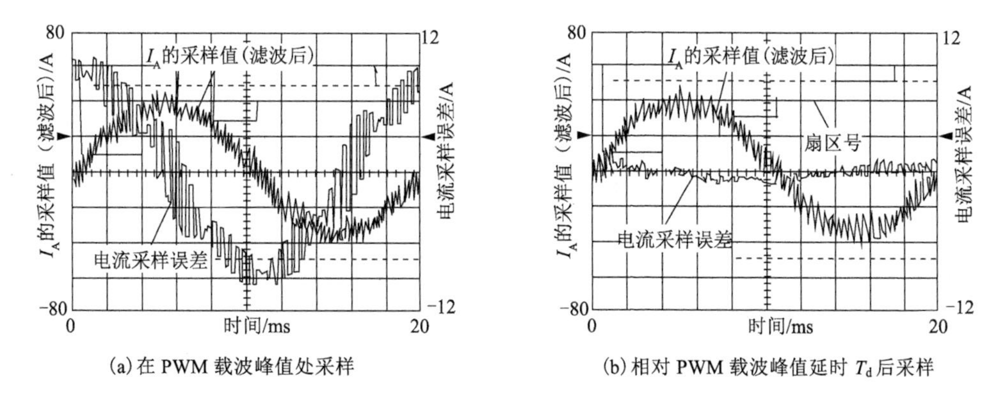

(a) 在 PWM 载波峰值处采样　　(b) 相对 PWM 载波峰值延时 T_d 后采样

图 7.19　不同采样时刻的电流测量误差

7.3.2 电流中的偏置和定标误差

在如图 7.7 所示的星形连接三相交流电机驱动系统中，通常只测量其中的两相电流，另一相电流通过假定三相电流的和为零来计算，如式(7-12)所示。在式(7-12)中，a 相电流和 b 相电流通过测量得到，而 c 相电流通过测量的 a 相和 b 相电流计算得出。

$$i_{\mathrm{C}}=-\left(i_{\mathrm{A}}+i_{\mathrm{B}}\right) \tag{7-12}$$

如果采用图 7.16 所示的电流测量系统，那么可能因为传感器、LPF 和 A/D 的原因使得转换的电流数字量存在偏置。电流测量系统中的每一相偏置有可能不同。电流测量系统中的偏置通常情况下都是固定的，但它也可能因为噪声、工作温度和使用时间等原因而有所变化。同样，测量系统中每个部件的增益也会发生变化，其中某一相的总体增益可能与其他相不同。因此对每一相来说，将实际电流转换至最终的数字量时所对应的定标是不一样的。综上所述，每一相的电流测量系统都有自己的偏置和定标，可能与其他相不一样。偏置和定标的误差可能会导致驱动系统中的电流和转矩存在脉动。下面将讨论偏置和定标的误差对系统性能的影响，并介绍一些减小这些影响的方法。

1. 偏置

根据图 7.16 所示的电流测量系统以及式(7-12)，如果 a 相和 b 相的偏置总和分别是 δi_{A} 和 δi_{B}，那么数字转换后的三相电流 $i_{\mathrm{A\_AD}}$、$i_{\mathrm{B\_AD}}$ 和 $i_{\mathrm{C\_AD}}$ 可以通过实际电流 i_{A} 和 i_{B} 表示为式(7-13)～式(7-15)。

$$i_{\mathrm{A\_AD}}=i_{\mathrm{A}}+\delta i_{\mathrm{A}} \tag{7-13}$$

$$i_{\mathrm{B\_AD}}=i_{\mathrm{B}}+\delta i_{\mathrm{B}} \tag{7-14}$$

$$i_{\mathrm{C\_AD}}=-\left(i_{\mathrm{A\_AD}}+i_{\mathrm{B\_AD}}\right) \tag{7-15}$$

在同步旋转 d-q 坐标系下(旋转速度为 ω_{e})，可以将上面的三相电流表示为式(7-16)和式(7-17)。

$$i_{\mathrm{d\_AD}}^{\mathrm{e}}=i_{\mathrm{d}}^{\mathrm{e}}+\delta i_{\mathrm{d}}^{\mathrm{e}} \tag{7-16}$$

$$i_{\mathrm{q\_AD}}^{\mathrm{e}}=i_{\mathrm{q}}^{\mathrm{e}}+\delta i_{\mathrm{q}}^{\mathrm{e}} \tag{7-17}$$

如果偏置为固定的直流量，那么可以推导出在同步旋转 d-q 坐标系下的电流偏置，如式(7-18)和式(7-19)所示。

$$\delta i_{\mathrm{d}}^{\mathrm{e}}=\frac{2}{\sqrt{3}}\sqrt{\delta i_{\mathrm{A}}^{2}+\delta i_{\mathrm{A}}\delta i_{\mathrm{B}}+\delta i_{\mathrm{B}}^{2}}\sin\left(\omega_{\mathrm{e}}t+\alpha\right) \tag{7-18}$$

$$\delta i_{\mathrm{q}}^{\mathrm{e}}=\frac{2}{\sqrt{3}}\sqrt{\delta i_{\mathrm{A}}^{2}+\delta i_{\mathrm{A}}\delta i_{\mathrm{B}}+\delta i_{\mathrm{B}}^{2}}\cos\left(\omega_{\mathrm{e}}t+\alpha\right) \tag{7-19}$$

式中，$\alpha=\arctan\left(\dfrac{\sqrt{3}\delta i_{\mathrm{A}}}{\delta i_{\mathrm{A}}+2\delta i_{\mathrm{B}}}\right)$。

通过式(7-18)和式(7-19)可以看出相电流测量的偏置会引起频率为同步频率 ω_{e} 的交

流分量纹波电流。在基于转子磁链定向的矢量控制系统中，这些偏置就会引起转矩脉动。如果同步转速 ω_e 与转子时间常数 $\tau_r=L_r/R_r$ 的倒数相比足够大，那么从磁通控制的角度来看，d 轴的偏置可以忽略不计。如果电流调节的效果非常理想，数字转换后的 d-q 轴电流能够很好地跟踪上给定值，如 $i_d^e=i_{d\_AD}^e$，$i_q^e=i_{q\_AD}^e$，那么实际的 d-q 轴电流可以表达为式(7-20)和式(7-21)。

$$i_d^e = i_{d\_AD}^e - \delta i_d^e \tag{7-20}$$

$$i_q^e = i_{q\_AD}^e - \delta i_q^e \tag{7-21}$$

考虑偏置的影响后，实际的输出转矩为

$$T_e = T_e^* - \delta T_e = K_T i_q^{e*} - K_T \delta i_q^e \tag{7-22}$$

式中，$K_T = \dfrac{3}{2}\dfrac{p}{2}\dfrac{L_m}{L_r}\lambda_{dr}^e$；$i_q^{e*}$ 是 q 轴的给定电流(转矩分量电流)。因此转矩误差为

$$\delta T_e = K_T \delta i_q^e = K_T \frac{2}{\sqrt{3}}\sqrt{\delta i_A^2 + \delta i_A \delta i_B + \delta i_B^2}\cos(\omega_e t + \alpha) \tag{7-23}$$

通过式(7-23)可以看出，转矩中存在纹波分量，这个纹波分量将会导致速度调节驱动系统中的转速产生波动。如果控制感应电机的转速为常数，并且转速环的带宽与同步转速 ω_e 相比足够低，那么如式(7-23)所示的转矩脉动就会导致转速产生波动。在这样的系统中，通过调整每相电流测量系统中的偏置来最小化转速脉动就可以消除测量电流中的偏置。在表贴式 PMSM 驱动系统中，d 轴电流分量对转矩没有什么影响，因为测量偏置而产生的转矩脉动与式(7-23)类似，但是其转矩脉动的频率是转子的电角频率 ω_r。在内嵌式 PMSM 驱动系统中，为利用磁阻转矩，q 轴电流和 d 轴电流都被用于生成转矩。为消除测量偏置，不仅应该最小化角频率为 ω_r 的转速纹波分量，而且应该最小化角频率为 $2\omega_r$ 的转速纹波分量。当然，如果将 d 轴电流的参考值设置为零，那么转速脉动的频谱分量主要是 ω_r 分量。在这种情况下，可以通过最小化角频率为 ω_r 的转速纹波分量来调整测量系统的偏置。在同步磁阻电机驱动系统中，不仅应该利用 ω_r 纹波分量，而且应该利用 $2\omega_r$ 纹波分量来消除测量偏置。

2. 定标

根据图 7.16 所示的电流测量系统以及式(7-12)，对于三相交流电机驱动系统，如果对电流的控制是理想情况，那么数字转换后的三相电流在稳态时可以表示为式(7-24)和式(7-25)。

$$i_{A\_AD} = I\cos(\theta_e + \varphi) \tag{7-24}$$

$$i_{B\_AD} = I\cos\left(\theta_e - \frac{2}{3}\pi + \varphi\right) \tag{7-25}$$

式中，I 是相电流的幅值；θ_e 是同步旋转坐标系的瞬时角度，$\theta_e=\omega_e t$；φ 是电流矢量和 d 轴之间的角度。假定偏置误差引起的效应和定标误差引起的效应具有正交性，那么这两个问题就可以分开解决。如果 a、b 相测量系统总的增益系数分别为 k_a 和 k_b，那么考虑到

定标误差，实际的相电流可以表示为式(7-26)和式(7-27)。

$$i_{\mathrm{A}}=\frac{I\cos(\theta_{\mathrm{e}}+\varphi)}{k_{\mathrm{a}}} \tag{7-26}$$

$$i_{\mathrm{B}}=\frac{I\cos\left(\theta_{\mathrm{e}}-\frac{2}{3}\pi+\varphi\right)}{k_{\mathrm{b}}} \tag{7-27}$$

根据式(7-26)、式(7-27)和第 2 章坐标变换相关公式，如果电流调节的效果非常理想，那么数字转换后的 d-q 轴电流能够很好地跟踪上给定值，如 $i_{\mathrm{d}}^{\mathrm{e}*}=i_{\mathrm{d\_AD}}^{\mathrm{e}}$，$i_{\mathrm{q}}^{\mathrm{e}*}=i_{\mathrm{q\_AD}}^{\mathrm{e}}$，那么由复矢量形式表示的 d-q 轴电流误差为

$$\begin{aligned}\delta i_{\mathrm{dq}}^{\mathrm{e}}&=i_{\mathrm{dq\_AD}}^{\mathrm{e}}-i_{\mathrm{dq}}^{\mathrm{e}}=\left(i_{\mathrm{d\_AD}}^{\mathrm{e}}-i_{\mathrm{d}}^{\mathrm{e}}\right)+\mathrm{j}\left(i_{\mathrm{q\_AD}}^{\mathrm{e}}-i_{\mathrm{q}}^{\mathrm{e}}\right)=\delta i_{\mathrm{d}}^{\mathrm{e}}+\mathrm{j}\delta i_{\mathrm{q}}^{\mathrm{e}}\\&=\left(1-\frac{k_{\mathrm{a}}+k_{\mathrm{b}}}{zk_{\mathrm{a}}k_{\mathrm{b}}}\right)I\sin\varphi-\left(\frac{k_{\mathrm{a}}-k_{\mathrm{b}}}{zk_{\mathrm{a}}k_{\mathrm{b}}}\right)\frac{I}{\sqrt{3}}\left[\sin\left(2\omega_{\mathrm{e}}t+\frac{\pi}{3}+\varphi\right)-\frac{1}{2}\sin\varphi\right]\\&\quad+\mathrm{j}\left\{\left(1-\frac{k_{\mathrm{a}}+k_{\mathrm{b}}}{zk_{\mathrm{a}}k_{\mathrm{b}}}\right)I\sin\varphi-\left(\frac{k_{\mathrm{a}}-k_{\mathrm{b}}}{zk_{\mathrm{a}}k_{\mathrm{b}}}\right)\frac{I}{\sqrt{3}}\left[\cos\left(2\omega_{\mathrm{e}}t+\frac{\pi}{3}+\varphi\right)-\frac{1}{2}\cos\varphi\right]\right\}\end{aligned} \tag{7-28}$$

式中，$i_{\mathrm{dq\_AD}}^{\mathrm{e}}$ 代表在同步旋转坐标系下用复矢量表示的 d-q 轴电流，它被应用于数字化实现的电流调节器中；而 $i_{\mathrm{dq}}^{\mathrm{e}}$ 代表实际流过交流电机的 d-q 轴电流。如果同步转速 ω_{e} 与转子时间常数 $\tau_{\mathrm{r}}=L_{\mathrm{r}}/R_{\mathrm{r}}$ 的倒数相比足够大，那么在基于转子磁通定向的矢量控制系统中，转矩误差如式(7-29)所示。

$$\begin{aligned}\delta T_{\mathrm{e}}&=T_{\mathrm{e}}^{*}-T_{\mathrm{e}}=\frac{3}{2}\frac{p}{2}\frac{L_{\mathrm{m}}^{2}}{L_{r}}\left(i_{\mathrm{d}}^{\mathrm{e}*}i_{\mathrm{q}}^{\mathrm{e}*}-i_{\mathrm{d}}^{\mathrm{e}}i_{\mathrm{q}}^{\mathrm{e}}\right)\approx\frac{3}{2}\frac{p}{2}\frac{L_{\mathrm{m}}^{2}}{L_{r}}\left(\delta i_{\mathrm{d}}^{\mathrm{e}*}i_{\mathrm{q}}^{\mathrm{e}*}+\delta i_{\mathrm{q}}^{\mathrm{e}}i_{\mathrm{d}}^{\mathrm{e}*}\right)\\&=\frac{3}{2}\frac{p}{2}\frac{L_{\mathrm{m}}^{2}}{L_{r}}\left\{\delta i_{\mathrm{d}}^{\mathrm{e}}I\sin(\varphi)+\delta i_{\mathrm{q}}^{\mathrm{e}}I\cos(\varphi)\right\}\end{aligned} \tag{7-29}$$

将式(7-28)定标中的 $\delta i_{\mathrm{d}}^{\mathrm{e}}$ 和 $\delta i_{\mathrm{q}}^{\mathrm{e}}$ 代入式(7-29)后，可以看出转矩误差包含一个由误差引起的直流分量和一个角频率为 $2\omega_{\mathrm{e}}$ 的交流分量。如果两相的定标相同，那么转矩误差中就不存在交流分量转矩纹波。所以在恒速控制的情况下，通过调节电流测量系统的定标来最小化角频率为 $2\omega_{\mathrm{e}}$ 的转速纹波分量，至少可以消除一相测量系统中增益的差异。通过定标校正，就可以消除因为定标误差而造成的转矩脉动。尽管采用上述措施校正后的定标是相同的，但校正后的电流中仍然存在定标误差引起的幅值误差。然而，直流分量的转矩误差可以通过交流电机速度调节驱动系统中的 PI 调节器的积分项来消除。在表贴式 PMSM 驱动系统中，类似于感应电机驱动系统，定标的差异会引起角频率为 $2\omega_{\mathrm{r}}$ 的转矩纹波分量。所以通过最小化角频率为 $2\omega_{\mathrm{r}}$ 的转速纹波分量就可以消除两个定标系数之间的差异。在内嵌式 PMSM 驱动系统中，为校正定标，通过设定 $i_{\mathrm{d}}^{\mathrm{e}*}=0$ 就可以像表贴式 PMSM 那样通过最小化角频率为 $2\omega_{\mathrm{r}}$ 的转速纹波分量来消除定标系数之间的差异。在同步磁阻电机驱动系统中，不仅应该利用 $2\omega_{\mathrm{r}}$ 纹波分量，而且应该利用 $4\omega_{\mathrm{r}}$ 纹波分量来消除定标差异。

为校正偏置和定标，在交流电机恒速驱动系统中应用了特定频率的转速脉动分量。

为应用这个技术，要注意将其他原因导致的转速脉动(如转子存在偏心距、非平衡的旋转磁动势、负载因数和死区时间)与由测量偏置和定标误差引起的转速脉动区分开来。偏心和负载因数导致的转速脉动分量的角频率通常为转子旋转角频率的整数倍。死区时间会导致 $6\omega_e$ 或 $6\omega_r$ 的转速脉动分量。由死区时间导致的转速脉动很容易与由其他原因导致的脉动区分开来。然而，如果开关管的门极驱动信号传输延迟和开通、关断时间不一致，那么对应于每个开关管的实际死区时间可能不一样，这时就有可能会引起角频率为同步频率或者两倍于同步频率的转速脉动。另外，在某些驱动系统中，较大的机械惯性使得转速脉动非常小，以致难以应用上述措施来校正电流测量系统。在这些系统中，应该设置足够低的同步速度来检测由偏置和定标差异引起的转速脉动。但是与转子时间常数的倒数相比，同步转速又应该足够大。为调节电流测量系统，转速环的控制带宽与转矩脉动频率相比应该足够低，否则转速调节器会响应这些转速脉动，并使得转速纹波变小，但转矩电流的纹波会变得更加严重。在这种情况下，可以应用 PI 调节器的积分项输出来校正电流测量系统。PI 调节器的积分项输出中包含了由偏置和定标差异引起的转速脉动频率分量。

7.4　du/dt 及长距离电缆传输引起的绝缘问题

由于 PWM 控制方式和高速电力电子器件在交-直-交变频器中的广泛应用，变频器输出电压变化率 du/dt 对电动机绝缘产生的影响也越来越严重。du/dt 取决于两个方面：①电压跃变台阶的幅值，它与变频器的电压等级和主电路结构有关；②逆变器电力电子器件的开关速度，开关速度越快，du/dt 越大。

普通的两电平和三电平 PWM 电压源型变频器在每次开通或关断过程中引起的输出电压跃变，分别为直流母线电压和一半直流母线电压，同时由于逆变器电力电子器件开关速度较高，会产生较大的 du/dt。高的 du/dt 相当于在电动机绕组上反复施加陡度很大的冲击电压，使电动机绝缘承受严酷的电应力。

对于变频器与电机之间连接电缆较长的一些特殊应用场合，例如，潜油电泵供电时，其输出电缆可能会超过 1km，长的可能会达到几十千米，此时输出电缆不能简单地认为是一个导线，其等效电路如图 7.20 所示。

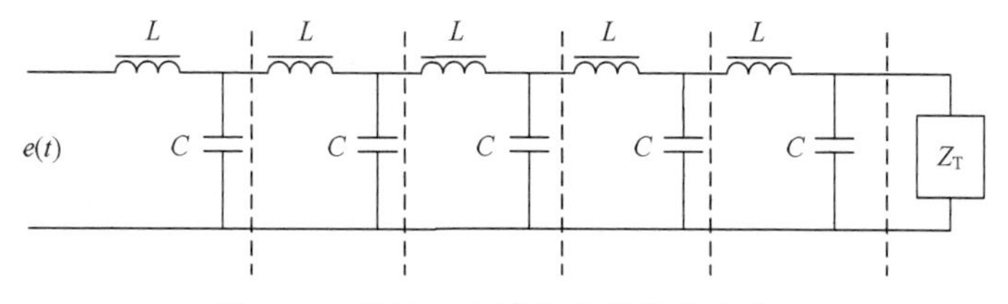

图 7.20　长输出电缆的负载等效电路

一方面，电缆的等效电阻会有相应的电压降，从而导致负载端的电压低于变频器输出电压，变频器输出需加适当的电压补偿；另一方面，由于电缆的分布电感和电容的影响，变频器的输出在传输过程中会引起传输速度的降低，其传输速度会低于光速，且随着输出频率的变化，其传输速度会随之变化，可能会引起前后信号的叠加，从而导致过电压的产生，同时由于长距离传输，会出现行波反射问题，在某些频率点上，会导致下行信号与上行反射信号叠加，从而导致负载侧和逆变器侧的过电压。

这类问题在电力输送中往往会充分考虑，在变频器设计中，一般输出传送距离较短，故往往很少考虑，在本书中不作过多介绍，只给出扼要说明，读者有兴趣可参阅相关资料。

高的 du/dt 使电动机绕组上承受冲击电压，长距离电缆传输在一些特定参数情况下会使得加到电动机绕组上的电压成倍增加，因而在这种情况下，需要采用输出滤波器，或使用特殊设计的专用电动机。

对于中高压电气传动领域，功率单元通常选择串联式多电平高压变频器。其输出电压是由各功率单元的输出电压叠加的，无论采用何种 PWM 技术，其各单元的开关时刻都是错开的，开关器件每次通断所引起的电压跃变，仅为一个功率单元的直流母线电压，所以每次 PWM 输出时的 du/dt 都较小。以每相由功能结构相同的 8 个功能单元叠加而成的功率单元串联式多电平高压变频器为例，若每个 PWM 输出的电平的变化量为 du=560V，则同样是 6000V 的高压变频器，当采用三电平方式时，每个 PWM 输出的电平的变化量 du =4300V，当采用两电平方式时，每个 PWM 输出的电平的变化量 du =8600V。所以功率单元串联式多电平高压变频器输出的 du/dt 很低，不影响电动机的绝缘，可以使用普通感应电动机，且对输出电缆长度没有特殊限制。

7.5 共模电压和轴电流问题

当电动机由三相电源供电时，由于三相电压的瞬时值 $U_a+U_b+U_c=0$，所以其中性点电压 $U_n=(U_a+U_b+U_c)/3=0$，定子中不存在零序电压，但是当电动机由变频器供电时，由于 PWM 的作用，三相电压的瞬时值不为 0，其最大值可以与输出电压的变化量 du 成正比，即电动机定子中性点不再是虚地，而是对地有一个电压，即共模电压。

对于采用晶闸管的电压源型、电流源型变频器输出的共模电压随整流器触发延迟角的变化而变化，最大值约为电源相电压幅值。PWM 电压源型变频器输出的共模电压最大值为电源相电压幅值的 1/2 左右。当没有输入变压器时，如果电源中性点及电动机机壳均接地，那么共模电压施加到电动机定子绕组的中性点和机壳间，使电动机绕组承受电网直接运行情况时的两倍的电压，严重影响到电动机的绝缘。如果设置输入变压器(变压器二次侧中性点不接地)，则共模电压由输入变压器和电动机共同来承担，按照输入变压器一次、二次绕组间的分布电容和电动机绕组对机壳间的分布电容(两个容抗串联)进行分配。由于一般输入变压器的分布电容远小于电动机绕组对机壳的分布电容，这样大部分的共模电压由输入变压器来承担，只要考虑加强输入变压器的绝缘即可，而变压器的绝缘加强，相对电动机要容易得多，如额定电压为 4160V 的电动机要求采用 10kV 的绝缘设计。

PWM 电压源型变频器输出的共模电压最大值较低，但其中含有与开关频率相对应的高频分量，高频的电压分量会通过输出电缆和电动机的分布电容产生对地高频漏电流，影响逆变电路的安全。电动机通过地产生的高频漏电流，一部分通过定子绕组经定子绕组和机壳间的分布电容，经机壳注入地；另一部分通过绕组和转子间的分布电容，经过轴承再到机壳，然后到地。后者的作用相当于轴电流，会引起电动机轴承的“电蚀”，影响轴承的寿命。

轴承电流有两种：一是由于分布电容的存在，定子绕组和轴承间形成一个电压耦合回路，当绕组输入电压为高频 PWM 脉冲电压时，在这个耦合回路势必产生 du/dt 电流，这个电流一部分经定转子间的分布电容经定子传到大地，另一部分经轴承电容传到大地，即形成所谓的 du/dt 轴承电流，其大小与输入电压及电动机内分布参数有关；二是当轴电压超过轴承油层的击穿电压时，轴承内外滚道相当于短路，从而在轴承上形成很大的放电电流，即所谓的电火花加工(Electric Discharge Machining，EDM)电流，这种轴承电流会对电动机轴造成较大的损伤，严重时会造成电动机抱轴。

对于中高压电气传动领域，功率单元若选择串联式多电平高压变频器，由于其电压变化量 du 很小，只相当于低压变频器的水平，对高压电动机，其引起的共模电压微乎其微，所以基本上不会引起轴电流问题。

思 考 题

7-1　国家为什么要规定在电网中谐波的极限值？其谐波的极限标准，我国是怎样规定的？电压畸变率怎么定义？

7-2　简述多脉波整流器的原理。为了使得总谐波电流畸变率小于 5%，理论上需要多少脉波的整流器？

7-3　试述死区大小与变频器输出电压畸变率的关系，以及常用的补偿方法。

7-4　简述相电流检测与电机输出性能之间的联系。

7-5　试述 du/dt 对 PWM 控制交-直-交变频器有何影响。

习　题

7-1　在图 7.7 所示的逆变器中，每相桥臂上下开关的门极驱动信号存在如图 7.21(a)所示的死区时间，其值为 3μs。可以忽略 IGBT 和二极管的开关时间。输出电压参考值的变化时间点正好在死区间隔的中间位置。

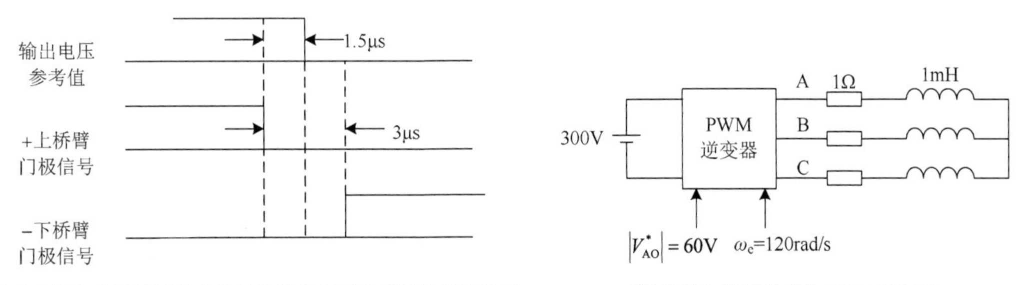

(a)输出电压参考值以及逆变器每相桥臂上下开关管的门极信号　　(b)负载为串联阻感的 PWM 逆变器

图 7.21　逆变器及其门极信号波形示意图

如图 7.21(b)所示，逆变器输出的电压频率为 60Hz，三相平衡且相电压峰值为 60V，其负载为星形连接的阻感串联负载，R=1Ω，L=1mH。逆变器的开关频率为 10kHz，直流母线电压恒为 300V。系统稳定运行，回答下列问题：

(1) 如果没有死区时间，计算相电流的基波幅值和位移功率因数，位移功率因数的定义为相电压基波分量和相电流基波分量之间角度的余弦值；

(2) 计算由 3μs 死区时间引起的相电压基波分量的幅值误差；

(3) 计算相电压基波分量的峰值，并计算由死区时间引起的相角误差(相电压与参考电压之间的角度差)。

7-2　在图 7.10 所示的电路中，每个开关的寄生电容是 3nF，且可以忽略可控开关和二极管的开关时间，也可以忽略不计半导体开关的导通压降。回答以下问题。该电路中：T_{dead}=3μs，V_d=300V。相电流恒为-2A，在 0 时刻关断下桥臂的开关。

(1) 画出 0～3μs 输出电压和相电流的变化曲线；

(2) 计算补偿时间 T_c 以补偿由寄生电容引起的电压畸变；

(3) 在相电流恒为-0.5A 的情况下，重复问题(1)和(2)。

参 考 文 献

陈伯时. 1992. 电力拖动自动控制系统. 北京: 机械工业出版社.

陈伯时，陈敏逊. 2013. 交流调速系统. 北京: 机械工业出版社.

陈坚. 1989. 交流电机数学模型及调速系统. 北京: 国防工业出版社.

邓想珍，赖寿宏. 1992. 异步电动机变频调速系统及其应用. 武汉: 华中理工大学出版社.

刘迪吉. 1986. 航空电机学. 北京: 国防工业出版社.

刘迪吉，张焕春，经亚枝等. 1988. 开关磁阻调速电动机基本理论与实践. 中国航空科技文献，HJB880675.

马小亮. 1992. 大功率交-交变频交流调速及矢量控制. 北京: 机械工业出版社.

汤蕴缪. 1982. 电机学——机电能量转换. 北京: 机械工业出版社.

佟纯厚. 1988. 交流电动机晶闸管调速系统. 北京: 机械工业出版社.

王成元，夏加高，孙宜标. 2014. 现代电机控制技术. 北京: 机械工业出版社.

许大中，贺益康. 1988. 电机的电子控制及其特性. 北京: 机械工业出版社.

许大中，贺益康. 2002. 电机控制. 杭州: 浙江大学出版社.

姚绪梁. 2009. 现代交流调速技术. 哈尔滨: 哈尔滨工程大学出版社.

叶金虎等. 1982. 无刷直流电动机. 北京: 科学出版社.

张皓，续明进，杨梅. 2007. 高压大功率交流变频调速技术. 北京: 机械工业出版社.

张勇军，潘月斗，李华德. 2014. 现代交流调速系统. 北京: 机械工业出版社.

朱震莲. 1998. 现代交流调速系统. 南京航空航天大学校内讲义.

朱震莲，严仰光，薛晓明. 1989. 新型稀土永磁方波电机调速系统. 中国第一届交流电机调速传动学术会议论文集.

朱震莲，张稼丰. 1993. 新型永磁同步电动机的参数设计和矢量控制. 微特电机，5: 17-20, 23

卓忠疆. 1987. 机电能量转换. 北京: 水利电力出版社.

Ahmad M. 2014. 高性能交流传动系统——模型分析与控制. 刘天惠，张巍巍，石宽等译. 北京: 机械工业出版社.

Bose B K. 1986. Modern Power Electronics and AC Drives. New Jersey: Prentice-Hall.

Sul S. 2013. 电机传动系统控制. 张永昌，李正熙等译. 北京: 机械工业出版社.

Wu B. 2011. 大功率变频器及交流传动. 卫三民，苏卫峰，宇文博译. 北京: 机械工业出版社.